Dietrich Rhein / Heinz Freitag

Mikroelektronische Speicher

Speicherzellen, Schaltkreise, Systeme

Springer-Verlag   Wien New York

Dr.-Ing. habil. Dietrich Rhein
Alcatel Austria-Elin Forschungszentrum, Wien
Dipl.-Ing. Heinz Freitag
CSD Computer-Systemdienste, Chemnitz

Gedruckt auf säurefreiem Papier

Mit 190 Abbildungen

ISBN-13: 978-3-211-82354-5   e-ISBN-13: 978-3-7091-9214-6
DOI: 10.1007/978-3-7091-9214-6

Vorwort

Mikroelektronische Speicher spielen in der Computertechnik, in der Kommunikationstechnik, der Automatisierungstechnik usw. eine wichtige Rolle. Wegen ihrer universellen Einsatzmöglichkeiten und ihrer charakteristischen Wirk- und Aufbauprinzipien können sie keinem der vorgenannten Fachgebiete zugeordnet werden - die Speichertechnik ist als ein eigenständiges Fachgebiet anzusehen.

Die mikroelektronischen Speicher bestehen aus speziellen mikroelektronischen Speicherschaltkreisen sowie im Bedarfsfall aus weiteren Schaltkreisen und diskreten Bauelementen, die mit Hilfe von Leiterplatten zu Baugruppen zusammengefaßt werden. Ein mikroelektronischer Speicher mit größerer Speicherkapazität kann auf einer Leiterplatte oder mehreren Leiterplatten untergebracht sein. Mikroelektronische Speicher kleinerer Speicherkapazität können sich ggf. auch gemeinsam mit anderen elektronischen Schaltungsanordnungen auf einer einzigen Leiterplatte oder innerhalb eines einzigen Schaltkreises befinden.

Speicherschaltkreise haben bei jeweils gegebenem technologischen Niveau den höchsten Integrationsgrad und den größten Anteil am Produktionsvolumen aller integrierten Schaltkreise. Deswegen sind Speicherschaltkreise "Zugpferde" für die Entwicklung neuer, leistungsfähigerer Basistechnologien der Mikroelektronik.

Ziel des vorliegenden Buches ist es, eine Übersicht über Typen, Wirkprinzipien, Schaltungen und Technologien der Speicherschaltkreise zu geben und in die Realisierungsprinzipien und die Probleme beim Aufbau von Speicherbaugruppen und Speichern, wie sie sowohl in Computern als auch in anderen Prozessorsystemen zum Einsatz kommen, einzuführen. Damit sollen sowohl den Entwerfern mikroelektronischer Speicherschaltkreise, als auch deren Anwendern nützliche Kenntnisse und Informationen vermittelt werden.

Das Ansprechen dieser beiden Gruppen ist einerseits deshalb sinnvoll, weil die wachsenden Integrationsgrade eine immer weitergehende Einbeziehung von den Systemaufbau unterstützenden Schaltungen oder von ganzen Systemkomponenten in die Schaltkreise ermöglicht. Das setzt auch beim Schaltkreisentwerfer zunehmende Systemkenntnisse voraus. Andererseits verlangt die Auswahl der richtigen Schaltkreise für den Systemaufbau beim Anwender bei der immer breiter werdenden Palette von Speicherschaltkreisen und den Möglichkeiten der Einbeziehung von Speicherbereichen in anwenderspezifische Schaltkreise solide Kenntnisse über die verschiedenen Bauelementetypen und ihre innere Schaltungsstruktur.

Das Buch wendet sich daher sowohl an Entwickler und Hersteller von Mikroelektronik-Bauelementen, als auch an Informations- und Automatisierungstechniker sowie Informatiker, d.h. an alle diejenigen, die Speicherschaltkreise bzw. Speicher entwerfen und betreiben, sowie an Studierende der einschlägigen Fachrichtungen.

Das Buch ist in 8 Kapitel gegliedert. Nach der Einleitung wird im 2. Kapitel eine Übersicht über die Speicherschaltkreise nach physikalischen Prinzipien, Eigenschaften, Technologien und Anwendungen gegeben. Als Basis für das Verständnis der nachfolgenden Erörterungen sind im 3. Kapitel einige schaltungstechnische Grundlagen zusammengefaßt, die je nach Grad der Vorkenntnisse vom Leser übersprungen werden können. Die nachfolgenden Kapitel 4 und 5 sind dann den Speicherschaltkreisen und die Kapitel 6 und 7 dem Aufbau von Speicherbaugruppen und Speichern gewidmet. Im abschließenden 8. Kapitel wird ein Ausblick auf die künftige Entwicklung gegeben und versucht deutlich zu machen, daß sich die klassischen Grenzen zwischen Speicher- und Prozessorschaltkreisen mit der wachsenden Leistungsfähigkeit der mikroelektronischen Technologien und den Erfordernissen leistungsfähiger Prozessorsysteme verschieben und es zu einer Integration dieser beiden Funktionen kommt. Die Kapitel 1 bis 5 und 8 sind von D. Rhein, die Kapitel 6 und 7 von H. Freitag verfaßt worden.

Technische Daten werden nur exemplarisch angegeben, um Größenordnungen zu vermitteln, und können konkrete und aktuelle Datenblätter und Kataloge der Herstellerfirmen nicht ersetzen.

Die Verfasser danken an dieser Stelle zahlreichen Fachkollegen für wertvolle Anregungen und Hinweise, besonders den Herren Professoren E. Philippow, E. Köhler, J. Meinhardt, H. Völz, G. Fritzsche und M. Roth, die unterstützend und ermunternd zum Konzept Stellung genommen haben. Der Leitung und zahlreichen Kollegen des Alcatel Austria - ELIN Forschungszentrums für Computertechnik in Wien sei an dieser Stelle für die Förderung des Vorhabens, für wertvolle Hinweise und die für die Bereitstellung der Computertechnik zur Gestaltung des reprofähigen Manuskripts gedankt, ganz besonders den Herren Dipl.-Ing. N. Theuretzbacher, Dr. G. Wirthumer und Dr. J. Doppelbauer. Den Herren Ing. K.-H. Rumpf, Ing. Ch. Angelov und Dipl.-Ing. A. Wachlowski gilt unser Dank für das sorgfältige Lesen des Manuskripts und für zahlreiche Anregungen. Die Reinzeichnungen der Bilder wurden von Zeichner/innen des früheren Verlag Technik Berlin angefertigt. Schließlich sei dem Springer-Verlag Wien für die gute Zusammenarbeit und die schnelle Drucklegung des Buches herzlich gedankt.

Den Lesern werden die Autoren für alle Hinweise und Anregungen dankbar sein und bitten darum, diese direkt an den

Springer-Verlag Wien, Sachsenplatz 4-6, A-1201 Wien,

zu senden.

D. Rhein und H. Freitag

Inhaltsverzeichnis

1 Einleitung 1

2 Übersicht über die mikroelektronischen Speicherschaltkreise 5

2.1 Definitionen und Typen 5

    2.1.1 Selektionsprinzip 5

    2.1.2 Art des Zugriffs 6

    2.1.3 Lese- und Schreibzugriff 6

    2.1.4 Informationsverhalten bei Netzausfall und beim Lesen 7

    2.1.5 Technologien für Speicherschaltkreise 8

2.2 Speicherschaltkreise 8

    2.2.1 Innere Struktur der Speicherschaltkreise 8

    2.2.2 Speicherkapazität 9

    2.2.3 Speicherzellen und ausgenutzte physikalische Prinzipien 10

    2.2.4 Forderungen an Speicherschaltkreise 11

2.3 Trends bei Speicherschaltkreisen 13

2.4 Anwendungen mikroelektronischer Speicher 16

3 Schaltungstechnische Grundlagen 19

3.1 MOS-Schaltungstechnik 19

    3.1.1 MOS-Transistoren 19

    3.1.2 MOS-Inverter 22

        3.1.2.1 Statischer MOS-Inverter mit Enhancementtransistoren 24

        3.1.2.2.Weitere Invertertypen 26

    3.1.3 MOS-Logikschaltungen 29

        3.1.3.1 Statische MOS-Logik 29

        3.1.3.2 Dynamische MOS-Logik 31

        3.1.3.3 NMOS- und CMOS-Transfergates 34

    3.1.4 Dekoder 34

    3.1.5 Ein- und Ausgangspuffer 37

    3.1.6 Flipflop als elementares Speicherelement 39

3.2 Bipolare Schaltungstechnik 41

3.2.1 Bipolartransistor 41
3.2.2 Bipolare Inverter 42
   3.2.2.1 TTL-Inverter 43
   3.2.2.2 ECL-Inverter 43
3.3 BICMOS-Schaltungstechnik 45

4 Schreib-Lese-Speicherschaltkreise (RAM) 47

4.1 MOS-SRAM 47
  4.1.1 Speicherzellen für MOS-SRAM 47
  4.1.2 Speicherschaltkreis 50
    4.1.2.1 Struktur und Funktion 50
    4.1.2.2 Anforderungen an den Entwurf von SRAM-Schaltkreisen 54
    4.1.2.3 Schaltungstechnische Lösungen für ausgewählte Baugruppen 55
    4.1.2.4 Ausbeuteerhöhung durch Redundanz 59
    4.1.2.5 Anwenderorientierte Besonderheiten bei speziellen SRAM 61

4.2 Bipolare SRAM 61
  4.2.1 Speicherzellen 61
  4.2.2 Speicherschaltkreis 63

4.3 Entwicklungsrichtungen bei SRAM-Schaltkreisen 66
  4.3.1 Anwendung der MOS-SOI-Technik 67
  4.3.2 BICMOS-Speicherschaltkreise 67
  4.3.3 Galliumarsenid-Speicherschaltkreise 71

4.4 MOS-DRAM 72
  4.4.1 Speicherzellen 72
  4.4.2 Speicherschaltkreis mit Dreitransistorzellen 74
  4.4.3 Speicherschaltkreis mit Eintransistorzellen 75
    4.4.3.1 Struktur und Funktion 75
    4.4.3.2 Schaltungstechnische Realisierung 78
    4.4.3.3 Betriebsarten für schnelleren Datendurchsatz 81
    4.4.3.4 Refresharten 83

4.5 Probleme des Entwurfs von Megabit-DRAMs 84
  4.5.1 Übersicht über die Probleme der weiteren Erhöhung des
      Integrationsgrades 84
  4.5.2 Speicherzellen für Megabit-DRAMs 85
  4.5.3 Schaltungstechnische Besonderheiten 88
    4.5.3.1 Blockstruktur 88
    4.5.3.2 Bitleitungsschaltung 89
    4.5.3.3 Reduzierte Betriebsspannung 91
    4.5.3.4 Verwendung von BICMOS-Schaltungen 91
  4.5.4 Begrenzung der Fehlerrate durch Soft-errors 92
    4.5.4.1 Soft-errors durch α-Strahlen 92

4.5.4.2 Mitintegrierte Fehlererkennungs- und -korrekturschaltungen 93
4.5.5 Integrierte Testschaltungen 95

5 Festwertspeicher-Schaltkreise (ROM) 97

5.1 Allgemeines und Übersicht 97

5.2 Maskenprogrammierte ROM 99
5.2.1 Bipolare ROM 100
5.2.2 Maskenprogrammierte MOS-ROM 101
5.2.2.1 MOS-ROM mit Parallelstruktur 101
5.2.2.2 Verwendung der X-Zelle 102
5.2.2.3 MOS-ROM mit Serienstruktur 103
5.2.2.4 Multilevel-ROM 104

5.3 Einmalig elektrisch programmierbare ROM (PROM) 105
5.3.1 Bipolare PROM 105
5.3.2 MOS-PROM 107

5.4 Elektrisch programmierbare und durch UV-Licht löschbare ROM (EPROM) 108
5.4.1 Zellen für EPROMs 108
5.4.1.1 Zwei-Transistor-P-Kanal-Zelle 109
5.4.1.2 Eintransistor-Stapelgate-Zelle mit N-Kanal 110
5.4.2 EPROM-Schaltkreis 112
5.4.2.1 Blockschaltbild 112
5.4.2.2 Gehäuse und Anschlußbelegung 113
5.4.3 Schaltungstechnische Fragen 114
5.4.3.1 Leseschaltung 115
5.4.3.2 Redundanz 115
5.4.3.3 Schaltungen zur Testunterstützung 116
5.4.4 Applikative Gesichtspunkte 117
5.4.4.1 Betriebarten von EPROMs 117
5.4.4.2 Programmiergeräte und Programmieralgorithmen 118

5.5 Elektrisch programmierbare und löschbare ROM (EEPROM) 119
5.5.1 MNOS-Speicher 120
5.5.2 Floatinggate-EEPROM 122
5.5.2.1 Zweitransistor-FLOTOX-Zelle 122
5.5.2.2 Eigenschaften der EEPROM-Schaltkreise 124
5.5.2.3 Flash-EEPROM 125
5.6 Nichtflüchtige RAM 127

6 Technische Realisierung von Speichern 128

6.1 Allgemeine Überlegungen 128

6.2 Stromversorgung des Speichers 132

6.2.1 Berechnung des Leistungsbedarfes 132
6.2.1.1 Berechnung der Verlustleistung der Speichermatrix 132
6.2.1.2 Verlustleistung der Treiberbaustufen 136
6.2.1.3 Beispiel einer Verlustleistungsberechnung 137
6.2.2 Betriebsstromzuführung innerhalb des BSM 139
6.2.2.1 Minimierung von Betriebsspannungsschwankungen durch
Verminderung der Induktivitäten 142
6.2.2.2 Minimierung von Betriebsspannungsschwankungen mittels lokaler
Stützkondensatoren 143
6.2.2.3 Einschalten der Betriebsspannung 147

6.3 Ansteuerung der Speichermatrix 148
6.3.1 Elektrische Ansteuerbedingungen 148
6.3.1.1 Reflexionen 150
6.3.1.2 Übersprechen 156
6.3.2 Zeitbedingungen der Ansteuersignale, Timing des Speichermoduls 159
6.3.3 Bestimmung der Verzögerungszeiten 160
6.3.3.1 Maximale und minimale Logikverzögerung 161
6.3.3.2 Einfluß der Lastkapazität 161
6.3.3.3 Signalleitungsverzögerung 163
6.3.3.4 Einfluß des Seriendämpfungswiderstandes R_D 164

6.4 Geometrischer Aufbau einer Speicherleiterkarte 165
6.4.1 Steigerung der Packungsdichte von Speichern 167
6.4.2 SM-Schaltkreis 167
6.4.3 Oberflächenmontagetechnologie 168
6.4.4 SIP-Speichermodule 170

7 Entwurf von Speicherbaugruppen und Speichern 172

7.1 ROM-Speicher 174
7.1.1 Worterweiterung des ROM-Speichers 174
7.1.2 Kapazitätserweiterung des ROM-Speichers innerhalb des
CPU-Adreßraums 175
7.1.3 Kapazitätserweiterung über den CPU-Adreßraum hinaus 176
7.1.4 ROM-Schaltkreise als programmierbare Logik-Arrays 178
7.1.5 ROM-PLA als Signalgenerator 179

7.2 SRAM-Speicher 180
7.2.1 Cache-Speicher (Pufferspeicher) 180
7.2.1.1 Vollassoziativer Cache-Speicher 181
7.2.1.2 Einweg-Cache 182
7.2.1.3 Assoziativer Zweiwege-Cache 183
7.2.1.4 Entwurf von Cache-Speichern 183
7.2.2 SRAM-Speichermatrix für FIFO-Speicher 188

7.3 DRAM-Speicher 189

7.3.1 Regeneriervarianten 190
7.3.2 Regeneriersteuerung/Speichersteuerung 192
  7.3.2.1 Steuerung im Großcomputer 194
  7.3.2.2 Steuerung im Mikrocomputer 195

7.4 Maßnahmen zur Datensicherung im Speicher 200
7.4.1 Nichtschritthaltende Datensicherungsmaßnahmen 201
  7.4.1.1 Standard-Testalgorithmen 202
  7.4.1.2 Optimierte Testalgorithmen: Funktionaltests 208
  7.4.1.3 Optimierte Testalgorithmen: Maskenabhängige Tests 215
  7.4.1.4 Zufallstests 217
7.4.2 Schritthaltende Datensicherungsmaßnahmen 220
  7.4.2.1 Implementierungsvarianten von Fehlererkennungs- und
          Korrektureinrichtungen 221
  7.4.2.2 Allgemeine Grundlagen fehlertoleranter Binärblockcodes ..222
  7.4.2.3 Matrizendarstellung der Fehlerkorrektur-Prozedur 226
  7.4.2.4 Beispiele für 1EC- und 1EC+2ED-Codes 228
7.4.3 Zuverlässigkeit von Speichern 232
  7.4.3.1 Zuverlässigkeiteigenschaften von Systemen mit Redundanz ..232
  7.4.3.2 Zuverlässigkeitsfunktion von Speichern mit und ohne
          Fehlerkorrektureinrichtungen 235
  7.4.3.3 MTBF eines Speichers 238

8 Ausblick: Integration von Speichern und Logik 241

8.1 Übersicht 241

8.2 Inhaltsadressierte Speicher 243
8.2.1 Inhaltsadressierte Speicher und Assoziativspeicher 243
8.2.2 Mikroelektronische Realisierung von CAM 246

8.3 Speicherung in Parallelprozessorsystemen 249
8.3.1 Übersicht über Parallelprozessorsysteme 249
8.3.2 Computernetze 250
8.3.3 Zellulare Parallelprozessorstrukturen 251
8.3.4 Künstliche neuronale Netzwerke 251

Anhang: Verlustleistungsberechnung für den DRAM-Basisspeichermodul nach
        Abschnitt 6.3.2.1 253

Literaturverzeichnis 258

Sachwortverzeichnis 267

1 Einleitung

In der grundlegenden Architektur eines Computers nach J. VON NEUMANN (Abb. 1.1), wie sie bis heute weitgehend verwendet wird, werden 3 Typen von Informationen unterschieden:

- *Daten*, die zu erfassen, zu speichern, zu bearbeiten und in ursprünglicher oder bearbeiteter Form auszugeben sind (Buchstaben, Zahlen, Symbole, Texte u. dgl.);
- *Adressen* von Speicherplätzen, E/A-Schnittstellen u. dgl., unter denen die Daten erfaßt, abgelegt, gelesen und ausgegeben werden können;
- *Befehle*, die die Steuereinheit des Computers informieren, was mit den Daten geschehen soll.

Die Informationen werden innerhalb der Computer einheitlich in binärer Form dargestellt, d.h. als Folgen von zweiwertigen Signalen oder Zuständen. Die elementare Informationsmenge ist das Bit (von binary digit) mit den möglichen Zuständen "0" und "1", die Einheit der Informationsmenge ist 1bit. In Daten Adressen und Befehlen werden die Dezimalziffern, Buchstaben und Sonderzeichen durch Gruppen von jeweils 8bit dargestellt, die als Byte bezeichnet werden, mit der Einheit 1byte = 8bit.

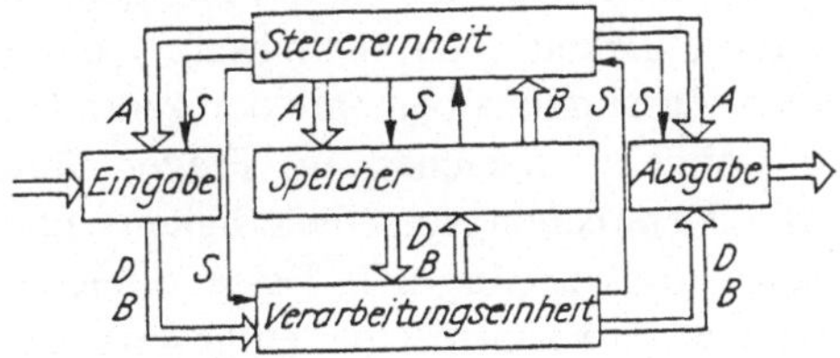

Abb. 1.1. Rechner-Architektur nach J. VON NEUMANN
D Daten, B Befehle, A Adressen, S Steuersignale

Charakteristisches Merkmal der seriell arbeitenden von-Neumann-Maschinen, zu denen auch die meisten Mikrocomputer gehören, ist die Speicherung von Informationen aller genannten Typen in einem einheitlichen (elektronischen) Speicher, der als *Hauptspeicher* bezeichnet wird. Aus technisch-ökonomischen Gründen wird dieser erforderlichenfalls durch weitere Speicher (externe oder periphere Speicher, d.h. außerhalb der eigentlichen zentralen Verarbeitungseinheit ZVE befindliche Massenspeicher) ergänzt.

Wenn die zu verarbeitenden Informationen binär dargestellt werden, eignen sich als Elemente für die Speicherung eines Bit alle Anordnungen, in denen jeweils einer von zwei verschiedenen stabilen Zuständen (denen die Informationen "0" und "1" zugeordnet werden) eingestellt werden kann. Der eingestellte Zustand muß über längere Zeit aufrecht erhalten bleiben und bei Bedarf ohne Änderung des eingestellten Zustandes erkennbar sein. Eine solche Anordnung zur Aufnahme eines Bit heißt *Speicherzelle*, die Vorgänge des Einstellens, Aufbewahrens und Wiedererkennens des Zustandes werden als Schreiben, Speichern und Lesen der Information bezeichnet. Hinzu kommt als Forderung an einen Speicher die Selektionsmöglichkeit, d.h. jede Information muß - in der Regel an Hand einer Adresse - abgelegt und wiederaufgefunden werden können.

Zur Realisierung digitaler Speicher bzw. der Zugriffsmöglichkeiten zu den einzelnen Speicherzellen wurden erfolgreich

- mechanische (Strukturspeicher, Lochband, Bewegung von Medien),
- elektronische (bistabile Schaltungen, Speicherung von Ladungen, Schieberegister, Ansteuerschaltungen),
- magnetische (Ausnutzung der Hysterese),
- ferroelektrische (elektrische Hysterese),
- optische (optischer Zugriff, holografische Speicher),
- kryoelektronische (verlustlose Speicherung von Magnetfeldern, bistabile Schaltungen, Josephson-Kontakte) u.a.

Wirkprinzipien untersucht. Die damit realisierten Speicher unterscheiden sich im Hinblick auf die mögliche Zugriffsgeschwindigkeit, die realisierbare Speicherkapazität (Gesamtmenge der speicherbaren Information in bit), die räumlichen Abmessungen und die Herstellungskosten pro Bit.

Da die Geschwindigkeit des Zugriffs zur gespeicherten Information maßgeblich die Arbeitsgeschwindigkeit bzw. die Leistungsfähigkeit (den "Durchsatz") eines Computers bestimmt, kommen für die direkte Zusammenarbeit mit der zentralen Verarbeitungseinheit des Computers nur schnelle Speicher in Frage. Ihre Zugriffszeit muß kurz (d.h. angepaßt an die Verarbeitungsgeschwindigkeit) und unabhängig von der jeweiligen Adresse sein (direkter Zugriff). Diese Speicher heißen *Operativ*- oder *Arbeitsspeicher* und werden als Hauptspeicher eingesetzt. Bei ihnen sind die Speicherzellen matrizenförmig angeordnet, um den schnellen, direkten Zugriff zu ermöglichen.

Speicher mit direktem Zugriff sind jedoch teurer als Speicher mit einem kontinuierlichen Speichermedium, das zum Zugreifen durch mechanische Bewegung an einer magnetischen oder optischen Schreib-Lese-Einrichtung vorbeigeführt wird. Diese Speicher mit zyklischem (bei rotatorischer Bewegung) oder seriellem Zugriff (bei translatorischer Bewegung) können große Datenmengen aufnehmen, haben aber größere Zugriffszeiten. Sie werden als externe *Massenspeicher* eingesetzt, aus denen erforderliche Daten oder Programme blockweise mit dann allerdings hoher Übertragungsgeschwindigkeit in den Hauptspeicher und umgekehrt übertragen werden können.

Um den Forderungen der Computer nach kurzer Zugriffszeit und großer Speicherkapazität zu entsprechen, wird als technisch-ökonomischer Kompromiß im Computer also meist ein Speichersystem (eine Speicherhierarchie) aufgebaut, worin schnelle Speicher kleinerer Kapazität (Operativspeicher) mit großen aber langsameren Speichern (Massenspeicher) zusammenarbeiten. Rechen- und Steuerwerk der zentralen Verarbeitungseinheit greifen nur zum Operativspeicher zu, während notwendige Programme oder Dateien aus dem Massenspeicher blockweise in den Operativspeicher übertragen werden. Unter Umständen werden auch der Operativ- und der Massenspeicher wiederum aus verschieden schnellen und großen Speichern aufgebaut. Man spricht dann von einer mehrstufigen Speicherhierarchie.

Eine einheitliche *Klassifizierung* der digitalen Speicher ist wegen der großen Anzahl von Typen, Realisierungsprinzipien, Anwendungen und Eigenschaften nicht möglich. In Abb. 1.2 ist dennoch der Versuch unternommen, einen Überblick über das Gesamtgebiet der Speichertechnik zu vermitteln, indem die Einteilung der Speicher nach den schon erwähnten Kriterien (ausgenutzter physikalischer Effekt, Aufgabe im Speichersystem) und weiteren Kriterien vorgenommen wird, die dann für konkrete Speichertypen entsprechend zu kombinieren sind. Beispielsweise ist ein Festplattenspeicher (Hard disc)

- ein Massenspeicher,
- ein magnetischer Speicher,
- ein Speicher mit zerstörungsfreiem Lesen (NDRO = non destructive readout),
  d.h. die Information bleibt beim Lesen im Speicher unverändert erhalten,
- ein dynamischer Speicher, da dynamische Prinzipien für Schreiben und Lesen
  (entsprechend der Aufzeichnung und Wiedergabe bei der magnetischen
  Signalspeicherung) verwendet werden,
- ein ortsveränderlicher Speicher mit bewegtem Speichermedium,
- ein adressenbestimmter Speicher mit blockweiser Adressierung,
- ein Speicher mit seriellem, zyklischen Zugriff und
- ein Schreib-Lese-Speicher, da Lese- und Schreibvorgänge gleichwertig möglich
  sind.

Nähere Erläuterungen zu einzelnen Begriffen in Abb. 1.2 werden - soweit sie für mikroelektronische Speicher relevant sind - in den folgenden Kapiteln gegeben (vgl. auch [1.1]).

Im Bereich der Arbeits- bzw. Operativspeicher waren in den 60er und der ersten Hälfte der 70er Jahre die Ferritkernspeicher dominierend, ggf. unterstützt durch schnelle Pufferspeicher auf Halbleiterbasis. Mit der Entwicklung, Herstellung und Anwendung der großintegrierten Halbleiterspeicher wurden die Ferritkerne rasch verdrängt. Gegenwärtig und in absehbarer Zukunft kommen im Bereich der Operativspeicher und der schnellen Festwertspeicher ausschließlich mikro-elektronische Speicher zum Einsatz. Diese umfassen heute ein ganzes Spektrum von Typen mit unterschiedlichen Speicherprinzipien und Eigenschaften. Dieser wichtigen Gruppe von Speichern ist der Inhalt dieses Buches gewidmet, wobei zunächst Wirkprinzipien, Schaltungstechnik, Aufbau und Realisierung der Bausteine, der integrierten Speicherschaltkreise, und darauf aufbauend die

4

Gesichtspunkte für deren Auswahl und Zusammenschaltung zur Speicherbaugruppe oder zum Speicher behandelt werden.

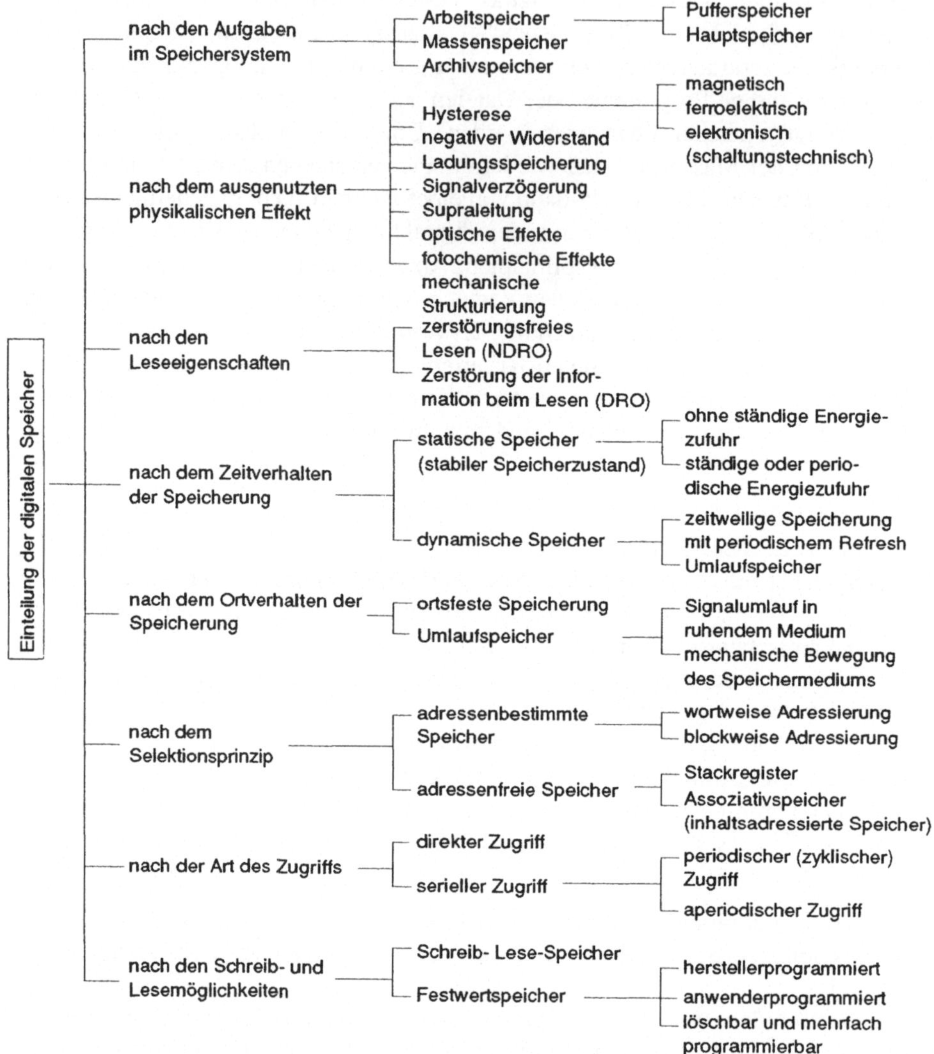

Abb. 1.2. Mögliche Klassifikation der digitalen Speicher

In der Gruppe der Massenspeicher werden gegenwärtig vorwiegend magnetische Speicher als Plattenspeicher (Floppy disc, Hard disc) oder als Bandspeicher (Magnetbandgeräte, Kassettenspeicher) sowie optische Plattenspeicher verwendet. Da hier ganz andere physikalische Prinzipien zur Anwendung kommen, muß auf die Literatur verwiesen werden [1.2], [1.3].

2 Übersicht über die mikroelektronischen Speicherschaltkreise

Speicherschaltkreise sind Bauelemente, in denen eine große Anzahl von Speicherzellen zusammen mit den nötigen Auswahl- und Ansteuerschaltungen integriert sind und die in einem Gehäuse konfektioniert sind. Mit ihnen werden dann Speicherbaugruppen und Speicher aufgebaut. In diesem Kapitel soll zunächst eine Übersicht über die Typen der mikroelektronischen Speicherschaltkreise gegeben werden. Anschließend werden die gemeinsamen Merkmale der inneren Struktur der Speicherschaltkreise sowie die Forderungen, die an sie gestellt werden, erörtert. Sodann werden kurz die wichtigsten Tendenzen der Entwicklung der mikroelektronischen Speicher vorgestellt, ohne deren Kenntnis ein Gesamtverständnis der Dynamik der Speichertechnik und der konkreten Schaltkreistypen in den folgenden Kapiteln kaum möglich ist. Das Kapitel schließt mit einem Überblick über die Einsatzgebiete der Speicherschaltkreise in der Computertechnik.

2.1 Definitionen und Typen

2.1.1 Selektionsprinzip

Die Mehrzahl der mikroelektronischen Speicher sind adressenbestimmte Speicher, d.h. jede Information wird in dem Speicher an Hand einer Adresse abgelegt (eingeschrieben, gespeichert) und kann mittels derselben Adresse wieder aufgerufen (gelesen) werden. Die Adresse definiert die räumliche Lage der Information im Speicher (bzw. auch im Speicherschaltkreis). Eine Ausnahme bilden lediglich die sog. Stackregister und die inhaltsadressierten Speicher.

Stackregister sind Zwischenspeicher kleiner Kapazität und meist interne Bestandteile des Prozessorschaltkreises, die ohne Adressen betrieben werden. Bei jeder Ausgabe wird jeweils das am Ausgang anstehende Datenwort ausgegeben, während gleichzeitig alle übrigen Daten um eine Position zum Ausgang hin verschoben werden. Umgekehrt erfolgt bei der Eingabe eine gleichzeitige Verschiebung der Wörter in den Speicher hinein, damit ein Platz frei wird. Nach der Organisation unterscheidet man FIFO-Register (first in first out, Warteschlangenprinzip) und LIFO-Register (last in first out, Magazinprinzip) (Abb. 2.1).

In *inhaltsadressierten Speichern* oder *Assoziativspeichern* (CAM = content addressable memories) wird die abgespeicherte Information aufgrund der Übereinstimmung mit einem bestimmten Suchkriterium aufgefunden und ausgegeben. Diese Speicher werden nur für Sonderanwendungen realisiert, da sie wegen des erhöhten Aufwandes teurer sind (siehe Abschnitt 8.2).

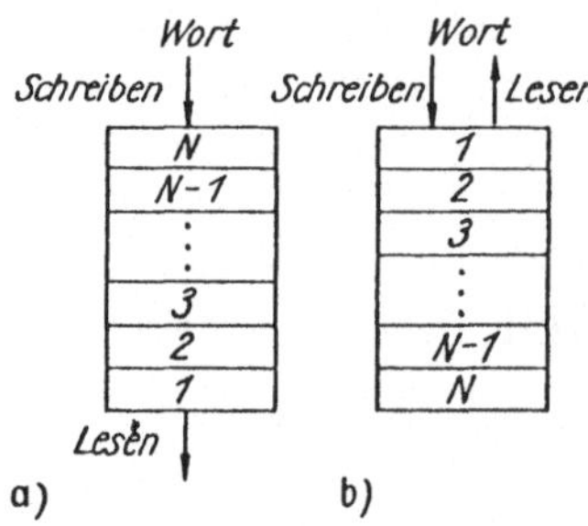

Abb. 2.1. Prinzip der Stackregister
a Warteschlangenprinzip (FIFO),
b Magazinprinzip, Kellerspeicher (LIFO)

2.1.2 Art des Zugriffs

Bis auf wenige Ausnahmen weisen alle mikroelektronischen Speicherschaltkreise einen *direkten Zugriff* zur Information auf. Das bedeutet, daß wegen der Anordnungen der Speicherzellen in einer Matrix der Zugriff (Lesen oder Schreiben) bei jeder beliebigen Speicherzelle gleichschnell erfolgt. Mit anderen Worten: Die Zugriffszeit, die zwischen Bereitstellung (bzw. Gültigkeit) der Adresse und Gültigkeit der gelesenen Information am Ausgang vergeht, ist unabhängig von der Adresse konstant (im Gegensatz zu beispielsweise rotierenden Plattenspeichern, bei denen eine statistisch verteilte Warte- oder Latenzzeit vergeht, bis die gesuchte Information den Lesekopf passiert).

Eine Ausnahme bei den mikroelektronischen Speichern bilden nur die Schieberegister, die jedoch nur als Bestandteil von Prozessor- und Logik-schaltkreisen, nicht aber als Speicherschaltkreise eingesetzt werden, und die ladungsgekoppelten Speicher (charge-coupled devices, CCD-Speicher), die nicht zur Anwendung gekommen sind. Diese weisen ebenfalls einen zyklischen Zugriff auf, da bei ihnen die Information in einem Schieberegister umläuft.

2.1.3 Lese- und Schreibzugriff

Nach den Lese- und Schreibmöglichkeiten unterscheidet man Schreib-Lese-Speicher, die wahlweise geschrieben oder gelesen werden können (bei etwa gleichlangen Schreib- und Lesezyklen) und Nur-Lese-Speicher, die nur ein Lesen der einmal fest eingegebenen Information zulassen.

Die *Schreib-Lese-Speicher*, die außerdem einen direkten Zugriff aufweisen, also als Operativspeicher geeignet sind, werden als *Speicher mit wahlfreiem Zugriff* (random access memories) oder kurz als RAM bezeichnet. Je nach der Realisierung werden diese noch in statische und dynamische RAMs unterteilt (kurz SRAM oder DRAM).

Bei den *Nur-Lese-Speichern* (read only memories) oder *Festwertspeichern*, kurz als ROM bezeichnet, wird die Information bei der Herstellung fest eingegeben und kann weder gelöscht noch geändert werden. Zur Eingabe der Information wird eine spezielle Schablone (Maske) hergestellt, die das Informationsmuster trägt und dieses bei der Herstellung auf den Speicherschaltkreis überträgt (Masken-ROM). Da bei diesen Speichern die Schreibschaltungen entfallen und die Speicherzellen einfacher sind, lassen sie sich billiger herstellen, sind aber in der Anwendung eingeschränkt.

Bei bestimmten ROM-Typen ist eine einmalige Eingabe der Information (hier als Programmierung bezeichnet) beim Anwender des Schaltkreises möglich. Diese Schaltkreise werden als programmierbare ROM (oder PROM) bezeichnet. Weitere Untergruppen sind die (mit UV-Bestrahlung) löschbaren und damit mehrmals programmierbaren Speicher (erasable PROM oder kurz EPROM) und die elektrisch löschbaren und programmierbaren ROMs (kurz EEPROM).

Insgesamt ergibt sich damit ein Typenspektrum der mikroelektronischen Speicherschaltkreise, wie es auf Abb. 2.2 dargestellt ist.

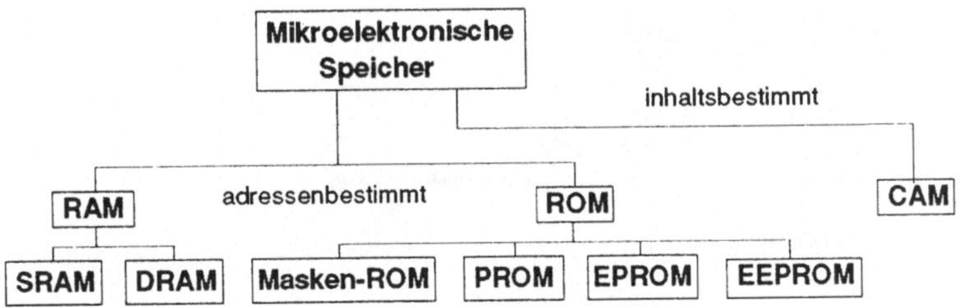

Abb. 2.2. Typenübersicht mikroelektronischer Speicherschaltkreise (Erläuterungen im Text)

2.1.4 Informationsverhalten bei Netzausfall und beim Lesen

Aufgrund der verwendeten physikalischen Prinzipien verlieren die Halbleiter-RAM die gespeicherte Information bei Ausfall oder Abschalten der Stromversorgung, d.h. zur Aufrechterhaltung der Speicherung ist (im Gegensatz beispielsweise zu allen magnetischen Speichern) eine ständige oder periodische Energiezufuhr erforderlich (*volatile memories* oder flüchtige Speicher). Diesem Nachteil ist u.U. durch die Verwendung batteriegepufferter Stromversorgung zu begegnen. Alle Festwertspeichertypen behalten hingegen unabhängig von der Stromversorgung ihre Information (*nonvolatile memories*, nichtflüchtige Speicher). Die Herstellung nichtflüchtiger Halbleiter-RAM ist bisher abgesehen von den batteriegestützten SRAM-Schaltkreisen nicht zufriedenstellend gelöst (vgl. Abschnitt 5.6).

Bezüglich der Zerstörung der Information beim Lesen gibt es bei den mikroelektronischen Speichern *NDRO-Speicher* (non-destructive readout, zerstörungsfreies Lesen: alle ROM-Typen sowie SRAM) und *DRO-Speicher* (dazu gehören z.B. die DRAM). Bei letzteren wird die Information in den Zellen beim Lesen zwar zerstört, jedoch stört dies den Anwender nicht, da intern die gelesene Information sofort wieder eingeschrieben wird.

2.1.5 Technologien für Speicherschaltkreise

Alle mikroelektronischen Technologien sind prinzipiell auch zur Herstellung von Speicherschaltkreisen geeignet. Jedoch sind nicht alle Speichertypen in allen Technologievarianten gleichermaßen günstig realisierbar. Abbildung 2.3 gibt eine Übersicht über die verwendeten Technologien und die damit realisierten Speicher. Dabei sind die nicht mehr benutzte P-Kanal-MOS-Technik und die noch nicht kommerziell für Speicher angewendete GaAs-Technik gestrichelt eingezeichnet.

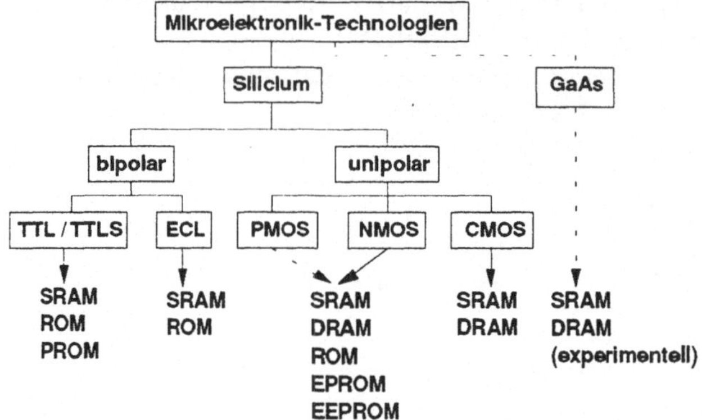

Abb. 2.3. Mikroelektroniktechnologien und ihre Verwendung zur Herstellung von Speicherschaltkreisen

2.2 Speicherschaltkreise

2.2.1 Innere Struktur der Speicherschaltkreise

Obwohl sich die einzelnen Speichertypen (nach Abb. 2.2) hinsichtlich der ausgenutzten physikalischen Prinzipien, der Form der Speicherzellen und damit auch bezüglich der inneren Struktur und Schaltungstechnik unterscheiden, besitzen alle RAM- und ROM-Typen doch eine einheitliche Grundstruktur (Abb. 2.4).

Kernstück der Speicherschaltkreise ist die in Zeilen und Spalten gegliederte *Speichermatrix* (Anordnung der Speicherelemente oder Speicherzellen, die jeweils ein Bit speichern können). Alle Speicherzellen einer Zeile sind mit einer Zeilenleitung (auch *Wortleitung* WL genannt) und alle Speicherelemente der gleichen Spalte sind mit einer Spaltenleitung (auch *Bitleitung* BL genannt) verbunden. Zur Ansteuerung der Speichermatrix dienen die Schaltungen zur Zeilenauswahl und -ansteuerung und die Schaltungen zur Spaltenauswahl. Zeilen- und Spaltenauswahl erfolgen durch *Dekodierung* der von außen bereitgestellten Adressen (Zeilen- und Spaltenadressen). Durch Aktivierung einer ausgewählten Wortleitung können die zu ihr gehörenden Zellen ihre Information an die Bitleitungen übertragen. Jedoch wird nur die Information *einer* an Hand der

Spaltenadresse ausgewählten Spalte zum Ausgang übertragen. Die Steuerung aller zeitlichen Abläufe und die Lese-Schreibsteuerung erfolgen durch eine *Taktzentrale*, die anhand äußerer Steuersignale entsprechende interne Takt- oder Steuersignale erzeugt.

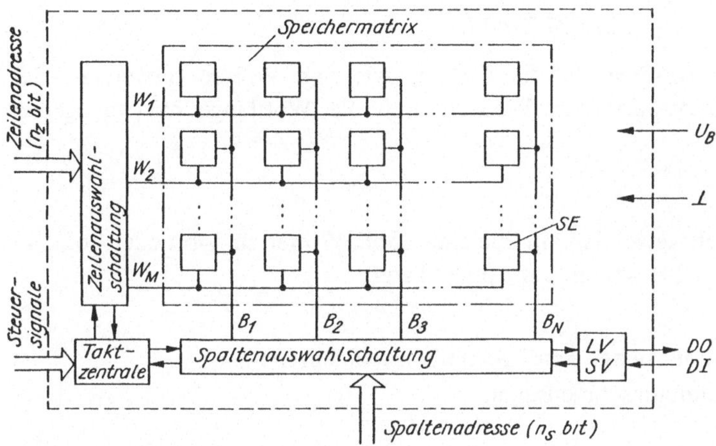

Abb. 2.4. Struktur eines Speicherschaltkreises
SE Speicherelement (Zelle für 1 bit), LV Leseverstärker, SV Schreibverstärker,
U_B Betriebspannung(en), DO Datenausgang, DI Dateneingang

2.2.2 Speicherkapazität

Speicherkapazitäten sind stets Potenzen von zwei. Hat die Zeilenadresse n_z bit, dann läßt sich damit jeder Adressenbelegung eine aus

$$M = 2^{n_z}$$

Wortleitungen zuordnen (adressieren). Entsprechend kann mit einer n_s-bit-Spalten-adresse eine aus

$$N = 2^{n_s}$$

Spaltenleitungen ausgewählt werden. Die Gesamtzahl der Speicherzellen der Matrix, ihre Speicherkapazität C, ergibt sich damit aus der Stellenzahl der Adresse wie folgt

$$C = M\,N = 2^{n_z + n_s} = 2^n.$$

n_z Stellenzahl der Zeilenadresse, n_s Stellenzahl der Spaltenadresse
$n = n_z + n_s$ Gesamtstellenzahl der Binäradresse

Für größere Speicherkapazitäten werden die Vorsätze Kilo-, Mega- usw. daher abweichend von der üblichen Festlegung wie folgt verwendet:

$$1 \text{ kbit} = 2^{10} \text{ bit} = 1\,024 \text{ bit}^{1}$$
$$1 \text{ Mbit} = 2^{20} \text{ bit} = 1\,048\,576 \text{ bit}$$
$$1 \text{ Gbit} = 2^{30} \text{ bit} = 1\,073\,741\,824 \text{ bit}$$
$$1 \text{ Tbit} = 2^{40} \text{ bit} = 1\,099\,511\,627\,776 \text{ bit}$$

Analog werden die Vorsätze für die Einheit byte und Wörter verwendet. Bei Angaben der Speicherkapazität in Wörtern muß die Wortlänge mit angegeben werden. Die Angabe

$$C = 256K \times 24 bit$$

bedeutet dann beispielsweise, daß ein Speicher 256K Wörter zu 24bit oder 262 144 Wörter zu 24bit oder 6 291 456 bit aufnehmen kann.
Größenordnungen:

$$16 kbit \approx \text{Informationsmenge von 1 Schreibmaschinenseite A4,}$$
$$4 Mbit \approx 250 \text{ Schreibmaschinenseiten.}$$

2.2.3 Speicherzellen und ausgenutzte physikalische Prinzipien

Eine Übersicht über die verwendeten Speicherzellen in mikroelektronischen Speichern gibt Abb. 2.5. Statische RAM verwenden als Speicherelemente *bistabile Flipflop-Schaltungen*, sozusagen die grundlegende elektronische Speicherschaltung. Aktive Elemente können MOS-Transistoren (Abb. 2.5a) oder bipolare Transistoren (Abb. 2.5b) sein. Als Lastelemente kommen Widerstände oder Transistoren zur Anwendung (siehe Kapitel 3).

Dynamische RAM stellen eine Alternative zum Flipflop dar: Sie nutzen die (temporäre) *Ladungsspeicherung* in einem Kondensator aus. Abbildung 2.5c zeigt die heutige Eintransistorzelle, bestehend aus Schalttransistor und Speicherkondensator. Da die gespeicherte Ladung durch Leckströme allmählich verlorengeht, müssen die Speicher in festgelegten Intervallen gelesen und neu eingeschrieben werden (refresh oder Regeneration), daher die Bezeichnung dynamische Speicher.

Bei Masken-ROMs wird in einem gesonderten Herstellungsschritt die Information in Form der Realisierung oder Abwesenheit einer *elektrischen Verbindung* V zwischen Wort- und Bitleitung eingestellt und kann dann nicht mehr geändert werden (Abb. 2.5d). Dann ist bei Aktivierung der ausgewählten Wortleitung ein Signal an der Bitleitung vorhanden oder nicht vorhanden (entspricht "1" oder "0"). PROMs sind elektrisch programmierbare ROMs. Sie verfügen über eine *Durchschmelzverbindung* (fuse link), die bei Bedarf (entsprechend dem

---

^{1} $K=2^{10}$ wird zum Unterschied von $k=10^{3}$ meist groß geschrieben.

gewünschten Informationsmuster) durch Stromimpulse hoher Stromdichte aufgetrennt wird (bipolare PROM, Abb. 2.5e).

EPROMs und EEPROMs (Abb. 2.5 f und g) nutzen die (stabile) *Ladungs-speicherung* in einer allseitig in isolierendem Oxid eingebetteten Gateelektrode aus (floating gate). Zur Programmierung werden energiereiche Träger ("heiße Elektronen") injiziert, die die dünne Oxidschicht zum Floating-Gate durchtunneln können und damit zur Verschiebung der Schwellspannung führen. Zum Löschen wird die Ladung durch Anregung der dünnen Oxidschicht mit UV-Licht (EPROM) oder durch Hochfeld-Tunnelung (EEPROM) wieder abgeführt. Diese physikalischen Vorgänge sind in kritischer Weise von der MOS-Struktur sowie von Hochfeld- und Hochenergieverhalten der Ladungsträger bestimmt. MOS-PROMs, die ebenfalls in großem Umfang eingesetzt werden, sind in Wirklichkeit EPROMs in Plastgehäuse ohne Quarzglasfenster, die damit nicht löschbar sind.

Eine Übersicht über die ausgenutzten physikalischen Mechanismen in mikroelektronischen Speichern ist noch einmal in Tabelle 2.1 gegeben.

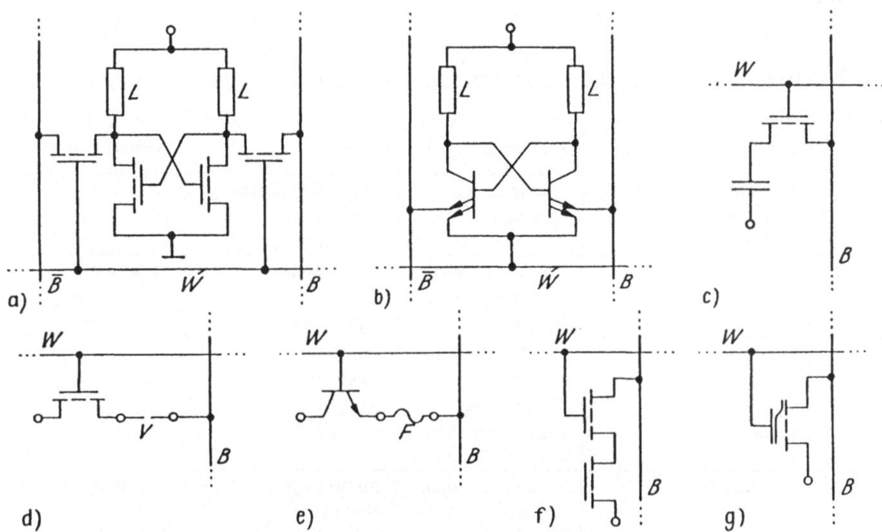

Abb. 2.5. Übersicht über Speicherzellen von mikroelektronischen Speichern
a MOS-SRAM, **b** Bipolarer SRAM, **c** MOS-DRAM, **d** MOS-ROM, **e** Bipolarer PROM,
f MOS-EPROM, **g** MOS-EEPROM
B Bitleitung, W Wortleitung, V in Abhängigkeit von Informationsmuster hergestellte
Verbindung, F elektrische Durchschmelzverbindung (fuse link), L Lastelement

2.2.4 Forderungen an Speicherschaltkreise

Die wichtigsten Forderungen, die an die Speicherschaltkreise gestellt werden, betreffen ihre Speicherkapazität, Geschwindigkeit, Leistungsaufnahme, Herstellungskosten bzw. Preis sowie applikative Besonderheiten.

- *Speicherkapazität*: Sie soll möglichst hoch sein, damit mit wenig Schaltkreisen Speicher hoher Gesamtkapazität aufgebaut werden können, was die Wirtschaftlichkeit und Zuverlässigkeit erhöht. Die Kapazität der Speicherschaltkreise hat sich seit Beginn ihrer Entwicklung von 1kbit im Jahre 1970 auf gegenwärtig über 4Mbit kontinuierlich vergrößert.

- *Geschwindigkeit*: Sie wird durch die *Zugriffszeit* (die Zeit, die zwischen der Bereitstellung bzw. Gültigkeit der Adresse am Eingang des Speichers bis zum Abschluß des Lese- oder Schreibvorganges vergeht) oder die *Zykluszeit* (die kleinste Zeitspanne zwischen dem Beginn aufeinanderfolgender Zugriffe) charakterisiert. Die Zykluszeit ist gegenüber der Zugriffszeit um die Zeitspanne verlängert, die für die Herstellung der Bereitschaft für den Beginn des nächsten Zugriffs erforderlich ist. Die Geschwindigkeit des Speichers muß an die Verarbeitungsgeschwindigkeit der CPU angepaßt sein. Ein Computer mit 10 MIPS (mega-instructions per second) erfordert beispielsweise Speicher mit <100ns Zugriffszeit. Die Zugriffszeiten der verschiedenen Speicherschaltkreistypen liegen gegenwärtig vorwiegend im Bereich von 5...500ns.

Tabelle 2.1. In Halbleiterspeichern ausgenutzte physikalische Mechanismen

Speichertyp	Ladungsspeicherung	Schreiben	Lesen	Bemerkungen
SRAM	Flipflop-Ausgänge (bei Dauerstrom in der Zelle)	Spannung an Bitleitung	zerstörungsfreies Messen der Knotenspannungen	
DRAM	Kapazität	Aufladung durch Spannung an Bitleitung	zerstörender Nachweis der Signalladung	periodische Auffrischung nötig (Refresh)
ROM (Maske)	keine	Programmierung bei der Herstellung	zerstörungsfreier Nachweis der Kopplung	
PROM	keine	Durchschmelzen einer Verbindung	wie ROM	
EPROM	Floating-Gate	Avalanche-Injektion auf Floatinggate	zerstörungsfreier Nachweis der Schwellspannung	Löschung durch UV-Bestrahlung
EEPROM	Zwischenschichtzustände im Isolator oder Floatinggate	Tunnel-Injektion von Ladungen	wie EPROM	Löschen durch Extraktion der der Ladung

- *Leistungsaufnahme* bzw. *Betriebsstrom*: Diese sollen möglichst klein sein. Allerdings ist für hohe Geschwindigkeit auch eine hohe Leistungsaufnahme erforderlich. Der maximalen Verlustleistung im Schaltkreis ist jedoch aus thermischen Gründen eine Grenze gesetzt, die bei etwa 1W (für Keramikgehäuse) bzw. 500mW (Plastikgehäuse) liegt. Dadurch wird je nach verwendeter Schaltungstechnik der Integrationsgrad oder die Geschwindigkeit begrenzt.

- *Herstellungskosten*: Die Herstellungskosten oder der Bitpreis (auf die Speicherkapazität bezogener Preis des Schaltkreises in DM/bit) wird wesentlich durch die Komplexität der jeweiligen Technologie, den Integrationsgrad des Schaltkreises und die Produktionsausbeute bestimmt, zwischen denen jeweils ein Optimum zu suchen ist.

- *Organisationsform*: Als Bestandteil der applikativen Eigenschaften gibt die Organisationsform an, wieviel Bit (Wortbreite, Aufrufbreite) bei einem Speicheraufruf gleichzeitig ausgegeben oder geschrieben werden können. In dem Schema von Abb. 2.4 wurde eine "x1"-Organisation zugrunde gelegt, d.h. bei jedem Aufruf wird 1bit aus- oder eingegeben. Werden jedoch die Spaltenleitungen in mehrere Gruppen (z.B. 4 oder 8) unterteilt und gleichzeitig aus jeder Gruppe 1bit ausgegeben, lassen sich Speicher mit 4bit- bzw. 8bit-Aufrufbreite realisieren. Entsprechend erhöht sich dabei die Zahl der Datenaus- und eingänge. Aufrufbreiten von 4, 8 und 16bit sind besonders gut an Mikroprozessoren angepaßt und werden vor allem bei den ROM-Typen, zunehmend aber auch bei SRAM und DRAM angeboten.

In der Regel bieten die Hersteller neben dem *Grundtyp* eines Schaltkreises, der alle Kennwerte des jeweiligen Datenblattes erfüllt, sogenannte Anfalltypen an. Man unterscheidet dabei:

- *Selektionstyp*: Typ bzw. Typen, die nach wichtigen Kennwerten (meist Zugriffszeit und Verlustleistung) in verschieden Klassen selektiert werden. Kennzeichnung durch zusätzliche Typangaben, die im Datenblatt verankert sind; Preise modifiziert.
- *Amateurtyp*: Eingeschränkte Betriebsbedingungen (z.B. Umgebungstemperatur), Kennwerte (z.B. Zugriffszeit) und/oder Funktion (z.B. Halbierung der Speicherkapazität mit Angabe, welcher Adresseneingang durch einen definierten Pegel auszuschalten ist) gegenüber dem Datenblatt.
- Neben Grundtypen werden von vielen Herstellern zunehmend auch *Sondertypen* für spezielle Anwendungen angeboten. Ein Beispiel sind Dualport-RAM für Bildverarbeitung und Videoanwendungen.

2.3 Trends bei Speicherschaltkreisen

Seit den ersten Berichten über serienreife integrierte Speicherschaltkreise (64bit bipolarer SRAM 1969 [2.2] bzw. 1kbit-MOS-DRAM 1970 [2.3]) hat eine stürmische und kontinuierliche Entwicklung der Leistungsfähigkeit der Speicherschaltkreise eingesetzt, bei der in den letzten 15 Jahren der *Integrationsgrad* (die Speicherdichte) um drei Größenordnungen und die Geschwindigkeit um eine Größenordnung erhöht werden konnten, bei einer gleichzeitigen Reduzierung der Herstellungskosten pro Bit um etwa zwei Größenordnungen. Die Halbleiterspeicher sind damit zu einem Schlüsselelement der Entwicklung der digitalen Elektronik geworden.

Die zeitliche Entwicklung des Integrationsgrades (Abb. 2.6) erfolgte mit praktisch gleicher Wachstumsrate für die einzelnen Speichertypen etwas zeitlich versetzt, wobei die DRAM stets die Vorreiter waren, insbesondere nach Einführung der Eintransistorzelle nach DENNARD [2.4]. Die Wachstumsrate entspricht relativ gleichbleibend einer Vervierfachung der Speicherkapazität pro Schaltkreis in jeweils drei Jahren und ist nur bei den bipolaren SRAM etwas kleiner.

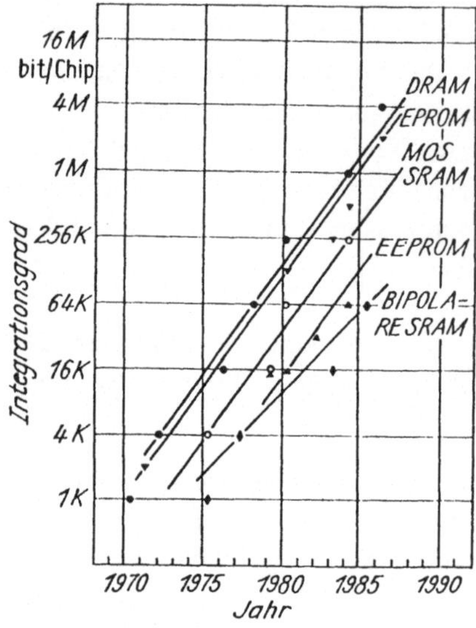

Abb. 2.6. Entwicklung des Integrationsgrades von Speicherschaltkreisen [2.1]

Basis dafür ist die kontinuierliche Verkleinerung der Fläche der einzelnen Speicherzellen durch Verkleinerung der Strukturbreiten (Skalierung, z.B. bei DRAM von 5µm beim 16kbit-Schaltkreis über 3µm bei 64kbit auf 2µm beim 256kbit-Schaltkreis usw.) sowie durch Verbesserungen der Zellstruktur und technologischer Parameter.

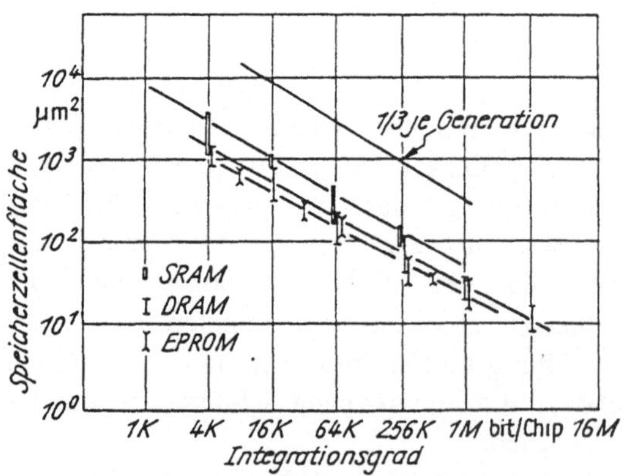

Abb. 2.7. Entwicklung der Speicherzellenfläche [2.1]

Wie Abb. 2.7 zeigt, sinkt der *Flächenbedarf* der Speicherzelle von Generation zu Generation der Speicherschaltkreise auf jeweils 1/3. D.h., daß die Erhöhung des Integrationsgrades neben einer zusätzlichen Verbesserung des Verhältnisses von Fläche der Speichermatrix zur Fläche der peripheren Schaltungen (Faktor 1,3 je Generation) auch mit einer durchschnittlichen Erhöhung der Chipfläche um den Faktor 1,2 je Generation einherging.

Die zeitliche Entwicklung der Chipfläche der Speicherschaltkreise ist in Abb. 2.8 dargestellt. Die mit der Zunahme der Chipfläche verbundenen Ausbeuteprobleme wurden durch die Verwendung größerer Scheibendurchmesser und die bessere Beherrschung der wachsenden Forderungen an die Technologie abgefangen.

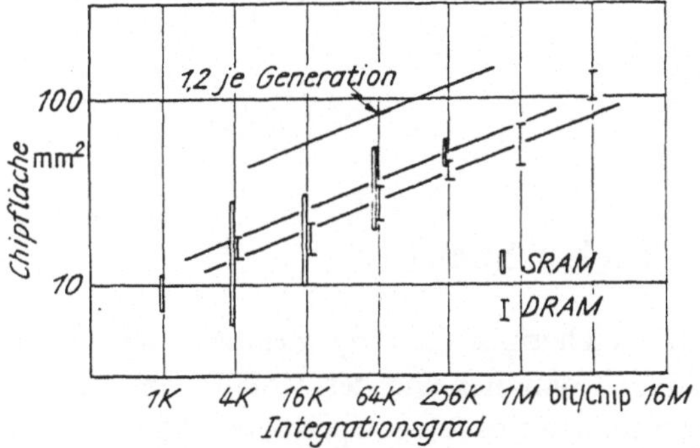

Abb. 2.8. Entwicklung der Chipfläche für SRAM und DRAM [2.1]

Die Nutzerfreundlichkeit der Speicherschaltkreise wurde im Laufe der Entwicklung durch zahlreiche Maßnahmen verbessert. Dazu gehört beispielsweise die Einführung einer einzigen äußeren Betriebsspannung von 5V ab ca. 1978 (negative Substratvorspannungen oder benötigte höhere Spannungen werden chipintern erzeugt). Auch Fragen der an die Nutzung angepaßten Organisation (×4, ×8, ×9 oder ×16-Organisation für Mikroprozessorsysteme), der Refreshsteuerung bei DRAM, der Erhöhung der Datenrate durch besondere Betriebsarten, der Fehlertoleranz usw. wurden schrittweise besser gelöst.

Bei MOS-DRAM wurden durch Einführung der multiplexen Eingabe von Zeilen- und Spaltenadresse eine Reduzierung der Pin-Anzahl und damit eine Verkleinerung der Gehäuse erreicht. Durch neue Gehäuseformen und neue Montagetechnologien (Oberflächenmontage, SMD-Technik) in Verbindung mit den höheren Integrationsgraden konnte die Volumenpackungsdichte von Operativspeichern drastisch gesenkt werden (Abb. 2.9).

Weitere Tendenzen sowie Ausblicke auf künftige Entwicklungsrichtungen werden in den folgenden Kapiteln in Verbindung mit den konkreten Speichertypen diskutiert.

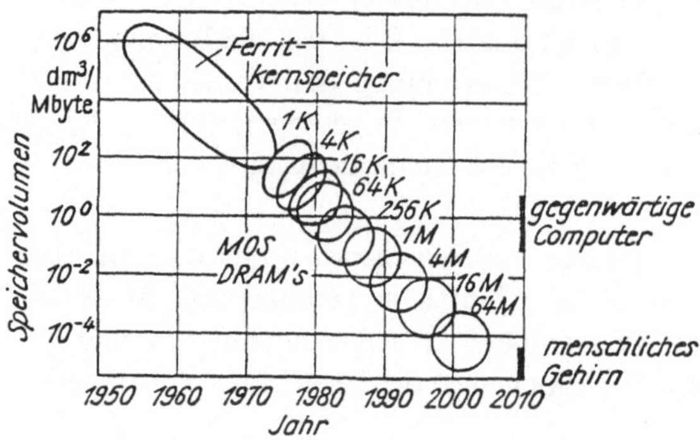

Abb. 2.9. Entwicklung der Volumenspeicherdichte von Hauptspeichern mit Ferritkernen bzw. mit MOS-DRAMs [2.1]

2.4 Anwendungen mikroelektronischer Speicher

Das System mit dem größten Bedarf an Speichern ist der *Großcomputer* (mainframe computer). Ein moderner leistungsfähiger Computer wie der M680H von Hitachi mit 18ns Maschinenzykluszeit hat beispielsweise eine Speicherstruktur wie in Abbildung 2.10 dargestellt [2.5].

Die Verarbeitungs- und Steuereinheit greifen nur zu einem schnellen Pufferspeicher zu (cache memory), der hier aus 4kbit-ECL-SRAM-Schaltkreisen besteht. Die Adressenverwaltung stellt eine Art inhaltsadressierten Speicher (CAM) dar und ist aus 7kbit ECL-Speicherzellen und 1,2K Logikgattern aufgebaut. Sie realisiert die Zuordnung der physikalischen Adressen im Haupt- und Pufferspeicher zu den im Programm gegebenen virtuellen Speicheradressen (vgl. Abschnitt 7.2.1). Der Hauptspeicher umfaßt 256Mbyte und ist aus 256kbit-DRAM-Schaltkreisen aufgebaut.

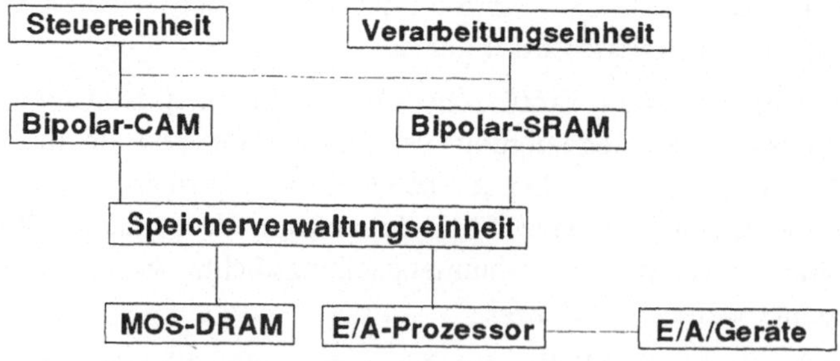

Abb. 2.10. Halbleiterspeicher in einem Computer

Im Jahre 1995 werden für moderne Großcomputer 16Gbyte Hauptspeicher und für Supercomputer mindestens 64Gbyte erwartet.

Abbildung 2.11 zeigt die typische Struktur eines *Personal-Computers* [2.5] bestehend aus 16bit-Mikroprozessor, ROM und RAM als Primärspeicher (Hauptspeicher), Floppy disk und Festplatte als Sekundärspeicher (Massenspeicher), Ein-Ausgabe-Geräten und Koppelanschluß an Kommunikationssysteme. Ladeprozeduren und Systemprogramme sind wegen der Nichtflüchtigkeit und Datensicherheit im ROM (16...256kbyte) abgelegt, dessen Zugriffszeit für CPUs mit 4...12,5MHz im Bereich von 500...150ns liegen muß.

Der allgemeine Speicher für Daten und Programme wird durch RAMs realisiert (bei größeren Systemen wegen der Kosteneffektivität durch DRAM oder bei höheren Geschwindigkeitsforderungen und nicht zu großer Kapazität durch SRAM). In Systemen mit 8bit-CPU begrenzt die 16bit-Adresse den Speicher auf 2^{16}byte = 64kbyte. 16bit-Systeme verwenden 20...22 Adressenbits für 1...4Mbyte Arbeitsspeicher, während 32bit-CPUs einen möglichen Speicherumfang bis 4Gbyte haben. Im Jahre 1995 werden für Personalcomputer 256Mbyte- und für leistungsfähige Workstations 4Gbyte-Hauptspeicher erwartet.

Einen zunehmenden Anteil an der erforderlichen Speicherkapazität nehmen auch die *Bildspeicher* des Graphik-Displays in Anspruch (vgl. Abb. 2.11). 1Mbit DRAM-Kapazität ist schon bei kleinen Systemen zur Speicherung des Musters eines Bildes notwendig, während Workstations mit hochauflösender Farbgraphik (2500 x 2000 Pixel) Bildspeicher mit 30Mbit erfordern. Bildspeicherung und Bildverarbeitung werden sich immer stärker zu einem Hauptanwendungsgebiet mikroelektronischer Speicher entwickeln.

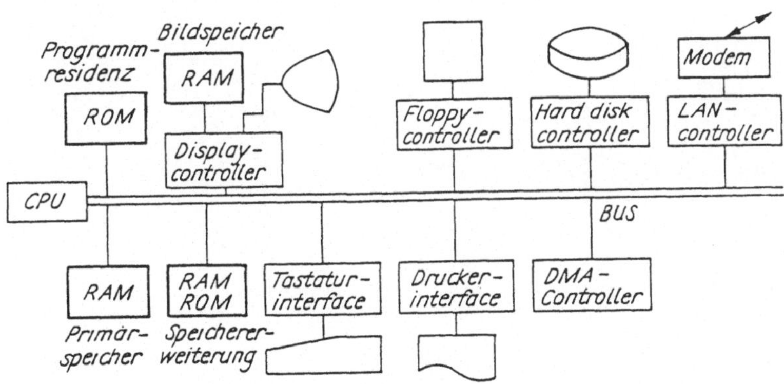

Abb. 2.11. Struktur eines leistungsfähigen Personalcomputers

Weitere Anwendungen mikroelektronischer Speicher liegen in den Bereichen der digitalen Elektronik für Roboter- und Werkzeugmaschinensteuerungen, der Telekommunikation, der Bordmikrorechnersysteme für Fahrzeuge, Anwendungen in Konsumgütern und vielen anderen. Speicherschaltkreise verzeichneten in den letzten Jahren weltweit gleichbleibende jährliche Wachstumsraten von ca. 20%, die auch künftig im Bereich 10...20% liegen werden. Dabei nehmen DRAMs von allen Speichertypen mit ca. 50% den größten Anteil ein, während sich die übrigen 50% etwa gleichmäßig auf SRAM, ROM und EPROM/EEPROM verteilen.

3 Schaltungstechnische Grundlagen

Mikroelektronische Speicherschaltkreise und Speicher sind große elektrische Netzwerke aus elektronischen Elementen. Für das Verständnis ihrer Funktion und für ihren Entwurf sind Grundkenntnisse der digitalen Schaltungstechnik unerläßlich. Im folgenden werden nur die für die Speichertechnik wichtigsten Grundlagen der MOS-Technik und der bipolaren Schaltungstechnik dargestellt. Dabei wird vor allem denjenigen Schaltungen größte Aufmerksamkeit gewidmet, die für die Realisierung von Speicherzellen und deren Ansteuerschaltungen wesentlich sind, also Inverter, Logikschaltungen, Dekoder, Flipflop sowie Ein- und Ausgangsstufen. Entsprechend ihrer Bedeutung für die Speichertechnik wird dabei der MOS-Technik breiterer Raum gewidmet.

3.1 MOS-Schaltungstechnik

Unter den Halbleiterspeichern insgesamt nehmen die MOS-Speicher den größten Umfang hinsichtlich Integrationsgrad, Typenvielfalt und Produktionsvolumen ein. Die Kenntnis der Funktion der verschiedenen Typen von MOS-Transistoren sowie der verschiedenen MOS-Schaltungstechniken ist eine Voraussetzung für das Verständnis der Arbeitsweise dieser verschiedenen MOS-Speichertypen (SRAM, DRAM, EPROM usw.). Die folgende knappe Darstellung kann erforderlichenfalls an Hand der einschlägigen Literatur weiter vertieft werden (z.B. [3.1]...[3.5]).

3.1.1 MOS-Transistoren

Grundlegendes Element aller MOS-Schaltungen ist der MOS-Transistor. Abbildung 3.1 zeigt schematisch einen Querschnitt durch den Anreicherungstyp (*Enhancement-Transistor*) mit *N-Kanal* sowie den typischen Verlauf seiner Übertragungskennlinie und seines Ausgangskennlinienfeldes.

Zwischen den N^+-Diffusionsgebieten von Drain und Source kann nur dann ein Strom fließen, wenn die Gate-Source-Spannung U_{GS} eine Schwellspannung U_T (0,6...0,8V) übersteigt. Der Drainstrom I_D ist bei $U_{DS}=$ konstant der auch als *effektive* Gate-Source-Spannung bezeichneten Differenz $U_{GSeff}=U_{GS}-U_T$ proportional (Abb. 3.1b). Aus dem vereinfachten eindimensionalen Modell des Transistors ergeben sich für die Kennlinien die Beziehungen (z.B. [3.1])

$$I_D = K\,[(U_{GS}-U_T)U_{DS}-U_{DS}^2/2] \qquad\qquad \text{für } U_{DS}{\le}U_{GS}-U_T, \qquad\qquad (3.1a)$$

bzw.

$$I_D = \frac{K}{2}(U_{GS}-U_T)^2 \qquad\qquad \text{für } U_{DS} \geq U_{GS}-U_T. \qquad (3.1b)$$

Sie weisen wie Abb. 3.1c zeigt zunächst eine quadratische Abhängigkeit von U_{DS} auf (aktiver Bereich, Gl. (3.1a)) und gehen bei $U_{DS}=U_{GS}-U_T=U_{GSeff}$ in den Sättigungs- oder Einschnürbereich über (Gl. (3.1b)).

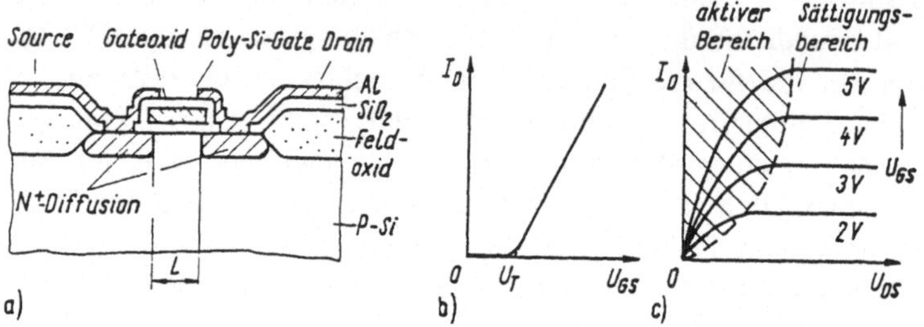

Abb. 3.1. N-Kanal MOS-Transistor. **a** Schmematischer Aufbau im Querschnitt, **b** Übertragungskennlinie (bei U_{DS} = konst), **c** Ausgangskennlinienfeld (Parameter U_{GS})

In Gl. (3.1) ist K eine technologie- und geometrieabhängige Transistorkonstante

$$K = \mu_n \varepsilon_i\,(B/L)/d_i = \beta\,B/L \qquad\qquad (3.2)$$

μ_n mittlere Elektronenbeweglichkeit an der Halbleiteroberfläche (Kanal),

ε_i, d_i Dielektrizitätskonstante bzw. Dicke des Gateisolators,

$\beta = \mu_n\,\varepsilon_i/d_i$ technologieabhängiger Faktor,

B Breite des Kanals quer zur Stromrichtung (begrenzt durch seitliches Feldoxid),

L Länge des Kanals (Abstand Source-Drain-Gebiete),

B/L Entwurfsparameter des Transistors.

Die Schwellspannung U_T hängt von der Spannung U_{SB} zwischen Source und Substrat ab (Body-Effekt):

$$U_T = U_{T0} + K_2\,\sqrt{U_{SB}} \qquad\qquad (3.3)$$

U_{T0} Schwellspannung bei $U_{SB}=0$ (material- und dotierungsabhängige Konstante),

K_2 Substratsteuerfaktor, Bodykonstante.

Gln. (3.1) bis (3.3) beschreiben den Transistor näherungweise (ausreichend für qualitative Analyse und Grobentwurf). Genauere Modelle berücksichtigen die Feldstärkeabhängigkeit der Beweglichkeit μ_n= f(E), die Kanallängenmodulation L_{eff}= f(U_{DS}) und bei kleinen Transitoren (B, L < ca. 2µm) die sogenannten Kurz-

und Schmalkanaleffekte (Abweichen der Schwellspannung von Gl. (3.3)). Solche Modelle werden vor allem für die genauere Computersimulation des Schaltungsverhaltens von VLSI-Schaltungen benötigt (siehe [3.5]...[3.7]) und berücksichtigen eine größere Zahl von Parametern, die mit Optimierungs-programmen an gemessene Kennliniefelder angepaßt werden.

Beim *P-Kanal-Transistor* sind gegenüber Abb. 3.1a die Dotierungen von Source, Drain und Substrat vertauscht (P^+-Diffusionsgebiete für Source und Drain in N-Substrat bzw. N-Wanne). Hier gilt Gl. (3.1) sinngemäß, wobei U_{GS}, U_T, U_{DS} und I_D umgekehrte Vorzeichen haben.

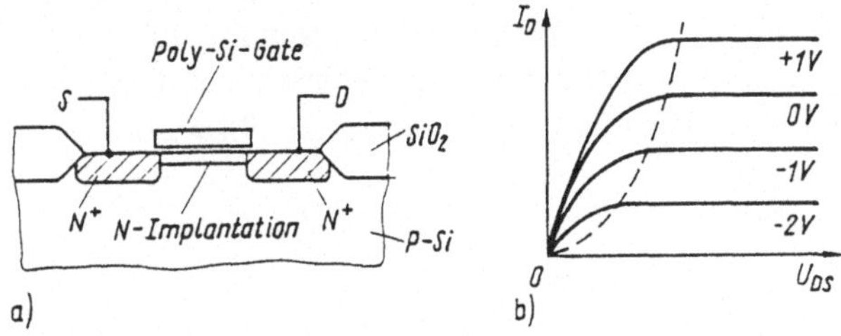

Abb. 3.2. N-Kanal Depletion-Transistor
a Schematischer Aufbau, **b** Ausgangskennlinienfeld
S Source, D Drain

Ein weiterer MOS-Transisortyp ist der Verarmungs- oder *Depletiontransistor* (meist N-Kanal, siehe Abb. 3.2). Er ist selbstleitend, d.h. ohne Spannung zwischen Gate und Source ist wegen der zusätzlichen Kanalimplantation ein Stromfluß zwischen Drain und Source möglich. Er kann zugesteuert, d.h. gesperrt werden, indem eine negative Gate-Source-Spannung angelegt wird, die betragsmäßig eine negative Schwellspannung ($-U_{TD} \approx -2{,}5V$) übersteigt. Für seine Kennlinien gilt näherungsweise [3.2]

$$I_D = K_D[\tfrac{3}{2}\sqrt{U_{TD}}\,U_{DS} - \sqrt{U_{DS}-U_{GS}}^{\,3} + \sqrt{-U_{GS}}^{\,3}] \qquad \text{für } U_{DS} \leq U_{GS}+U_{TD} \quad (3.4a)$$

bzw.

$$I_D = K_D[\tfrac{3}{2}\sqrt{U_{TD}}\,(U_{GS}+U_{TD}) - \sqrt{U_{TD}}^{\,3} + \sqrt{-U_{GS}}^{\,3}] \qquad \text{für } U_{DS} \geq U_{GS}+U_{TD}. \quad (3.4b)$$

Für die Konstanten in diesen Beziehungen gilt

$$K_D = \frac{2}{3}\mu_n\sqrt{2qN_D\varepsilon_H}\,\frac{B}{L} = K_D^*\,\mu_n\,\frac{B}{L}, \qquad\qquad K_{2D} = \sqrt{\frac{N_A}{N_A+N_D}},$$

sowie

$$U_{TD} = \frac{4}{9}\left[K_{3D} - \frac{2}{3}K_{2D}\sqrt{U_{SD}+U_D}\,\right]^2 > 0, \quad K_{3D} = \frac{3}{2}(d_K + \varepsilon_H d_i/\varepsilon_i)\sqrt{\frac{qN_D}{2\varepsilon_H}}$$

In den voranstehenden Gleichungen sind

$q = 1{,}602 \cdot 10^{-19}$As Elementarladung,

N_D, N_A Dotierungsdichten von Kanal und Substrat

$\varepsilon_H, \varepsilon_i$ Dielektrizitätskonstante von Si (Halbleiter) bzw. SiO$_2$ (Isolator),

d_K Dicke (oder Tiefe) des implantierten Kanals (Abb. 3.2).

Abbildung 3.3 zeigt die verwendeten Symbole für die verschiedenen MOS-Transistortypen. Neben den beschriebenen Transistortypen kommt in einigen Schaltungen ein weiterer Typ, der *Zero-Transistor*, zur Anwendung, bei dem durch geeignete Kanalimplantation die Schwellspannung zu $U_T \approx 0$ eingestellt wird.

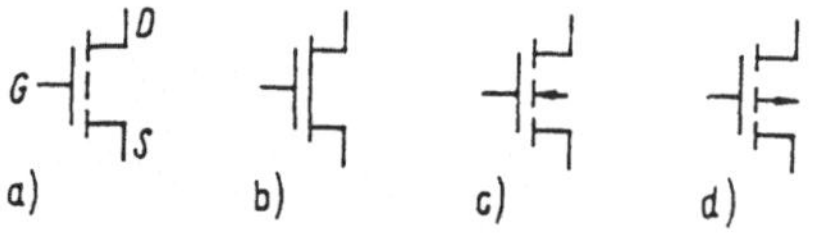

G D S a) b) c) d)

Abb. 3.3. Symbole von MOS-Transistoren.
a Enhancement-Transistor, **b** Depletion-Transistor, **c** N-Kanal-(Enhancement-)Transistor, **d** P-Kanal-(Enhancement-)Transistor
G Gate, D Drain, S Source; unterbrochene Linie zwischen D und S bedeutet selbstsperrend (Enhancementtyp), ausgezogene Linie selbstleitend (Depletiontyp); Pfeilrichtung von P nach N (Diodenflußrichtung), d.h. bei N-Kanal vom Substrat zum Kanal, bei P-Kanal vom Kanal zum Substrat.

3.1.2 MOS-Inverter

Die Inverterschaltung stellt als Grundgatter die Basis für die Realisierung aller digitalen Schaltfunktionen dar. Je nach zugrundeliegender Schaltungsvariante der Grundgatter ergeben sich spezifische MOS-Schaltunstechniken mit differenzierten Eigenschaften (Flächenbedarf, Geschwindigkeit, Verlustleistung, Betriebsmerkmale). Für das Verständnis dieser Schaltungstechniken (die dann auch in den verschiedenen Speichertypen wiederzufinden sind, ist die Kenntnis der Besonderheiten der zugehörigen Grundgatter (Inverter) von Bedeutung.

Da eine ausführliche Behandlung den Rahmen des Buches sprengen würde, soll hier nur eine Übersicht über die Schaltungen und Eigenschaften der MOS-Inverter gegeben werden (Tabelle 3.1), wobei die quantitativen Zusammenhänge zu den Transistorfunktionen an einem Beispiel erläutert und sonst nur die wichtigsten Eigenschaften kurz zusammengefaßt werden sollen.

Tabelle 3.1. Gegenüberstellung der wichtigsten Invertertypen

Nr	Bezeichnung	Schaltung	Ausgangspegel	Min. Fläche	Bemerkungen
1	Statischer NMOS-Inverter	U_{DD}, T_2, A, E, T_1	$U_{AH}=U_{DD}\text{-}U_T$ $0<U_{AL}<U_T$ (U_{AL} dimensionierungsabhängig, α nach Gl. (3.7))	αA_0 ($\alpha= 7...15$)	hoher Flächenbedarf, mäßige Geschwindigkeit, hohe Verlustleistung durch Dauerstrom bei U_E High
2	E/D-Inverter	U_{DD}, T_2, A, E, T_1	$U_{AH}=U_{DD}$ $0<U_{AL}<U_{TE}$ (dimensionierungsabhängig)	αA_0 ($\alpha=3...8$)	hinsichtlich Flächenbedarf, Geschwindigkeit und Verlustleistung etwas besser als Schaltung 1
3	Gegentakt-Inverter	U_{DD}, E, T_2, A, E, T_1	$U_{AH}=U_{DD}\text{-}2U_T$ (für $U_{EH}=U_{DD}\text{-}U_T$) bzw. $U_{AH}=U_{DD}\text{-}U_T$ (für $U_{EH}=U_{DD}$) $U_{AL}=0$	$2A_0$	kein statischer Dauerstrom, idealer Lowpegel, Geschwindigkeit besser als Schaltung 1 und 2. Nachteile: schlechter Highpegel, zusätzlicher Inverter nötig
4	CMOS-Inverter	U_{DD}, T_p, E, A, T_n	$U_{AH}=U_{DD}$ $U_{AL}=0$	$(2...3,5) A_0$	ideale Pegel, kein statischer Dauerstrom (P_V niedrig), höhere Geschwindigkeit als Schaltung 1 und 2
5	Dynamischer NMOS-Inverter	U_{DD}, Φ_1, T_3, A, Φ_2, T_2, C_L, E, T_1	$U_{AH}=U_{DD}\text{-}U_T$ (für $\Phi_1=U_{DD}$) $U_{AL}=0$	$3A_0$	Pegel unabhängig von Dimensionierung

Für die Abschätzung der minimalen Fläche (Spalte 5 in der Tabelle) wurde als Bezugsfläche die Fläche A_0 eines Minimaltransistors zugrunde gelegt. Für größere Geschwindigkeit sind u.U. alle Transistoren breiter zu wählen, d.h. der Flächenbedarf wächst mit wachsender Geschwindigkeitsforderung.

3.1.2.1 Statischer MOS-Inverter mit Enhancementtransistoren

In der Schaltung des statischen *NMOS-Inverters* (Abb. 3.4) wird der Schalttransistor (T_1) von der Eingangsspannung U_E gesteuert, während der Lasttransistor (T_2) mit $U_{DS} = U_{GS} > U_{GS}\text{-}U_T$ stets im Sättigungsbereich arbeitet:

$$I_{D2} = \frac{K_2}{2} (U_{GS2}\text{-}U_T)^2.$$

(3.5)

Ist U_E Low $(U_E < U_T)$ und damit T_1 gesperrt, muß $I_{D2}=0$ sein, d.h. $U_{GS2}=U_T$, und der Ausgangs-Highpegel beträgt $U_{AH} = U_{DD} - U_T$.

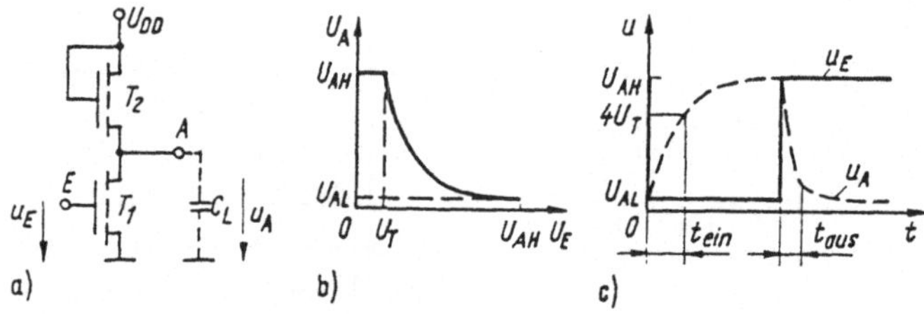

Abb. 3.4. Statischer NMOS-Inverter
a Schaltung, **b** Statische Übertragungskennlinie, **c** Schaltverhalten
U_{DD} Betriebsspannung, U_E Eingangs-, U_A Ausgangsspannung

Liegt am Eingang ein solcher Highpegel $U_E=U_{DD}\text{-}U_T=U_{GS1}$, ist T_1 eingeschaltet, und am Ausgang stellt sich die Spannung $U_A=U_{AL}$ ein, die sich in diesem Fall aus der Gleichheit $I_{D2}=I_{D1}$ ergibt:

$$\frac{K_2}{2} (U_{DD}\text{-}U_{AL}\text{-}U_T)^2 = K_1 [(U_E\text{-}U_T)U_{AL}\text{-}U_{AL}^2/2].$$

(3.6)

Damit $U_{AL}<U_T$ wird, muß K_1 viel größer als K_2 gewählt werden. Meist wird für die Dimensionierung des Inverters U_{AL} vorgegeben (z.B. $U_{AL}= 0{,}5U_T$) und Gl. (3.6) benutzt, um das nötige Verhältnis

$$\alpha = \frac{K_1}{K_2} = \frac{[B/L]_1}{[B/L]_2} = \frac{[U_{DD}\text{-}U_{AL}\text{-}U_T]^2}{2[U_E\text{-}U_T]U_{AL}\text{-}U_{AL}^2}$$

(3.7)

zu bestimmen (praktisch $\alpha = 7...15$). Größeres α führt zu kleinerem Low-Pegel U_{AL}, also höherer Störsicherheit, aber auch zu größerem Flächenbedarf für den Inverter (T_1 breiter).

Die Schaltgeschwindigkeit kann mit dem Modell Gl. (3.1) und mit bestimmten Vereinfachungen (Vernachlässigung innerer Verzögerungen und aller Bahnwiderstände, Annahme gleicher und konstanter Schwellspannung von T_1 und T_2) durch einfache Integration bestimmt werden. Wird bei t=0 der Transistor T_1 gesperrt (H-L-Übergang), so lädt sich die (äußere) Lastkapazität C_L am Ausgang über den Transistor T_2 von U_{AL} auf U_{AH} auf. Der dabei fließende Strom beträgt

$$i_{D2} = \frac{K_2}{2}\,(U_{DD}\text{-}u_A\text{-}U_T)^2 = C_L\,\frac{du_A}{dt}\,. \tag{3.8}$$

Definiert man die Einschaltzeit (nachfolgende Stufe sicher eingeschaltet) durch Erreichen der Spannung $4U_T$ am Ausgang, dann erhält man aus Gl. (3.8) durch Trennung der Variablen und Integration

$$t_{ein} = \int_0^{t_{ein}} dt = \frac{2C_L}{K_2}\int_{U_{AL}}^{4U_T}\frac{du_A}{[U_{DD}\text{-}u_A\text{-}U_T]^2} = \frac{2C_L}{K_2}\left[\frac{1}{U_{DD}\text{-}5U_T} - \frac{1}{U_{DD}\text{-}U_T\text{-}U_{AL}}\right], \tag{3.9}$$

Die Ausschaltzeit für die Entladung der Lastkapazität von U_{AH} bis U_T (nachfolgende Stufe sperrt) ergibt sich aus der Betrachtung der Entladung von C_L über T_1 (Einfluß von T_2 wird wegen $K_2 \ll K_1$ dabei vernachlässigt). Da T_1 mit $U_E=U_{DD}\text{-}U_T$ für $u_A=U_{AH}=U_{DD}\text{-}U_T$ bis $u_A=U_{DD}\text{-}2U_T$ im Sättigungsbereich und anschließend im aktiven Bereich arbeitet, liefert die Integration von

$$i_{D1} = -\,C_L\,\frac{du_A}{dt} = \begin{cases} \dfrac{K_1}{2}\,(U_{DD}\text{-}2U_T)^2 \\[2em] K_1[(U_{DD}\text{-}2U_T)u_A - u_A^2/2] \end{cases} \tag{3.10}$$

in den entsprechenden Bereichen die Ausschaltzeit

$$t_{aus} = -\int_{U_{DD}\text{-}U_T}^{U_{DD}\text{-}2U_T}\frac{2C_L}{K_1}\,\frac{du_A}{[U_{DD}\text{-}2U_T]^2} - \int_{U_{DD}\text{-}2U_T}^{U_T}\frac{2C_L}{K_1}\,\frac{du_A}{2[U_{DD}\text{-}2U_T]u_A\text{-}u_A^2}\,.$$

Die Ausführung der Integration ergibt

$$t_{aus} = \frac{C_L}{K_1} \left[\frac{2U_T}{[U_{DD}-2U_T]^2} + \frac{1}{U_{DD}-U_T} \ln\left(\frac{2U_{DD}}{U_T} - 4\right) \right].$$
(3.11)

Für typische Werte $U_{DD}=5V$, $U_T=0,6V$, $U_{AL}=0,2V$ wird

$$t_{ein} = 0,52 \, C_L/K_2,$$

$$t_{aus} = 0,70 \, C_L/K_1.$$

Da wegen $K_1 = \alpha K_2 \approx 10K_2$ die Ausschaltzeit t_{aus} bei einem statischen Inverter stets klein gegenüber t_{ein} ist, ist die Einschaltzeit für die Geschwindigkeit der Schaltung maßgebend. Die Schaltung wird deshalb dimensioniert, indem aus Gl. (3.9) nach gegebenen Forderungen an die Einschaltzeit die Konstante K_2 bzw. $(B/L)_2$ und daraus mit dem notwendigen α nach Gl. (3.7) das Verhältnis $(B/L)_1$ bestimmt werden. Schnellere Schaltungen mit größerem K_2 bzw. B_2 führen dabei zu höherem Flächenbedarf (B_1 noch größer) und zu größerer statischer Verlustleistung durch den Dauerstromfluß bei $U_E=$High, der K_2 proportional ist:

$$P_V = I_{D2} U_{DD} = \frac{K_2}{2}U_{DD} \, (U_{DD}-U_{AL}-U_T)^2.$$
(3.12)

3.1.2.2 Weitere Invertertypen

Neben dem statischen MOS-Inverter mit Enhancementtransistoren kommen in der MOS-Technik eine Reihe weiterer Inverter als Basis für eigene Logikfamilien zur Anwendung, die jeweils spezifische Eigenschaften aufweisen. Eine Übersicht gibt die Tabelle 3.1.

Der *Enhancement-Depletion-Inverter* verwendet als Lastelement einen Depletiontransistor mit $U_{GS}=0$ (Gate und Source verbunden, Transistor stets eingeschaltet). Die Schaltung weist einen idealen Highpegel und eine günstigere Flächenausnutzung auf (Lowpegel mit kleinerem α-Verhältnis erreichbar). Damit ergeben sich ferner Vorteile hinsichtlich Verlustleistung und Geschwindigkeit für den Preis eines zusätzlichen Prozeßschrittes (Schablone für Kanalimplantation der Depletionstransistoren). Die E/D-Technik hat sich in statischen NMOS-Schaltungen weitgehend gegenüber den E/E-Schaltungen gemäß Abb. 3.4 bewährt. Die Ein- bzw. Ausschaltzeit des E/D-Inverters errechnet sich aus

$$t_{ein} \approx \frac{2C_L}{K_D \, U_{TD}^{3/2}} \, (4U_{TE}-U_{AL}),$$
(3.13)

$$t_{aus} = \frac{C_L}{K_1[U_{DD}-U_{TE}]} \left[\frac{2U_{TE}}{U_{DD}-U_{TE}} + \ln\left(\frac{2U_{DD}}{U_{TE}} - 3\right) \right].$$
(3.14)

Der *Gegentaktinverter* hat den Hauptvorteil, daß durch die gegenphasige Ansteuerung der beiden Transistoren kein statischer Dauerstrom auftritt (kleinere Verlustleistung) und die Pegel unabhängig von der Dimensionierung sind (kein α-Verhältnis zu berücksichtigen). Ein- und Ausschaltzeit sind damit vergleichbar und daher beide Transistoren unabhängig voneinander nach dynamischen Forderungen zu dimensionieren.

Dem steht als Nachteil der Aufwand für einen zusätzlichen Inverter (ggf. mit Bootstrap-Kondensator und zusätzlichem Ladetransistor, um den Ausgangs-Highpegel auf U_{DD}-U_T zu erhöhen) gegenüber. Die Ein- und Ausschaltzeit für den Gegentaktinverter betragen

$$t_{ein} = \frac{2C_L}{K_2}\left[\frac{1}{U_{DD}\text{-}6U_T} - \frac{1}{U_{DD}\text{-}2U_T}\right], \tag{3.15}$$

$$t_{aus} = \frac{C_L}{K_1[U_{DD}\text{-}2U_T]}\ln\left(\frac{2U_{DD}}{U_T}\text{-}5\right). \tag{3.16}$$

Gegentaktinverter werden vorwiegend eingesetzt, wenn große Lasten zu treiben sind (Ausgangstreiber).

In diesem Anwendungsfall werden sie oft zum "*Tristate-Treiber*" mit den 3 möglichen Zuständen High, Low und hochohmig ergänzt (Abb. 3.5). Die zusätzlichen Schalter, die unabhängig vom Eingangssignal beide Transistoren der Gegentaktstufe sperren, können beispielsweise durch das Signal $\overline{CE}$ (chip enable) oder $\overline{CS}$ (chip select) gesteuert werden (Chipaktivierung bzw -auswahl). Die Ausgänge mehrerer Chips (z.B. Datenausgänge von Speicherschaltkreisen) können dann direkt miteinander und mit dem Datenbus der CPU verbunden werden (sogenanntes verdrahtetes ODER bzw. wired OR).

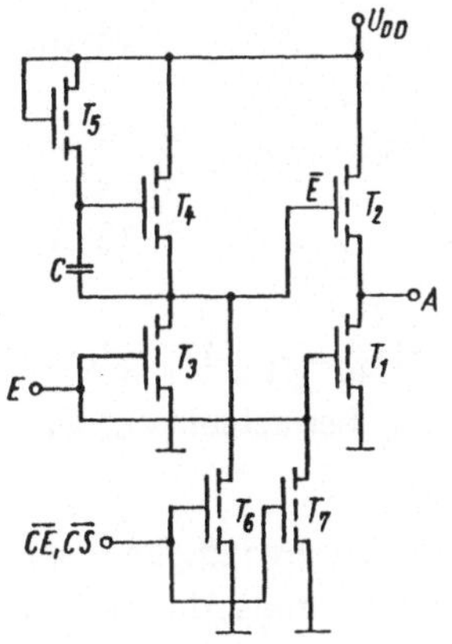

Abb. 3.5. Tristate-Gegentakt-Ausgangstreiber (invertierend)
T_1, T_2 Gegentaktstufe; T_3,T_4 Inverter mit Bootstrapkondensator C und Ladetransistor T_5 zur Spannungserhöhung am Gate; T_6, T_7 Schalttransistoren zum Schalten des Ausgangs in den hochohmigen Zustand ($\overline{CE}$ high)

CMOS-Inverter weisen bei höherer Komplexität der Technologie vor allem die Vorteile idealer Pegel (hohe Störsicherheit, Betriebsspannung kann gesenkt werden) und niedriger Verlustleistung (kein statischer Stromfluß) auf. Die Geschwindigkeit ergibt sich aus den Schaltzeiten

$$t_{ein} = \frac{C_L}{K_P[U_{DD}-|U_{TP}|]} \left[\frac{2|U_{TP}|}{U_{DD}-|U_{TP}|} + \ln\left(\frac{2U_{DD}}{|U_{TP}|} -3\right) \right], \tag{3.17}$$

$$t_{aus} = \frac{C_L}{K_N[U_{DD}-U_{TN}]} \left[\frac{2U_{TN}}{U_{DD}-U_{TN}} + \ln\left(\frac{2U_{DD}}{U_{TN}} -3\right) \right]. \tag{3.18}$$

Wegen ihrer höheren Geschwindigkeit und der geringeren Verlustleistung hat die CMOS-Technik wachsende Bedeutung insbesondere für sehr hohe Integrationsgrade (VLSI, ULSI). Das spiegelt sich auch bei der Entwicklung der Speicher wieder.

Der *dynamische Inverter* fällt als getaktete Schaltung aus dem Rahmen der übrigen Inverter: Mit einem Vorladetakt Φ_1 wird zunächst die am Ausgang stets vorhandene Lastkapazität C_L auf Highpegel aufgeladen. Anschließend wird mit dem Einstelltakt Φ_2 die Information am Eingang E negiert auf den Ausgang A übertragen, d.h. C_L wird entladen, falls an E ein High-Pegel liegt oder bleibt geladen, wenn E Low ist. Nach Abschalten der Taktsignale bleibt die Ladung in C_L eine bestimmte Zeit gespeichert.

Die Information muß aber in definierten Zeitabständen (Größenordnung einige ms) wieder neu eingestellt werden, entsprechend einer unteren Grenze der Taktfrequenz von ca. 1kHz, die durch den Ladungsverlust durch nicht vermeidbare Leckströme bestimmt wird. Da die Takte Φ_1, Φ_2 nicht überlappend sind, fließt kein statischer Strom durch den Inverter: die Pegel sind unabhängig von der Dimensionierung der Transistoren (es können Minimaltransistoren verwendet werden), die Verlustleistung ist gering und damit der mögliche Integrationsgrad hoch. Die Geschwindigkeit ergibt sich aus den Schaltzeiten

$$t_{ein} = \frac{2C_L}{K_3} \left[\frac{1}{U_{DD}-5U_T} - \frac{1}{U_{DD}-U_T} \right], \tag{3.19}$$

$$t_{aus} = \frac{C_L}{K_{12}[U_{DD}-2U_T]} \left[\frac{2U_T}{U_{DD}-2U_T} + \ln\left(\frac{2U_{DD}}{U_T} -5\right) \right]. \tag{3.20}$$

Dabei sind der Highpegel und der Taktsignalpegel $U_E=U_{\Phi2}=U_{DD}-U_T$ gleich angenommen, sodaß T_1 und T_2 wie *ein* Transistor mit K_{12} betrachtet werden, können (mit $(B/L)_{12}=0,5$, falls $(B/L)_1=(B/L)_2=1$ ist).

Wegen der Verwendung von Minimaltransistoren ist die Geschwindigkeit der dynamischen Inverter ebenfalls hoch. Diese Vorteile sind allerdings durch den Aufwand für die Taktsteuerung und die Sicherung der Signale durch eine

Mindesttaktfrequenz zu erkaufen. Auf ähnlichen Prinzipien beruht die Ladungs-speicherung in der DRAM-Speicherzelle (siehe Kapitel 4).

3.1.3 MOS-Logikschaltungen

Logikschaltungen realisieren die logische Verknüpfung (meist binärer) digitaler Signale. Alle logischen Funktionen lassen sich auf die drei elementaren Verknüpfungen Negation, UND- (AND-) und ODER- (OR-) Verknüpfung zurück-führen (z.B. [3.3], [3.4]). Symbole der Grundgatter siehe Abb. 3.6. In der MOS-Technik realisieren die Grundgatter neben der Negation (die Inverter von Tabelle 3.1) die Funktionen NOR (negiertes ODER) und NAND (negiertes UND). Dabei gibt es auf der Basis der einzelnen Invertertypen eigene Klassen von Logik-schaltungen, die im folgenden vorgestellt werden, da sie in den Speicherschalt-kreisen zur Anwendung kommen.

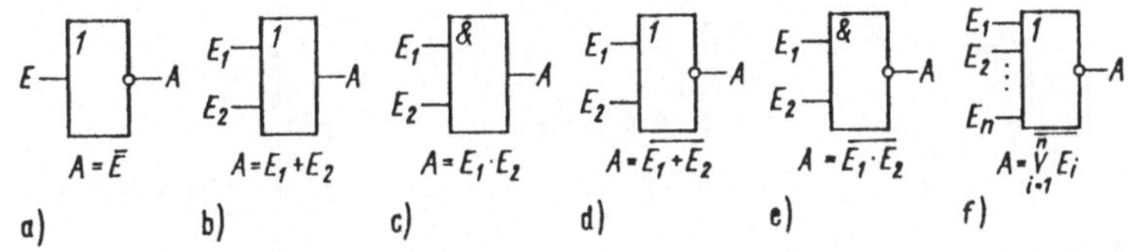

Abb. 3.6. Symbole von Logikgattern
a Inverter (Negation), **b** ODER- bzw. OR-Verknüpfung, **c** UND- bzw. AND-Verknüpfung,
d NOR-Gatter, **e** NAND-Gatter, **f** NOR-Gatter mit n-Eingängen
A Ausgangssignal, E Eingangssignal

3.1.3.1 Statische MOS-Logik

Grundlage der *statischen NMOS-Logik* sind die entsprechenden NMOS-Inverter. Ersetzt man in der Schaltung von Abb. 3.4 den Schalttransistor T_1 durch die Parallelschaltung zweier Transistoren T_1 und T_2, deren Gatelektroden mit zwei logischen Eingangssignalen E_1 und E_2 verbunden sind, so realisiert die Schaltung die NOR-Funktion: Ein Lowpegel erscheint am Ausgang nur dann, wenn T_1 oder T_2 oder beide eingeschaltet sind (E_1 oder E_2 oder beide High), siehe Abb. 3.7a.

Die Dimensionierung der Transistoren erfolgt wie beim Inverter, d.h. der Lasttransistor T_L wird nach dynamischen Gesichtspunkten bemessen und T_1, T_2 werden nach dem α-Verhältnis entsprechend dem gewählten Lowpegel dimensioniert. Dieser stellt sich ein, wenn ein Schalttransistor eingeschaltet ist. Sind beide eingeschaltet, so ist der sich einstellende Lowpegel wegen der Parallelschaltung nur halb so groß, also günstiger.

Die zweite Grundschaltung (Abb. 3.7b), die die NAND-Funktion realisiert, erhält man, indem der Schalttransistor in Abb. 3.4 durch die Reihenschaltung zweier von E_1 und E_2 gesteuerter Transistoren ersetzt: Der Lowpegel stellt sich am Ausgang nur dann ein, wenn beide Transistoren eingeschaltet sind (E_1 und E_2 High). Die Breite der beiden Transistoren T_1 und T_2 muß hier wegen der Reihenschaltung doppelt so groß gewählt werden, wie es dem ursprünglichen Wert für T_1 beim Inverter entspricht (die Reihenschaltung der gleichgroßen Transistoren verdoppelt die wirksame Länge):

$$(B/L)_{1,2} = 2 \, \alpha \, (B/L \,)_{Last}.$$

Die NAND-Schaltung ist also flächenungünstiger und verbietet sich von selbst für mehr als zwei Eingänge. Die NOR-Verknüpfung von mehr als zwei Signalen durch Parallelschaltung von mehr als zwei Transistoren macht hingegen keine Probleme. Durch logische Umformung ist daher in NMOS-Logik-schaltungen bevorzugt das NOR-Gatter anzuwenden.

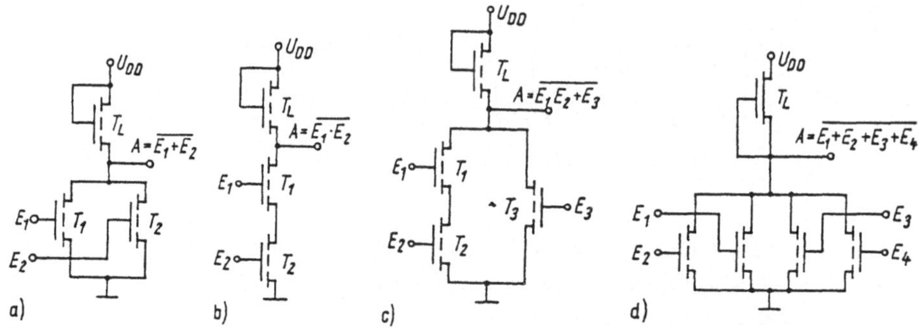

Abb. 3.7. Statische NMOS-Logik-Gatter

a NOR-Gatter, **b** NAND-Gatter, **c** Gemischte Logikschaltung, **d** 4fach-NOR-Gatter in E/D-Technik

Kombinierte Schaltungen sind ebenfalls möglich (Abb. 3.7c), wobei die Dimensionierung den geforderten Lowpegel im ungünstigsten Fall sichern muß, also auch hier die Reihenschaltungen auf wenige Transistoren beschränkt bleiben müssen.

Die Schaltungen von Abb. 3.7a bis c verwenden nur Enhancement-Transistoren. Statische NMOS-Logikschaltungen in *E/D-Technik* erhält man, indem einfach die Lastelemente durch Depletiontransistoren ersetzt werden. Für ein Beispiel der Mehrfach-NOR-Schaltung zeigt dies Abb. 3.7d (vgl. Schaltung 1 und 2 in Tabelle 3.1). Die Schaltungen in MOS-E/D-Logik bringen ähnliche Vorteile, wie für den E/D-Inverter angegeben, und haben deshalb in vielen Anwendungen die reinen Enhancement-Schaltungen abgelöst.

Auch in der *statischen CMOS-Logik* wird um die NOR- bzw. NAND-Verknüpfung zu realisieren, der untere (N-Kanal-)Schalttransistor des CMOS-Inverters durch eine Parallel- bzw. Reihenschaltung von zwei N-Kanal-Transistoren ersetzt (Abb. 3.8a, b). Allerdings muß hier um zu sichern, daß der Ausgang entweder mit Betriebsspannung (High) oder Masse (Low) verbunden ist, auch der Lasttransistor durch eine Reihen- oder Parallelschaltung (jeweils die zu den Schalttransistoren duale Schaltung) ersetzt werden, wovon sich der aufmerksame Leser leicht selbst überzeugt. Für die Dimensionierung bedeutet dies wieder eine Verdopplung der Breite der in Reihe geschalteten Transistoren gegenüber dem Inverter, falls nicht eine Geschwindigkeitsreduktion in Kauf genommen wird.

Auch in CMOS-Technik sind kombinierte Schaltungen denkbar (z.B. Abb. 3.8c), jedoch bleibt die Zahl der Eingänge wegen der stets auftretenden Reihenschaltung von Transistoren auf wenige beschränkt. Hier ist es zweckmäßig, die logische Funktion so umzuformen, daß die Realisierung mit einer größeren Zahl von Gattern mit jeweils weniger Eingängen erfolgt.

Durch die notwendige duale Aufteilung des Lasttransistors werden die Flächenvorteile des CMOS-Inverters bei der CMOS-Logik wieder reduziert. Es bleiben jedoch die für hohe Integrationsgrade ebenso so wichtige niedrige Verlustleistung, die höhere Geschwindigkeit und die idealen Pegel als Hauptvorteile der CMOS-Logik. In Verbindung mit der mit der Zeit verbesserten Beherrschung der komplexeren CMOS-Technologie führt dies zu einer wachsenden Bedeutung der CMOS-Technik gegenüber der statischen NMOS-Schaltungstechnik, die sich auch in der zunehmenden Anwendung der CMOS-Technik in Speicherschaltkreisen äußert.

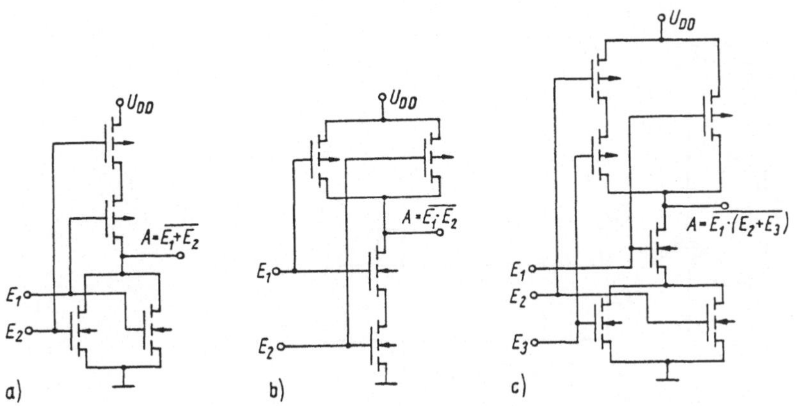

Abb. 3.8. CMOS-Gatter

a NOR-Schaltung, **b** NAND-Schaltung, **c** Gemischte Schaltung

3.1.3.2 Dynamische MOS-Logik

Die dynamische NMOS-Logik arbeitet wie der dynamische Inverter (Schaltung 5 in Tabelle 3.1) mit zwei Taktsignalen Φ_1 und Φ_2. Bei Gattern mit mehreren Eingängen wird ähnlich den statischen NMOS-Logikschaltungen von Abb. 3.7 einfach der

Schalttransistor T_1 des Inverters durch eine Verknüpfungsschaltung von soviel Transistoren, wie Signale zu verknüpfen sind, ersetzt, wobei wiederum der ODER-Verknüpfung die Parallel- und der UND-Verknüpfung die Reihenschaltung entspricht und der Ausgang insgesamt negiert erscheint. Die an den Taktsignalen liegenden Transistoren (Vorladetransistor T_V und Einstelltransistor T_E) bleiben erhalten.

Ein Beispiel für eine so gewonnene gemischte Logikschaltung und ihr Taktdiagramm zeigt Abb. 3.9. Nach dem Vorladetakt ist der Ausgang immer auf High-Pegel aufgeladen. Während des nicht mit Φ_1 überlappenden Einstelltaktes Φ_2 wird der Ausgang auf den der Belegung der Eingänge und der realisierten Logikfunktion entsprechenden Pegel gebracht (wenn E_1, oder E_2, oder E_3 und E_4 High sind, wird C_L auf Low entladen; wenn dagegen alle Zweige gesperrt sind, bleibt der Ausgang auf Highpegel).

Die Ausgangsinformation ist erst nach Abschluß des Einstellvorganges und nur bis zum Beginn einer neuen Taktperiode gültig. Die Eingangsdaten müssen während des Einstelltaktes Φ_2 gültig sein, so daß beim Entwurf eine sorgfältige, auf worst-case-Bedingungen von Zeittoleranzen abgestimmte Taktsteuerung und Takterzeugung entwickelt werden muß (z.B. Vierphasen-Taktung).

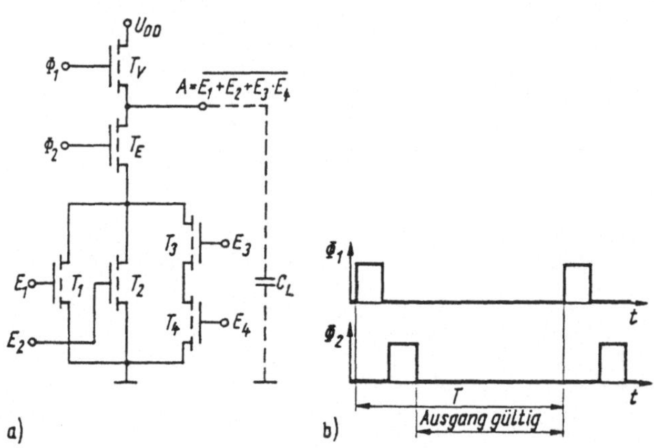

Abb. 3.9. Dynamische MOS-Logik. **a** Schaltungsbeispiel, **b** Taktdiagramm

Vorteil der dynamischen MOS-Logik, die meist unter ausschließlicher Anwendung von N-Kanal Enhancement-Transistoren realisiert wird, ist der geringe Flächenbedarf. Prinzipiell können alle Transistoren Minimaltransistoren ($B/L = B_{min}/L_{min} = 1$) sein, da kein statischer Stromfluß auftritt und die Pegel unabhängig von der Dimensionierung der Transistoren sind. Lediglich aus Geschwindigkeitsgründen kann es erforderlich sein, Transistoren in Pfaden mit Reihenschaltungen (T_3

und T_4 in Abb. 3.9) breiter zu wählen, um die gleiche Entladegeschwindigkeit von C_L zu erreichen, wie über T_1 bzw. T_2.

Dynamische Logikschaltungen weisen daher den geringsten Flächenbedarf (den höchsten Integrationsgrad) sowie hohe Geschwindigkeit und geringe Verlustleistung auf. Letztere ist wegen der nötigen Taktversorgung und periodischen Taktung jedoch höher als bei CMOS. Da ein Strom nur beim Schalten fließt, steigt die Verlustleistung proportional zur Taktfrequenz.

Die Vorteile des hohen Integrationsgrades der dynamischen NMOS-Logik können auch in CMOS-Schaltungen ausgenutzt werden. Als Beispiel für eine Schaltung in dynamischer CMOS-Logik zeigt Abb. 3.10 eine sogenannte CMOS-DOMINO-Logikschaltung [3.8], [3.5]. Sie besteht aus einer N-MOS-Verknüpfungsschaltung (beispielsweise wie $T_1...T_4$ in Abb. 3.9) sowie je einem getaktetem P- und N-Kanal-Transistor und einem nachgeschalteten statischen CMOS-Inverter.

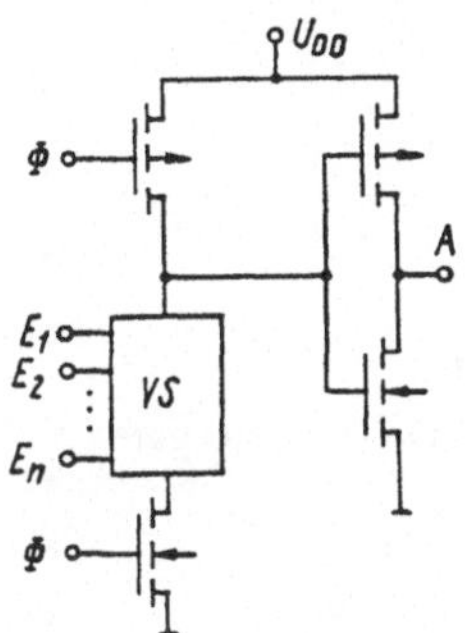

Abb. 3.10. Grundstruktur der DOMINO-Logik (nichtinvertierend)
VS Verknüpfungsschaltung

Wenn das Taktsignal Φ Low ist, wird über den P-Kanal-Transistor die Ausgangskapazität der Verknüpfungsschaltung auf U_{DD} aufgeladen, während die Verbindung nach Masse über den N-Kanal-Transistor unterbrochen ist (Vorladephase). Wenn der Takt zu High übergeht, wird die Betriebsspannung abgetrennt und die Ausgangskapazität in Abhängigkeit der Eingangsbelegung auf Massepotential entladen oder nicht entladen (Einstellphase). Das anschließende statische CMOS-Gatter dient zum Treiben nachfolgender Lasten.

Um bei Kettenschaltungen solcher Gatter die Zeitbedingungen (Eingänge gültig bei Low-High-Übergang von Φ) zu realisieren, sind getaktete Transfergates und vierphasige Taktung (oder Zweiphasentaktung von aufeinanderfolgenden dynamischen N- und P-CMOS-DOMINO-Schaltungen) anzuwenden [3.8], [3.9]. Mit der dynamischen CMOS-Logik wird der Nachteil des höheren Flächenbedarfes der statischen CMOS-Gatter, bedingt durch die nötige Aufspaltung des Lasttransistors, aufgehoben. Gegenüber der dynamischen NMOS-Logik ist nur *ein* Taktsignal erforderlich.

3.1.3.3 NMOS- und CMOS-Transfergates

Bei der Realisierung logischer Schaltungen und digitaler Systeme, wie z.B. von Flipflops, Speicherzellen, Multiplexern, Bussystemen usw., können mit Erfolg getaktete MOS-Transfergates als gesteuerte Schalter zur Vereinfachung der Schaltungstechnik eingesetzt werden. Abbildung 3.11 zeigt die Realisierung in NMOS- und CMOS-Technik. Wenn das Taktsignal Low ist, ist die Verbindung hochohmig und der Ausgang unabhängig vom Eingangssignal, während bei High-Pegel des Taktes das Ausgangssignal dem Eingangssignal entspricht.

Dabei kann je nach Anwendungsfall auch die bidirektionale Übertragungsmöglichkeit der Transfergates ausgenutzt werden. Die CMOS-Variante, Abb. 3.11b, hat dabei höheren Aufwand, vermeidet aber den je nach Taktspannungsamplitude im Falle des einfachen NMOS-Transistors möglichen Längsspannungsabfall von einer Schwellspannung, und weist wegen der Parallelschaltung von zwei Transistoren eine höhere Geschwindigkeit auf.

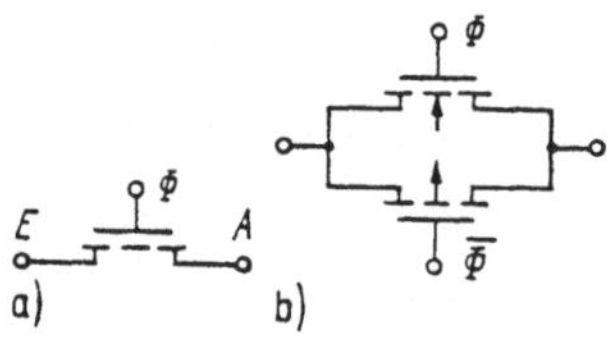

Abb. 3.11. MOS-Transfergates
a NMOS-Transfergate, b CMOS-Transfergate

3.1.4 Dekoder

Die Möglichkeit, mit einer begrenzten Zahl von äußeren Anschlüssen eine von sehr vielen Speicherzellen eines Schaltkreises (z.B. von 1 Million) auszuwählen, wird erst durch die Verschlüsselung der Adresse in einem Binärwort möglich: für die Auswahl 1 aus 1Mbit ist nur eine 20stellige Adresse nötig (2^{20}=1M). Für die konkrete Auswahl einer Speicherzelle muß die Adresse auf dem Chip entschlüsselt (dekodiert) werden. Dekoder sind daher in allen Speicherschaltkreisen wiederkehrende, wichtige Baugruppen. Speziell werden stets sognannte "1 aus M"-Dekoder benötigt, bei denen je nach Adressenbelegung am Eingang genau ein Ausgang ausgewählt wird.

Da Dekoder in allen Speicherschaltkreisen benötigt und in den verschiedensten Schaltungstechniken und Technologien realisiert werden können, soll zunächst die logische Funktion der Dekoder beschrieben werden. Als Beispiel werde die Auswahl 1 aus 8 an Hand einer 3bit-Adresse betrachtet. Die Wahrheitstabelle mit den zugehörigen logischen Funktionen gibt Tabelle 3.2 an. Für die Realisierung lassen sich die logischen Funktionen verschieden umformen und auf verschiedene Grundgatter zurückführen.

Für die UND-Realisierung ergeben sich die Möglichkeiten nach Abb. 3.12. Bei der vollständigen *Paralleldekodierung* (Abb. 3.12a) werden bei N Adressenbits

$M=2^N$ Gatter mit je N Eingängen benötigt (im Beispiel N=3, M=8). Die gesamte Dekodierung erfolgt innerhalb einer Gatterverzögerungszeit t_d. Bei der *seriellen Dekodierung* (Abb. 3.12b) werden Gatter mit weniger Eingängen benutzt. Werden Gatter mit 2 Eingängen verwendet, sind N-1 Stufen erforderlich, wodurch sich die Dekodierzeit auf $(N-1)t_d$ vergrößert.

Tabelle 3.2. Wahrheitstabelle für 1 aus 8 Dekoder

Logischer Wert der Adreßpegel $A_0 A_1 A_2$	Logischer Wert der Ausgänge $X_0\ X_1\ X_2\ X_3\ X_4\ X_5\ X_6 X_7$	Logische Funtion UND- Realisierung	ODER- Realisierung
0 0 0	1 0 0 0 0 0 0 0	$X_0 = \bar{A}_0 \bar{A}_1 \bar{A}_2$	$= A_0 + A_1 + A_2$
0 0 1	0 1 0 0 0 0 0 0	$X_1 = \bar{A}_0 \bar{A}_1 A_2$	$= A_0 + A_1 + \bar{A}_2$
0 1 0	0 0 1 0 0 0 0 0	$X_2 = \bar{A}_0 A_1 \bar{A}_2$	$= A_0 + \bar{A}_1 + A_2$
0 1 1	0 0 0 1 0 0 0 0	$X_3 = \bar{A}_0 A_1 A_2$	$= A_0 + \bar{A}_1 + \bar{A}_2$
1 0 0	0 0 0 0 1 0 0 0	$X_4 = A_0 \bar{A}_1 \bar{A}_2$	$= \bar{A}_0 + A_1 + A_2$
1 0 1	0 0 0 0 0 1 0 0	$X_5 = A_0 \bar{A}_1 A_2$	$= \bar{A}_0 + A_1 + \bar{A}_2$
1 1 0	0 0 0 0 0 0 1 0	$X_6 = A_0 A_1 \bar{A}_2$	$= \bar{A}_0 + \bar{A}_1 + A_2$
1 1 1	0 0 0 0 0 0 0 1	$X_7 = A_0 A_1 A_2$	$= \bar{A}_0 + \bar{A}_1 + \bar{A}_2$

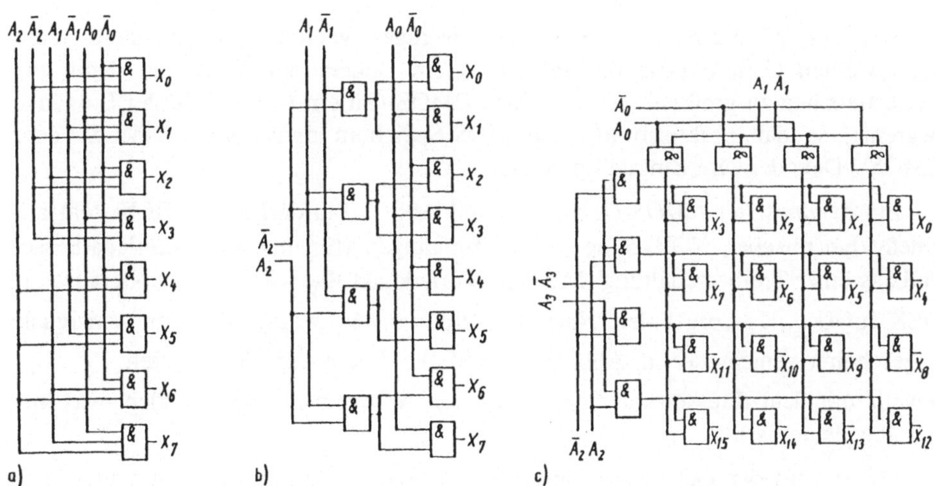

Abb. 3.12. Dekoder auf der Basis von UND-Gattern

a Vollständige Paralleldekodierung (1 aus 8), **b** Serielle Dekodierung (1 aus 8)
c Parallele Gruppendekodierung und Dekodiermatrix (1 aus 16)

Zwischen diesen beiden extremen Möglichkeiten bestehen zahllose Zwischenvarianten gemischter *seriell-paralleler Dekodierung*, die vor allem bei großem N sorgfältig zu optimieren sind. Besonders günstig kann dabei auch die parallele *Gruppendekodierung* als Vorstufe für eine abschließende Dekoderstufe (Dekodiermatrix) sein (Abb. 3.12c). In allen Fällen müssen die Adressensignale direkt und invertiert vorliegen. Die Invertierung erfolgt auf dem Chip, falls nicht ohnehin die Adresse in Latch's (siehe Abschnitt 3.1.6) zwischengespeichert wird und damit auch die intervertierten Signale zur Verfügung stehen.

In der MOS-Technik sind vor allem NOR-Gatter günstig realisierbar. Für die Dekodierung 1 aus 8 sind die entsprechend umgeformten logischen Funktionen in Tabelle 3.2. mit aufgenommen. Die Realisierung zeigt Abb. 3.13. Die Anordnung kann auch auf größere Dekoder verallgemeinert werden, da NOR-Gatter in NMOS-Technik (vgl. Abschnitt 3.1.3.1) auch mit vielen Eingängen (z.B. mehr als 10) realisierbar sind.

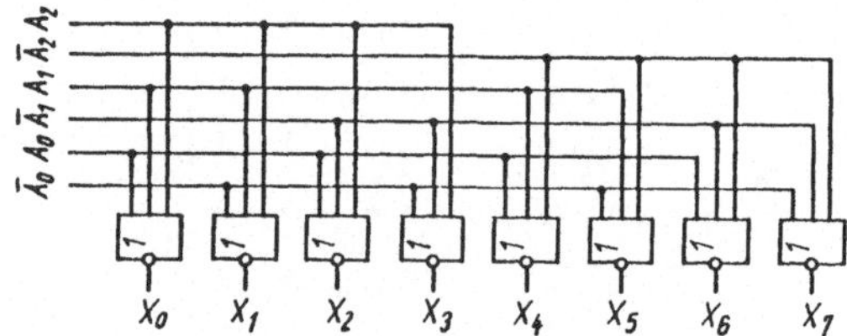

Abb. 3.13. Dekoder mit NOR-Gattern

Statische MOS-Dekoder sind dabei weniger geeignet, da in allen nicht ausgewählten Gattern (alle bis auf eines) ein Dauerstrom fließt und damit die Verlustleistung zu groß ist. Bei statischen CMOS-Gattern ist die Zahl der Eingänge begrenzt, so daß praktisch in allen MOS-Speichern dynamische (NMOS- oder CMOS-) Dekoder zum Einsatz kommen.

Ein *dynamischer NMOS-Dekoder* ist auf Abb. 3.14a dargestellt. Er besteht aus einem dynamischen NOR-Gatter mit N Eingängen (für eine N bit-Zeilenadresse) und aus einer Treiberschaltung. Mit dem Vorladetakt Φ_V wird der Dekoderausgang DEK auf $U_{DD}-U_T$ vorgeladen. Nach Abschluß von Φ_V werden die Adressensignale zugeschaltet (entsprechend Abb. 3.13 sind die Gates der Transistoren $T_0...T_{N-1}$ jeweils mit dem direkten oder dem negierten Adressensignal verbunden, was hier nur angedeutet ist).

Dabei wird der Dekoderausgang aller nichtausgewählten Zeilen entladen, und nur der ausgewählte behält den Highpegel an DEK und über den Transistor T_{AT} auch am Gate des Treibertransistors T_T. Letzterer wird am Drain durch einen zeitlich definierten Treiberimpuls Φ_T, der von der Taktsteuerung bereitgestellt werden muß, angesteuert. In der ausgewählten Zeile ist T_T leitend und durch Φ_T wird die Wortleitung WL aufgeladen.

Vor Einsetzen von Φ_T war die WL auf Nullpotential, so daß der Bootstrap-kondensator C_B auf U_{DD}-U_T aufgeladen ist. Wenn das Potential von WL steigt, steigt auch das Potential am Gate von T_T, da der Abtrenntransistor T_{AT} sperrt und C_B nicht entladen werden kann. Durch die so erreichte Spannungsüberhöhung am Gate von T_T wird die Wortleitung auf die volle Amplitude von Φ_T (die unter Umständen, z.B. bei DRAMs, über der Betriebsspannung liegen kann) aufgeladen.

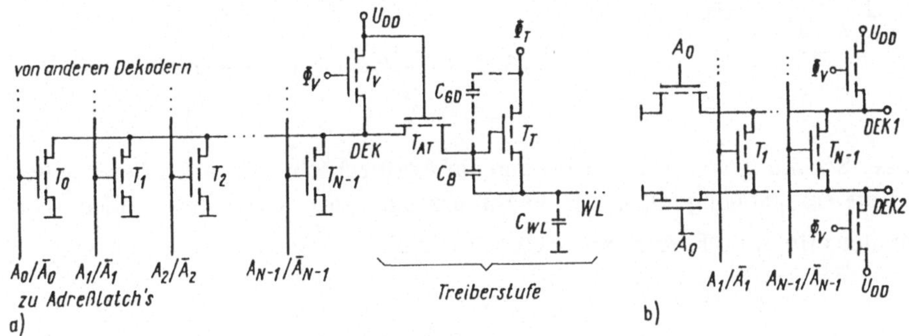

Abb. 3.14. Schaltung eines dynamischen MOS-Dekoders
a NOR-Gatter mit Treiberstufe, b Doppeldekoder nach BASSE [3.11]

Der Treibertransistor wird so breit wie möglich gewählt, um kurze Aufladezeiten der Wortleitungskapazität zu erhalten (Bestimmung analog Gl. (3.9), jedoch mit T_T im aktiven Bereich). Alle anderen Transistoren können Minimaltransistoren sein. Die Kapazität C_B muß nicht groß sein, u.U. reicht die vorhandene parasitäre Gate-Source-Kapazität des (breiten) Treibertransistors.

Eine besonders platzsparende Dekoderschaltung [3.10] verwendet die Schalttransistoren T_1...T_{N-1} gleich zweifach für zwei benachbarte Dekoder, siehe Abb. 3.14b (ohne die entsprechenden Treiberstufen).

3.1.5 Ein- und Ausgangspuffer

Alle Adressen-, Daten- und Steuereingänge sowie die Datenausgänge von Speicherschaltkreisen müssen zur Sicherung der in der Regel geforderten TTL-Kompatibilität eine Anpassung an die extern zugelassenen TTL-Pegel (Abb. 3.15) gewährleisten. Um die Schaltschwelle der Eingänge zwischen Low und High auf 1,2...1,8V heraufzusetzen, werden *Pegelanpaßstufen* nach Abb. 3.16 eingesetzt.

Die Schaltung Abb. 3.16a stellt einen einfachen Inverter dar. Um die Schaltschwelle anzuheben, ist ein Transistor T_2 als Längswiderstand eingeschaltet, über dem genau eine Schwellspannung abfällt, so daß die Schwelle des Umschaltens auf $2U_T \approx 1,2...1,6V$ angehoben ist. Um den Abfall beim Highpegel am Eingang auszugleichen, muß T_1 sehr breit gewählt werden (B/L=50...100).

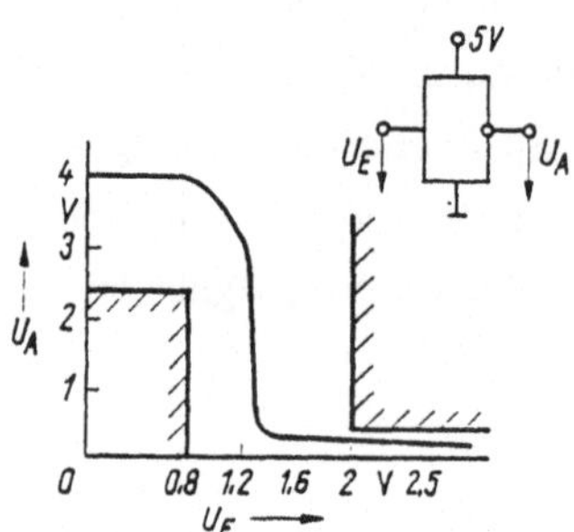

Abb. 3.15. TTL-Übertragungskennlinie

In der Schaltung von Abb. 3.16b kann die Ansprechschwelle durch Bereitstellen einer Referenzspannung U_{ref}, die intern erzeugt wird, festgelegt werden. Das Umschalten erfolgt im Bereich von wenigen 100mV um die Referenzspannung.

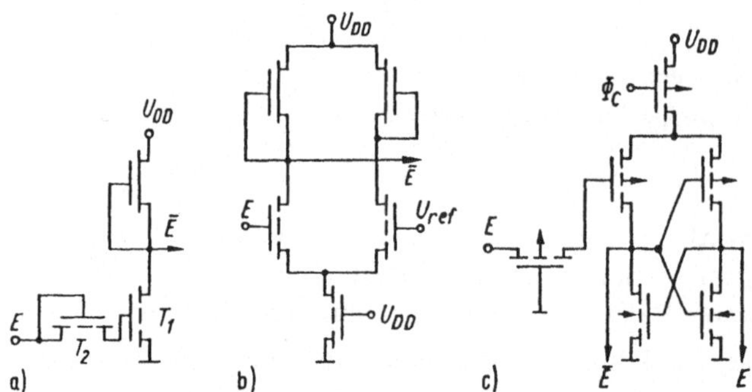

Abb. 3.16 Eingangsschaltungen zur TTL-Pegelanpassung
a Einfacher Inverter, b Differenzstufe, c CMOS-Latch

Die CMOS-Eingangsstufe von Abb. 3.16c beinhaltet außer der Pegelanpassung durch den P-Kanal-Transistor am Eingang eine Aktivierungssteuerung durch den Takt Φ_C (aus Chip-Select- oder Chip-Enable-Signal abgeleitet): Die an E anliegende Information wird nur in den Schaltkreis übernommen, wenn Φ_C auf Low geht.

Alle Signaleingänge müssen insbesondere bei MOS-Schaltkreisen ferner mit *Schutzschaltungen* gegenüber elektrostischen· Entladungen (ESD=electrostatic discharge) versehen werden. Kommt ohne diese Maßnahme ein Pin bei der Handhabung mit einem elektrostatisch geladenen Körper (z.B. einer Person mit C = 150pF, U bis einige kV) in Berührung, so würde praktisch die volle Eingangsspannung auf die sehr kleine Eingangskapazität des Eingangsgates (kleiner 1pF) übertragen werden und zum Oxiddurchbruch führen.

Schutzschaltungen verwenden Dioden, Widerstände und Transistoren, die außerhalb des Signalspannungsbereichs (-0,5...+5,5V) ansprechen und die ESD-Ladung zerstörungsfrei nach Masse oder Substrat abführen [3.11], [3.12]. Abbildung 3.17 zeigt ein Beispiel einer Eingangsschutzschaltung mit Feldoxidtransistor (Schwellspannung 25...30V), Dämpfungswiderstand mit PN-Übergang zum Substrat (N^+-Diffusionswiderstand) und gategesteuerter Diode.

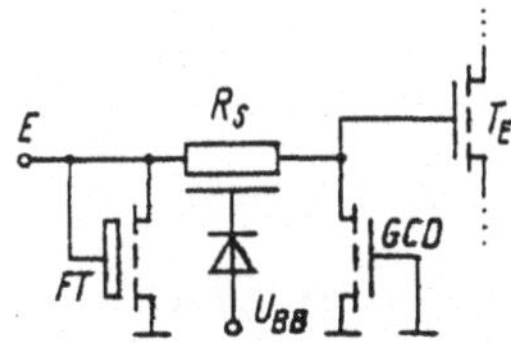

Abb. 3.17. Typische Eingangsschutzschaltung für NMOS-VSLI-Schaltkreise
TE Eingangstransistor, FT Feldoxidtransistor,
GCD gategesteuerte Dioden, RS Schutzwiderstand

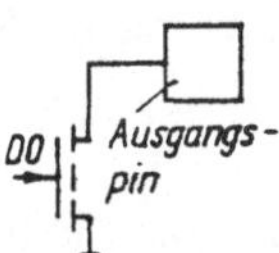

Abb. 3.18. Open-Drain-Ausgangsstufe
DO Datenausgang (DO=Low für nichtselektiertes Chip)

Ausgangsstufen müssen ebenfalls die TTL-Kompatibilität sichern. Dazu sind vor allem relativ große Ströme zu treiben (für jede TTL-Last etwa 1mA bei U_{AL}=0,4V. Zur Realisierung dienen *Gegentaktausgangsstufen* mit sehr breiten Transistoren und Tristatesteuerung (vgl. Abb. 3.5). Mitunter werden auch *Open-Drain-Stufen* angewendet, wobei das Ausgangspin einfach am Drain eines ebenfalls sehr breiten Schalttransistors liegt und der notwendige Strom durch die äußere Beschaltung realisiert wird (Abb. 3.18).

3.1.6 Flipflop als elementares Speicherelement

Die elementare bistabile Schaltung mit Speicherverhalten, die als Flipflop-Schaltung oder *Latch* bezeichnet wird, erhält man durch Überkreuzkopplung zweier Inverter. Der Ausgang des einen Inverters ist auf den Eingang des anderen geführt und umgekehrt (Abb. 3.19a). Liegt am Ausgang von Gatter 1 der Pegel Q, so ist der andere Ausgang $\overline{Q}$. Da letzterer mit dem Eingang von Gatter 1 verbunden ist, bleibt dessen Ausgang Q, d.h. der einmal eingestellte Zustand bleibt erhalten (gespeichert). Der sich nach Anlegen der Betriebsspannung einstellende Zustand (Q High oder Low) ist allerdings nicht definiert, sondern von Unsymmetrien der Schaltung, Toleranzen und äußeren Störsignalen abhängig.

Um einen definierten Zustand des Flipflops einzustellen, können die beiden Gatteraus- bzw. -eingänge kurzzeitig an definierte, dem gewünschten Speicherzustand entsprechende Spannungen gelegt werden. Abbildung 3.19b zeigt eine Realisierung über einfache gesteuerte Schalter.

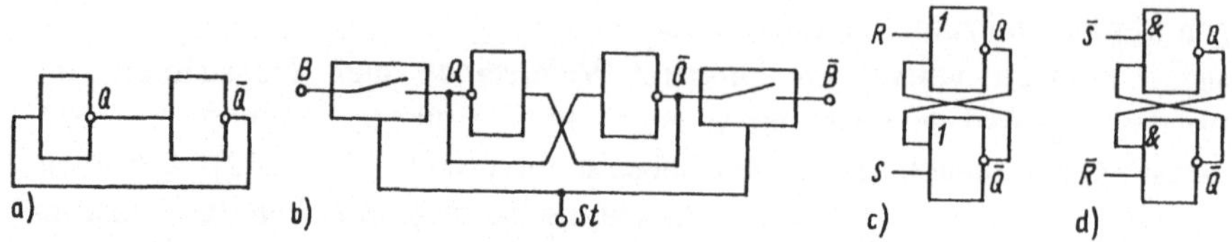

Abb. 3.19. Flipflop-Varianten (logische Struktur)
a Grundform aus zwei Invertern, **b** Flipflop mit einfacher Setzschaltung
c Flipflop aus NOR-Gattern, **d** Flipflop aus NAND-Gattern
St Steuersignal, S Setzeingang, R Rücksetzeingang

Nach kurzzeitigem Schließen der Schalter (Zeitdauer größer oder gleich der Schaltzeit der Inverter) entspricht der Informationszustand Q, $\overline{Q}$ des Flipflops den während der Einschaltphase an B, $\overline{B}$ anliegenden logischen Pegeln. Setz- bzw. Rücksetzeingänge zur Steuerung des Zustandes des Flipflops entstehen auch, wenn das Flipflop durch Kreuzkopplung zweier NOR- oder NAND-Gatter realisiert wird (Abb. 3.19c, d). Durch S=H wird Q=H und durch R=H wird Q=L eingestellt (R und S dürfen nicht gleichzeitig High sein).

In der N-Kanal-Technik werden z.B. zwei NMOS-Inverter überkreuz gekoppelt (Abb. 3.20a). Das bistabile Verhalten dieser Schaltung kann an Hand der statischen Übertragungskennlinie des Inverters (vgl. Abb. 3.4b) gezeigt werden. Abbildung 3.20b zeigt die Kennlinie des ersten Inverters (Kurve 1)

$$U_2 = f(U_1). \tag{3.21}$$

Der zweite Inverter hat die gleiche Kennlinienform

$$U_3 = f(U_2). \tag{3.22}$$

Berücksichtigt man, daß $U_3=U_1$ ist, dann erhält man für den zweiten Inverter durch Bildung der Umkehrfunktion (Vertauschen der Achsen oder spiegeln an der Geraden unter 45°)

$$U_2 = f^{-1}(U_1). \tag{3.23}$$

Diese Beziehung ist in Abb. 3.20b mit eingetragen (Kurve 2). Die möglichen Lösungspunkte sind die Schnittpunkte beider Kurven.

Man kann zeigen (z.B. mit den Methoden zur Stabilitätsanalyse [3.13]), daß die Punkte A und B stabilen Lösungen entsprechen, während Punkt C instabil ist, d.h. bei geringsten Abweichungen von C läuft die Lösung entweder zum Punkt A oder zum Punkt B. Den Punkten A und B entsprechen demzufolge die beiden stabilen Speicherzustände: U_2 High und U_1 Low bzw. U_2 Low und U_1 High.

Flipflops auf der Basis des statischen E/D-Inverters oder des CMOS-Inverters erhält man analog durch Überkreuzkopplung von zwei Invertern. Sie unterscheiden sich vom NMOS-Flipflop nicht prinzipiell, sondern lediglich durch die Form der Übertragungskennlinie. Beim CMOS-Inverter (siehe Abb. 3.20c) ergeben sich für die beiden stabilen Arbeitspunkte (Speicherzustände) die idealen Pegel.

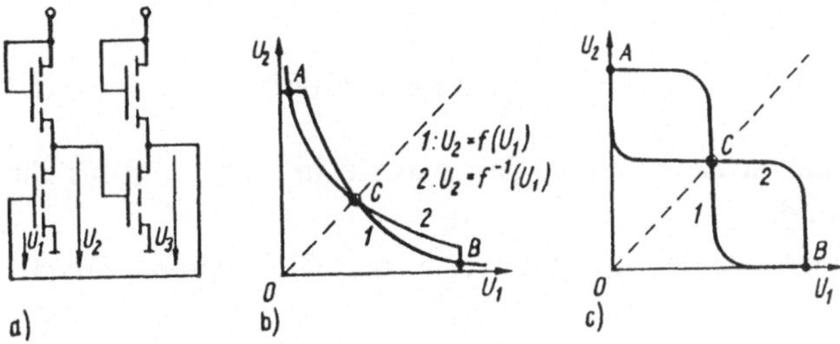

Abb. 3.20. NMOS-Flipflop-Schaltung
a Kopplung zweier NMOS-E/E-Inverter, **b** Übertragungskennlinien und Arbeitspunkte,
c Übertragungskennlinien und Arbeitspunkte des CMOS-Flipflops

3.2 Bipolare Schaltungstechnik

3.2.1 Bipolartransistor

Die Bipolartechniken basieren auf der Anwendung von integrierten bipolaren Transistoren, meist des vertikalen NPN-Planartransistors (Abb. 3.21). Das Großsignalersatzschaltbild (Ebers-Moll-Modell) zeigt Abb. 3.22.

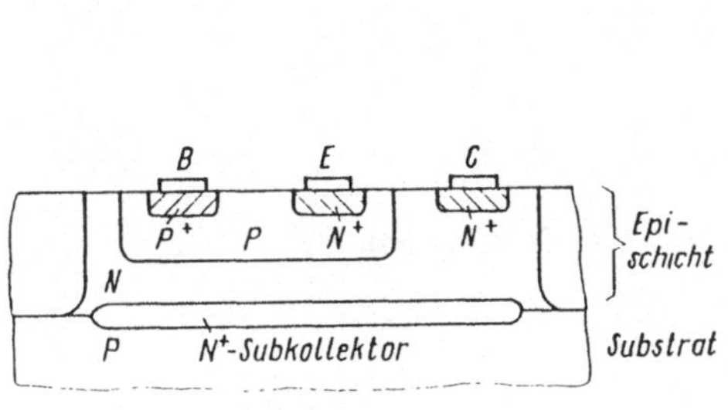

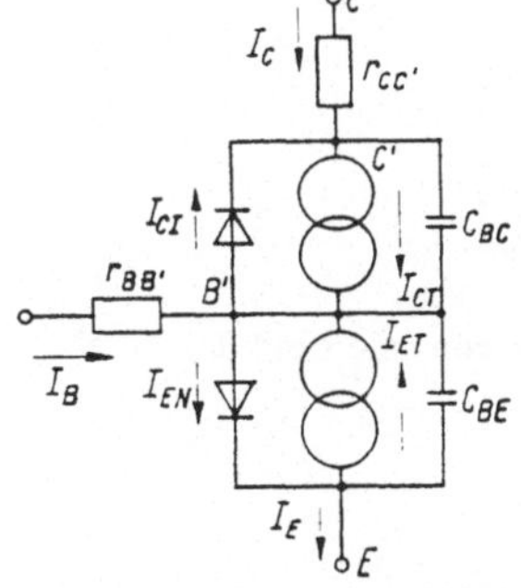

Abb. 3.21. Querschnitt durch einen integrierten vertikalen NPN-Planartransistor

Abb. 3.22. Ebers-Moll-Modell des Bipolartransistors

Für die einzelnen Ströme in Abb. 3.22 gilt ([3.1]...[3.4]):

$$I_{EN} = I_{ES} \left[\exp(U_{B'E}/U_T) - 1 \right] \qquad \text{(Emitterdiodenstrom),} \qquad (3.24)$$

$$I_{CI} = I_{CS} \left[\exp(U_{B'C}/U_T) - 1 \right] \qquad \text{(Kollektordiodenstrom),} \qquad (3.25)$$

$$I_{CT} = I_{CES} \left[\exp(U_{B'E}/U_T) - 1 \right] \qquad \text{(Kollektortransferstrom),} \qquad (3.26)$$

$$I_{ET} = I_{ECS} \left[\exp(U_{B'C}/U_T) - 1 \right] \qquad \text{(Emittertransferstrom).} \qquad (3.27)$$

Damit ergeben sich die bekannten Kennlinienfelder, wie sie in Abb. 3.23 für die Emitterschaltung dargestellt sind.

Aus den Sättigungsströmen werden üblicherweise die Gleichstrom-Verstärkungsfaktoren

$$A_N = I_{CES}/I_{ES} \qquad \text{(Basisschaltung, normal)} \qquad (3.28)$$

$$A_I = I_{ECS}/I_{CS} \qquad \text{(Basisschaltung, invers)} \qquad (3.29)$$

$$B_{N,I} = A_{N,I}/(1 - A_{N,I}) \qquad \text{(Emitterschaltung, normal bzw. invers)} \qquad (3.30)$$

definiert und angegeben. Die parasitären Kapazitäten der PN-Übergänge sind ebenfalls von der Spannung abhängig. Ihre exakte nichtlineare Spannungsabhängigkeit wird in Transistormodellen für die Computersimulation berücksichtigt.

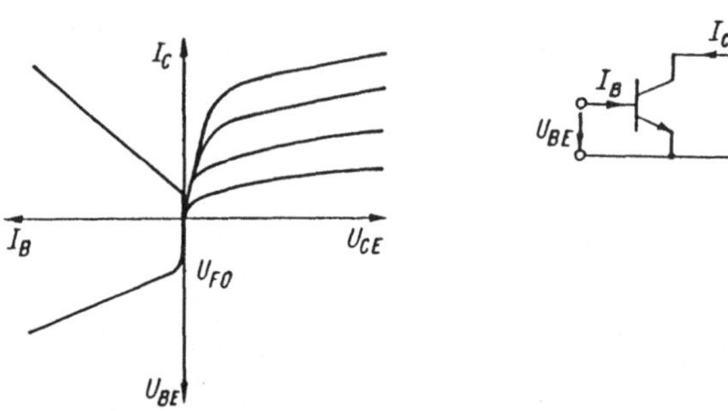

Abb. 3.23. Kennlinienfeld des NPN-Bipolartransistors in Emitterschaltung

3.2.2 Bipolare Inverter

Elementarstruktur der bipolaren digitalen Schaltungen, also auch der Speicher, sind wiederum die Inverterschaltungen. Man unterscheidet die drei grundlegenden Logikfamilien TTL (Transistor-Transistor-Logik), ECL (emittergekoppelte Logik) und I^2L (integrierte Injektionslogik). Auf die I^2L-Technik, deren Bedeutung für die

Speicher wieder zurückgegangen ist, sei an dieser Stelle nicht näher eingegangen (siehe z.B. [3.1]...[3.5]).

3.2.2.1 TTL-Inverter

Der TTL-Inverter (Abb. 3.24a) funktioniert wie folgt: Für U_E klein ($< U_{F0} \approx 0,7V$) ist T_1 eingeschaltet und T_2 ausgeschaltet. Dabei sind $I_{C1}=0$ und $U_E' \approx U_E$, und am Ausgang erscheint der Highpegel $U_{AH}=U_{CC}$. Bei Erhöhung von U_E bzw. U_E' über U_{F0} wird T_2 eingeschaltet und es fließt ein Basisstrom der Größe

$$I_{B2} = -I_{C1} = (U_{CC}-2U_{F0})/R_B \tag{3.31}$$

in T_2, der diesen übersteuert. Die Ausgangsspannung sinkt auf den Lowpegel

$$U_{AL} = U_{CES},$$

worin $U_{CES} \approx 0,1...0,2V$ die Kollektor-Emitter Sättigungsspannung ist [3.1]. Der Übersteuerungsfaktor beträgt

$$m = B_N I_{B2} / I_{C2} = B_N(U_{CC}-2U_{F0})R_C / [(U_{CC}-U_{CES})R_B] > 1. \tag{3.32}$$

Seine Größenordnung ist $m \approx 10$.

Die Transferkennlinie des TTL-Inverters zeigt Abb. 3.24b. Die Schwellspannung U_S, bei der $U_A = U_{AH}/2 = U_{CC}/2$ ist, ergibt sich aus [3.3] zu

$$U_S = U_T \ln(U_{CC}/[2R_C I_{ES} A_N]+1). \tag{3.33}$$

Sie kann durch Dimensionierung von R_C variiert werden.

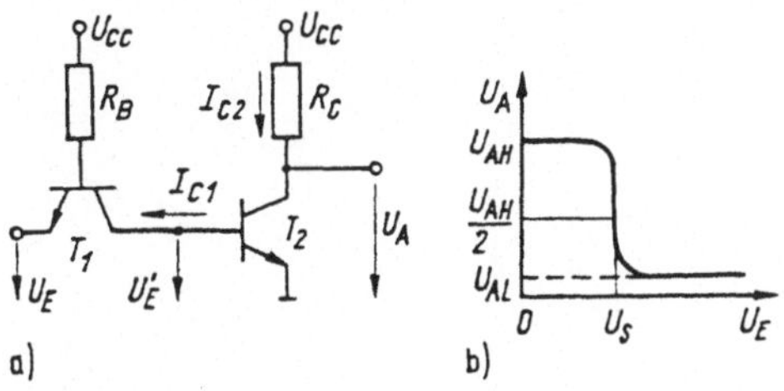

Abb. 3.24. TTL-Inverter. **a** Schaltung, **b** Transferkennlinie

3.2.2.2 ECL-Inverter

Beim ECL-Inverter (Abb. 3.25a) erfolgt der Übergang vom High- zum Lowpegel (und umgekehrt) durch Umschalten des Stromes von einem Referenztransistor T_0 auf den Schalttransistor T_1. Ist $U_E=U_{EH}$ ein hoher Spannungspegel, so ist T_1

eingeschaltet, T_0 ausgeschaltet und $U_A = U_{AL}$. Da die Ansteuerung bis an die Grenze der Sättigung erfolgt ($U_{BC}=0$) gilt

$$U_{AL} = U_{EH}. \tag{3.34}$$

Hat U_E hingegen einen niedrigen Spannungswert, so fließt der Strom durch den Referenztransistor T_0, und am Ausgang liegt der Highpegel

$$U_{AH} = 0. \tag{3.35}$$

Zur Kompatibilität der Gatter muß durch geeignete Wahl von U_0, R_{C0} und R_{C1} die Bedingung

$$U_{AH} - U_{AL} = U_{EH} - U_{EL} = U_{F0} \tag{3.36}$$

erfüllt, d.h. der gleiche Spannungshub am Ausgang und Eingang erreicht werden [3.3]

$$U_0 = (3/2)U_{F0} = -1{,}05\,\text{V}, \qquad R_{C1}/R_{C0} = (U_{EE}-5U_{F0}/2)/(U_{EE}-4U_{F0}/2),$$

Die Transferkennlinie (Abb. 3.25b) weist dann immer noch eine Pegelverschiebung zwischen U_E und U_A auf, die durch eine nachgeschaltete Kollektorstufe (Emitterfolger) ausgeglichen werden muß. Hauptvorteil der auf diesem Inverter basierenden ECL-Gatter ist die hohe Schaltgeschwindigkeit, die durch die Vermeidung der Übersteuerung der Transistoren erreicht wird.

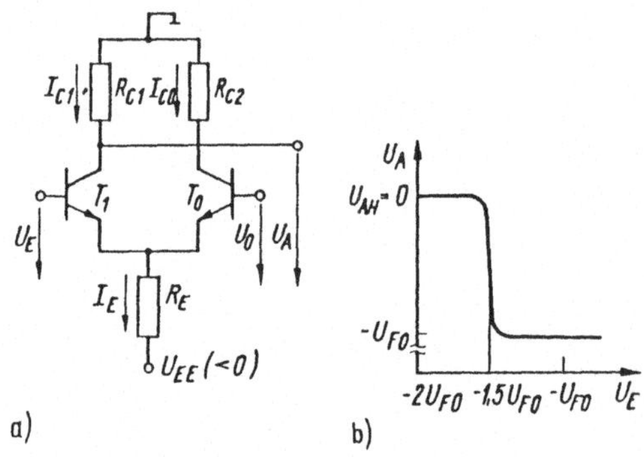

Abb. 3.25. ECL-Inverter. **a** Schaltung, **b** Transferkennlinie

Neue Entwicklungen der Stromschalttechnik (CML = current merge logic), wie die ECL-Technik auch genannt wird, versuchen die Nachteile, vor allem die hohe Verlustleistung, mit dem Übergang zu LSI und VLSI durch technologische und schaltungstechnische Maßnahmen zu reduzieren. Dazu gehören die Verringerung des (internen) logischen Spannungshubes ($\Delta U=100...500\,\text{mV}$), u.a. durch Anwendung von Differenz-Stromschaltlogik (DCML) oder durch die Verwendung von Emitter-Funktions-Logikstufen (EFL), siehe [3.14].

3.3 BICMOS-Schaltungstechnik

Durch gezielte Ausnutzung spezieller technologischer Schritte und Möglichkeiten aber auch aufgrund besonderer Erfordernisse bei Submikrometer-Strukturen hat sich die Komplexität sowohl der CMOS- als auch der Bipolartechnologie ständig erhöht (die CMOS-Technologie von Philips für den 1Mbit-SRAM mit 0,7μm-Struktur-breiten ist beispielsweise ein 15-Schablonen-Prozeß [3.15]). Dabei liegt es nahe, durch Hinzunahme von einigen wenigen Schritten auf der gleichen Si-Scheibe sowohl Bipolar- als auch MOS-Transistoren zu realisieren.

Diese als BICMOS bezeichnete Bipolar-CMOS-Mischtechnologie hat seit Beginn der 80er Jahre eine beständig wachsende Bedeutung erlangt und stellt die perspektivische Kompromißlösung zwischen dem hohen Integrationsgrad der CMOS-Technik und der hohen Geschwindigkeit der Bipolar-, insbesondere der ECL-Technik dar, die die Vorteile beider Techniken wirkungsvoll miteinander verbindet. Aufgrund ihrer vorteihaften Eigenschaften hat diese Technologie auch in die Speichertechnik Eingang gefunden.

BICMOS-Inverter sind auch hier die Grundbaustufen von entsprechenden Logikschaltungen. Eine hohe Treiberfähigkeit der Schaltungen wird durch Verwendung von MOS-Eingangsstufen und Bipolar-Ausgangsstufen erreicht. Eine systematische Untersuchung von Schaltungsvarianten siehe in [3.16]. Drei ausgewählte Schaltungen zeigt Abb. 3.26.

Ausgangsbasis ist die schon 1969 von LIN [3.17] angegebene Schaltung gemäß Abb. 3.26a. Darin wird eine Gegentaktstufe aus NPN-Transistoren über einen P-Kanal- und einen N-Kanal-Transistor angesteuert. Bei U_E Low sperrt der N-Kanal-Transistor T_1 während T_2 eingeschaltet ist und durch einen Strom in die Basis den Transistor T_4 einschaltet, der den Ausgang auf einen Highpegel U_{DD}-U_F auflädt. Bei U_E High sperrt T_2 und damit auch T_4, während T_1 eingeschaltet ist und durch einen Basisstrom in T_3 diesen Transistor einschaltet, über den die Entladung des Augangs bis auf U_F erfolgt.

Nachteile dieser Schaltung sind eine relativ große Verlustleistung (beim Umschaltvorgang sind vorübergehend T_4 *und* T_3 eingeschaltet) und ein langsamer High-Low-Übergang am Ausgang, da mit abnehmender Ausgangsspannung auch der Basisstrom in T_3 abnimmt, dieser sich also nur langsam "selbst abschnürt".

Die Schaltung Abb. 3.26b vermeidet diese Nachteile, wobei zwei zusätzliche MOS-Transistoren benötigt werden. Durch T_3 wird beim H-L-Übergang am Ausgang die Basis von T_6 schnell entleert, so daß kein Stromfluß von U_{DD} nach Masse auftreten kann.

Auf Abb. 3.26c ist eine vollständig komplementäre BICMOS-Grundschaltung nach [3.18] gezeigt. Bei U_E Low liegt am Ausgang des CMOS-Inverters U_{DD}, d.h. der NPN-Transistor T_4 schaltet ein und lädt den Ausgang auf U_{DD}-U_F auf, während T_3 gesperrt ist. Beim Wechsel von U_E nach High liegt an den Basisanschlüssen Null-Pegel. Über T_1 wird die Basis von T_4 sehr schnell entladen (T_4 sperrt), während durch die noch auf hohem Potential liegende Ausgangsspannung ein Strom über den in Durchlaßrichtung liegenden Emitter-Basis-Übergang von T_3 über T_1 nach Masse fließt, der T_3 einschaltet und den Ausgang bis auf U_F entlädt.

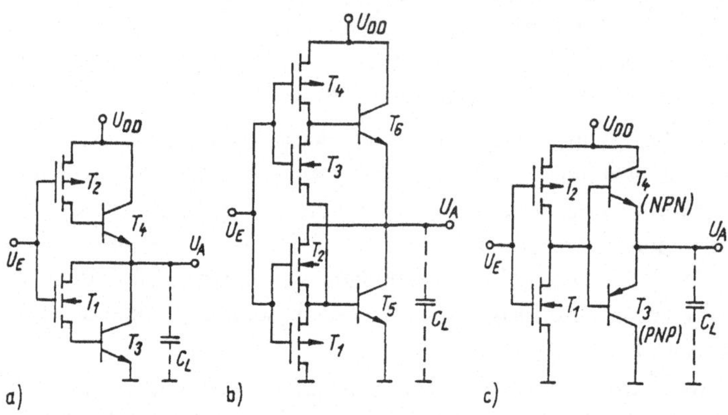

Abb. 3.26. BICMOS-Inverter
a Grundlegende Schaltung mit NPN-Transistoren nach [3.17], **b** verbesserte Schaltung [3.16], **c** vollständig komplementäre Schaltung [3.18]

Bei Wiederumschalten von U_E auf Lowpegel wird die akkumulierte Basisladung von T_3 (Elektronen) über T_2 nach U_{DD} abgeführt, so daß T_3 schnell und sicher sperrt. Diese Schaltung ergab nach Computersimulationen bei geeigneter Dimensionierung die günstigsten Eigenschaften hinsichtlich Geschwindigkeit, Verlustleistung und benötigter Fläche, erfordert aber die gleichzeitige Realisierung von NPN- und PNP-Transistoren in der BICMOS-Technologie. Schlechtere Parameter der PNP-Lateraltransistoren (Stromverstärkung, Kapazitäten) können dabei ggf. durch größere Breiten der MOS-Transistoren ausgeglichen werden [3.16].

4 Schreib-Lese-Speicherschaltkreise (RAM)

Gegenstand dieses Kapitels sind die mikroelektronischen Schreib-Lese-Speicherschaltkreise mit wahlfreiem Zugriff (RAM). Sie gliedern sich in die zwei Gruppen der statischen und der dynamischen RAM (SRAM und DRAM). In beiden Gruppen dominieren die MOS-Realisierungen, wobei sehr schnelle SRAM auch in bipolarer Technik hergestellt und eingesetzt werden.

Die ersten drei Abschnitte des Kapitels sind den SRAM gewidmet. Dabei werden zuerst die MOS-Realisierungen, dann die bipolaren SRAM und nachfolgend einige aktuelle technologische Entwicklungsrichtungen bei den SRAM unter Einbeziehung der BIMOS- und der GaAs-Technologie behandelt und diskutiert. In den folgenden beiden Abschitten werden dann die DRAM-Schaltkreise vorgestellt. Zuerst werden ihr allgemeiner Aufbau und ihre Eigenschaften behandelt und anschließend einige schaltungstechnische Besonderheiten und Probleme bei sehr hoch integrierten DRAM-Schaltkreisen erörtert.

Statische RAMs verwenden die bistabile Flipflopschaltung als Speicherzelle und sind damit die klassischen elektronischen Speicher. Bipolare SRAMs sind die schnellsten der Halbleiterspeichertypen, jedoch sind sie im Integrationsgrad begrenzt. MOS-SRAMs sind schneller als die dynamischen MOS-RAM, jedoch ist ihr Integrationsgrad bei gleichem technologischen Niveau nur 1/4 gegenüber den DRAMs. Gegenüber den bipolaren SRAM sind sie wesentlich höher integrationsfähig, aber nicht so schnell. Der gegenwärtige Stand ist etwa durch 1Mbit-MOS-SRAM mit Zugriffszeiten unter 30ns und durch 16kbit-bipolare SRAM mit Zugriffszeiten unter 4ns charkaterisiert, während DRAM von 4Mbit Zugriffszeiten um 100ns aufweisen.

4.1 MOS-SRAM

4.1.1 Speicherzellen für MOS-SRAM

Für die Realisierung von SRAM-Speicherzellen wird die Flipflop-Grundschaltung von Abb. 3.20a durch zwei einfache Transfergates zur Realisierung der Einstellung eines definerten Zustandes (Schreiben einer Information) bzw. zur Erkennung des Speicherzustandes (Lesen der Speicherzelle) ergänzt. Die *6-Transistor-Zelle* mit N-Kanal Enhancement-Transistoren zeigt Abb. 4.1a. Die Transfergates (Auswahltransistoren T_A) aller in einer Zeile der Speichermatrix angeordneten Speicherzellen werden durch Signale auf einer gemeinsamen Steuerleitung, der Zeilenleitung oder Wortleitung WL, eingeschaltet und verbinden die Flipflopausgänge mit den Spalten-

oder Bitleitungen BL bzw. $\overline{BL}$. Diese Bitleitungen verlaufen paarweise senkrecht zu den Wortleitungen durch die Speichermatrix.

Ist die Wortleitung WL auf Low-Potential, so ist das aus den statischen NMOS-Invertern gebildete Flipflop abgeschaltet und der einmal eingestellte Speicherzustand (z.B. Knoten 1 High, Knoten 2 Low) bleibt erhalten (Speicherzustand). Zum *Lesen* der gespeicherten Information wird die Wortleitung, die der gewünschten Adresse zugeordnet ist, erregt (High-Potential). Sie schaltet die zugehörigen Auswahltransistoren ein, wodurch die Knoten 1 und 2 mit BL bzw. $\overline{BL}$ verbunden werden. Dadurch wird bei dem angenommenen Speicherzustand BL über den anliegenden Lasttransistor aufgeladen (der anliegende Schalttransistor ist gesperrt), und $\overline{BL}$ wird über den anliegenden eingeschalteten Schalttransistor entladen. Damit ist die Information auf die Bitleitungen übertragen (die Bitleitungspaare tragen jeweils die Information der Zelle in der ausgewählten Zeile). An Hand der Spaltenadresse wird ein Bitleitungspaar mit dem Leseverstärker (im einfachsten Falle ein statischer MOS-Inverter) verbunden und dem Datenausgangstreiber zugeführt.

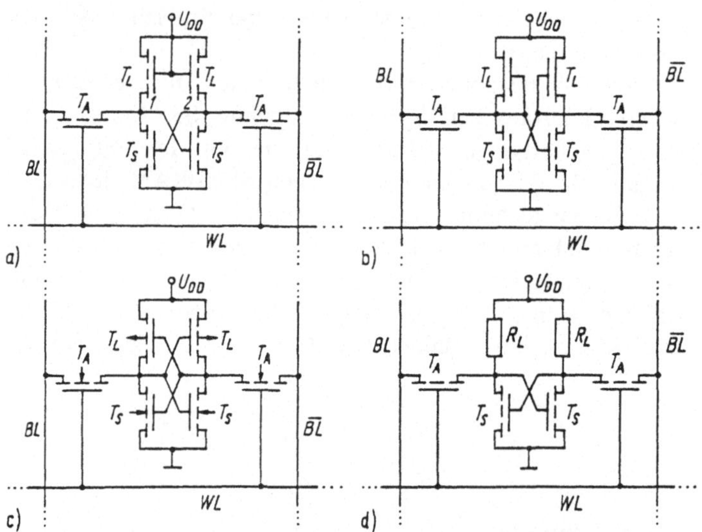

Abb. 4.1. MOS-SRAM Speicherzellen. **a** NMOS-Zelle mit Enhancement-Lasttransistor, **b** NMOS-Zelle mit Depletion-Last, **c** CMOS-Zelle, **d** NMOS-Zelle mit Lastwiderständen

WL Wortleitung; BL, $\overline{BL}$ Bitleitungspaar; T_S, T_L, T_A Schalt-, Last- und Auswahltransistor

Zum *Schreiben* einer Information in eine Speicherzelle wird diese über einen Schreibverstärker, z.B. Gegentakttreiber, an das ausgewählte Bitleitungspaar übertragen (z.B. BL Low, $\overline{BL}$ High) und die gewünschte Wortleitung erregt. Dadurch werden die an BL, $\overline{\text{BL}}$ liegenden Pegel auf die Knoten 1 und 2 der ausgewählten Zelle übertragen und bleiben gespeichert, wenn die Erregung der Wortleitung wieder abgeschaltet wird.

Die statische NMOS-Speicherzelle nach Abb. 4.1a hat eine Reihe von wesentlichen Nachteilen, die denen des statischen NMOS-Inverters entsprechen. Das sind vor allem die Sicherung des Lowpegels unterhalb von ca. $0,5U_T$ durch die Transistorgeometrien: T_L muß hochohmig gegenüber T_S sein, also T_L muß lang und schmal und T_S kurz und breit sein. Das führt zu einem hohen Flächenbedarf. Außerdem fließt in einem der Inverter (mit eingeschaltetem T_S) stets ein Dauerstrom der zu einer großen Verlustleistung bereits im Speicherzustand führt. Beide begrenzen den Integrationsgrad erheblich.

Eine gewisse Besserung hat der Ersatz der Lastelemente durch *Depletiontransistoren* gebracht (Abb. 4.1b). Diese Zellen wurden bis zu einer Chipkapazität von 16 bzw. 64kbit angewendet.

Für höherintegrierte SRAM mit 256kbit und darüber werden gegenwärtig die Speicherzellen von Abb. 4.1c und d eingesetzt. Die *6-Transistor-CMOS-Speicherzelle* hat (gemeinsam mit der CMOS-Logik, s.o.) die Vorteile extrem niedriger Verlustleistung im Speicherzustand und kleineren Flächenbedarf, da die Transistoren Minimaltransistoren sein können. Außerdem besteht wegen der idealen Pegel und der damit verbundenen hohen Störsicherheit die Möglichkeit, die Betriebsspannung im Ruhestand zu reduzieren und somit den Leistungsverbrauch weiter erheblich zu senken.

In der *4-Transistorzelle mit Widerstandslast* sind die Depletion-Lasttransistoren durch Polysilicium-Widerstände ersetzt. Das bringt folgende Vorteile: die Widerstände können oberhalb der Transistorstrukturen in der zweiten Polyebene realisiert werden, wodurch der Flächenbedarf der Zelle auf 2/3 reduziert wird, (Volumenintegration), und sie können extrem hochohmig gewählt werden (bis in den GΩ-Bereich), wobei die Flipflop-Funktion erhalten bleibt, aber die Ruheströme und damit die Verlustleistung drastisch verkleinert werden. Allerdings wäre die Aufladung der Bitleitung beim Lesen über R_L viel zu langsam, so daß (wie auch bei den anderen hochintegrierten und schnellen SRAM) andere Lesetechniken angewendet werden müssen, auf die noch eingegangen wird.

Zur Erläuterung der Funktion der Grundschaltung dieser Zelle, des Inverters mit Widerstandslast (Abb. 4.2), sei von dem Kennlinienfeld $I_D=f(U_2)$ des MOS-Transistors mit U_1 als Parameter ausgegangen (Abb. 4.2b). An R_L liegt die Spannung $U_{DD}-U_2$, sodaß

$$I_R = (U_{DD}-U_2)/R_L \tag{4.1}$$

gilt. Dieser Strom kann ebenfalls in Abhängigkeit von U_2 in Abb. 4.2b eingetragen werden (Widerstandsgerade). Da in einem nachfolgenden Eingang kein Gleichstrom fließt, muß $I_R=I_D$ sein, d.h. die sich einstellenden Arbeitspunkte ergeben sich als

Schnittpunkte der Transistorkennlinien mit der Widerstandsgeraden. Für $U_1 < U_T$ ist $I_D = 0$, also wegen $I_R = 0$ aus Gl. (4.1)

$$U_2 = U_{AH} = U_{DD},$$

während sich für $U_1 = U_{DD}$ der Arbeitspunkt A ergibt, für den $U_2 = U_{AL}$ umso kleiner wird, je größer R_L ist.

Die statischen Übertragungskennlinien des Inverters sind für verschiedene Werte von R_L auf Abb. 4.2c gezeigt.

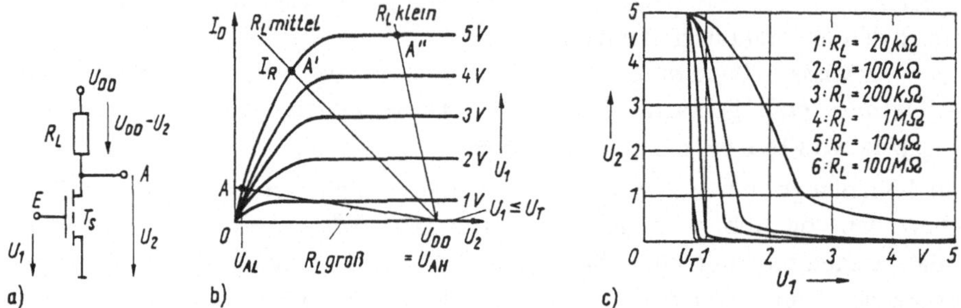

Abb. 4.2. MOS-Inverter mit Widerstandslast
a Schaltung, **b** Kennlinienfeld und Arbeitspunkte, **c** Statische Übertragungskennlinie für verschiedene Werte von R_L

4.1.2 Speicherschaltkreis

Alle SRAM-Speicherschaltkreise weisen eine ähnliche Struktur des Schaltkreises auf, jedoch werden für die einzelnen Baugruppen die verschiedensten Schaltungstechniken eingesetzt. Wir wollen im folgenden daher zuerst die allgemeine Struktur und Funktion erläutern und daran anschließend schaltungstechnische Besonderheiten der Realisierung diskutieren.

4.1.2.1 Struktur und Funktion

Die Struktur eines SRAM-Schaltkreises zeigt Abb. 4.3. Ein SRAM enthält als wesentliche Baugruppen die Speichermatrix, die Adressen- und Dekodierschaltungen für die Zeilen- und Spaltenauswahl, die Lese- und Schreibverstärker, Daten-Eingangs- und Daten-Ausgangs-Puffer und eine Taktsteuerung. Die Speichermatrix ist je nach Organisationsform (x4, x8, x9, vgl. Abschnitt 2.2.1) in 4, 8 oder 9 Blöcke unterteilt, wobei jeder Block eine eigene Lese-Schreib-Verstärker-Schaltung besitzt, die mit dem zugehörigen Eingangs- bzw. Ausgangs-Puffer verbunden ist.

Die Wechselwirkung des Schaltkreises mit der Umwelt erfolgt durch die im folgenden beschriebenen äußeren Anschlußkontakte (Pins).

A_i (i=0...N): Adressensignale für 2^N adressierbare Speicherwörter (die Adressensignale können in Zeilen- und Spaltenadressen aufgeteilt werden);

DQ_j (z.B. j=0...7 bei einer x8-Organisation): In der Regel bidirektionale Daten-
Eingänge-(D) und Daten-Ausgänge (Q);

U_{DD} oder U_{CC}, U_{SS}: Betriebsspannungen (5V und Masse)[1];

$\overline{CE}$: Chip-Enable , Steuersignal für die Chipauswahl im Speichersystem[2] (Low-
aktiv);

$\overline{WE}$: Write-Enable (Low-aktiv), Steuersignal für Lese- oder Schreibvorgang;

$\overline{OE}$: Output-Enable (Low-aktiv), Aktivierung der Datenausgänge.

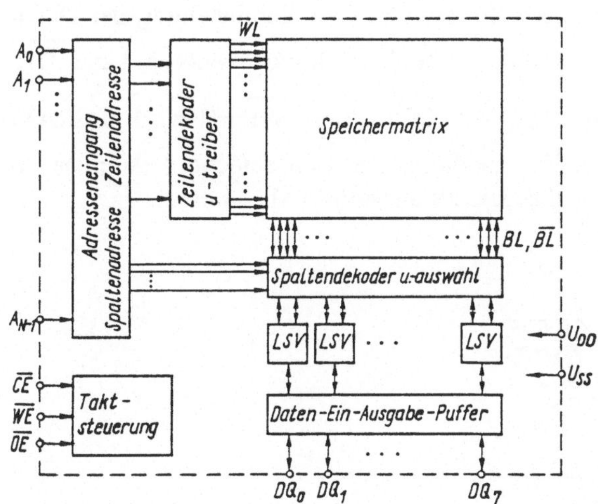

Abb. 4.3. Struktur eines statischen RAM
WL Wortleitungen, BL Bitleitungen, LSV Lese-Schreib-Verstärker

Neben dem Ruhezustand erlauben die SRAM-Schaltkreise in der Regel die
Betriebsarten Lesezyklus, Schreibzyklus und Lese-Schreib-Zyklus.

Im nicht ausgewählten Zustand ist $\overline{CE}$ =H. Dabei werden im allgemeinen alle
weitere Signaleingänge geschlossen und Datenausgänge hochohmig geschaltet. Mit

---

[1] In Anlehnung an die Kompatibilität zur Bipolartechnik wird die Betriebsspannung statt mit U_{DD} oft auch
mit U_{CC} bezeichnet.

[2] Mitunter wird anstelle von $\overline{CE}$ bei Speicherschaltkreisen das Signal CS oder $\overline{CS}$ (chip-select, high-
oder low-aktiv) verwendet.

der H/L-Flanke von $\overline{\text{CE}}$ wird der Schaltkreis aktiviert, d.h. es werden gleichzeitig alle Adreß- und Steuereingänge geöffnet und die anliegenden Adressen zwischengespeichert. Je nach Information an $\overline{\text{WE}}$ und $\overline{\text{OE}}$ sind die Dateneingänge bzw. -ausgänge aktiv.

In der *Betriebsart Lesen* ($\overline{\text{CE}}$ =L, $\overline{\text{WE}}$ =H, Taktdiagramm siehe Abb. 4.4a) gelangt die aus den (im Beispiel acht) Zellen gelesene Information über die Bitleitungen, Leseverstärker und Datenleitungen bis zu den Datenausgangsstufen (internes Lesen). Mit dem H/L-Übergang von $\overline{\text{OE}}$ werden die Datenausgänge aus dem hochohmigen Zustand geöffnet und die gelesene Information steht an $DQ_0...DQ_7$ niederohmig zur Verfügung. Durch das Signal $\overline{\text{OE}}$ kann der externe Datenbus nach der Aktivierung des Schaltkreises bis zur Bereitstellung der Daten noch anderweitig genutzt werden. Wird diese Möglichkeit nicht benötigt, kann $\overline{\text{OE}}$ auch fest mit Masse verbunden werden. Mit $\overline{\text{CE}}$ =L und $\overline{\text{WE}}$ =H wird in SRAM mit Adressenübergangsdetektor (ATD = address transition detection) durch jeden Adressenwechsel ein (vereinfachter) Lesezyklus ausgelöst (Abb. 4.4b).

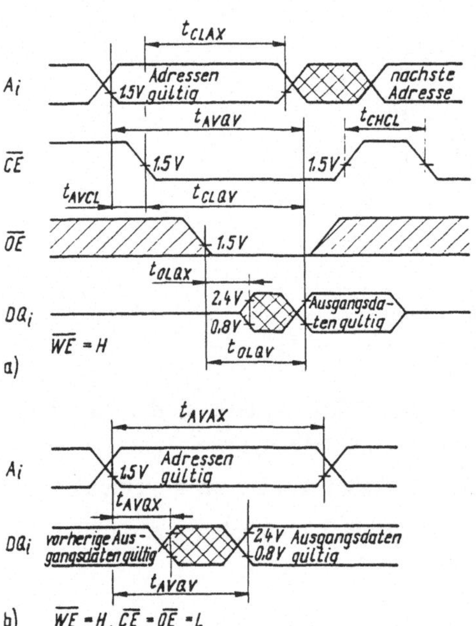

Abb. 4.4. Typischer Lesezyklus eines SRAM

a $\overline{\text{CE}}$ -gesteuertes Lesen

b Adressengesteuertes Lesen

Für die dynamischen Parameter bzw. Betriebsbedingungen, die einzuhalten sind, werden die folgenden Indizes verwendet [4.1], [4.2]:

A - Adreßeingang
C - Chip-Enable-Eingang
W - Write-Enable-Eingang
O - Output-Enable-Eingang
D - Dateneingang
Q - Datenausgang
L - Übergang zum Lowpegel
H - Übergang zum Highpegel

X - Übergang in beliebigen bzw.
       ungültigen Zustand
V - Übergang in gültigen Zustand (valid)
Z - Übergang in hochohmigen Zustand
UL - Absinken der Betriebsspannung
       (Schlafzustand)
UH - Ansteigen der Betriebsspannung

Dann bedeuten beispielsweise t_{AVQV} die Adreßzugriffszeit, t_{CLQV} die Chip-Enable-Zugriffszeit, t_{OLQV} die Output-Enable-Zugriffszeit, t_{AVAX} die Zykluszeit usw.

Im *Schreibzyklus* ($\overline{CE}$ =L, $\overline{WE}$ =L, Abb. 4.5) wird die an den Dateneingängen $DQ_0...DQ_7$ anliegende Information in die vorher adressierten 8 Zellen geschrieben. Der Schreibvorgang wird mit dem L/H-Übergang von $\overline{CE}$ und/oder $\overline{WE}$ beendet. Während des Schreibens werden die Datenausgänge in den hochohmigen Zustand geschaltet, so daß das Signal an $\overline{OE}$ beliebig sein kann.

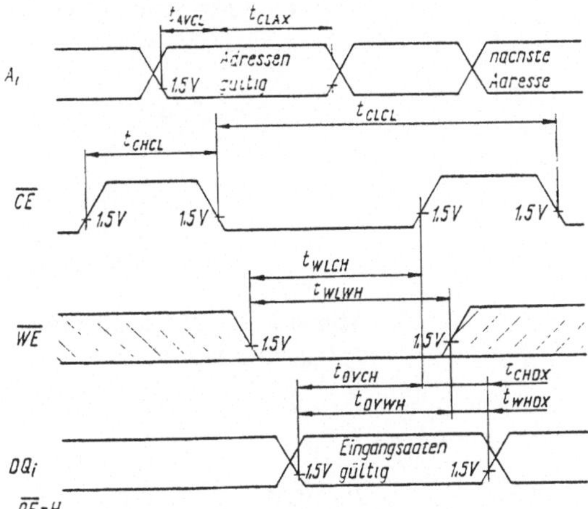

Abb. 4.5. Schreibzyklus

Beim kombinierten *Lese-Schreib-Zyklus* (Abb. 4.6) wird die Information aus den adressierten Zellen gelesen und anschließend die neue Information in diese Zellen geschrieben. Dabei müssen zur Vermeidung von Buskonflikten die Datenausgänge vor Anlegen der neuen Eingangsdaten in den hochohmigen Zustand überwechseln.

Vor allem bei CMOS-SRAM, teilweise aber auch bei NMOS-SRAM mit hochohmigen Poly-Lastwiderständen, kann der Ruhezustand nach Inaktivierung des Schaltkreises bei $\overline{CE}$ =H durch Absenken der Betriebsspannung (z.B. bis U_{CC}=2V) in einen sogenannten *Schlafzustand (standby mode)* überführt werden, in dem bei sehr geringer Strom- und Leistungsaufnahme der Datenerhalt gesichert ist (Abb. 4.7). Nach Beendigung des Schlafzustandes ($U_{CC}>4{,}5V$) ist die Einhaltung einer notwendigen inneren Vorladezeit (Größenordnung eine Zykluszeit) erforderlich, bis der Schaltkreis wieder aktiviert werden darf.

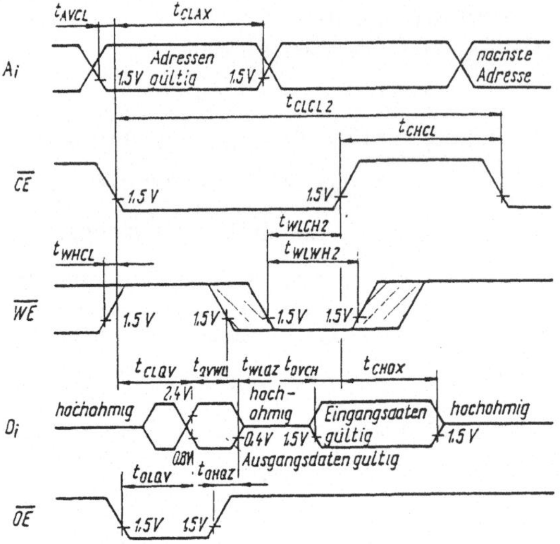

Abb. 4.6. Lese-Schreib-Zyklus

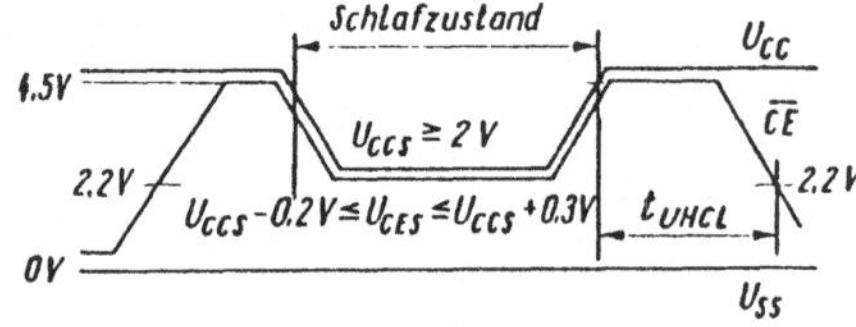

Abb. 4.7. Schlafzustand eines CMOS-SRAM

4.1.2.2 Anforderungen an den Entwurf von SRAM-Schaltkreisen

Aufgrund der Komplexität der SRAM-Speicherzellen gegenüber der Eintransistor-zelle von dynamischen RAM (siehe Abb. 2.5 und Abschn. 4.4.1) ist der Integrationsgrad der SRAM-Schaltkreise bei gleichem technologischem Niveau durchschnittlich um den Faktor 4 kleiner. Das bedeutet, daß MOS-SRAM gegenüber DRAM ca. viermal so teuer sind (pro Bit).

Dieser Mehrpreis wird vom Anwender nur dann aufgebracht, wenn diesem Nachteil überzeugende Vorteile gegenüberstehen. Das ist einerseits die einfachere Anwendung der SRAMs, d.h. die mit dem Wegfall des bei DRAMs notwendigen Refresh verbundene einfachere Systemgestaltung. Andererseits wären SRAM-Schaltkreise nicht attraktiv, wenn es nicht gelänge, die Eigenschaften der bistabilen

Zellen (z.B. die des zerstörungsfreien Lesens mit guten Ausgangspegeln) in Geschwindigkeitsvorteile gegenüber den DRAMs umzumünzen und die Ruheverlustleistung deutlich zu reduzieren.

Mit der statischen NMOS-Schaltungstechnik in den peripheren Schaltungen sind beide letztgenannten Ziele, mit der statischen CMOS-Technik zumindest das erstere nicht erreichbar. Die Entwicklung der SRAM-Schaltkreise führte daher zu einer kontinuierlichen Weiterentwicklung mit immer ausgefeilteren schaltungstechnischen Lösungen, um die widersprüchlichen Forderungen nach hohem Integrationsgrad, hoher Geschwindigkeit, niedriger Ruheverlustleistung und hoher Ausbeute zu erfüllen.

Ausgewählte Fragen der Schaltungstechnik sollen im folgenden dargestellt werden, wobei eine Vollständigkeit wegen der raschen Entwicklung und der Vielfalt der bekannten Lösungen nicht das Ziel sein kann. Vielmehr wird ein Verständnis der Probleme und der Wege zu ihrer Überwindung angestrebt.

4.1.2.3. Schaltungstechnische Lösungen für ausgewählte Baugruppen

Gegenwärtig entwickelte Mbit-SRAMs verwenden eine Reihe von Prinzipien zur Erreichung der genannten Entwicklungsziele, die vorrangig darauf zielen, Geschwindigkeitsreserven auszunutzen und die Verlustleistung zu reduzieren.

Matrixstruktur und geteilte Wortleitungen

Als Beispiel sei ein 1Mbit-Speicher mit der Organisation 128Kx8bit betrachtet. Durch diese Organisation ist von Haus aus eine Struktur der Matrix mit 8 Blöcken in Bitleitungsrichtung vorgegeben, während die Wortleitungen horizontal durch die gesamte Matrix laufen. Um die Geschwindigkeit der WL-Auswahl und ihrer Aufladung zu erhöhen, ist es nötig, die Kapazität der Wortleitung zu reduzieren (z.B. durch Verwendung der Al-Ebene statt des Polysilizium oder auch durch die Verringerung der Anzahl der Speicherzellen je WL). Mit letztgenanntem Ziel wurde das Prinzip der "geteilten Wortleitung" entwickelt (siehe Abb. 4.8).

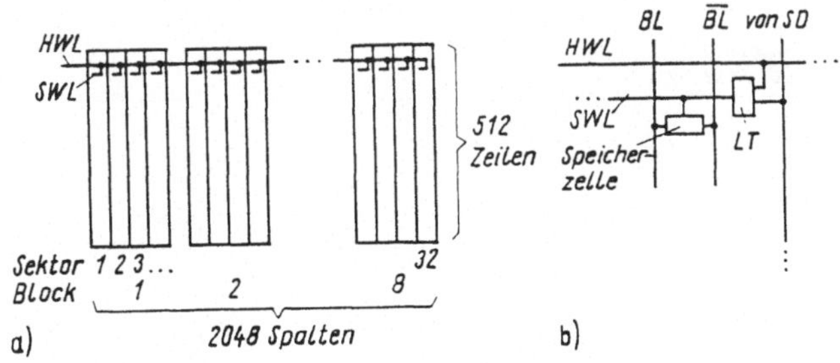

Abb. 4.8. Prinzip der geteilten Wortleitung
a Blockstruktur einer 1Mbit-Matrix, **b** Kopplung von Haupt- (HWL) und Sektorwortleitung (SWL)
SD Sektordekoder, LT lokaler Treiber für SWL

Jeder Block wird in eine Anzahl von Sektoren unterteilt und jeder Sektor erhält eine getrennte Sektor-WL (SWL), die durch die Hauptwortleitung (HWL) nur dann erregt wird, wenn der betreffende Sektor ausgewählt ist. Da an der HWL keine Speicherzellen liegen (im Beispiel nur 32 Gattereingänge), und da eine SWL nur 64 Speicherzellen ansteuert, kann so die Lastkapazität für die Worttreiber verkleinert und die Wortansteuerung beschleunigt werden.

Durch die zusätzliche Sektorauswahl und -steuerung kann außerdem Verlustleistung eingespart werden, da nur die Bitleitungen und Leseverstärker der selektierten Sektoren aktiviert werden (im Beispiel nur 25%). Für die HWL wird jedoch eine zweite Aluminium-Ebene benötigt, während die SWL in Polysilicium oder Polycid realisiert werden kann (z.B. [4.3]).

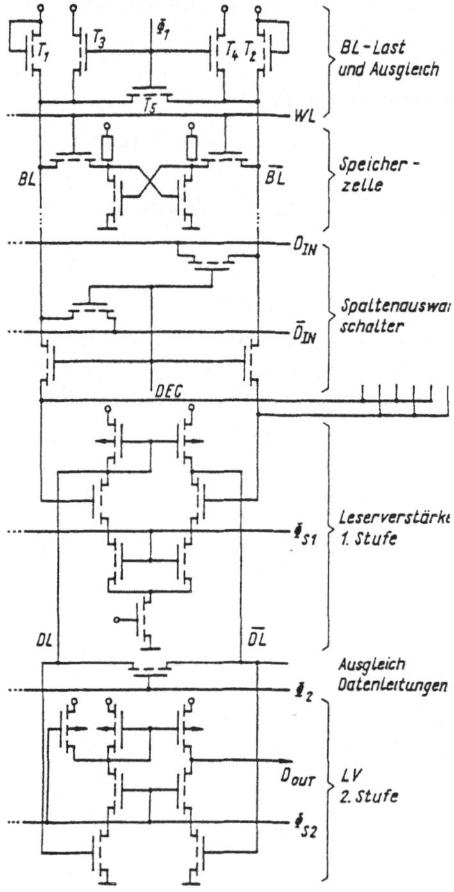

Abb. 4.9. Beispiel eines Bitleitungs- und Lesetraktes
WL Wortleitung, BL Bitleitung, DL Datenleitung; Φ_1 Vorlade- und Ausgleichstakt;
Φ_2 Ausgleich Datenleitungen; Φ_{S1}, Φ_{S2} Aktivierung Leseverstärker

Bitleitungs- und Lesetrakt

Da die Auf- bzw. Entladung der Bitleitungen beim Lesen durch die von der Wortleitung ausgewählte Zelle mit kleinen Schalttransistoren und großem Lastwiderstand (bzw. bei CMOS mit kleinem Lasttransistor) bis zur vollen Einstellung der statischen Pegel an den Bitleitungen viel zu lange dauern würde, werden dynamische Techniken angewendet: Beide Bitleitungen werden vor jedem Lesevorgang auf eine hohe Spannung (z.B. U_{DD}-U_T) vorgeladen und auf gleiches Potential gebracht. Bei Ansteuerung der Wortleitung wird dann BL oder $\overline{BL}$ durch den eingeschalteten Transistor der ausgewählten Zelle langsam entladen. Werden empfindliche Differenzverstärker als Leseverstärker eingesetzt, so genügen bereits Spannungsunterschiede von ein bis einige 100mV, um die Information zu erkennen und zu verstärken.

Um die Bitleitungen ständig vorgeladen zu halten, werden hochohmige Lasttransistoren mit kleinem B/L -Verhältnis angeschlossen (T_1, T_2 in Abb. 4.9). Zusätzlich werden Vorlade- und Ausgleichtransistoren guter Leitfähigkeit (T_3 bis T_5) zur schnellen Vorladung der Bitleitungen kurzfristig eingeschaltet. Da die Lasttransistoren T_1, T_2 stets eingeschaltet sind, beeinträchtigen sie einerseits die Lesegeschwindigkeit (Nachladung wie beim statischen Inverter während des Entladevorganges) und führen andererseits zu einem Stromfluß im Schreibzyklus über die Bitleitungen nichtausgewählter Spalten in die Zellen der ausgewählten Wortleitung. Daher sind noch modifizierte Schaltungen, z.B. die Schaltung mit "lastfreiem Lesen" [4.3] oder mit "variabler Impedanz"-Last [4.4] entwickelt worden.

Abbildung 4.9 enthält ebenfalls einen typischen *Leseverstärker* mit CMOS-Stromspiegel. Die Ausgänge der Bitleitungspaare werden über Transfergates, die vom Spaltendekoderausgang gesteuert werden, einerseits mit den Datenausgängen (D_{IN}) des zugehörigen Schreibverstärkers und andererseits mit dem im Beispiel zweistufigen Leseverstärker verbunden.

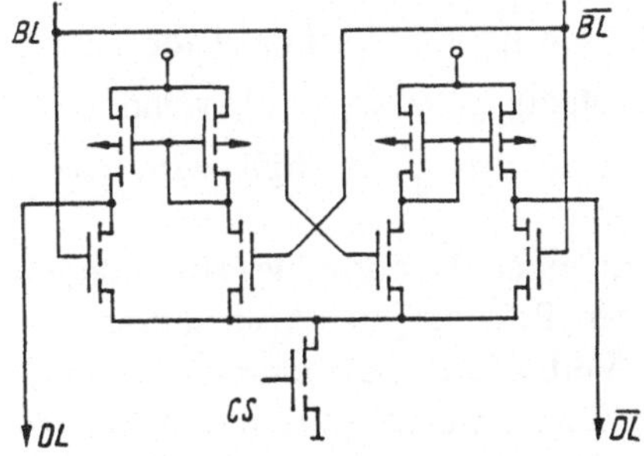

Abb. 4.10. Vollsymmetrischer Lese-verstärker mit Stromspiegeln (z.B. [4.5])

CS Chip-Select; DL, $\overline{DL}$ Datenleitungen (Ausgang)

Ein anderer vielfach verwendeter CMOS-Leseverstärker mit vollständig symmetrischen Aufbau ist auf Abb. 4.10 dargestellt. Man erkennt dabei den Aufwand, der für hohe Verstärkung, Geschwindigkeit und Stabilität notwendig ist.

Die Ausgänge mehrerer Leseverstärker eines Blockes führen zum Datenausgangspuffer, wo die gelesene Information in der Regel in Latches zwischengespeichert wird und während $\overline{OE}$ =L am Ausgang zur Verfügung steht.

Zeitsteuerung

Die Zeitsteuerung der Vorgänge beim Zugriff zum SRAM ist entscheidend für die Erreichung kurzer Zugriffszeiten und Zykluszeiten. Zur Erhöhung der Geschwindigkeit wurde Anfang der 80er Jahre die Taktsteuerung auf der Basis des *Adressenübergangsdetektors* (ATD = address-transition detection) eingeführt. Eine Logikschaltung an jedem Adresseneingang (Abb. 4.11) erzeugt ein lokales ATD-Signal, indem die am Adresseneingang anliegende Information mit ihrem verzögerten Wert verglichen wird.

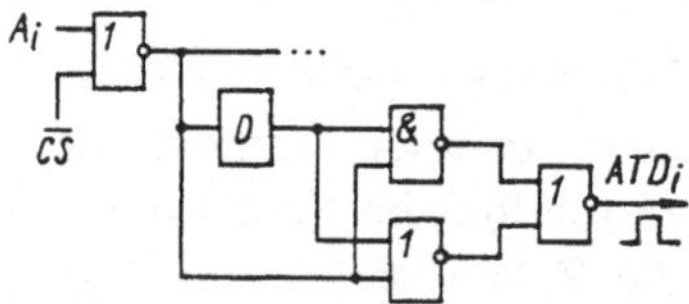

Abb. 4.11. Vereinfachte ATD-Schaltung (nach [4.6])
D Verzögerungsstufe, A_i lokales (i-tes) ATD-Signal

Aus allen lokalen ATD-Signalen wird ein gemeinsamer Impuls ATD (auch als Summen-ATD, SAT bezeichnet) abgeleitet, der nach dem ersten Adressenübergang beginnt und eine definierte, konstante Zeit nach dem letzten Übergang abschließt, wobei die Flankensteilheit möglichst unabhängig von der (statistisch verteilten) Anzahl der lokalen Adressenübergänge sein soll.

Ein Schaltungsbeispiel (nach [4.7]) zeigt Abb. 4.12. Der Lasttransistor T_1 des NOR-Gatters wird so angesteuert, daß T_1 hochohmig gehalten wird, wenn ATD nach Low geht und die Impedanz niedrig wird, ehe ATD High wird (nach Abschalten des letzten lokalen ATD-Signals).

Auf der Basis des ATD-Signals werden in einer Taktzentrale alle nötigen Steuersignale für Vorladung und Ausgleich der Bitleitungen, Ansteuerung der Wortleitung, Aktivierung Sensorverstärker (in Verbindung Sektorauswahl), Aktivierung der Ein-Ausgangstreiber usw. abgeleitet. Damit ist ein *asynchroner Betrieb* der SRAM mit kleinstmöglicher Zugriffszeit nach Bereitstellen der Adresse und kleinstmöglicher Verlustleistung (z.B. durch die impulsförmige, zeitbegrenzte Ansteuerung der WL, Begrenzung des Spannungshubes an den BL auf etwa 1V usw.) realisierbar, um die Vorteile und Möglichkeiten der SRAM voll auszunutzen.

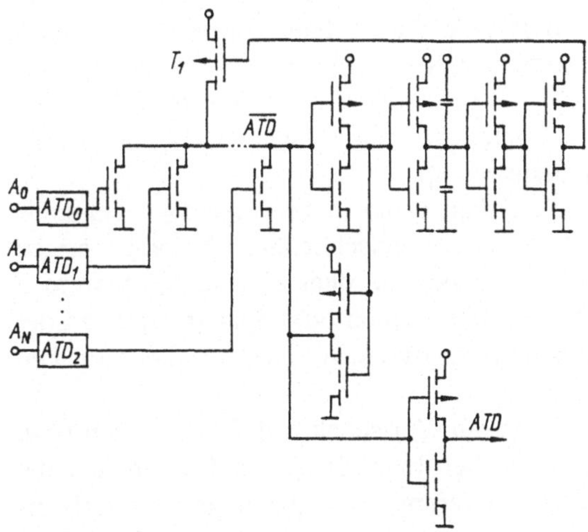

Abb. 4.12. Schaltungsbeispiel zur Bildung des Summen-ATD-Signals

Automatische Leistungsreduzierung

VLSI-SRAM haben in zunehmendem Maße - neben der bereits erwähnten externen Steuerung in den Schlafzustand - interne Schaltungen zur automatischen Leistungsreduzierung. So werden beispielsweise im langen Lesezyklus (Abb. 4.4a) nach 2 Zugriffszeiten alle internen Schaltungen in einen leistungsarmen Ruhezustand gesteuert, wobei alle TTL-Ein- und -Ausgänge aktiv und die Ausgangsdaten gültig bleiben (Nutzertransparenz) [4.8]. Dadurch wird eine geringe Verlustleistung bei niedriger Betriebsfrequenz realisiert.

4.1.2.4 Ausbeuteerhöhung durch Redundanz

Bei der Herstellung von integrierten Schaltkreisen sind bei der Vielzahl der integrierten Elemente und der Kompliziertheit der Technologie Herstellungsfehler, die die Ausbeute an guten Chips beeinträchtigen, unvermeidbar. Die Ausbeute genügt einer Beziehung der Form

$$Y = \exp(-DA_{CHIP}).$$

Y Ausbeute (yield), D Defektdichte in cm^{-2}, A_{CHIP} Chipfläche.

Da die Defektdichte nicht beliebig verringert werden kann und die Chipfläche mit dem Integrationsgrad weiter zunimmt (vgl. Abb. 2.8), wird die Ausbeute aus ökonomischen Gründen zu einem entscheidenden Faktor, der der Erhöhung des Integrationsgrades entgegenwirkt (vgl. [4.9]).

Abgesehen von Herstellungsfehlern, die die gesamte Scheibe betreffen und unbrauchbar machen können (Positionierungsungenauigkeiten, Parameterabweichungen durch unzureichende Prozeßbeherrschung usw.), treten auch punktförmige

Fehler auf, die nur in einem sehr begrenzten Bereich wirken (Größenordnung der minimalen Strukturabmessungen, z.B. Kristalldefekte, Schmutzeinflüsse, Leitbahnunterbrechung oder Kurzschluß, Gateoxidfehler, Kontaktfehler usw.). Solche Punktdefekte können zu lokal begrenzten Fehlern (z.B. Ausfall einer Speicherzelle, einer Wortleitung usw.) oder auch zum Totalausfall des Chips führen (z.B. Kurzschluß eines Taktsignals zu Masse oder Betriebsspannung).

Punktdefekte der ersten Art sind tolerierbar, wenn in dem Speicherschaltkreis zusätzliche Wortleitungen und/oder Bitleitungen einschließlich der zugehörigen Speicherzellen, Dekodierer und ggf. Leseverstärker auf dem Chip realisiert werden (*Redundanz*), die bei Ausfall von Speicherzellen, Zeilen oder Spalten während der Scheibenprüfung beim Hersteller aktiviert werden können und dann die Aufgaben der defekten Elemente übernehmen.

Dies erfordert eine Programmiermöglichkeit (Ausschalten defekter Zeilen bzw. Spalten und Einstellung der redundanten Zeilen bzw. Spalten auf deren aktuelle Adresse), die unmittelbar mit der Scheibenprüfung zu koppeln ist und rechnergesteuert erfolgen muß. Dazu werden vorgesehene Trennstellen in den Dekodern, z.B. dünne Polysilicium-Stege mittels elektrischer Stromimpulse oder (häufiger) mittels Laserstrahl durchgeschmolzen [4.10], [4.11].

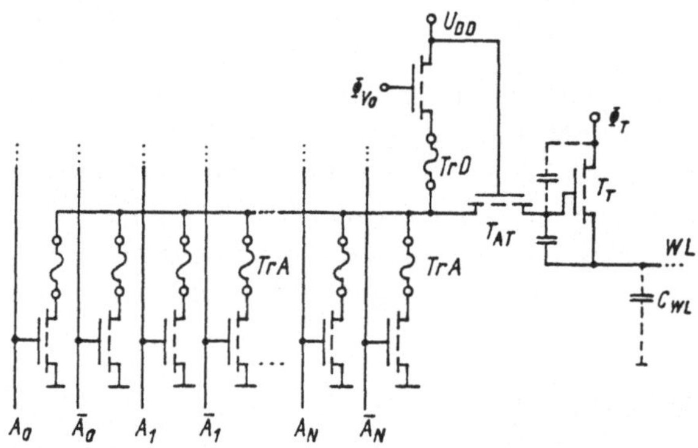

Abb. 4.13. Dekoder mit Programmierstellen für Redundanzzeilen bzw. -spalten TrA Trennstellen zur Adresseneinstellung, TrD Trennstellen zur Abschaltung nicht benötigter Dekoder

Abbildung 4.13 zeigt eine mögliche Anordnung von Programmierstellen in einem Dekoder einer redundanten Zeile oder Spalte. Im Unterschied zu den normalen Dekodern in der Matrix (vgl. Abb. 3.14a) sind in der ODER-Verknüpfung der Adressensignale doppelt so viele Transistoren (zu allen Adreßinformationen und ihren Negationen) vorhanden, von denen je einer für ein Leitungspaar A_i, $\overline{A}_i$ durch Auftrennen der vorgesehen Stellen TrA abgeschaltet wird (entsprechend der zu ersetzenden Zeile). Außerdem müssen *alle* Dekoder eine Trennstelle TrD besitzen, durch deren Auftrennung defekte Zeilen oder nicht benötigte Redundanzzeilen unwirksam gemacht werden, damit sie keinen zusätzlichen Leitungsverbrauch verursachen.

Eine andere Möglichkeit ist die Verwendung eines mitintegrierten laserprogrammierbaren ROM (vgl. Abschnitt 5.1), der die reparierten Adressen speichert und ihnen entsprechende Adressen der Redundanz zuordnet [4.12].

Durch die so mögliche Tolerierung eines großen Teils von Punktdefekten lassen sich bei typischerweise je 4...8 zusätzlichen Zeilen und Spalten, die eine zusätzliche Chipfläche von beispielsweise nur 2% erfordern, Ausbeuteerhöhungen um einen Faktor 2...10 erreichen. Bei Integrationsgraden von 256kbit und darüber wenden praktisch alle Hersteller bei SRAM und DRAM Redundanz an. Für den Anwender eines Speicherschaltkreises bleibt dies unbemerkt, da sich an den äußeren Adressen und im Zeitablauf (Taktdiagramme) nichts ändert.

4.1.2.5 Anwenderorientierte Besonderheiten bei speziellen SRAM

Eine Reihe spezifischer Möglichkeiten, die für besondere Anwendungen interessant sein können, bieten einzelne Hersteller an:

- *SRAM mit flash-clear-Schaltung* [4.13]: Durch Steuersignal an einem Extra-Pin kann der gesamte Speicherinhalt des 1Mbit-CMOS-SRAM in weniger als 1 µs gelöscht werden.

- *Synchroner SRAM*: Durch getrennte Ein- und Ausgangslatches und ein Extra-Pin für ein externes Taktsignal kann die Systemleistung erhöht werden (Anwendung als Pufferspeicher (cache)) [4.14] (vgl. Abschnitt 6.2.1).

- *Variable Bitorganisation*: Die Organisation 1M x 1bit oder 256K x 4bit ist durch den Anwender wählbar (Aktivierung eines speziellen Pins) [4.15].

- *Multiport-SRAM*: Durch spezielle Gestaltung der SRAM-Schaltkreise kann der Aufbau von Multiprozessorsystemen unterstützt werden, die auf den gleichen Speicher zugreifen. Werden beispielsweise die Adressen- und Dateneingänge bzw. -ausgänge zweifach realisiert, kann gleichzeitig von zwei Prozessoren auf den gleichen RAM zugegriffen werden (Dual-Port-RAM) [4.16], [4.17].

Auch bei SRAM mit Integrationsgraden über 1Mbit muß anwenderseitig mit sogenannten Soft-errors gerechnet werden [4.18]. Das sind zufällig auftretende, meist durch Einfall von Strahlung (α-Teilchen aus radioaktiven Zerfallsprozessen in Gehäuse oder Umgebung) und damit verbundener Ladungsträgerinjektion verursachte Verfälschungen der gespeicherten Information ohne Beeinträchtigung der Funktion der Speicherzellen (näheres dazu siehe in Abschnitt 4.5.4).

4.2 Bipolare SRAM

4.2.1 Speicherzellen

Die Speicherzellen bipolarer SRAM-Speicher basieren ebenso wie die der MOS-SRAM auf der Flipflop-Stufe als grundlegender bistabiler elektronischer Schaltung.

Die klassische *TTL-Speicherzelle* mit Zweiemittertransistoren ist auf Abb. 4.14a dargestellt. Die beiden Transistoren sind überkreuz gekoppelt, je ein Emitter mit der

Wortleitung WL und die zweiten Emitter mit den Bitleitungen BL bzw. $\overline{BL}$ verbunden. Im statischen Speicherzustand hat die Wortleitung ein niedrigeres Potential als die Bitleitungen, so daß der gesamte Strom des gerade leitenden Transistors (z.B. T_1) in die Wortleitung fließt. Die Bitleitungen sind stromlos. Durch den Spannungsabfall des Kollektorstromes I_{C1} am Kollektorwiderstand R_1 liegt die Basis von T_2 auf niedrigem Potential (T_2 gesperrt). Die wegen $I_{C2} \approx 0$ große Kollektorspannung von T_2 hält den Transistor T_1 geöffnet (Beibehaltung des einmal eingestellten Speicherzustandes).

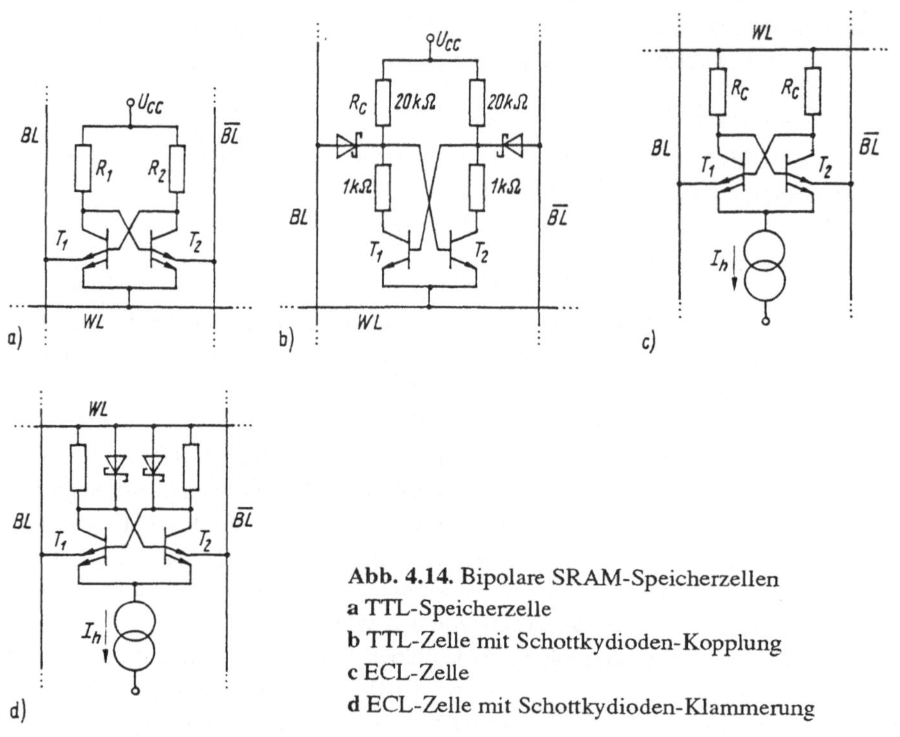

Abb. 4.14. Bipolare SRAM-Speicherzellen
a TTL-Speicherzelle
b TTL-Zelle mit Schottkydioden-Kopplung
c ECL-Zelle
d ECL-Zelle mit Schottkydioden-Klammerung

Zum Lesen wird das Potential der Wortleitung erhöht und dadurch der Strom des leitenden Transistors T_1 (bzw. T_2) in die Bitleitung BL (bzw. $\overline{BL}$) umgeschaltet. Der Strom in der Bitleitung wird mit Hilfe eines Leseverstärkers nachgewiesen (Differenzverstärker). Nach dem Lesen wird das Potential von WL wieder unter das der Bitleitungen abgesenkt. Das Lesen erfolgt ohne Umschalten des Flipflops, d.h. zerstörungsfrei.

Um eine Information zu schreiben, wird ebenfalls durch einen positiven Impuls in der Wortleitung der Strom in eine der Bitleitungen umgeschaltet. Gleichzeitig wird je nach zu schreibender Information das Potential einer der Bitleitungen erhöht. Wird z.B. bei leitendem Transistor T_1 das Potential von BL angehoben und das von $\overline{\text{BL}}$ abgesenkt, dann sinken Emitter- und Kollektorstrom von T_1, die Kollektorspannung von T_1 wächst und T_2 wird eingeschaltet.

Wird bei gleichem Ausgangszustand das Potential von $\overline{\text{BL}}$ angehoben, bleibt der schon vorhandene Speicherzustand erhalten. Das Schreiben erfolgt also unabhängig vom Ausgangszustand der Speicherzelle.

Eine Variante der TTL-Speicherzelle mit Schottkydioden-Kopplung zu den Bitleitungen zeigt Abb. 4.14b. Infolge des größeren Kollektorwiderstandes kann die Verlustleistung bei gleicher oder höherer Arbeitsgeschwindigkeit reduziert werden [4.19], [4.20].

Abbildung 4.14c zeigt die *ECL-Speicherzelle* auf der Basis der Stromschalttechnik. Eine Stromquelle speist in jede Speicherzelle einen definierten Haltestrom I_h ein, der durch einen der beiden Transistoren T_1 oder T_2 geführt wird. Durch den Spannungsabfall am Kollektorwiderstand des leitenden Transistors gegenüber dem Potential an der Wortleitung WL wird auch hier der andere Transistor gesperrt. Durch Anheben des Potentials von WL wird durch den gerade leitenden Transistor ein höherer Strom geführt, der über den zweiten Emitter in die angeschlossene Bitleitung (BL oder $\overline{\text{BL}}$) fließt und eine Erkennung des eingestellten Zustandes ermöglicht. Beim Schreiben wird durch Anlegen entsprechender Potentiale an BL und $\overline{\text{BL}}$ der Zusatzstrom bei höherem WL-Potential in den Transistor erzwungen, dessen Emitter an der Bitleitung mit dem niedrigeren Potential liegt.

Eine weitere Verbesserung der ECL-Speicherzelle verwendet Schottky-Dioden parallel zu den Lastwiderständen (Abb. 4.14d). Dadurch wird die Verlustleistung gesenkt (kleinerer wirksamer Kollektorwiderstand des eingeschalteten Transistors), der Spannungshub zwischen den Speicherknoten der Zelle auf die Flußspannung der Schottkydioden (0,3...0,4V) begrenzt und die Arbeitsgeschwindigkeit erhöht. Die Zelle, die beispielsweise in einem 0,85ns-1kbit-ECL-RAM [4.21] verwendet wird, hat folgende typischen Werte: Lesestrom 1mA, Haltestrom 50µA, Lastwiderstand 6kΩ, Spannungshub zwischen den beiden Kollektoren der nichtselektierten Zelle 300mV bzw. in der selektierten Zelle 500mV.

4.2.2 Speicherschaltkreis

Für den Aufbau von bipolaren Speicherschaltkreisen gelten dieselben allgemeinen Gesichtspunkte, wie für MOS-SRAM (vgl. Abschnitt 4.1.2). Durch die kontinuierliche Verbesserung der MOS-SRAM hinsichtlich Integrationsgrad und Geschwindigkeit, sind bipolare SRAM vorwiegend für den Bereich höchster Geschwindigkeit interessant. Daher haben unter den bipolaren Speicherschaltkreisen die ECL-RAM in den letzten Jahren die stärkste Entwicklung erfahren. Der Stand um 1990 kann dabei etwa durch folgende Typen charakterisiert werden:

- 1kbit-ECL-SRAM mit 0,85ns Zugriffszeit [4.21],
- 4kbit-ECL-SRAM mit 1,1ns Zugriffszeit [4.22],

- 16kbit-ECL-SRAM mit 3,5ns Zugriffszeit [4.23], [4.24].

Das Blockdiagramm eines 1kbit *ECL-Speicher-Schaltkreises* mit der Organisation 256x4 ist auf Abb. 4.15 dargestellt. Die internen Verzögerungszeiten sind für Adreßpuffer/Dekoder 0,25ns, Speichermatrix 0,2ns und Leseverstärker/Ausgangspuffer 0,4ns [4.21]. Diese hohe Geschwindigkeit wird durch eine sorgfältig optimierte ECL-Schaltungstechnik erreicht. Auszugsweise soll diese im folgenden erläutert werden (siehe auch [4.25]).

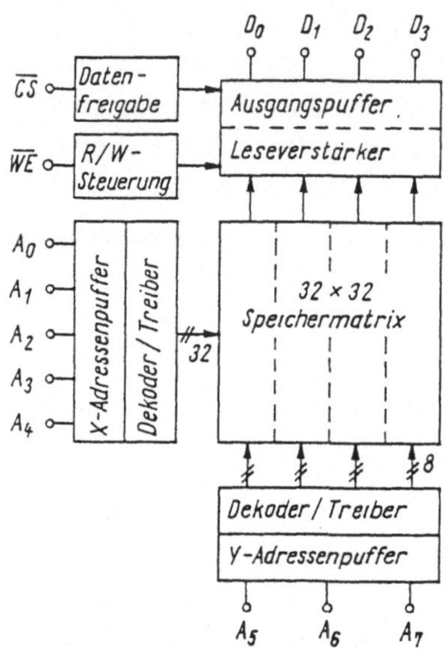

Abb. 4.15. Struktur eines 1kbit (256x4)-ECL-Schaltkreises [4.21]

Der *Adreßpuffer* überträgt die komplementären Ausgänge eines Adreßsignals zum Dekoder. Die klassische ECL-Schaltung hierfür zeigt Abb. 4.16a.

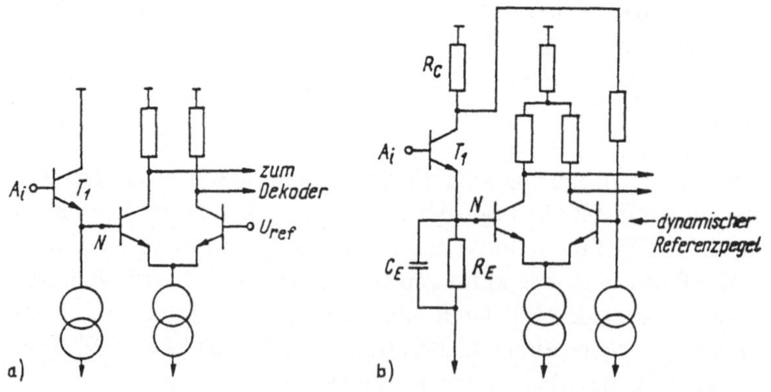

Abb. 4.16. ECL-Adreßpuffer.
a Konventionelle Schaltung, **b** Schaltung mit dynamischem Referenzpegel nach [4.25]

Durch T_1 erfolgt eine Pegelverschiebung und die Knotenspannung an Knoten N wird mit dem Referenzpegel U_{ref} verglichen. U_{ref} wird chipintern erzeugt und ist nominell eine konstante Versorgungsspannung. Für hohe Geschwindigkeit muß die Koinizidenz der Knotenspannung an N mit U_{ref} möglichst schnell erreicht werden. Dem wirkt eine dynamische Verschiebung der Referenzspannung (durch transienten Basisstrom), die gleichphasig mit dem Eingangssignal auftritt, entgegen. Zur Verbesserung wird eine Schaltung mit dynamischer Steuerung der Referenzspannung vorgestellt (Abb. 4.16b). R_C/R_E ist klein (ca. 1/6), sodaß der stationäre Referenzpegel nahezu unverändert bleibt.

Bei Änderung der Eingangsspannung verändert sich der Referenzpegel jedoch aufgrund der Kapazität C_E gegenphasig zur Eingangsspannung, wodurch die Koinzidenz mit dem neuen, dynamischen Referenzpegel früher erreicht wird (Abb. 4.17). Der Einfluß von C_E auf die Verkürzung der Dekodierzeit wurde mittels Netzwerk-Computersimulation (SPICE2) optimiert (C_E=1...2pF). Als Dekoder dient ein Multiemitter-ECL-NAND-Gatter mit nachgeschaltetem Emitterfolger als Wortleitungstreiber.

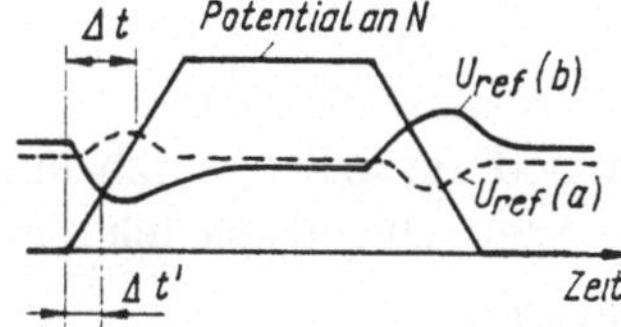

Abb. 4.17. Vergleich der Spannungsverläufe U_{ref}(t) der Schaltungen aus Abb. 4.16
Schaltung (a) gestrichelt, Schaltung (b) ausgezogen

Einen *Leseverstärker* für ECL-RAM zeigt Abb. 4.18.

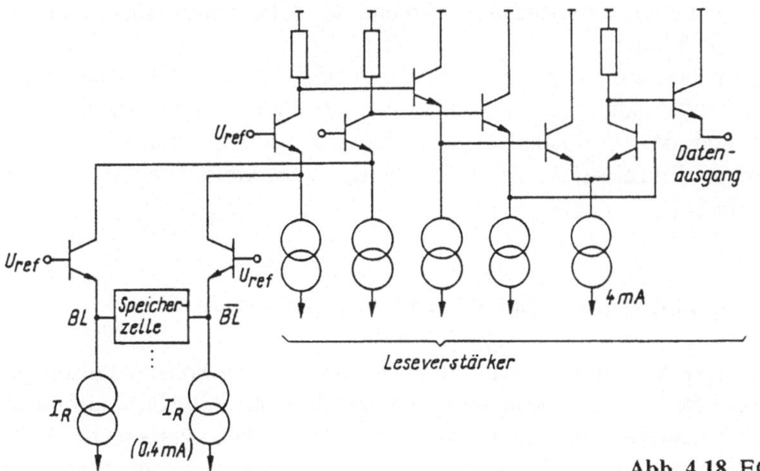

Abb. 4.18. ECL-Leseverstärker

Der Lesestrom in den Bitleitungen wird zunächst verstärkt und anschließend in der Stromschaltstufe mit 4mA in ECL-Pegel umgeformt. Die Datenausgabe erfolgt über einen Emitterfolger. Eine Vereinfachung des Leseverstärkers (Zusammenfassung der Funktionen Vergleichen und Verstärken in einer Stufe) wurde durch Vergrößerung des Lesestromes auf 1mA erreicht (Abb. 4.19, [4.25],[4.21]).

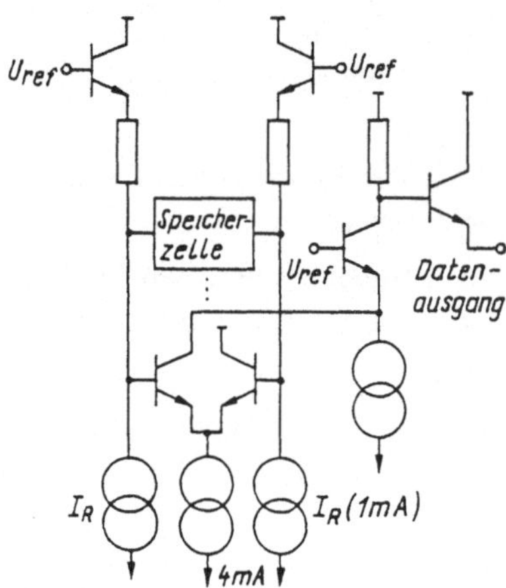

Abb. 4.19. Vereinfachter ECL-Leseverstärker bei größerem Lesestrom

Dazu wurde die Zelle nach Abb. 4.14d verwendet und zusätzlich durch ein großes Verhältnis C_D/C_S (2 statt 0,2) verbessert (C_D Sperrschichtkapazität der Schottky-Diode, C_S Kollektor-Substrat-Kapazität des Transistors).

Wegen der geringen Zahl von Stufen ist in dem Leseverstärker von Abb. 4.19 die Verzögerungszeit gegenüber der Schaltung Abb. 4.18 etwa halbiert und die Verlustleistung um ca. 25% reduziert. Die Schaltung Abb. 4.19 enthält zusätzlich noch den Widerstand R_N (ca. 60Ω), mit dem die in der vereinfachten Schaltung auftretenden Störsignale am Datenausgang während der Adressenübergänge auf ca. 50% reduziert werden können.
Die Betrachtungen machen deutlich, daß durch eine sorgfältige schaltungstechnische und technologische Optimierung Reserven hinsichtlich der Geschwindigkeit und der Verlustleistung erschlossen werden können. Weitere schaltungstechnische Einzelheiten zu ECL-Speicherschaltkreisen siehe in der Literatur ([4.21]...[4.26]).

4.3 Entwicklungsrichtungen bei SRAM-Schaltkreisen

Neben der allgemeinen Weiterentwicklung der Technologien zu höherer Leistungsfähigkeit und zu höheren Integrationsgraden (Röntgenlithografie für Strukturbreiten bis 0,3...0,4µm, Oxidations-, Implantations- und Ätztechniken, verbesserte Leitbahnsysteme mit Schwermetall-Siliciden usw.) sowie durch weiterentwickelte

Schaltungstechniken wird der Trend zur Erhöhung der Speicherkapazität der Schaltkreise bei gleichzeitiger Erhöhung der Geschwindigkeit weiter anhalten. Daneben sind drei technologische Entwicklungsrichtungen, die u.a. vor allem für SRAM genutzt werden, besonders zu erwähnen:

- MOS-SOI-Technik (silicon on insulator),
- BICMOS-Technik und
- Galliumarsenid-Technik.

4.3.1 Anwendung der MOS-SOI-Technik

Die Realisierung von P- und N-Kanal-MOS-Transistoren in dünnen Siliciumschichten, die auf einen Isolator (Saphir, SiO_2) aufgetragen und durch thermische Behandlung rekristallisiert werden, bietet vor allem Vorteile hinsichtlich der durch Ätzen von Gräben möglichen idealen Isolation, verbunden mit der Vermeidung der Latch-up-Probleme (Ausbildung parasitärer 4-Schicht-Thyristorstrukturen in CMOS-Schaltungen).

Eine neue in von Sony (Japan) entwickelte Methode zur verbesserten Herstellung der dünnen, einkristallinen Siliciumschicht läßt möglicherweise auch eine breitere Anwendung dieses Verfahrens für CMOS-SRAM erwarten [4.27]. Dabei wird anstelle der Rekristallisation einer abgeschiedenen Siliciumschicht von superdünnen Si-Keiminseln ($1x1\mu m^2$) ausgegangen, die zunächst auf dem SiO_2 abgeschieden (solid phase growth, SPG) und dann durch selektive Epitaxie vergrößert werden.

Die so erzeugte, viel bessere Schicht gegenüber einer großflächigen SPG (weniger Korngrenzen) wird anschließend abgedünnt. Dadurch werden eine perfekte Isolation zwischen N- und P-Kanal-Transistoren, ein verringerter Drain-Source-Leckstrom (Vorschwellspannungsstrom) sowie drastisch verringerte Sperrschicht-kapazitäten erreicht. Testschaltungen von Speicherschaltkreisen in dieser Technik wurden erfolgreich präpariert [4.27].

4.3.2 BICMOS-Speicherschaltkreise

Auf der Basis der BICMOS-Mischtechnologie (siehe Abschnitt 3.3) wurden inzwischen Speicherschaltkreise der Kapazität 256kbit und 1Mbit mit Zugriffszeiten um 10ns entwickelt [4.28], [4.29].

Bei der Realisierung derartiger Speicher bestehen zwei prinzipiell verschiedene Lösungswege: Entweder werden ganze Schaltungsteile in CMOS (z.B. Speichermatrix) und andere Teile in ECL-Technik (periphere Schaltungen) realisiert und dazwischen Pegelanpaßstufen eingefügt, oder es werden neuartige BICMOS-Grundschaltungen angewendet, die aus MOS- und Bipolartransistoren bestehen. In der Regel werden beide Möglichkeiten miteinander kombiniert. Dabei bringt der zweite Weg natürlich ganz neue Möglichkeiten mit sich, wodurch die Vielfalt der schaltungstechnischen Lösungen erheblich erweitert wird. Der Prozeß der Entwicklung und Optimierung derartiger Schaltungen kann gegenwärtig noch nicht als abgeschlossen betrachtet werden. Einige Beispiele werden im folgenden kurz vorgestellt.

BICMOS-Speicherzellen

Die meisten bisher realisierten BICMOS-SRAM verwenden in der Speichermatrix die 6Transistor-CMOS-Speicherzelle bzw. die 4Transistorzelle mit Widerstandslast (vgl. Abb. 4.1c bzw. d). Es gibt aber in jüngster Zeit auch Vorschläge mit gemischten MOS-Bipolar-Zellen.

Eine Zelle mit CMOS-Latch und Emitterfolger-Bitleitungskopplung ist in [4.17] vorgeschlagen (Abb. 4.20). Sie verwendet getrennte Wortleitungen für Lesen und Schreiben und ist dadurch für Multiport-Anwendungen prädestiniert, bei denen Lese- und Schreibzugriffe von zwei getrennten E/A-Schaltungen gleichzeitig realisiert werden können (vgl. Abschnitt 4.1.2.5). Die Lesewortleitung dient gleichzeitig als positive Betriebsspannung für die CMOS-Flipflops der Zellen.

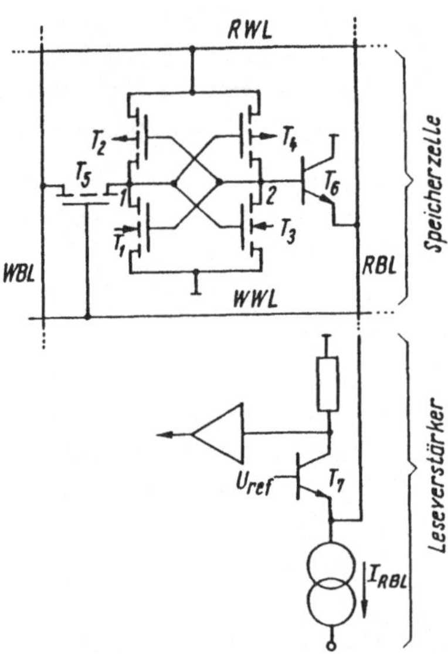

Abb. 4.20. BICMOS-SRAM-Zelle mit Emitterfolgerkopplung (nach [4.17]) RWL Lese-Wortleitung, RBL Lese-Bitleitung, WWL Schreib-Wortleitung, WBL Schreib-Bitleitung

Zum *Lesen* wird das Potential dieser Wortleitung angehoben. Liegt der Speicherknoten 2 auf Highpotential, wird diese Potentialänderung direkt zur Basis des Ausgabe-Emitterfolgers T_6 übertragen, der zusammen mit dem Leseverstärker-Eingangstransistor T_7 eine Differenzstufe bildet und die gelesene Information verstärkt. Liegt der Knoten 2 der Zelle dagegen auf Lowpegel, so bleibt die Basis von T_6 auf Massepotential, unabhängig von Potentialänderungen der Lesewortleitung. Bei geeigneter Wahl der Referenzspannung an T_7 im mittleren Bereich des Spannungshubes der Lesewortleitung ist ein Spannungshub von 550mV für einen zuverlässigen Betrieb der Zelle ausreichend.

Das *Schreiben* der Zelle über den Auswahltransistor T_5, gesteuert durch die Schreib-Wortleitung, erfolgt mit vollen CMOS-Pegeln an Schreib-Wort- und -Bit-leitung. Im Gegensatz zur konventionellen symmetrischen Zelle muß T_5 breiter bemessen und die Schaltschwelle der Inverter der Zellen sorgfältig abgestimmt sein, um Schreibstörungen an nichtselektierten Zellen der angesteuerten Schreib-Wortleitung zu vermeiden. Gleichfalls müssen die Schreib-Bitleitungen der nicht-ausgewählten Spalten auf ein Potential in der Nähe dieser Inverterschaltschwelle vorgespannt werden. In einer präparierten Testschaltung wurden Zugriffszeiten unterhalb 4ns erreicht.

Eine neue statische Speicherzelle, die auf dem umgekehrten Basisstrom-Effekt von Bipolartransistoren beruht, kommt mit einem Bipolar- und einem MOS-Transistor aus [4.30]. Zur Erklärung der Entstehung des umgekehrten Basisstromes (RBC-Effekt, reverse base current) dient Abb. 4.21a: Durch die vom Emitter injizierten Elektronen können (bei ausreichender Spannung U_{CE}) am Basis-Kollektor-Übergang durch Stoßionisation Elektron-Loch-Paare entstehen, deren Löcher zur Basis driften. Dieser überschüssige Löcherstrom kann nicht in den Emitter fließen, da der Löcherstrom von Basis zu Emitter durch die Spannung U_{BE} begrenzt ist. Er fließt daher in den Basisanschluß (I_{BR}), sodaß der Basisstrom

$$I_B = I_{BF} - I_{BR}$$

wird. Der RBC-Effekt tritt auf, wenn $I_{BR} > I_{BF}$ ist (im untersuchten Fall für 0,57V < U_{BE} < 0,90V bei U_{CE} > 6V).

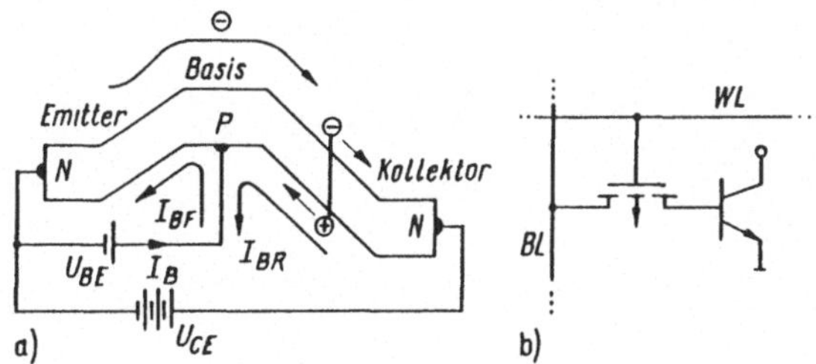

Abb. 4.21. Speicherzelle auf Basis des RBC-Effektes [4.30]
a Zur Erläuterung des reserve base current-Effektes, **b** RBC-SRAM-Speicherzelle

Die *RBC-Speicherzelle* (Abb. 4.21b) besteht aus einem Bipolartransistor und eine P-Kanal-MOS-Auswahltransistor, der eine ähnliche Aufgabe wie in der DRAM-Eintransistorzelle hat. Die Information wird in Form der Spannung an der Basis des Bipolartransistors gespeichert:

Ist die Spannung an der Bitleitung vor Abschalten des Auswahltransistors kleiner als 0,57V, ist der Basis-Emitter-Durchlaßstrom $I_{BF} > I_{BR}$, und nach Sperren des MOSFET wird die Basis bei 0V stabilisiert (Information "0"). Ist der Bitleitungspegel vor Sperren des MOSFET größer als 0,57V, wird die Basis auf 0,9V stabilisiert (Information "1"), da bei $0,57V < U_{BE} < 0,9V$ eine Aufladung durch I_{BR} bis 0,9V und bei $U_{BE} > 0,9V$ eine Entladung durch I_{BF} bis zu 0,9V herab erfolgt (bei $U_{BE} = 0,9V$ besteht das Gleichgewicht $I_{BR} = I_{BF}$).

Die Wirkungsweise der Zelle wurde experimentell bestätigt [4.30]. Anwendungen liegen noch nicht vor. Vorteil wäre eine Platzeinsparung für die Zellen gegenüber den klassischen SRAM-Zellen auf ca. 1/3.

Speicherschaltkreise

Die meisten bisher entwickelten BICMOS-Speicherschaltkreise (z.B. [4.28], [4.29]) verwenden die verlustarmen CMOS- bzw. NMOS-Speicherzellen mit Widerstandslast in Verbindung mit schnellen ECL-Schaltungen in der Peripherie. Dabei sind Adresseneingangspuffer und Dekoder in ECL-Technik realisiert. Deren Ausgangssignale werden in Pegelanpassungsstufen in CMOS-Pegel gewandelt und steuern BICMOS-Wortleitungstreiber.

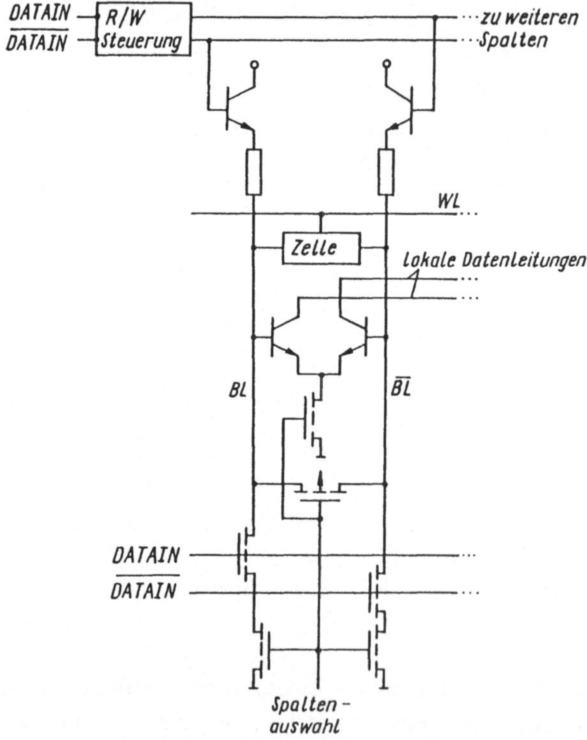

Abb. 4.22. Bitleitungsschaltung eines BICMOS-Speicherschaltkreises [4.28]

Die Bitleitungsschaltung für einen derartigen Speicher zeigt Abb. 4.22. Die Bitleitungen sind über Bipolartransistoren (T_1, T_2) auf den Pegel $U_{CC} - U_F$ gelegt. Die Transistoren werden von einer Lese-Schreib-Steuerschaltung an der Basis gesteuert (Erhöhung der Lesegeschwindigkeit nach Schreibzyklus, Reduzierung der U_{CC}-Störungen). Ein N^+-Diffusionswiderstand steuert den Spannungshub an den Bitleitungen.

Zum Lesen dient ein dreistufiger bipolarer Leseverstärker. Als erste Stufe dient in jedem Bitleitungspaar eine Differenzstufe mit N-Kanal-MOSFET als Stromquelle, der gleichzeitig zur Spaltenauswahl dient. Die zweite Stufe schließt am Ende der lokalen und die dritte Stufe am Ende der Haupt-Datenleitungspaare an. Gegenüber üblichen CMOS-Speichern ist kein MOS-Transfergate im Lesepfad, wodurch die Signalverzögerung verringert wird. Die Schreibschaltung ist beim Lesen abgeschaltet, indem während eines Lesezyklus die Signale DATAIN und $\overline{\text{DATAIN}}$ gleichzeitig auf Low gesetzt werden.

ECL-CMOS-Speicherschaltkreise ermöglichen auch bei sehr hohen Integrationsgraden (über 256kbit) Zugriffszeiten um 10ns, wobei die Verlustleistungen im Betrieb mit 10...100MHz relativ hoch sind (700...800mW), im Ruhezustand aber wesentlich darunter liegen (einige 10mW).

4.3.3 Galliumarsenid-Speicherschaltkreise

Die Forderungen nach Speicherschaltkreisen mit höherem Integrationsgrad und höherer Geschwindigkeit bleiben weiter bestehen. Ein Weg zur Entwicklung von Speichern mit extrem hoher Geschwindigkeit ist die Anwendung von GaAs statt des Siliciums. Dabei wird versucht, die sechsfache Elektronenbeweglichkeit und die doppelte Sättigungsgeschwindigkeit der Elektronen in GaAs auszunutzen.

Neben den GaAs-MESFETs (Metall-Halbleiter-Feldeffekttransistor) und dem HBT (Heteroübergangs-Bipolartransistor) hat vor allem die Entwicklung des HEMT (high electron mobility transistor, [4.31]) die Verwendung von GaAs attraktiv gemacht. Inzwischen wurden in GaAs SRAM-Speicherschaltkreise mit folgenden Parametern realisiert:

- 16kbit mit 11ns Zugriffszeit [4.32],
- 4kbit mit 2...3ns Zugriffszeit [4.33],
- 1kbit mit 0,9ns bzw. 2ns Zugriffszeit [4.34], [4.35].

Sie können mit bipolaren Si-SRAMs verglichen werden, d.h. die potentiellen Geschwindigkeitsvorteile des GaAs sind praktisch nicht vollständig ausnutzbar (als mögliche Ursache hierfür werden Schwellspannungsänderungen infolge Kristallinhomogenität genannt). Außerdem sind gegenwärtig die Chipausbeuten noch zu gering. Es wird eingeschätzt, daß bis zur vollen Ausnutzung der Möglichkeiten der GaAs-Technik noch eine Zeit von mehreren Jahren erforderlich ist.

4.4 MOS-DRAM

Dynamische RAM werden seit Beginn der 70er Jahre (1971: Intel 1103 mit 1kbit und 300ns Zugriffszeit) mit großem Erfolg produziert und eingesetzt. Grundlage für die erreichten hohen Speicherkapazitäten pro Chip sind die gegenüber der SRAM-Zelle wesentlich vereinfachten Speicherzellen mit geringerem Flächenbedarf, die auf dem Prinzip der dynamischen MOS-Logik (siehe Abschnitt 3.1.3.2) - also der zeitlich begrenzten Ladungsspeicherung in Kapazitäten - beruhen.

4.4.1 Speicherzellen

Die anfangs verwendete dynamische Dreitransistorzelle in P-Kanal-Technik wurde bald durch die entsprechende Zelle in N-Kanal-Technik und ab etwa 1975 durch die Eintransistorzelle mit der geringeren Zellenfläche abgelöst (beginnend mit den 4kbit-Schaltkreisen und ab 16kbit ausschließlich). Die DRAM-Speicherzellen in dynamischer MOS-Technik zeigt Abb. 4.23.

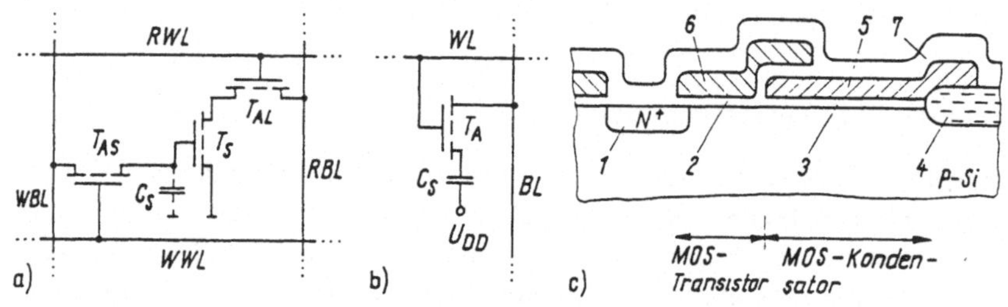

Abb. 4.23. DRAM-Speicherzellen. **a** Dreitransistorzelle, **b** Eintransistorzelle
c Schematischer Querschnitt durch eine Eintransistorzelle
RWL, RBL Lese-Wort- bzw. -Bitleitung; WWL, WBL Schreib-Wort- bzw. -Bitleitung, WL
Wortleitung, BL Bitleitung, 1 Source des Auswahltransistors (Bitleitung), 2 Gateoxid,
3 Speicherkondensator-Dielektrikum, 4 Feldoxid, 5 Kondensatorplatte (Polysilicium 1, an
Betriebsspannung), 6 Gate des Auswahltransistors (Poly-Si2, Wortleitung), 7 Deckoxid

Bei der *Dreitransistorzelle* (Abb. 4.23a) wird die Information in Form einer elektrischen Ladung in der ohnehin vorhandenen (parasitären) Eingangskapazität C_S des Schalttransistors T_S gespeichert. Zum Lesen wird die Wortleitung Lesen (RWL) auf Highpegel gebracht und damit der Auswahltransistor T_{AL} eingeschaltet. Wenn T_S leitend ist, wird die vorher vorgeladene Bitleitung Lesen (RBL) entladen (positive Spannung auf C_S, entspricht "1"). Wenn T_S nicht leitend ist, behält die Lesebitleitung hingegen ihre Ladung (Spannung 0 auf C_S, d.h. $U_{GS}<U_T$, entspricht "0"). Beim Lesen geht die Information nicht verloren, da die Ladung von C_S durch

den Drainstrom von T_S nicht beeinflußt wird. Zum Schreiben wird über die Wortleitung Schreiben (WWL) der Auswahltransistor T_{AS} eingeschaltet und die Gateelektrode von T_S auf das Potential der Bitleitung Schreiben (WBL) aufgeladen, das der zu schreibenden Information entspricht ("1" = Highpegel, "0" = Lowpegel).

Die *Eintransistorzelle* (Abb. 4.23b) besteht aus nur noch einem Auswahltransistor T_A und einer Speicherkapazität C_S. Die Realisierung zeigt Abb. 4.23c. Der Auswahltransistor wird über die Wortleitung WL angesteuert. Er verbindet im selektierten Fall die Speicherkapazität C_S mit der Bitleitung BL. Beim Schreiben wird C_S auf die Potentialdifferenz U_{DD}-U_{BL} aufgeladen, d.h. auf U_{DD} bei Lowpegel (U_{BL}=0) und auf U_T bzw. 0V bei Highpegel (U_{BL}=U_{DD}-U_T bzw. U_{BL}=U_{DD}).

Wird zum Lesen wiederum T_A eingeschaltet, so entlädt sich C_S in die Bitleitung mit der Kapzität C_{BL}. Wegen der Spannungsteilung bei der Reihenschaltung der Kapazitäten und da $C_{BL} \gg C_S$ ist (praktisch größer (10...15)C_S), ist der Signalspannungshub an der Bitleitung

$$\Delta U_{BL} = \Delta U_S \, C_S \,/(C_S+C_{BL}) \ll \Delta U_S, \qquad\qquad (4.2)$$

ΔU_S Signalspannungsunterschied am Speicherkondensator.

Dies erfordert bei Speichern mit der Eintransistorzelle einen erheblich höheren Aufwand für den Leseverstärker. Außerdem ist nach dem Lesen die Information (Ladung auf C_S) in allen Zellen der ausgewählten Wortleitung gelöscht (zerstörendes Lesen), d.h. es muß ein Wiedereinschreiben der gerade gelesenen und auf volle Pegel verstärkten Information im gleichen Zyklus, d.h. solange T_A noch eingeschaltet ist, erfolgen. Dazu muß jede Bitleitung über einen separaten Leseverstärker verfügen, der das gelesene Signal unmittelbar an der Bitleitung verstärkt und in die noch angeschlossene Speicherkapazität zurückspeichert.

Der Vorteil der dynamischen Speicherzellen ist die kleine Zellfläche, da Minimaltransistoren verwendet werden können, und der damit erreichbare hohe Integrationsgrad. Ihr Hauptnachteil ist die Notwendigkeit der periodischen "Auffrischung" (Refresh, Regeneration) der infolge von Leckströmen im Halbleiter allmählich verlorengehenden Speicherladung. Der Refresh kann jedoch in allen Speicherzellen einer aufgerufenen Wortleitung parallel erfolgen, indem durch einen Lesevorgang mit sofortigem Wiedereinschreiben die Ladungspegel in allen Zellen auf den ursprünglichen Pegel verstärkt und zurück gespeichert werden.

Dabei muß gesichert werden, daß in einer bestimmten Mindestzeit (der Refreshperiode, beispielsweise von 2, 4 oder 8ms) alle Wortleitungen einmal aufgerufen werden. Die für den Refresh nötige Zeit, in der der Speicher für Schreib-Lese-Vorgänge nicht zur Verfügung steht, ist verhältnismäßig gering (z.B. bei einem 1Mbit-DRAM mit 512 Zeilen und demzufolge 512 Refreshzyklen in jeweils einer Refreshperiode von 8ms und mit einer Zykluszeit von 200ns sind dafür nur 0,1024ms in 8ms, also etwa 1,3% der Betriebszeit erforderlich). Näheres zur Refresh-Steuerung siehe Abschnitt 4.4.3.4.

Die DRAM-Eintransistorzelle ist im Prinzip bis zu den gegenwärtig höchsten Integrationsgraden (16Mbit) beibehalten worden, obwohl auch andere Alternativen vorgeschlagen wurden. Möglich wurde dies vor allem durch technologische Maßnahmen zur Sicherung einer Mindestkapazität C_S auch bei weiterer Skalierung. Darauf wird im Abschnitt 4.5 eingegangen.

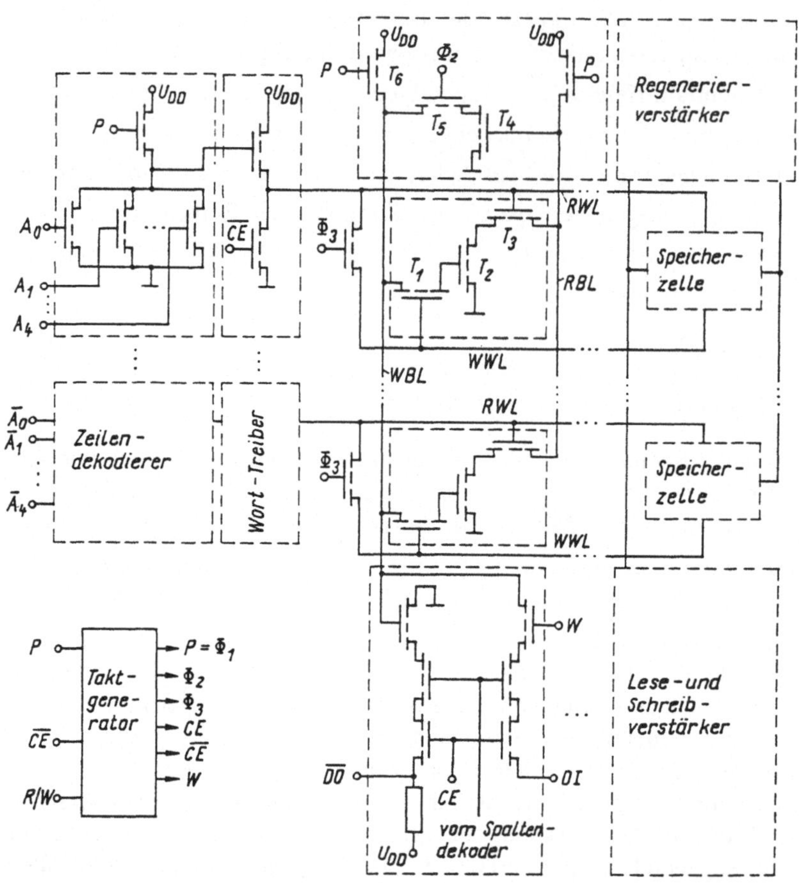

Abb. 4.24. Speicherschaltkreis mit Dreitransistorzellen (Ausschnitt)

A_i Adressensignale, P Precharge, $\overline{CE}$ Chipenable, R/W Lesen-Schreiben, W Schreibsignal (intern), Φ interne Takte

4.4.2 Speicherschaltkreis mit Dreitransistorzellen

Obwohl die Dreitransistorzelle heute keine Bedeutung mehr hat, soll in knapper Form ein Eindruck von der verwendeten Schaltungstechnik gegeben werden, die sehr einfach ist, weil die Zelle an der Lesebitleitung den vollen Logikpegel erzeugt. Der Speicherschaltkreis realisiert intern die gleichen Funktionen wie der MOS-SRAM (vgl. Abb. 4.3). Eine Vorstellung von der schaltungstechnischen Realisierung vermittelt Abb. 4.24 für einen 1kbit-Speicher (Matrix 32x32 = 1024bit, Zeilen- und Spaltenadresse je 5bit).

Als *Dekoder* in jeder Zeile (und Spalte, hier nicht dargestellt) dient ein dynamisches NOR-Gatter mit 5 Eingängen. In der ausgewählten Zeile wird beim High-Low-Übergang des $\overline{CE}$-Signals die Wortleitung Lesen RWL aufgeladen (T_3 ein). Damit wird die vorgeladene Bitleitung RBL je nach Speicherzustand (T_2) entladen oder nicht. Die gelesene Information liegt damit negiert am Eingang des aus T_4, T_5, T_6 gebildeten dynamischen Inverters und wird mit dem Takt Φ_2 nochmals negiert auf die Bitleitung Schreiben WBL übertragen (*Regenerierverstärker*). Wird nun durch Aktivieren von Φ_3 auch die Wortleitung Schreiben WWL aufgeladen, so kann die gelesene Information in jeder Spalte gleichzeitig direkt wieder eingeschrieben werden (Refresh). Andererseits wird sie in der ausgewählten Spalte über den entsprechenden Inverter auf die Ausgangsdatenleitung $\overline{DO}$ übertragen, die den Ausgangstreiber ansteuert.

Beim *Schreiben* (W aktiv) wird vor Einsetzen des Taktes Φ_3 die WBL der ausgewählten Spalte auf die an der Datenausgangsleitung DI anstehende Information aufgeladen, während gleichzeitig in allen übrigen Spalten der ausgewählten Zeile ein Refresh in oben beschriebener Weise ausgeführt wird. Weitere Einzelheiten siehe z.B. in [4.36]...[4.38].

4.4.3 Speicherschaltkreis mit Eintransistorzellen

4.4.3.1 Struktur und Funktion

Eintransistorzellen wurden erstmals bei 4kbit-DRAMs verwendet. Für 16kbit-Schaltkreise und die folgenden Typen mit höheren Speicherkapazitäten wurden sie ausschließlich in N-Kanal-Siliciumgate-Technik (wie in Abb. 4.23c) mit nur einer Betriebsspannung von U_{DD}=5V realisiert. Ebenfalls mit dem 16kbit-Niveau wurde zur Verringerung der Zahl der äußeren Anschlüsse der sogenannte Adressenmulitiplex eingeführt, d.h. Zeilen- und Spaltenadresse werden zeitlich nacheinander an die Adresseneingänge angelegt, deren Anzahl dann halbiert ist. Die Steuerung erfolgt dabei durch die Signale $\overline{RAS}$ (row addresss select, Zeilenadresse gültigt) und $\overline{CAS}$ (colum address select, Spaltenadresse gültig), die beide low-aktiv verwendet werden.

Bis zum 256kbit-Niveau wurde fast auschließlich die "x1"-Organisation angewendet, d.h. in jedem Aufruf wird nur 1bit ein- oder ausgegeben. Ein DRAM-Schaltkreis hat dann das Logiksymbol nach Abb. 4.25. Neben den Adresseneingängen A_i und ihren Steuersignalen sind ein Dateneingang DI, ein Datenausgang

DO sowie die Eingänge für die Steuersignale $\overline{\text{WE}}$ (write enable, Lese-Schreib-Steuerung) und ggf. $\overline{\text{RFSH}}$ (Refreshsteuerung) vorhanden.

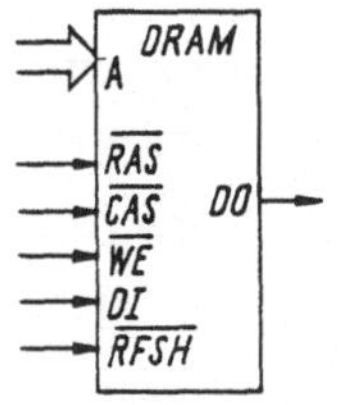

Abb. 4.25 Logiksymbol des DRAM-Schaltkreises mit Adressenmultiplex

(Signal $\overline{\text{RFSH}}$ entfällt mitunter, Refreshsteuerung dann mit

$\overline{\text{RAS}}$ ohne $\overline{\text{CAS}}$)

Die interne Struktur eines DRAM-Schaltkreises ist auf Abb. 4.26 am Beispiel eines 64kbit-DRAM mit einer 16bit-Adresse (8bit Zeilen- und 8bit Spaltenadresse, 2^{16}=64K) dargestellt. Bei höherintegrierten Schaltkreisen ist die Struktur ähnlich, wobei ggf. eine Unterteilung der Speichermatrix in mehrere Blöcke erfolgt.

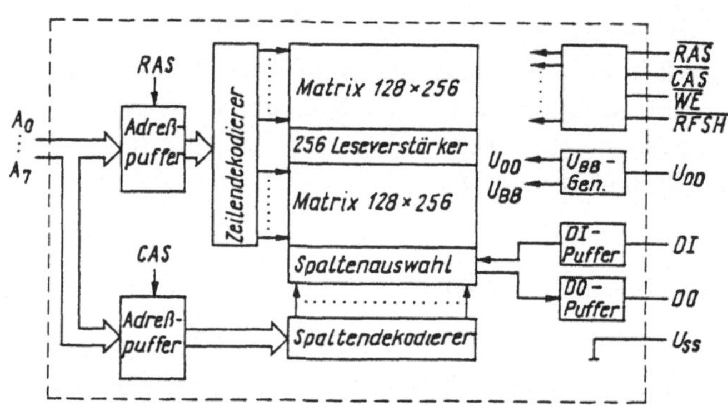

Abb. 4.26. Blockschema eines 64 kbit-DRAM

$\overline{\text{RAS}}$ Zeilenauswahl, $\overline{\text{CAS}}$ Spaltenauswahl, $\overline{\text{WE}}$ Write enable, $\overline{\text{RFSH}}$ Refresh, U_{DD} Betriebsspannung, U_{SS} Masse, DI/DO Datenein- bzw. -ausgang, $A_0...A_7$ Zeilen- bzw. Spaltenadresse, U_{BB} Substratvorspannung (intern erzeugt)

Die Matrix ist in der Regel in zwei symmetrische Hälften unterteilt, da als *Leseverstärker* wegen des geringen Lesesignals bei der Eintransistorzelle ein empfindliches, symmetrisches Sensorflipflop eingesetzt wird, das auf beiden Seiten mit der gleichen Bitleitungskapazität belastet sein muß.

Über die Adresseneingänge wird zunächst die Zeilenadresse übernommen und in einem Puffer zwischengespeichert. Damit kann sofort die Zeilendekodierung und die Ansteuerung der ausgewählten Wortleitung aktiviert und der Lesevorgang in der gesamten Zeile eingeleitet werden. Nach Bereitstellung und Dekodierung der Spaltenadresse wird dann die inzwischen verstärkte Information an der ausgewählten Bitleitung zum Datenausgang übertragen (Lesen) oder die ausgewählte Bitleitung durch einen *Schreibverstärker* auf das Potential entsprechend der Information am Dateneingang gebracht und so das Einschreiben bzw. Wiedereinschreiben in alle Zellen der aktivierten Wortleitung realisiert (Lese-Schreib-Zyklus).

Charakteristisch ist dabei für DRAM, daß für die einwandfreie Funktion eine größere Zahl von internen Takt- oder Steuersignalen benötigt werden, die in einem *Taktgenerator* erzeugt bzw. aus den äußeren Steuersignalen abgeleitet werden.

Das *Taktdiagramm* für den Lese-Schreib-Zyklus eines DRAM (Abb. 4.27) erläutert noch einmal prinzipiell die beschriebene Funktionsweise. Aus ihm erkennt man auch die beiden Definitionen für die Zugriffszeit, die $\overline{\text{RAS}}$ -Zugriffszeit t_{RAC} bzw. die $\overline{\text{CAS}}$ -Zugriffszeit t_{CAC}, die üblicherweise in den Datenblättern ausgewiesen werden. Die Zykluszeit t_c ist die kürzeste Zeit zwischen aufeinanderfolgenden Lese-Schreib-Zyklen.

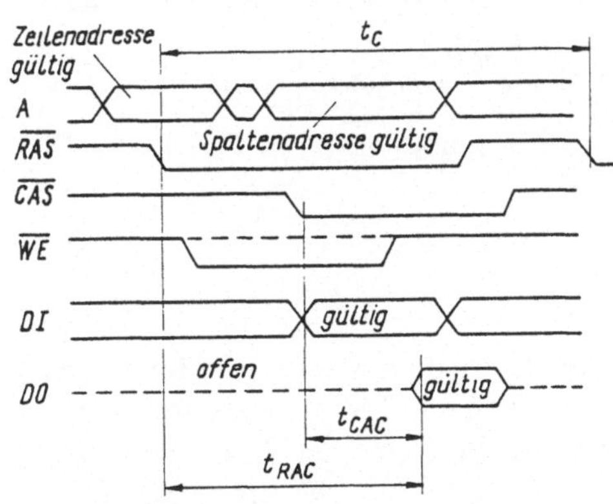

Abb. 4.27. Taktdiagramm des Lese-Schreib-Zyklus eines DRAM

t_{RAC} $\overline{\text{RAS}}$ -Zugriffszeit,

t_{CAC} $\overline{\text{CAS}}$ -Zugriffszeit,

t_c Zykluszeit

Im einzelnen werden bei DRAM folgenden Speicherzugriffe unterschieden:

- *Schreibzyklus* (Early-Write-Zyklus): Das Schreibsignal $\overline{\text{WR}}$ ist während der aktiven $\overline{\text{CAS}}$ -Flanke auf Lowpotential und gleichzeitig müssen die Daten am Eingang DI gültig sein. Der Datenausgang bleibt hochohmig.

- *Lesezyklus*: Während der gesamten $\overline{\text{CAS}}$ -Low-Phase muß $\overline{\text{WR}}$ auf High-pegel bleiben. Die Information am Dateneingang DI kann dabei beliebig sein, sodaß es möglich ist, DI und DO miteinander zu verbinden (Common I/O), was für den Anschluß des Speichers an den Datenbus eines Mikroprozessors günstig sein kann (allerdings sind dann u.U. nicht alle Sonderbetriebsarten möglich (vgl. Abschnitt 4.4.3.3).

- *Read-Modify-Write-Zyklus*: Bei dieser Betriebsart wird die adressierte Speicherzelle erst gelesen und anschließend im gleichen Zyklus mit einer neuen (oder modifizierten) Information beschrieben. Wird $\overline{WR}$ sofort nach Ablauf der Zugriffszeit aktiv, so wird eine Verarbeitung der Information nicht abgewartet, und die bereits an DI anliegenden Daten werden geschrieben (auch Read-Write-Zyklus genannt). Im echten Read-Modify-Write-Zyklus wird das Schreibsignal erst nach einer für die Verarbeitung nötigen Verzögerungszeit aktiviert.

DRAM-Schaltkreise wurden bisher meist in Dual-Inline-Gehäusen mit einheitlicher Anschlußbelegung konfektioniert. Dies ist für ausgewählte Beispiele auf Abb. 4.28 dargestellt.

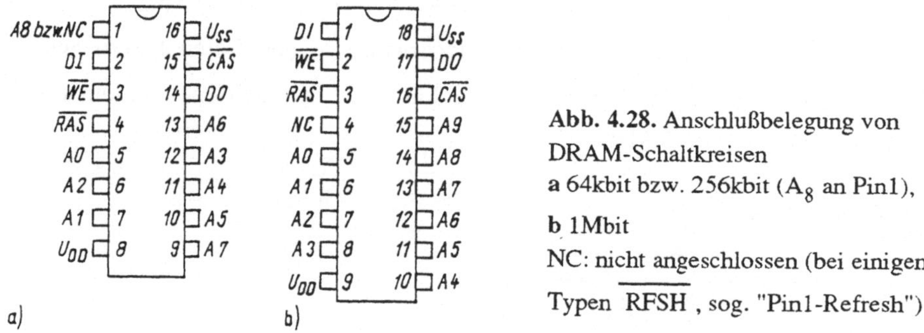

Abb. 4.28. Anschlußbelegung von DRAM-Schaltkreisen

a 64kbit bzw. 256kbit (A_8 an Pin1),

b 1Mbit

NC: nicht angeschlossen (bei einigen Typen $\overline{RFSH}$, sog. "Pin1-Refresh")

4.4.3.2 Schaltungstechnische Realisierung

In diesem Abschnitt soll zunächst die prinzipielle schaltungstechnische Realisierung an Hand der "klassischen" DRAM-Schaltkreise des VLSI-Niveaus (etwa 16 ... 256kbit) betrachtet werden, während ausgewählte Probleme der Weiterentwicklung der DRAM-Zelle, der Schaltungen usw. für Megabit-DRAMs im Abschnitt 4.5 diskutiert werden.

In den klassischen DRAM-Speichern wurde durchgehend für alle Baugruppen die dynamische MOS-Schaltungstechnik mit N-Kanal-Enhancementtransistoren angewendet. Die entsprechenden Adreßpuffer-, Dekodierer- und Treiberschaltungen sowie Ausgangsstufen unterscheiden sich dabei nicht prinzipiell von den im Kapitel 3 betrachteten Schaltungen. Aufgrund der kleineren Zellenfläche und des damit geringeren Rasters der Wort- und Bitleitungen ist jedoch ein ausgefeilter, sorgfältig durchdachter Entwurf (sowohl elektrisch als auch topologisch) der Wiederholstrukturen in der Matrix -insbesondere von Speicherzelle, Sensorverstärker und Dekoder- erforderlich [4.39]. Ein Beispiel für einen platzsparenden Dekoder für DRAM wurde in Abb. 3.14b illustriert.

Als Leseverstärker wird ein symmetrisches *Sensor-Flipflop* verwendet (Abb. 4.29). An seine beiden Eingangsknoten A und B sind jeweils die beiden Bitleitungshälften gleicher Kapazität angeschlossen. Vor dem Lesen werden diese beiden Bitleitungshälften (in der Abbildung BL und $\overline{BL}$) auf gleiches Potential vorgeladen (meist auf U_{DD} statt früher $U_{DD}/2$, da bei höherer Spannung die Sperrschichtkapazität der an den Bitleitungen angeschlossenen N^+-Gebiete der Auswahltransistoren und damit die Bitleitungskapazität kleiner sind).

Je nach gespeicherter Information in den durch eine Wortleitung $(X_0...X_{255})$ aktivierten Zellen entstehen dann an den zugeordneten Bitleitungshälften Spannungshübe von Null bzw. von ΔU nach Gl. (4.2), die zur Einstellung der jeweiligen Sensorflipflops auszuwerten sind.

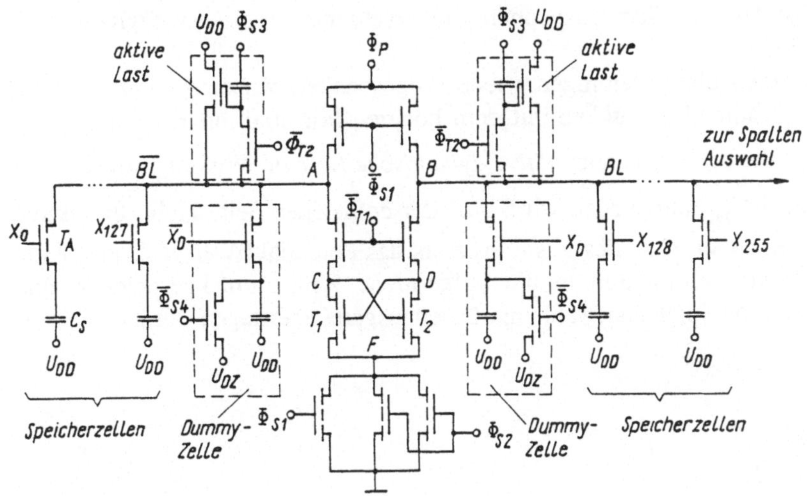

Abb. 4.29. Bitleitungstrakt mit Sensorflipflop und aktiver dynamischer Last eines DRAM mit Eintransitorzellen

Φ Taktsignale zur Steuerung der zeitlichen Abläufe (siehe Text)

An dem anderen Eingangsknoten des Sensorflipflops wird daher eine Referenzspannung benötigt, die dazwischen liegt, also $\Delta U_{ref}= \Delta U/2$. Diese wird durch ein Referenzzelle erzeugt ("Dummy-Zelle"), die aus einem Speicherkondensator gleicher Geometrie zu den übrigen (gleiche Kapazität und Spannungsabhängigkeit) und einem Auswahltransistor besteht. Die Dummy-Zelle wird vor jedem Lesevorgang auf eine Spannung U_{DZ} aufgeladen (mit dem Taktsignal $\overline{\Phi}_{S4}$), sodaß beim Aufruf ΔU_{ref} erzeugt wird. Bei jedem Lesevorgang muß die Wortansteuerlogik dann realisieren, daß jeweils auf der Bitleitungshälfte, an der keine Wortleitung angesteuert wird, die zugehörige Dummy-WL (X_D bzw.

$\overline{X}_D$) mit angesteuert wird.

Die Arbeitsweise des Sensorflipflops nach Abb. 4.29 ist dann wie folgt: Nach Vorladen der Bitleitungshälften durch die Taktimpulse Φ_P, $\overline{\Phi}_{S1}$ erfolgt die Ansteuerung der ausgewählten Wortleitung X_n und der Referenzzelle der anderen Seite (X_D oder $\overline{X}_D$) und damit die Einstellung von Signal- und Referenzpegel an den Knoten C und D des Flipflops, dessen Fußpunkt F abgeschaltet (schwebend) ist. Nach Abschalten der Bitleitungen ($\overline{\Phi}_{T1}$ Low) wird mit dem Lesetakt Φ_{S1} der Einstellvorgang des Flipflops eingeleitet (bis der Spannungsunterschied genügend vergrößert ist) und anschließend mit Φ_{S2} beschleunigt. Dabei wird einer der Knoten C, D vollständig entladen, während das Potential des anderen nur solange abfällt, bis der andere Knoten die Schwellspannung unterschreitet (typischer Signalverlauf siehe Abb. 4.30).

Sodann werden die Bitleitungen wieder zugeschaltet, wobei die eine auf 0V entladen wird, während die andere mit dem höheren Potential mit Hilfe der Takte $\overline{\Phi}_{T2}$ und Φ_{S3}, die die sogenannte *aktive dynamische Last* zur Wirkung bringen, auf den vollen Pegel U_{DD} aufgeladen wird. Auf der entladenen Seite bleibt die aktive Last unwirksam, da am Gate des Lasttransistors das Potential 0V liegt. Damit kann die nun verstärkte Information in die aufgerufene Zelle zurückgespeichert und andererseits über die Spaltenauswahl zum Datenausgang übertragen werden.

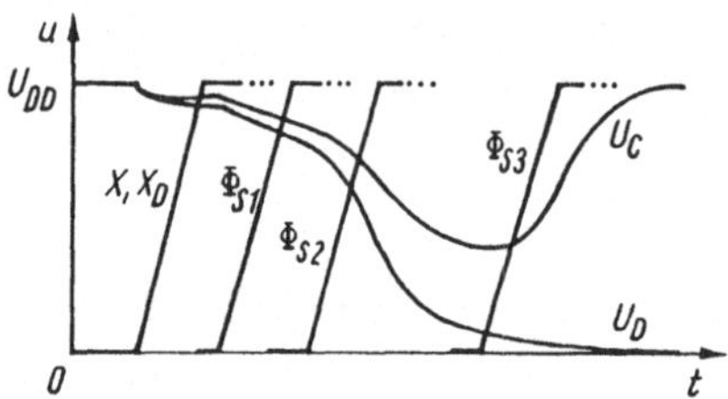

Abb. 4.30. Typischer qualitativer Verlauf der Spannungen an den Knoten C, D des Sensorflipflops (nicht alle Taktsignale sind eingetragen)

Beim *Schreiben* wird einfach das entsprechende Potential (0V oder U_{DD}) an der selektierten Bitleitung BL eingeprägt, wobei der noch aktivierte Flipflop automatisch das negierte Potential an $\overline{BL}$ erzeugt, und damit die zu speichernde Information in die aufgerufene Zelle eingeschrieben wird. In den nicht ausgewählten Spalten wird dabei gleichzeitig die gerade gelesene und verstärkte Information wieder eingeschrieben. Besondere Merkmale des beschriebenen Sensorflipflops sind:

- Volldynamische Arbeitsweise, d.h. es gibt in keiner Phase einen Strompfad von Betriebsspannung nach Masse (Reduzierung der Verlustleistung).
- Abtrennung der Bitleitungen (und damit ihrer großen Kapazität) in der ersten Einstellphase, die durch nur geringe Leitfähigkeitsunterschiede der Transi-

storen. T_1 und T_2 gekennzeichnet ist, was zur Erhöhung der Einstellgeschwindigkeit führt.

- Langsame Absenkung des Fußpunktpotentials (F) durch Einschalten zunächst eines schmalen Transistors mit Φ_{S1} in der ersten Einstellphase (geringere Entladung der Bitleitungshälfte mit dem höheren Pegel) und Beschleunigung mit breiteren Transistoren und Φ_{S2} nach erfolgter Voreinstellung.

Alle diese Prozesse sind durch entsprechende Gestaltung und Bemessung der Schaltung und des Taktregimes aufeinander abzustimmen und sorgfältig zu optimieren ([4.40]...[4.43] u.a.).

Ein für den Entwurf von DRAM mit Eintransistorzellen maßgeblicher Parameter des Sensorflipflops ist seine *Empfindlichkeit*, d.h. der kleinste auswertbare Spannungsunterschied zwischen den Knoten A und B. Sie hängt von Unsymmetrien der Einstelltransistoren T_1 und T_2 (Transistorkonstanten β_1, β_2 und Schwellspannungen U_{T1}, U_{T2}) und der Bitleitungskapazitäten C_1, C_2 ab. Nach [4.42], [4.43] gilt

$$S = |U_{T1}-U_{T2}| + A \sqrt{C_0 K/\beta_0} \; |(\Delta\beta_1 - \Delta\beta_2)/\beta_0 - (\Delta C_1 - \Delta C_2)/C_0| \qquad (4.3)$$

U_{T1}, U_{T2} tatsächliche Schwellspannungen von T_1, T_2 (Nennwert U_{T0});

$\Delta\beta_1$, $\Delta\beta_2$ Abweichungen β_1, β_2 vom Nennwert β_0;

ΔC_1, ΔC_2 Abweichungen C_1, C_2 vom Nennwert C_0;

K Abfallgeschwindigkeit des Fußpunktpotentials ($K = - dU_F/dt$);

A Konstante.

Unter Verwendung der relativen Herstellungstoleranzen

$$\delta_C = |\Delta C/C_0|, \qquad \delta_\beta = |\Delta\beta/\beta_0| \;, \qquad \delta_{UT} = |\Delta U_T/U_{T0}| \qquad (4.4)$$

ergibt sich unter Berücksichtigung von worst case-Bedingungen für die Empfindlichkeit des Sensorflipflops

$$S = 2\delta_{UT}U_{T0} + 2A \sqrt{C_0 K/\beta_0} \; (\delta_\beta + \delta_C) \;. \qquad (4.5)$$

Bei vollständiger Symmetrie ist S=0, d.h. bereits die geringste von Null verschiedene Signaldifferenz genügt theoretisch, das Flipflop in die richtige Lage zu kippen. Andernfalls ist die Empfindlichkeit einerseits durch die Schwellspannungstoleranzen bestimmt und andererseits durch einen Term, der durch Verkleinerung von K (durch langsameres Absenken des Fußpunktpotentials, wie bereits beschrieben), also durch die dynamischen Betriebsbedingungen beeinflußbar ist.

4.4.3.3 Betriebsarten für schnelleren Datendurchsatz

Mit dem höheren Integrationsgrad der DRAMs wuchs auch die Forderung nach höherer Geschwindigkeit, die durch die Notwendigkeit der Realisierung von Lese-Schreib-Zyklen von Haus aus gegenüber den SRAM begrenzt ist. Dennoch wurden Lösungen entwickelt, die es gestatten, bei einmaligem Aufruf einer Wortleitung mehrere der an den Bitleitungen anstehenden gelesenen Informationen nacheinander aus- oder auch einzugeben. Diese Zugriffsarten unter den Namen page mode, nibble mode, extended nibble mode und static-column decode, die seit den 64K- und 256K-DRAM-Generationen eingeführt wurden, bieten Vorteile und Möglichkeiten der Anwendung für einen erhöhten Datendurchsatz (z.B. für den Datentransfer in einen schnellen Pufferspeicher, für Bildwiederholspeicher usw.). Sie sollen im folgenden an Hand von Abb. 4.31 erklärt werden [4.44].

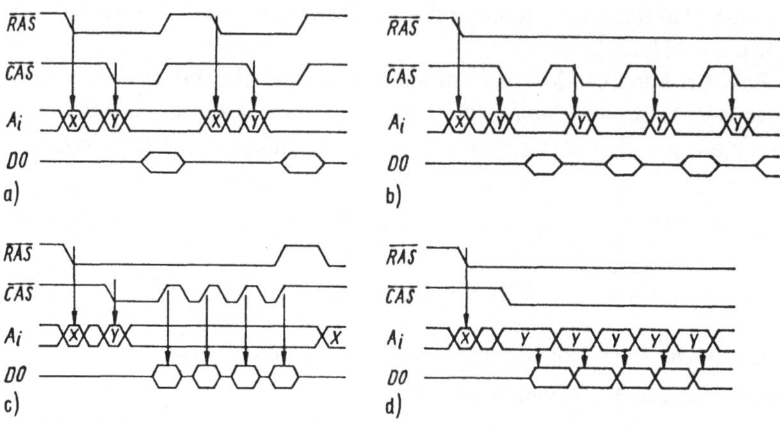

Abb. 4.31. Besondere Betriebsarten von DRAMs
a Normaler Lesezyklus, **b** Page mode, **c** Nibble mode, **d** Static column decode

Page mode (Abb. 4.31b) erlaubt einen wahlfreien Zugriff zu beliebigen Bits einer aufgerufenen Zeile, wobei $\overline{\text{RAS}}$ Low bleibt und mit aufeinanderfolgenden Spaltenadressen (Y) und $\overline{\text{CAS}}$-Zyklen jeweils ein weiteres Bit ausgegeben oder geschrieben werden kann. Vorteil dieser Betriebsart ist eine verkürzte Zykluszeit gegenüber dem einfachen $\overline{\text{RAS}}$-gesteuerten Zyklus. Jedoch wird die theoretisch mögliche Verkürzung um 40% praktisch nicht erreicht, bedingt durch Verzögerungen in der Systemsteuerung. Als Nachteil wirkt der zusätzliche Steuerungsaufwand im System, das sowohl den einfachen Zugriff als auch den page mode-Mehrfachzugriff realisieren muß.

Nibble mode erlaubt die aufeinanderfolgende Ausgabe von 4bit aus einer Zeile mit fortlaufend um Eins erhöhter Spaltenadresse, die nur für das erste Bit bereitzustellen ist. Danach sind nur noch $\overline{\text{CAS}}$-Zyklen erforderlich. Z.B. beim 256K-Speicher können die 512bit einer Zeile in 128 Gruppen zu 4bit aufgeteilt und auf diese zugegriffen werden. Obwohl die Nibble-Zykluszeit theoretisch 25% der $\overline{\text{RAS}}$-Zykluszeit betragen kann, ist der Gewinn an Bandbreite real geringer, da die

$\overline{\text{RAS}}$ -Zugriffs- und Vorladezeit einbezogen werden muß (falls nicht in größeren Systemen eine Überlagerungstechnik angewendet wird).

Die Geschwindigkeitsvorteile werden größer, wenn statt der 4bit in einem RAS-Zyklus 8 oder mehr Bits ausgegeben werden (*extended nibble mode* oder serial READ and WRITE mode). In Multiport-Video-DRAMs kann so beispielsweise eine gesamte Zeile (512bit beim 256K-Speicher) ausgegeben werden, während gleichzeitig Zugriff zu einzelnen Bits besteht um Bildinformationen zu ändern. Für größere Flexibilität wird für 16Mbit-DRAMs eine Kombination von page mode und nibble mode vorgeschlagen (*nibbled page mode*, [4.45]). Damit kann unter Verwendung einer chipinternen Überlagerungstechnik ein schnelles serielles Lesen und Schreiben von jeweils 8bit-Gruppen aus der aufgerufenen Zeile mit 100Mbit/s erfolgen.

Static-column decode ist die jüngste Betriebsart zur Erhöhung der Zugriffsgeschwindigkeit von "x1" organisierten DRAMs. Nach High-Low-Übergängen von $\overline{\text{RAS}}$ und $\overline{\text{CAS}}$ mit Bereitstellung einer Zeilen- und Spaltenadresse und Zugriff zu der ausgewählten Zelle verbleiben beide Steuersignale Low und es können aufeinanderfolgend neue Spaltenadressen angelegt werden, die dekodiert und die betreffenden Zellen gelesen oder geschrieben werden (ähnlich wie beim SRAM mit Adressen-Übergangsdetektor ATD).

Bei dieser Technik kann die Verlustleistung in den peripheren Schaltungen bei NMOS-Technologie zum begrenzenden Faktor werden, sodaß diese Betriebsart vorwiegend bei Verwendung von CMOS-Schaltungen in der Peripherie anwendbar ist. Für die CMOS-Technik spricht auch der Umstand, daß der $\overline{\text{RAS}}$ -Zyklus bei dynamischer NMOS-Logik nicht beliebig verlängert werden kann (Maximum etwa 10µs aus Gründen des nötigen Refresh für die Logikstufen). Mit CMOS-Schaltungen kann im Betrieb mit static-column decode eine Datenrate von 25MHz (40ns/bit) erreicht werden [4.44].

Gegenwärtig bieten praktisch alle "x1" organisierten Speicherschaltkreise im Megabit-Niveau eine oder mehrere der vorgenannten Sonderbetriebsarten für schnellen Datendurchsatz an.

4.4.3.4 Refresharten

Eine Auffrischung der gespeicherten Information in allen Speicherzellen einer aufgerufenen Wortleitung erfolgt prinzipiell bei jedem Schreib- oder Lesevorgang. Deshalb muß innerhalb der Refreshperiode jede der Wortleitungen einmal aufgerufen werden. Steuerung des Refresh im Speicher siehe Abschnitt 7.3.1.

Beim *extern gesteuerten Refresh* werden die Refreshadressen von einem entsprechenden Zähler extern bereitgestellt und entweder ein $\overline{\text{RFSH}}$ -Signal (bei älteren Speichertypen, sogenannter Pin1-Refresh) bereitgestellt oder ein sogenannter $\overline{\text{RAS}}$ -only-Zyklus gestartet ($\overline{\text{RAS}}$ -only-Refresh).

Der verdeckte Refresh (*hidden refresh*) erfordert von außen nur noch die Aktivierung von Refreshzyklen, z.B. durch $\overline{CAS}$ vor $\overline{RAS}$ Steuerung, wobei die notwendige Zeilenadresse von einem internen Adressenzähler bereitgestellt wird, der gleichzeitig um Eins weitergezählt wird. Viele Speicherschaltkreise ermöglichen beide Varianten, wobei von der Systemsteuerung zu sichern ist, daß entweder vollständige "$\overline{RAS}$-only-Refresh"-Zyklen oder "$\overline{CAS}$-before-$\overline{RAS}$"-Zyklen durchgeführt werden.

Bei sogenannten *virtuellen SRAMs* wird der Refresh vollständig intern realisiert, d.h. der Schaltkreis kann wie ein SRAM eingesetzt werden. Das erfordert intern zusätzlich zum Refresh-Adressen-Zähler eine Zeitsteuerung für den Refresh (z.B. Ringoszillator, [4.46]) sowie einen Refresh-Normal-Arbiter. Der Arbiter hat die Aufgabe, im Falle von Konfliktsituationen zwischen normalen Speicheroperationen und internen Refreshanforderungen zu entscheiden, welche der Operationen auszuführen ist. Dabei ist eine Glitch-Unterdrückung, d.h. die Elimination der Wirkung von (Stör-) Impulsen, deren Dauer kürzer als ein bestimmter Wert ist, einzubeziehen. Beispiele für Arbiterschaltungen siehe in [4.47], [4.48].

4.5 Entwurfsprobleme bei Megabit-DRAMs

4.5.1 Übersicht über die Probleme der weiteren Erhöhung des Integrationsgrades

Die Erhöhung des Integrationsgrades von DRAM-Schaltkreisen bis etwa zum 1Mbit-Niveau wurde im wesentlichen durch proportionale Strukturverkleinerung aller Abmessungen erreicht. Diese sogenannte Skalierung folgt mit gewissen Einschränkungen den Skalierungsgesetzen von DENNARD u.a. [4.49] (siehe Tabelle 4.1). Bei weiterer Erhöhung des Integrationsgrades waren und sind eine Reihe von Problemen in Verbindung mit der Strukturverkleinerung zu lösen, die diesen einfachen Gesetzen nicht mehr genügen. Im Bereich von Strukturabmessungen unter 1µm (etwa ab 1Mbit-Niveau) müssen daher eine ganze Reihe von neuen Problemen beachtet und durch geeignete Maßnahmen gelöst werden. Dazu gehören u.a. [4.50]:

- Berücksichtigung von Kurz- und Schmalkanaleffekten bei MOS-Transistoren (erhöhte "Subthresholdströme" bei Gatespannungen unterhalb der Schwellspannung, Verringerung der Schwellspannung bei kurzem Kanal und ihre Vergrößerung bei schmalem Kanal),
- Sicherung eines genügenden Ausgangssignals der Speicherzelle an der Bitleitung,
- Verhinderung einer zu großen Fehlerrate durch "soft errors", d.h. durch Fehler, die durch Trägergeneration bei Anregung durch α-Teilchen verursacht werden,
- Verhinderung von Heißelektronen- oder Avalanche-Effekten, die bei den erhöhten elektrischen Feldstärken auftreten, wenn die Spannung nicht mit skaliert wird, sowie

- Sicherung einer genügend großen Ausbeute für eine ökonomische Fertigung.

Gegenwärtig werden 1Mbit- und 4Mbit-Speicherschaltkreise hergestellt. 16Mbit-Schaltkreise liegen als produktionsreife Muster vor. Dabei sind die oben aufgelisteten Probleme in verschiedener Weise gelöst worden, wobei z.T. vielfältige Varianten vorgeschlagen und realisiert worden sind. Im folgenden kann diese Entwicklung nur im Überblick und an ausgewählten Beispielen dargestellt werden.

Tabelle 4.1 Einfache Skalierungstheorie nach DENNARD u.a. /4.12/

Skalierungsgröße	Skalierungsfaktor $(\alpha > 1)$
Bauelementeabmessungen B, L, d_i, y_j	$1/\alpha$
Dotierungen	α
Schichtwiderstände	α
Spannungen U	$1/\alpha$
Ströme I	$1/\alpha$
Leistungsdichte $P''=P/A$ (W/m^2)	1
Kapazität C	$1/\alpha$
Verzögerungszeit t_d	$1/\alpha$
P_V-t_d-Produkt	$1/\alpha$

4.5.2 Speicherzellen für Megabit-DRAMs

Für die Speicherzellen von höchstintegrierten DRAMs sind vor allem zwei Forderungen wichtig: ausreichendes Lesesignal an der Bitleitung und genügende Resistenz gegenüber α-Teilchen [4.51]. Beide führen zu bestimmten Mindestforderungen an die Kapazität C_S bzw. die Ladungsmenge des Speicherkondensators der Eintransistorzelle.

Geht man von der groben Annahme aus, daß die Matrix der Speicherzellen etwa 50% der Chipfläche eines DRAM einnimmt und die Größe der Chipfläche aus Gründen einer vernünftigen Ausbeute einen bestimmten Wert nicht übersteigen sollte ($100...200$ mm^2, vgl. Abb. 2.8), dann ergibt sich für die Fläche einer Speicherzelle ein begrenzter Wert, z.B. $12...25\mu m^2$ für einen 4Mbit-DRAM. Die Forderungen nach einer bestimmten Mindestkapazität ergeben sich aus Gl. (4.2) mit $\Delta U=U_{DD}$ und $\Delta U_{BL}=\Delta U_{min}$ durch Umstellen nach C_S zu

$$C_S = C_{BL} \frac{\Delta U_{min}}{U_{DD}-\Delta U_{min}}. \tag{4.6}$$

Bei einer typischen Bitleitungskapazität von $C_{BL}=1pF$ (N$^+$-Gebiet mit 5mm Länge, 1μm Breite) und $\Delta U_{min}=200mV$ ergeben sich für die minimale Speicherkapazität 40fF. Diese Kapazität ist mit der normalen, planaren Eintransistorzelle nicht mehr realisierbar, da bei einer zur Verfügung stehenden Fläche $A_S=6\mu m^2$ eine Oxiddicke von 5nm erforderlich wäre. Diese wird technologisch nicht beherrscht und führt außerdem zu eng an die Grenze der dielektrischen Festigkeit (11...12MV/cm) und des Wirksamwerdens von Tunnelströmen, die die Speicherladung schneller abbauen, heran. Eine Reduzierung der Betriebsspannung auf 3V entschärft das Problem auch nicht, da bei gleichbleibendem ΔU_{min} dann nach Gl. (4.6) eine höhere Speicherkapaziät C_S erforderlich wird.

Auch aus Gründen der Fehlerrate durch Soft-errors (vgl. Abschnitt 4.5.4.1) darf die Größe der Speicherladung, die der Speicherkapazität proportional ist, nicht zu klein werden, so daß die oben ermittelten 40fF als eine Art Schallmauer anzusehen sind, die auch bei weiterer Verkleinerung der Zellen nicht wesentlich unterschritten werden darf. Auswege aus dieser Forderung und der kleiner werdenden Fläche (beim 64Mbit-DRAM darf die Zellenfläche nur noch $1,6\mu m^2$ betragen, d.h. für den Kondensator stehen nur noch ca. $0,8\mu m^2$ zur Verfügung, wenn die Chipfläche $200mm^2$ nicht übersteigen soll) sind entweder die Nutzung der dritten Dimension (Volumenintegration) oder die Anwendung neuer Wirkprinzipien. Speicherzellen mit Volumenintegration sind die Eintransistorzellen mit Trench- bzw. Stapelkondensator und Beispiel neuer Zellentypen sind die sogenannten Verstärkungszellen.

Trenchkondensator- und Trenchtransistorzellen

Bei diesen Zellen wird der Speicherkondensator in einem Graben- oder Loch von 5 bis 8μm Tiefe realisiert (englische Bezeichnung "trench"), siehe Abb. 4.32. Der Graben bzw. das Loch wird mit einer dünnen Isolierschicht versehen und mit Polysilicium gefüllt, das die eine Kondensatorelektrode darstellt, während die andere Elektrode wie bei der planaren Zelle vom P-Substrat gebildet wird (hochdotiert um ein definiertes Potential und geringe Wechselwirkung benachbarter Trenchs zu sichern).

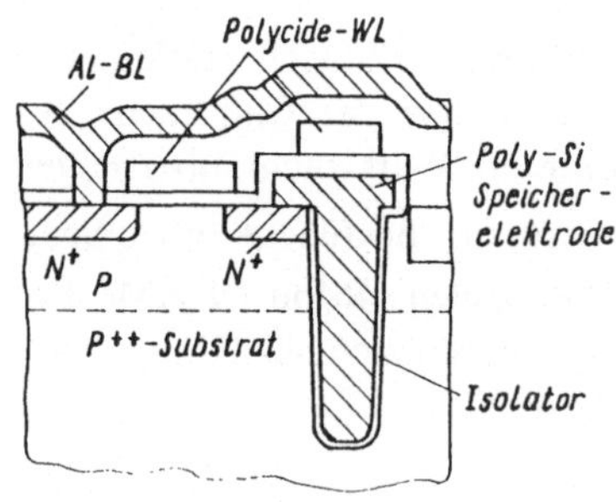

Abb. 4.32. Beispiel einer Trenchkondensatorzelle

Hohe Kapazitäten werden durch dünne Isolierschichten oder vielfach durch Anwendung sogenannter ONO-Schichten (Schichtenfolge SiO_2-Si_3N_4-SiO_2: Oxid-Nitrid-Oxid) von 10...20nm Dicke. Wegen der beinahe doppelten Dielektrizitätskonstante von Si_3N_4 gegenüber SiO_2 (ε_{rel}=6,5 bzw. 3,9) wirken diese Schichten wie entsprechend dünnere Oxidschichten. Für 16Mbit-DRAM werden auf diese Weise Speicherzellen mit 4...6µm² Zellfläche realisiert.

Bei der sogenannten Trenchtransistorzelle von Texas-Instruments wird auch der Auswahltransistor am oberen Ende der Grabenwand realisiert, während der untere Teil des Loches von 8µm Tiefe den Speicherkondensator bildet [4.52].

Trenchkondensatorzellen sind bei realisierten 4- und 16Mbit-Speichern die bisher meist eingesetzten Zellen.

Stapelkondensatorzellen

Der zweite Weg zur Beibehaltung der Speicherkapazität bei kleiner werdender Zellenfläche ist die Anordnung des Speicherkondensators über dem Auswahltransistor (Abb. 4.33).

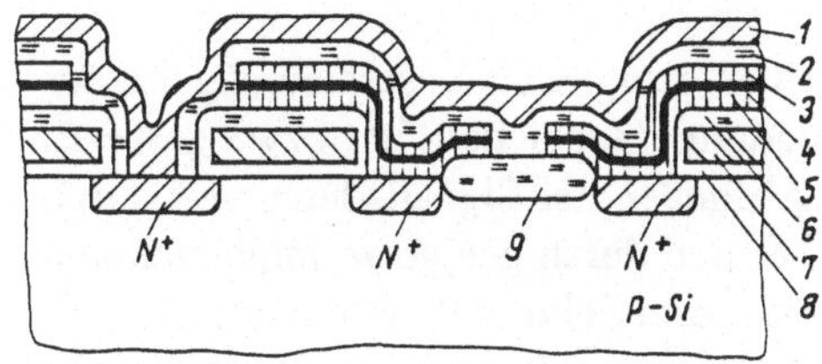

Abb. 4.33. Stapelkondensatorzelle
1 Al-Bitleitung, 2 Zwischenoxid, 3 Molybdänschicht, 4 Ta_2O_5-Isolator, 5 Tantalschicht,
6 Zwischenoxid, 7 Transistorgate (Wortleitung), 8 Gateoxid, 9 Feldoxid

Setzt man als Isolierschichten außerdem noch Materialien mit höherer Dielektrizitätskonstante ein (untersucht wurden vor allem Al_2O_3 mit ε_{rel}=8,5 und Ta_2O_5 mit ε_{rel}=22), so kann damit die Zellenfläche auf wesentlich unter 50% verkleinert werden. Realisiert wurden bisher bis zu 5,5nm dünne Tantalpentoxid-Schichten, die eine spezifische Kapazität von 8,7fF/µm² erreichen, was allerdings noch unter dem theoretischen Wert von 26fF/µm² liegt (Rückgang von ε_{rel} bei sehr dünnen Schichten, vgl. [4.51], [4.53]). Bei Erreichen des theoretischen Wertes würden 1,5µm² Kondensatorfläche und ca. 2,5µm² Zellfläche realistisch sein, d.h. man könnte 16Mbit-DRAMs mit nur 80mm² Chipfläche realisieren, vorausgesetzt der Auswahltransistor paßt unter den Kondensator, was nach Untersuchungen in [4.54] möglich ist.

Verstärkungszellen

Diese Zellen, auch *Schwellspannungs-* oder *Ladungsschichtzellen* genannt, verwenden ein anderes Wirkprinzip [4.55]: Sie stellen einen N-Kanal-Transistor dar, der aus der seriellen Anordnung eines Speichergates und eines Steuergates besteht

(Abb. 4.34). In dem Speichertransistor ist der N-Kanal unter einer P-Schicht vergraben. Durch Einbringen einer positiven Signalladung in die oberflächennahme P-Schicht (Majoritätsträger) des Speicherkondensators wird dessen Schwellspannung herabgesetzt.

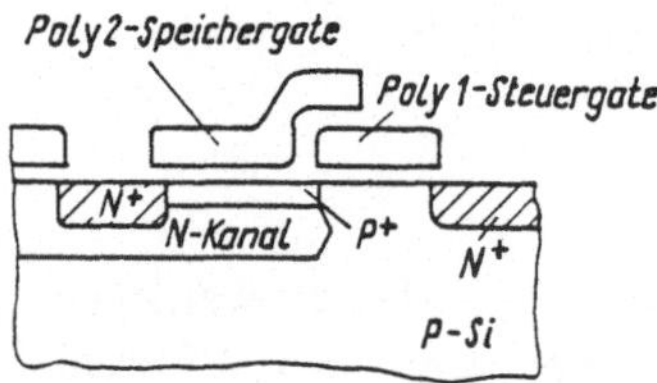

Abb. 4.34. Prinzip der Verstärkungszelle nach dem Ladungsschichtungsprinzip

Bei Ansteuerung am Speichergate mit einer geeigneten Lesespannung ist der Transistor dann eingeschaltet, wenn Signalladung gespeichert ist, bzw. gesperrt, wenn keine Signalladung vorhanden ist. Ein Abfließen der Signalladung wird durch ein geeignetes Potential am Steuergate bzw. seitlich durch geeignete Implantationsprofile im Taperbereich (Übergang von Gateoxid zum Feldoxid) verhindert.

Vorteil dieser Zellen ist der Wegfall des kapazitiven Teilers mit der Bitleitung und damit ein höheres Lesesignal.

Allerdings muß die Bitleitungskapazität über den kleinen Transistor der Speicherzelle umgeladen werden, was die Geschwindigkeit begrenzt. Ein weiterer Nachteil sind zunehmende Probleme bei Kanallängen unter 1µm, die durch Feldverzerrungen verursacht werden und die Funktion stören (hohe Kanalwiderstände, Vorschwellspannungsströme, Lawinenvervielfachung u.a.). Unter Umständen können diese Probleme durch Anwendung der SOI-Technik mit dielektrischer Isolation der Speicherladung vom Substrat gelöst werden. Bisher sind diese Zellen, die auch eine etwas aufwendigere Ansteuerung erfordern [4.56], nicht in Produkten angewendet.

4.5.3 Schaltungstechnische Besonderheiten

4.5.3.1 Blockstruktur

Mit dem Ziel der Reduzierung der Länge der Wort- und Bitleitungen sowie der Verlustleistung werden Speicher mit großer Kapazität in verschiedenartiger Weise in Blöcke unterteilt. Die Auswahl eines Blockes erfolgt durch einen Vordekoder, und nur der ausgewählte Block wird aktiviert. Als Beispiel ist auf Abb. 4.35 die Blockstruktur eines 16Mbit-Speichers dargestellt, der aus 8 Blöcken zu je 2Mbit besteht. Die Zeilendekoder sind auf beide Seiten der Matrix aufgeteilt (split block row decoder, [4.57]), um sie in das 2,9µm-Raster der Zellen einzupassen.

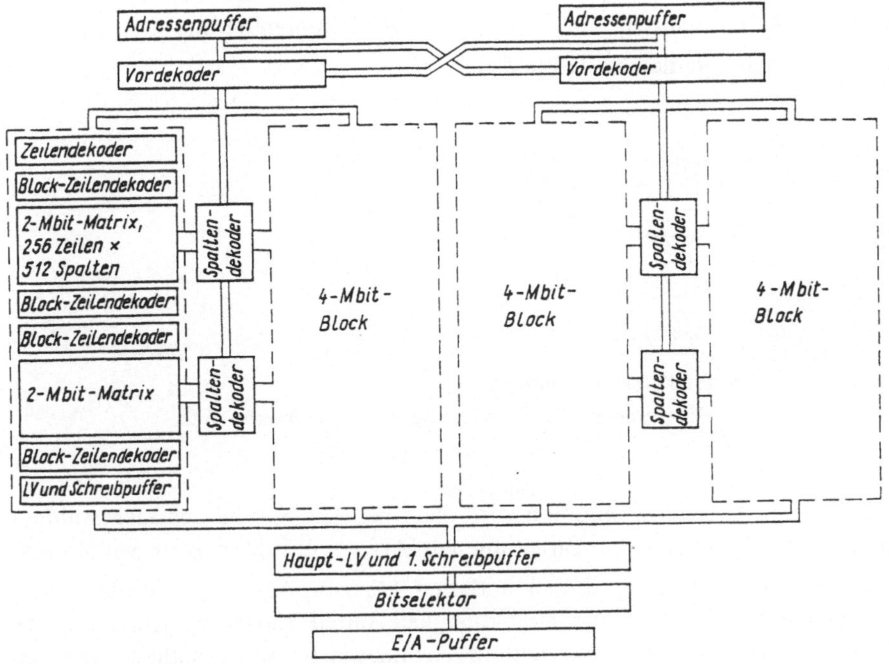

Abb. 4.35. Blockstruktur eines 16Mbit-DRAM (nach [4.57])
LV Leseverstärker

4.5.3.2 Bitleitungsschaltung

Die Schaltung des Bitleitungstraktes einschließlich der Vorladeschaltungen und des
Leseverstärkers wird wegen des kleiner werdenden Rasters und der zunehmenden
Störbeeinflussung benachbarter Bitleitungen durch kapazitive Kopplung zu einem
entscheidenden Problem bei höchstintegrierten dynamischen RAMs. Im folgenden
werden einige dieser Fragen und mögliche Lösungen diskutiert.

Die Anordnung des Leseverstärkers in dem kleiner werdenden Bitleitungsraster
wurde durch die Einführung der sogenannten *gefalteten Bitleitungen* ermöglicht
(Abb. 4.36). Dabei werden die zwei Bitleitungshälften, die an einen Leseverstärker
angeschlossen werden, nicht zu beiden Seiten des Leseverstärkers angeordnet,
sondern sie laufen parallel zueinander und das Sensorflipflop ist an einem Ende
angeordnet, sodaß für ihn das doppelte Raster der Bitleitungen als Platz zur
Verfügung steht. Um die gegenseitige Störbeeinflussung der parallel verlaufenden
Bitleitungshälften zu reduzieren, werden diese zusätzlich verdrillt, d.h. in
bestimmten Abständen gekreuzt (twisted bit lines) [4.58].

Um die Verlustleistung zu reduzieren und die Geschwindigkeit der Einstellung
der Bitleitungen zu erhöhen, wird die Vorladespannung der Bitleitungen auf die
halbe Betriebsspannung herabgesetzt (wobei eine erhöhte Bitleitungskapazität in

Kauf genommen werden muß). Dabei vereinfacht sich auch die Vorladeschaltung: Die beiden Bitleitungshälften, von denen eine auf Nullpotential und eine auf U_{DD} ist, werden einfach miteinander verbunden.

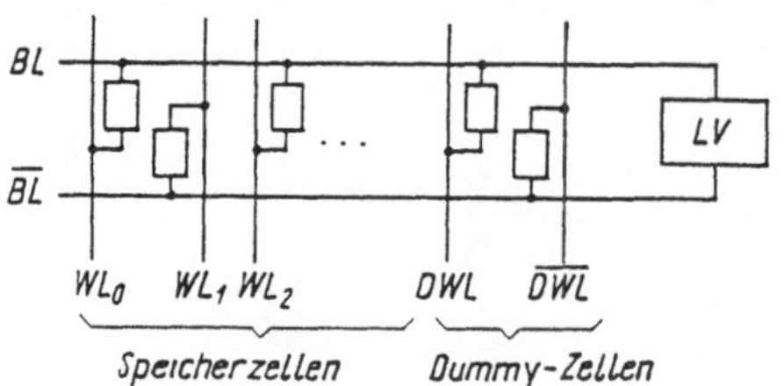

Abb. 4.36. Prinzip der gefalteten Bitleitungen
LV Leseverstärker, BL Bitleitungen, WL Wortleitungen, DWL Dummy-WL

Je nach gespeicherter Information wird dann bei Aktivierung der ausgewählten Wortleitung die Spannung der Bitleitung um ΔU_{BL} vergrößert oder verkleinert, sodaß außerdem die Dummy-Zellen entfallen können. Allerdings werden diese vielfach dennoch verwendet, um die Störsignale durch kapazitive Kopplung der Bitleitungshälften mit der Wortleitung symmetrisch zu gestalten und zu kompensieren. Da diese Aufgabe auch durch vereinfachte Dummy-Zellen (einfache Kapazität zwischen Dummy-WL und Bitleitung) realisiert werden kann, wird diese Variante häufig in neueren Entwürfen angewendet [4.59].

Als Leseverstärker wird meist ein *CMOS-Sensorflipflop* angewendet, das aus einem NMOS-Latch und einem PMOS-Latch besteht. Zunächst sind deren Fußpunkte floatend. Zur Voreinstellung werden zuerst die NMOS-Latchs aktiviert, indem ihre Fußpunkte mit Masse verbunden werden, während anschließend die endgültige Pegeleinstellung der Bitleitungen durch Zuschalten der Betriebsspannung an die PMOS-Latchs realisiert wird (an Stelle der aktiven Last im Vergleich zum Lesseverstärker von Abb. 4.29).

Die komplette Bitleitungsschaltung für einen 16Mbit-DRAM ist als Beispiel für die Realisierung der zuvor beschriebenen Maßnahmen auf Abb. 4.37 dargestellt [4.57]. Dabei wird der Leseverstärker multiplex für ein linkes und ein rechtes gefaltetes Bitleitungspaar (BL_L und BL_R) verwendet, die wahlweise (je nach aktueller Adresse) durch die Steuersignale Φ_L bzw. Φ_R zugeschaltet werden.

Während der Vorladung mit dem Takt Φ_P sind Φ_L und Φ_R High, damit alle angeschlossenen Bitleitungshälften auf halbe Betriebsspannung vorgeladen werden. Dann wird die nicht ausgewählte Seite (Φ_L oder Φ_R) abgeschaltet. Die ausgewählte Seite bleibt eingeschaltet und wird nur während der Einstellphase des Sensorflipflops, d.h. während der Absenkung des Fußpunktpotentials des NMOS-Latchs mit dem Takt SL, kurzzeitig abgeschaltet, um dann wieder zum Rückschreiben der Information nach Einschalten der PMOS-Latchs mit ASL eingeschaltet zu werden.

Über zwei Transfergates, die vom Ausgangssignal CD des Spaltendekoders gesteuert werden, werden die Ausgänge des Sensorflipflops der ausgewählten Spalte mit dem Vorverstärker (des Blockes) bzw. dem Schreibpuffer verbunden. Die Verdrillung der Bitleitungen, die für benachbarte BL-Paare versetzt erfolgt, und die Anordnung der Dummy-Zellen an den freien Plätzen, wo benachbarte BL-Paare kreuzen, ist in Abb. 4.37 nicht dargestellt.

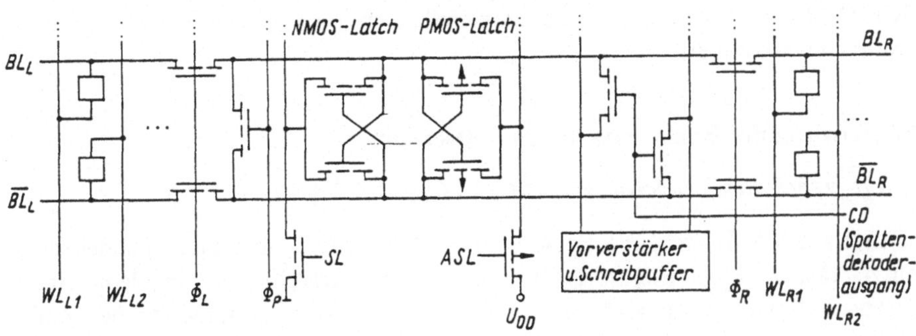

Abb. 4.37. Bitleitungsschaltung für 16Mbit-DRAM (nach [4.57]) Erläuterungen im Text

4.5.3.3 Reduzierte Betriebsspannung

Da die Skalierung eigentlich auch die proportionale Verkleinerung der Betriebsspannung erfordert und da mit verringerten vertikalen und lateralen Abmessungen bei Beibehaltung der Versorgungsspannung von 5V die Feldstärken in den Oxidschichten von Gates und Speicherkondensatoren unzulässig hoch würden sowie verstärkt Heißelektroneneffekte auftreten, verwenden viele der entwickelten 4MbitSchaltkreise und alle 16Mbit-Speicher eine reduzierte Betriebsspannung für die Speichermatrix im Bereich von 3...4V. Solange internationale Standards für eine reduzierte externe Betriebsspannung nicht bestehen bzw. aus Gründen der Kompatibilität die 5V beibehalten werden müssen, wird eine verringerte Betriebsspannung intern erzeugt.

Dazu werden geregelte Ladeschaltungen verwendet, die durch StromspiegelKomparatoren, die die erzeugte Betriebsspannung ständig mit einer ebenfalls intern erzeugten Referenzspannung vergleichen, gesteuert werden. Die Schaltungen müssen vor allem in der Lage sein, Spannungseinbrüche bei Belastungsspitzen (während der Bitleitungsaufladung) schnell auszuregeln. Schaltungsbeispiele hierfür siehe in [4.60]...[4.62].

4.5.3.4 Verwendung von BICMOS-Schaltungen

Die Anwendung der BICMOS-Technik für Halbleiterspeicher bleibt nicht auf statische RAMs beschränkt (vgl. Abschnitt 4.3.2). Auch für DRAM werden in zunehmendem Maße in den peripheren Schaltungen, insbesondere für Wortleitungstreiber, Treiber für Adressen und Taktsignale, Ausgangsstufen usw. Bipolar-CMOS-Mischtechniken untersucht und eingesetzt [4.63]...[4.65]. Dadurch werden die Eingangskapazitäten und die Anzahl der notwendigen Stufen der Treiberschaltungen reduziert, was sich günstig auf Verlustleistung und Geschwindigkeit auswirkt. Die experimentellen Vergleiche zwischen einem CMOS- und einem BICMOS-1Mbit-DRAM mit vergleichbarem technologischen Niveau ergaben für letzteren eine um 36% kürzere Zugriffszeit und 24% weniger Verluste [4.65]. Außerdem erweisen sich BICMOS-Schaltungen als weniger empfindlich gegen Prozeßabweichungen und Temperaturschwankungen.

4.5.4 Begrenzung der Fehlerrate durch Soft-errors

4.5.4.1 Soft-errors durch α-Strahlen [4.66], [4.67]

In dynamischen RAMs wird die Speicherung einer Ladung in einem Kondensator ausgenutzt, dessen eine Elektrode die Halbleiteroberfläche ist. In dem einen Speicherzustand ($U_{BL}=0V$) wird bei eingeschaltetem Auswahltransistor der Zelle eine Elektronenladung an die als Kondensatorplatte dienende Halbleiteroberfläche transportiert und durch die positive Spannung an der Polysilicium-Gegenelektrode dort als Inversionsschicht gebunden.

Bei dem anderen Speicherzustand wird durch den Auswahltransistor an der Halbleiteroberfläche die positive Spannung U_{DD} eingestellt. Das bedeutet das Vorhandensein einer Feldstärke von der Halbleiteroberfläche in dessen Inneres, die zur Ausbildung einer Verarmungszone führt (negative Raumladung durch Entblößung von Majoritätsträgern im P-Silicium). Dieser Zustand ist ein *Nichtgleichgewichtszustand* und strebt dem Gleichgewichtszustand (das ist der andere Informationszustand) zu.

Bei thermischer Generation von Elektron-Loch-Paaren werden durch das Feld Elektronen zur Oberfläche gezogen und Löcher zum Substrat und über den äußeren Stromkreis zur Gegenelektrode transportiert. Die thermische Generationsrate in Si ist jedoch genügend klein, so daß der Nichtgleichgewichtszustand auch bei 80°C mindestens 10ms gut erkennbar ist.

Die Erzeugung von Elektron-Loch-Paaren kann aber auch durch α-Teilchen (Heliumkerne, die bei radioaktiven Zerfallsprozessen gebildet werden) erfolgen, wobei die Generationsrate sehr viel höher ist: Ein α-Teilchen erzeugt auf 1μm Weglänge etwa 10^5 Elektronen. Bei schrägem Einfall nur eines α-Teilchens in eine ca. 1μm tiefe Verarmungsschicht, können also etwa 10^6 Elektronen und Löcher gebildet werden. Das sind fast so viele, wie zur Herstellung des Gleichgewichts nötig sind (etwa $1{,}5 \cdot 10^6$), und zur Fälschung des Informationszustandes und damit zu einem Fehler führen können.

Da nicht die Speicherzelle sondern nur die Informationsladung zerstört wird, spricht man von sogenannten weichen Fehlern (Soft-errors), die zufällig auftreten und deren Enstehungsrate nicht vorhersagbar ist. Das Auftreten von α-Teilchen ist jedoch auch nicht vermeidbar, da Spuren radioaktiver Elemente in allen Schaltkreisteilen enthalten sind (Gehäuse, Trägerstreifen sowie im Silicium-Chip selbst). Damit nicht jedes einfallende α-Teilchen zum Fehler führt, muß die Speicherladung (und damit die Speicherkapazität) genügend groß sein (mindestens 40fF, vgl. Abschnitt 4.5.2).

Die Fehlerrate durch Soft-errors aus α-Teilchen kann durch technologische Maßnahmen wie Schutzfilm auf der Chipoberfläche zur Absorption der Gehäusestrahlung, durch hohen Reinheitsgrad der Aluminium-Metallisierung sowie durch Gestaltung der Zelle zwar reduziert, aber nicht zu Null gemacht werden. Bei der Gestaltung der Zelle können vor allem die Reduzierung der Dicke der Verarmungszone durch höhere Substratdotierung oder durch Verwendung von P^+-Wannen und/oder die Schaffung von Diffusionsbarrieren für generierte Ladungsträger (z.B. P^+-P-Übergang zum Substrat) Abhilfe bringen [4.67].

Maßnahmen zur Fehlererkennung und -korrektur

Da Soft-errors aus α-Teilchen nicht vollständig vermeidbar sind und Soft-errors auch durch andere Ursachen entstehen können (insbesondere durch Störbeeinflussung benachbarter Bitleitungen bei höchsten Integrationsgraden), ist in vielen Anwendungsfällen die Verwendung von Fehlererkennungs- und Fehlerkorrekturverfahren auf der Basis einer geeigneten Kodierung und Abspeicherung zusätzlicher, redundanter Informationen erforderlich. Das kann einerseits im Speichersystem, also außerhalb des Speicherschaltkreises realisiert werden (vgl. Abschnitt 7.4.2), wofür inzwischen spezielle Schaltkreise zur Verfügung stehen (z.B. [4.68]).

Andererseits werden seit einiger Zeit auch Speicherschaltkreise mit integrierten ECC-Schaltungen (error checking and correction) entwickelt. Dies hat den Vorteil, daß eine Fehlerkorrektur nicht nur bei jedem Lesevorgang, sondern auch in jedem Refreshzyklus möglich ist und dadurch eine Fehlerakkumulation vermieden werden kann. Das Grundprinzip dieser Schaltungen wird im folgenden beschrieben.

4.5.4.2 Mitintegrierte Fehlererkennungs- und -korrekturschaltungen

Die Realisierung einer chipinternen Fehlererkennung und -korrektur erfordert die Generierung und Abspeicherung einer redundanten Information nach einem geeigneten Kodierungsverfahren [4.69]. Um den Aufwand an Speicherzellen für die Redundanzinformation, den zusätzlichen Flächenbedarf für die ECC-Schaltung und die zusätzliche Verzögerung in dieser Schaltung beim Lesen einer Information minimal zu halten, ist ein möglichst einfacher Fehlerkorrektur-Code für Ein-Bit-Fehler auszuwählen. Ein solches Verfahren stellt die von J. YAMADA u.a. entwickelte zweidimensionale Paritätstechnik dar [4.70], [4.71].

Bei diesem als *HV-Paritätstechnik* (Horizontal-Vertikal-Parität) bezeichneten Verfahren werden die zugehörigen Speicherzellen und Paritätszellen (Redundanzinformation) einer Wortleitung in einen zweidimensionalen logischen Raum abgebildet (Abb. 4.38) und in horizontale H- und vertikale V-Gruppen unterteilt. Für jede dieser Gruppen wird bei Abspeicherung einer Information eine Paritätsinformation gebildet und in die zugehörige Paritätszelle (H_i, V_j) abgespeichert.

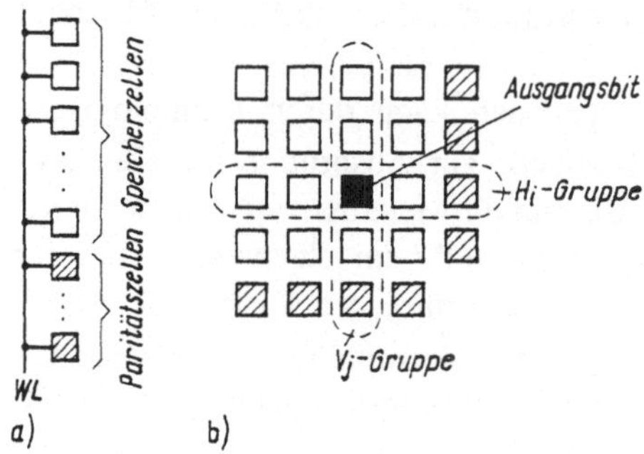

Abb. 4.38. Prinzip der HV-Paritätstechnik
a Physikalischer Raum: Speicher- und Paritätszellen einer Wortleitung
b Logischer Raum

Beim Lesen einer Zelle werden alle Informationsbits und das Paritätsbit der zur aktuellen Adresse gehörenden H- und V-Gruppe ausselektiert, die Paritätsinformation aus den gelesenen Informationsbits berechnet und mit den gelesenen Partätsbits verglichen. Bei Nichtübereinstimmung liegt ein Fehler vor. Tritt der Fehler sowohl in der zugehörigen H- als auch der V-Gruppe auf, ist mit großer Wahrscheinlichkeit das zu lesende Bit (Abb. 4.38, rechts) fehlerbehaftet und wird korrigiert, da Zweifachfehler gleichzeitig in beiden Gruppen wenig wahrscheinlich sind.

Das Blockschaltbild der entsprechenden ECC-Schaltung zeigt Abb. 4.39. Unmittelbar neben der Matrix wird ein Paar von Datenselektoren angeordnet (H- und V-Selektor), die an Hand der aktuellen Spaltenadresse der zu lesenden Information die Informations- und Paritätsbits der zugehörigen horizontalen und vertikalen Gruppen auswählen und den entsprechenden Paritätsprüfschaltungen zuführen. Dort wird die Paritätsinformation berechnet und mit der gelesenen verglichen. Diese Operation erfolgt in den beiden Schaltungen parallel. Erkennen beide Prüfschaltungen einen Fehler, so ist die UND-Verknüpfung beider Ausgangssignale als Korrektursignal aktiv und führt zur Korrektur des durch den Multiplexer ausgewählten Informationsbits in einem XOR-Gatter (Exklusiv-ODER). In der Abbildung bestehen die horizontalen Gruppen aus k und die vertikalen Gruppen aus m Speicherbits.

Die Fehlererkennung und -korrektur wird während Lese-, Schreib- und Refresh-zyklen ausgeführt.

Die Anwendung einer ECC-Schaltung mit H- und V-Paritätsprüfung in einem 4Mbit-Speicher mit 16bit-Ausgang erfordert beispielsweise 7,5% zusätzliche Chipfläche und 20ns zusätzlichen Zeitaufwand für die Fehlerkorrektur. Sie verbessert aber die Fehlerrate um einen Faktor $10^9...10^{10}$, d.h. beispielsweise von

$10^9...10^{12}$FIT[1] ohne ECC auf $10^{-1}...10^4$FIT mit ECC (nach Simulationsergebnissen in [4.72]).

Die Anwendung anderer fehlerkorrigierender Codes, wie z.B. des *Hamming-Codes*, ergibt zwar noch kleinere Fehlerraten (2 Größenordnungen), erfordert aber eine größere zusätzliche Chipfläche (ca. 20% bei einem 16Mbit-DRAM) und ist mit einer höheren Zeitverzögerung für die Fehlerkorrektur verbunden [4.73].

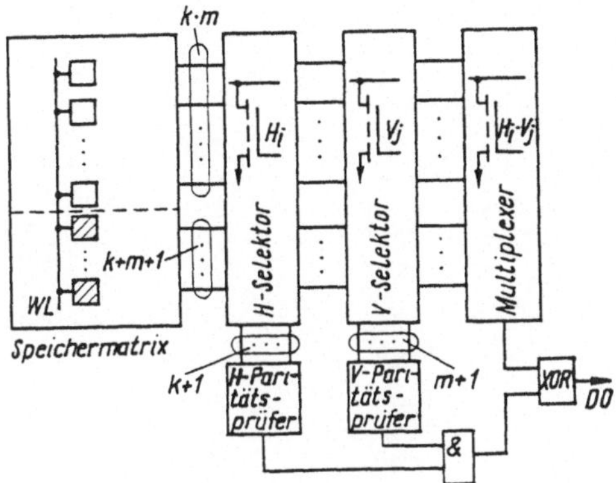

Abb. 4.39. Aufbau einer Fehlerkorrekturschaltung in HV-Paritätstechnik (nach [4.71])

Soft-errors durch α-Partikel spielen mit wachsendem Integrationsgrad in zunehmenden Maße auch bei SRAMs eine Rolle, insbesondere durch fehlerhafte Aufladung von Bitleitungen durch die generierten Ladungsträger, und erfordern auch hier besondere Maßnahmen [4.74], [4.75].

4.5.5 Integrierte Testschaltungen

Bei hochintegrierten Speicherschaltkreisen nimmt der Zeitaufwand für die Funktionsprüfung der Chips auf der Scheibe (einschließlich der Reparatur, falls Redundanz vorhanden ist) bzw. der verkappten Bauelemente einen immer größeren Anteil an der Herstellungszeit und damit auch an den Herstellungskosten ein. Die Fragen der Testalgorithmen für den Funktionaltest von Speichern werden im Abschnitt 7.4.1 eingehend behandelt.

An dieser Stelle soll lediglich darauf hingewiesen werden, daß durch zusätzliche schaltungstechnische Maßnahmen im Chip die Funktionsprüfung erleichtert werden kann. Beim sogenannten *Multibit-Test* (MBT) wird ein Bit des Dateneingangs beispielsweise gleichzeitig in 4 oder mehr Blöcke eingeschrieben bzw. gelesen. In einem speziellen Testmodus (gesteuert durch ein zusätzliches externes Signal) werden die 4 gelesenen Bits verglichen und bei Nichtübereinstimmung ein Fehler

---

[1] 1FIT = 1 "failure in time" = 1 Fehler in 10^9 Betriebsstunden.

angezeigt, z.B. dadurch, daß der Datenausgang in diesem Falle weder Low- noch High-Pegel hat, sondern hochohmig ist [4.76]. In einer anderen Variante wird an einem gesonderten Pin, das mit einem error-flag verbunden ist, ein Fehler angezeigt [4.77].

Durch Anwendung dieser Technik kann die notwendige Zeit für die Funktionsprüfung beispielsweise auf ein Viertel reduziert werden. Auch der Aufwand für die Reparatur von Chips mit Redundanz kann damit gesenkt werden.

5 Festwertspeicher-Schaltkreise (ROM)

In diesem Kapitel werden die ROM-Typen vorgestellt und behandelt. Nach einem einleitenden Abschnitt zu den allgemeinen Eigenschaften und zur Klassifizierung werden in den folgenden Abschnitten die verschiedenen Typen in der (auch historisch so gewachsenen) Reihenfolge zunehmender Flexibilität der Anwendung, d.h. von den maskenprogrammierten echten Festwertspeichern (ROM) über die programmierbaren Typen (PROM, EPROM) und die Halbfestwertspeicher (EEPROM) bis zu den nichtflüchtigen RAM behandelt.

5.1 Allgemeines und Übersicht

Die im vorangehenden Kapitel behandelten mikroelektronischen Speicher mit wahlfreiem Zugriff (RAM-Typen) haben trotz mannigfaltiger Vorteile wie hoher Integrationsgrad, hohe Geschwindigkeit und hohe Zuverlässigkeit einen wichtigen Nachteil aus der Sicht des Anwenders: Sie sind von einer ständigen Energiezufuhr bzw. einer ständigen Regeneration des Speicherinhaltes (DRAM) abhängig. Sie verlieren die Information bei Abschalten oder bei Ausfall der Betriebsspannung, ihre Information ist flüchtig (flüchtige Speicher oder volatile memories).

Die magnetischen Speicher, die das Prinzip der magnetischen Hysterese für die Speicherung ausnutzen, haben diesen Nachteil nicht. Nun gestatten Ferritkernspeicher [5.1] zwar die Realisierung von Arbeitsspeichern mit direktem Zugriff (RAM), sie sind aber nicht integrationsfähig, zu langsam und unökonomisch. Magnetische Band- und Plattenspeicher hingegen sind wegen ihrer langen Zugriffszeiten nicht als Operativspeicher sondern nur als externe Massenspeicher geeignet [1.2], [1.3].

Für schnelle, nichtflüchtige Speicher mit direktem Zugriff, die für viele Anwendungen benötigt werden (vgl. Abschnitt 2.4), bieten sich nur diejenigen Halbleiterspeicher an, die auf anderen Speicherprinzipien als die RAM beruhen und die ihre Information bei Ausfall der Betriebsspannung nicht verlieren. Dies sind die Festwertspeicher, die ein schnelles Lesen erlauben, aber eine Änderung der gespeicherten Information nicht (oder nur begrenzt und mit größerem Zeit- oder Energieaufwand) ermöglichen.

Diese *Nur-Lese-Speicher* (ROM = read-only memories) nehmen eine Zwischenstellung zwischen den elektronischen Schreib-Lese-Speichern (RAM) und den durch logische Schaltungen realisierten Verknüpfungsnetzwerken der Digitaltechnik ein. Mit den Speichern haben sie die Organisationsformen und den schaltungstechnischen Aufbau (Speichermatrix, feste Speicherwortlänge, Adressensteuerung usw.) gemeinsam, während sie den Verknüpfungsnetzwerken durch einen festen logischen Zusammenhang zwischen den Eingangsvariablen (Adressen) und Ausgangsgrößen (gespeicherte Information) entsprechen. Sie wurden deshalb anfangs auch als elektronische Zuordner bezeichnet.

Vorteile der Festwertspeicher gegenüber Operativspeichern gleichen technologischen Niveaus sind die Nichtflüchtigkeit der Information und gleicher bzw. höherer Integrationsgrad bei vergleichbarer Arbeitsgeschwindigkeit. Gegenüber den Gatternetzwerken haben sie eine größere Funktionsdichte und eine höhere Variabilität der Verknüpfungen (durch die Programmiermöglichkeit).

Festwertspeicher werden als Codeumsetzer, Mikroprogrammspeicher für Standardprozeduren, Initialisierungsprogramme, Interpreter usw. sowie für feste Dateien wie Wörterbücher für Spachübersetzung, Zeichengeneratoren u.a. eingesetzt, also zur Speicherung unveränderlicher, aber häufig benötigter Informationen. Ihre Geschwindigkeit muß dabei meist hoch sein, ähnlich derjenigen schneller Operativspeicher.

Auch an ihre Speicherkapazität werden mit der zunehmenden Leistungsfähigkeit der Prozessoren immer höhere Forderungen gestellt. Hinsichtlich der Flexibilität der Anwendung werden solche Typen bevorzugt, bei denen die gespeicherte Information nicht beim Hersteller fest eingegeben werden muß, sondern die eine Informationseingabe ("Programmierung") beim Anwender mit elektrischen Signalen in speziellen Programmiergeräten ermöglichen, ggf. sogar ein Löschen der Information und eine (mehrfache) Neuprogrammierung.

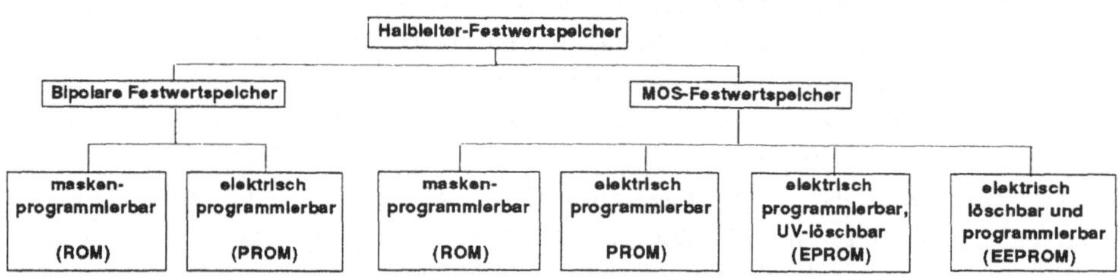

Abb. 5.1. Einteilung der Halbleiterfestwertspeicher

Eine Einteilung der Festwertspeicher gibt Abb. 5.1 an. Danach unterscheidet man folgende Typen (vgl. Abschnitt 2.2.3):

ROM (read-only memory, maskenprogrammiert). Die Information wird beim Hersteller mit Hilfe einer speziellen informationsabhängigen Schablone fest eingegeben; rentabel bei großen Stückzahlen mit gleichem Informationsmuster.

PROM (programmable ROM). Die Information kann beim Anwender einmalig durch elektrische Signale eingegeben werden (spezielle Programmiergeräte).

EPROM (erasable PROM, löschbare PROM). Die Information kann insgesamt gelöscht werden, in der Regel durch UV-Bestrahlung; der Schaltkreis kann danach beim Anwender neu programmiert werden.

EEPROM (electrically erasable PROM, elektrisch löschbare PROM). Einzelne oder alle Informationen können durch Anlegen geeigneter elektrischer Signale gelöscht und innerhalb des Systems neu programmiert werden. Die Lösch- und Programmierzeit ist jedoch deutlich größer als die Lesezugriffszeit. Solche Speicher können als "Halbfestwertspeicher" eingeordnet werden.

Eine Sonderstellung unter den nichtflüchtigen Speichern nehmen die *nichtlüchtigen RAM* (*NVRAM* = non-volatile RAM) ein, die durch eine Kombination aus RAM und EEPROM realisiert werden.

Allen vorgenannten Speichertypen gemeinsam ist die matrizenförmige Anordnung der Speicherelemente (Koppelelemente) und die meist byteweise Organisation. Der grundlegende Aufbau eines Festwertspeicherschaltkreises entspricht daher für das Beispiel eines 1Mbit-Schaltkreises Abb. 5.2. Dabei sind hier nur die Schaltungen für den Lesezugriff dargestellt, der durch Anlegen der Adressensignale vorbereitet und durch den High-Low-Übergang des Chip-enable Signals $\overline{CE}$ eingeleitet wird. Nach der Zugriffszeit steht die Information an den Ausgängen bereit.

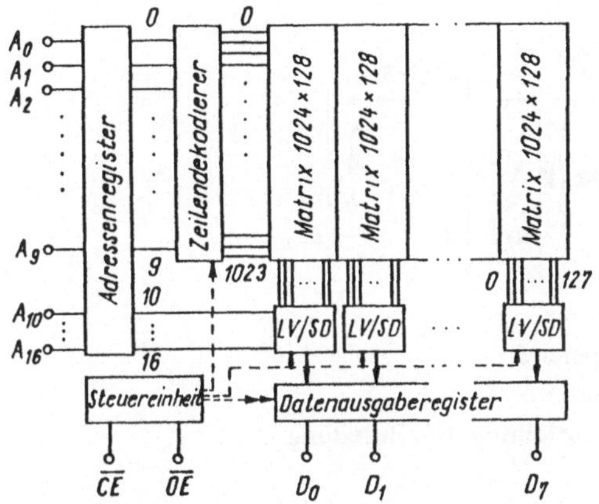

Abb. 5.2. Schematischer Aufbau eines Festwertspeicher-Schaltkreises für 1Mbit (128K x 8) A_i Adresseneingänge, LV/SD Leseverstärker und Spaltendekodierer, D_i Datenausgänge, $\overline{CE}$ Chip-enable, $\overline{OE}$ Output-enable

5.2 Maskenprogrammierte ROM

Bei diesen Festwertspeichern wird bei der Herstellung festgelegt, welche Koppelelemente zwischen Wort- und Bitleitung eingeschaltet und welche ausgeschaltet sind. Dazu wird eine Schablone verwendet, die kundenspezifisch in

Abhängigkeit von dem zu speichernden Informationsmuster die entsprechenden Koppelelemente "programmiert". Eine Änderung der Information ist anschließend nicht mehr möglich. Die Realisierung ist sowohl in bipolarer als auch in MOS-Technik möglich, wobei in der jüngeren Zeit die MOS-Varianten wegen des höheren Integrationsgrades (geringere Verlustleistung) größere Bedeutung erlangt haben. Bipolare ROM werden bei höheren Geschindigkeitsforderungen angewendet.

5.2.1 Bipolare ROM

Geeignete Koppelelmente von bipolaren ROM sind auf Abb. 5.3 dargestellt [5.2]. Im einfachsten Fall wird je Bit eine *Diode* verwendet (Abb. 5.3a). Wird die an Hand der Adresse ausgewählte Wortleitung mit einem positiven Impuls angesteuert, kann bei vorhandener Verbindung ein Strom über die Diode zur betrachteten Bitleitung (BL) fließen und an deren Abschlußwiderstand einen Spannungsabfall hervorrufen, der vom Lesevestärker verstärkt wird ("1"). Ist die Verbindung der Diode mit der BL durch die Programmierung nicht realisiert, fließt kein Strom durch die BL, und es wird die Information "0" erkannt. Die Ventilwirkung der Dioden verhindert, daß von der BL Ströme in nicht ausgewählte Wortleitungen fließen können.

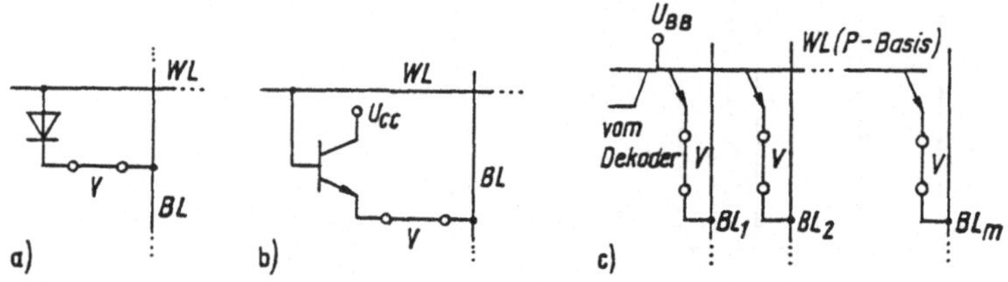

Abb. 5.3. Koppelelemente bipolarer Festwertspeicher
a Diode, b NPN-Transistor, c Multiemittertransistor
V (maskenprogrammierte) Verbindung, WL Wortleitung, BL Bitleitung

Anstelle der Diode kann auch ein *Bipolartransistor* verwendet werden (Abb. 5.3b). Die Funktionsweise ist analog: ein Strom fließt nur in die durch die Programmierung mit dem Emitter verbundenen Bitleitungen. Der Vorteil ist hierbei, daß die an der Wortleitung benötigte Impulsleistung durch den Verstärkungseffekt geringer ist. Bei der Realisierungsvariante von Abb. 5.3c wird ein *Multiemitter-transistor* verwendet, dessen P-Basis als Wortleitung dient und dessen Emitter je nach Programmierung mit den zugehörigen Bitleitungen verbunden sind.

Bei allen dargestellten Schaltungen wird mit einer gesonderten informationstragenden Schablone die Realisierung oder Unterbindung der in der Abbildung gekennzeichneten Verbindungsstellen während des Herstellungsprozesses gesteuert (z.B. Al-Verdrahtungsebene oder Öffnung von Kontaktfenstern). Die Schaltkreisstruktur entspricht der von Abb. 5.2. Realisierte Integrationsgrade liegen im Bereich bis 64 kbit.

5.2.2 Maskenprogrammierte MOS-ROM

Trotz des Vormarsches von MOS-EPROM und EEPROM bleiben ROM interessant, wenn es auf hohe Kapazität, hohe Dichte, hohe Zuverlässigkeit und geringe Kosten (bei großer Stückzahl) ankommt. Der Entwicklungsstand 1990 kann durch 4Mbit-ROM-Schaltkreise charakterisiert werden.

5.2.2.1 MOS-ROM mit Parallelstruktur

Die Koppelelemente bestehen jeweils aus einem MOS-Transistor (Abb. 5.4). Von der Bitleitung aus gesehen (Ausgang der Schaltungen) sind alle Transistoren parallelgeschaltet (NOR- oder Parallelstruktur). Die Programmierung erfolgt durch eine Schablone, die die Schwellspannung der Transistoren festlegt: Die Schwellspannung ist entweder normal (0,5...0,8V) oder größer als 5V. Letzteres wird durch Realisierung dieser Transistoren auf dem dicken Feldoxid (Schwellspannung größer 15V) oder durch eine Implantation zur Schwellspannungsverschiebung realisiert. Eine andere Programmiermöglichkeit besteht darin, Kontaktfenster zwischen Drain und Bitleitung zu öffnen oder nicht zu realisieren.

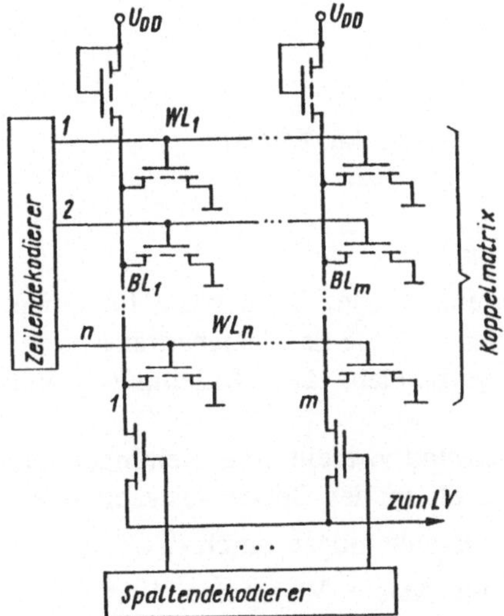

Abb. 5.4. Festwertspeicher mit MOS-Transistoren
WL Wortleitung, BL Bitleitung

Ein Nachteil der Parallelstruktur oder NOR-Form besteht darin, daß je Speicherzelle zwei Kontaktflächen von den Drain- bzw. Sourcegebieten zur Al-Bitleitung bzw. zur Masseleitung notwendig sind. Zur Überwindung dieses Nachteils und damit zur Realisierung höherer Speicherdichten wurden folgende Lösungswege beschritten:

- Verbesserung des Layouts durch Mehrfachausnutzung von Kontaktflächen (X-Zelle),

- Verwendung der Serien- oder Serien-Parallel-Struktur sowie
- Entwicklung von Multilevel-Speicherzellen.

5.2.2.2 Verwendung der X-Zelle

Durch Zusammenfassung der Drain- und Sourceanschlüsse von jeweils vier
Transistoren in einer Kontaktfläche läßt sich die Zellenfläche wirksam reduzieren.
Sie besteht dann nur noch aus einem Transistor und einer halben Kontaktfläche pro
Bit. Abbildung 5.5 zeigt das Layout und die Schaltung der Transistoren [5.3], [5.4],
[5.5].

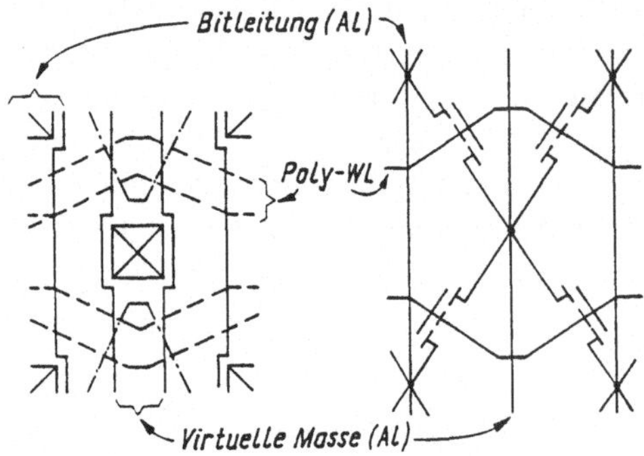

Abb. 5.5. Layout (links) und Schaltbild (rechts) der X-Zelle für MOS-ROM
——————— Al,   · · · · ·   Poly,   — · — aktives Gebiet

Um eine verlustarme Vorladung der Bitleitungen ohne Taktsignale für einen
asynchronen Betrieb zu realisieren, sind die Source-Gebiete der Speichertransistoren
mit einer sogenannten "virtuellen Masse" verbunden. Die Bitleitungs- und
Leseschaltung für diese Variante zeigt Abb. 5.6.

Im unausgewählten Zustand sind Bitleitungen und virtuelle Masseleitungen auf
U_{DD}-U_T vorgeladen (T_7, T_8, T_9). Ein Highpegel an der Spaltenauswahlleitung
schaltet zwei Bitleitungen zu den zugehörigen Datenleitungen durch (T_1, T_2) und
verbindet die virtuelle Massebitleitung über T_3 mit Masse. Wenn eine Wortleitung
auf High ist, leiten die angeschlossenen Transistoren (z.B. T_4, T_5), wenn sie für
niedrige Schwellspannung programmiert sind. Andernfalls bleiben sie gesperrt.
Wenn beispielsweise T_4 leitet, wird die über T_1 angeschlossene Datenleitung gegen
Masse entladen. Die Entladung erfolgt jedoch nicht bis auf Massepotential, sondern
sie wird durch T_6 (im Bild ganz oben links, mit Gate an der Clampspannung U_{CLP})
wird sie auf U_{CLP}-U_T festgehalten. Wenn die Zelle nicht leitet, bleibt die Spannung
auf U_{DD}-U_T.

Die Leseverstärker vergleichen die Spannung von der Speicherzelle mit einer
Referenzspannung. Um kleine Bitleitungshübe an den Bitleitungen verarbeiten zu

können (kleine Verlustleistung, schnelle Einstellung und schnelle Nachladung nach einem Lesevorgang) ist eine möglichst exakte, in ihrem Zeitverhalten angepaßte Referenzspannung erforderlich. Sie wird in der gezeigten Schaltung durch die mit den Wortleitungen verbundenen Referenzzellen erzeugt und mit einer Referenz-Clamp-Spannung an T_{10} eingestellt. Die Clampspannung und die Referenz-Clampspannung werden durch einen Spannungsteiler aus der Betriebsspannung abgeleitet. Der betrachtete 256K-ROM-Schaltkreis erreicht eine typische Zugriffszeit von ca. 100ns bei einer Betriebsverlustleistung von 375mW.

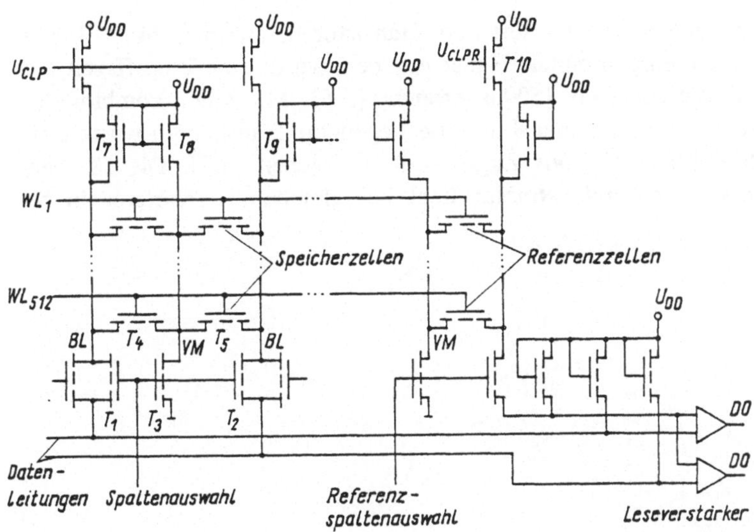

Abb. 5.6. Bitleitungsschaltung mit virtueller Masse (nach [5.3])
WL Wortleitung, BL Bitleitung, VM virtuelle Masse, DO Ausgänge,
U_{CLP} Clamp-Spannung, U_{CLPR} Clamp-Referenzspannung

5.2.2.3 MOS-ROM mit Serienstruktur

Werden die MOS-Transistoren, die zu einer BL gehören und von verschiedenen Wortleitungen angesteuert werden, nicht parallel sondern in Serie geschaltet (Abb. 5.7), ergibt sich aufgrund des Wegfalls von Kontakten und der Al-Leitbahn eine sehr hohe Flächenausnutzung (aufeinanderfolgende Gates über aktivem Gebiet). Aufgrund der NAND-Struktur ist jedoch durch die große Anzahl in Reihe geschalteter Transistoren die Einstellzeit sehr groß (µs-Bereich).

Die Funktion wird beispielsweise dadurch gewährleistet, daß die Speichertransistoren entweder als Enhancement- oder als Depletiontyp realisiert werden (Implantation mit informationsabhängiger Schablone). Die Schaltung wird vor dem Lesen mit allen Zeilensignalen R_i und dem Vorladesignal PC ($\overline{PC}$ Low) auf Highpegel vorgeladen.

Wird zum Lesen mit $\overline{\text{PC}}$ =High die ausgewählte Zeilenleitung auf Low gesteuert, wird der Ausgang entladen, falls an der ausgewählten Wortleitung ein Depletiontransistor liegt (alle anderen Transistoren leiten, da sie mit Highpegel am Gate angesteuert sind).

Ist der Transistor an der ausgewählten WL vom Enhancementtyp, so sperrt er und der Ausgang bleibt floatend auf Highpegel. Die dabei möglichen Störeffekte sind minimierbar durch eine große Lastkapazität C_L, durch geeignete Zeitfolge der Signale und/oder eine kleine zusätzliche statische Last (T_L) parallel zur dynamischen Last.

Bei NAND-Schaltungen mit 64 seriellen Transistoren, die für 16kbit-Blöcke einschließlich Dekodern eine minimale Fläche ergeben, wurde eine Zugriffszeit von 850ns bzw. eine Zykluszeit von 1500ns erreicht [5.6]. Mit einer kombinierten Serien-Parallel-Struktur und maximal 8 in Serie liegenden Transistoren wurden bei einem anderen 256kbit-ROM 370ns Zugriffszeit angegeben [5.7]. Die Flächeneinsparung gegenüber der Parallelstruktur liegt bei gleichen Entwurfsregeln bei 20...40%.

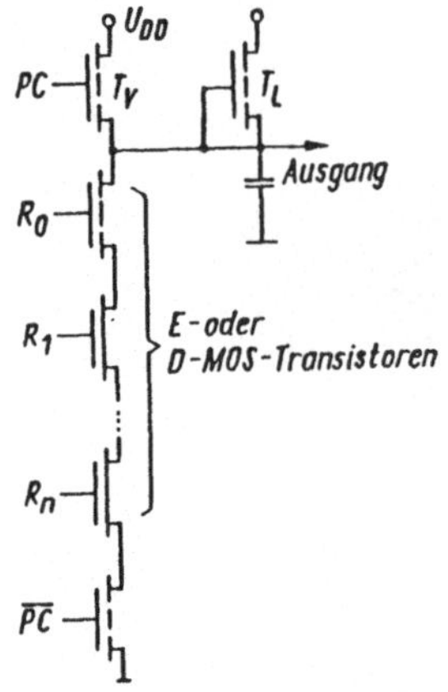

Abb. 5.7. Prinzip des seriellen ROM

PC, $\overline{\text{PC}}$ Vorladetakt, $R_0...R_n$ Zeilenansteuerung

5.2.2.4 Multilevel-ROM

Eine weitere Möglichkeit, die Speicherdichte bei festen Entwurfsregeln zu erhöhen, besteht darin, Zellen zu konstruieren, die mehr als ein Bit speichern können. Zwei Bit pro Zelle lassen sich erreichen, wenn durch die Programmierung in der Zelle vier verschiedene Zustände eingestellt werden können. Lösungsvorschläge, die bis zur praktischen Realisierung funktionsfähiger 128K- bzw. 256K-Testspeicher geführt wurden, verwenden Transistoren mit gestuften Schwellspannungen [5.8] bzw. mit gestuftem W/L-Verhältnis [5.9].

Im ersten Fall werden die Zellen in 3 Implantationsschritten programmiert und weisen vier unterschiedliche Schwellspannungen auf:

ohne Implantation	0...0,3V
Standard-Enhancement-Implantation	0,6...1V
hohe Enhancement-Implantation	1,5...2V
Feldoxidtransistor	>15V

Das Lesen erfolgt mit einer rampenförmigen Spannung, so daß verschieden programmierte Elemente zu verschiedenen Zeiten schalten. Der Leseverstärker ist mit drei verzögert aktivierten Latches verbunden, deren Zustände anschließend in zwei Ausgangsbits kodiert werden. Die Flächeneinsparung in der Matrix beträgt 50%, während die peripheren Schaltungen geringfügig aufwendiger sind.

Im zweiten Fall werden zur Programmierung mit einer informationstragenden Schablone für die Polysilicium-Ebene in der Matrix Transistoren mit verschiedener Geometrie erzeugt. Die W/L-Verhältnisse betragen 1, 2, 3 oder 5. Beim Lesen erzeugen die unterschiedlich programmierten Zellen dann vier verschiedene Strompegel in der BL, die wiederum in zwei Datenbits kodiert werden. Die Flächeneinsparung ist in diesem Fall geringer, da die Transistoren keine Minimaltransistoren sind.

Ein kommerzieller Einsatz von Multilevel-ROM ist allerdings derzeit nicht erkennbar.

5.3 Einmalig elektrisch programmierbare ROM (PROM)

5.3.1 Bipolare PROM

Elektrisch programmierbare Festwertspeicher beruhen auf einer irreversiblen Veränderung der Speicherzellen durch Programmierimpulse, d.h. durch Impulse größerer Dauer oder Impulsfolgen mit großer Stromamplitude. Sie werden vorwiegend in bipolaren Schaltkreisen realisiert, da nur bipolare Schaltungen die nötigen höheren Programmierströme zu den Zellen übertragen können. Für die Programmierung werden zwei verschiedene physikalische Prinzipien ausgenutzt: Die Öffnung von Schmelzverbindungen bzw. das Kurzschließen von PN-Übergängen.

Zellentypen mit *durchschmelzbaren Verbindungen* (fusible links) zeigen Abb. 5.8a und b mit Diode bzw. NPN-Transistor.

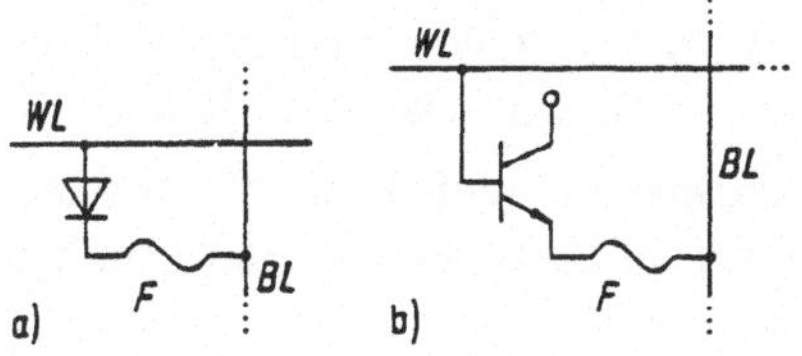

Abb. 5.8. Koppelelemente bipolarer PROM - **a** mit Diode, **b** mit NPN-Transistor
WL Wortleitung, BL Bitleitung, F Fuse (Durchschmelzverbindung)

Anstelle der bei der Maskenprogrammierung durch eine Schablone realisierten oder nicht realisierten Verbindung wird hier eine hochohmige, dünne Verbindung vorgesehen, die durch Erwärmung mit Programmier-Stromimpulsen aufgeschmolzen (programmiert) werden kann. Als Materialien für diese Verbindungsstege werden Widerstandsmaterialien wie NiCr, TiW, PtSi, Al sowie Polysilicium verwendet.

Abbildung 5.9 zeigt im Querschnitt eine Realisierung zu Abb. 5.8b mit vertikalem NPN-Transistor und Poly2-Schmelzverbindung. Typische Programmierimpulse haben Stromstärken von 10...20mA über einige ms.

Der 16kbit-CMOS-PROM nach [5.10] mit der Zelle nach Abb. 5.9 hat eine Schaltkreisstruktur, die prinzipiell Abb. 5.2 entspricht. Der PROM ist pinkompatibel zu dem populären EPROM 2716 (vgl. Abschnitt 5.4.2.2). Der *Lesezyklus* beginnt mit der Bereitstellung der Adresse und wird mit dem High-Low-Übergang von $\overline{CE}$ gestartet (synchroner Speicher), aus dem alle nötigen internen Takte abgeleitet werden. Die gültige Information steht nach einer Verzögerungszeit nach dem Aktivieren des $\overline{OE}$ -Signals (output enable) an den Datenpins zur Verfügung, bis $\overline{OE}$ und $\overline{CE}$ wieder auf High gegangen sind.

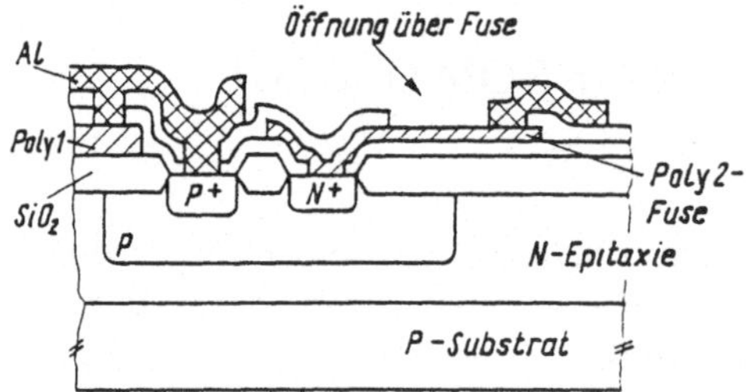

Abb. 5.9. Schematischer Querschnitt des Koppelelements Abb. 5.8b [5.10]

Zur *Programmierung* eines Bits sind folgende Abläufe zu realisieren. Zuerst muß auf das richtige Wort durch Vorgabe der Adresse und $\overline{CE}$ =Low zugegriffen werden. Die Datenausgänge werden dann mit $\overline{OE}$ hochohmig geschaltet und extern auf Highpegel gebracht. Durch Aktivieren von $\overline{PE}$ auf Low (program enable) bleibt das Transfergate der ausgewählten Spalte eingeschaltet. Dieses ist genügend breit (ca. 300 µm), um den nötigen Programmierstrom zu übertragen. Sodann wird die Betriebsspannung U_{CC} erhöht (im Beispiel auf 14V). Soll das betreffende Bit programmiert werden, ist der zugehörige Datenausgang auf Low zu bringen, wodurch der erforderliche Programmierstrom durch die Zelle erzeugt wird, indem die ausgewählte Bitleitung auf Low geschaltet wird.

Bei dem zweiten Zelltyp werden durch genügend große Stromimpulse (in Sperrichtung) die diffundierten PN-Übergangs-Dioden soweit erhitzt, daß Al eindiffundiert und mit dem Si eine elektrisch leitende eutektische Verbindung

eingeht (diffused eutectic aluminum process) und so den *PN-Übergang kurzschließt.*
Abbildung 5.10 zeigt eine mögliche Speicherzelle im Ersatzschaltbild vor und nach
der Programmierung [5.11], [5.12]. Sie besteht aus einer programmierbaren PN-
Diode (N^+- und P^+-Diffusionen des normalen NPN-Transistors) und einem PNP-
Transistor (P^+-Diffusion gemeinsam mit P^+-Gebiet der Diode, N-Epitaxieschicht als
Basis, P^--Substrat auf Massepotential als Kollektor).

Die gemeinsame Basis der PNP-Transistoren dient als Wortleitung. Der PNP-
Transistor dient zur Reduzierung der Last für den Worttreiber und zur
Unterdrückung des Sperrstromes in den programmierbaren Elementen nicht
ausgewählter Wortleitungen.

Zur *Programmierung* wird die selektierte WL auf Low gesetzt, um den
Programmierstrom aufzunehmen (Impulse von 125mA und 11µs Dauer in
Sperrichtung durch die Bitleitung und die durch sie ausgewählte Zelle). Durch den
Programmiervorgang wird der PN-Übergang kurzgeschlossen, die Zelle ist leitend
(logische "1"). Andernfalls entspricht die Diode in Sperrichtung der logischen Null.

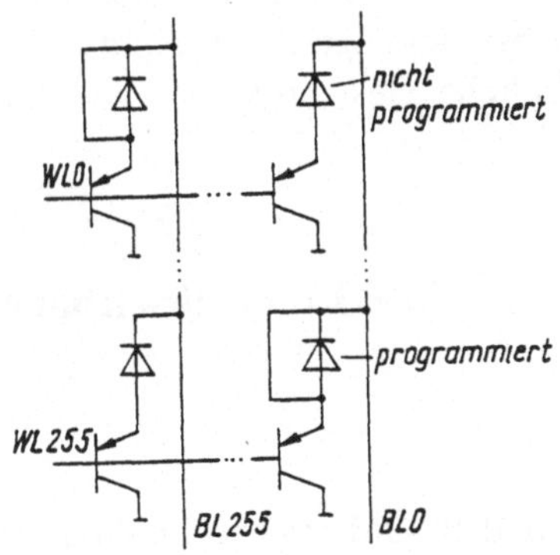

Abb. 5.10. Koppelelemente mit
Programmierung durch Überbrückung eines
PN-Übergangs
WL Wortleitung, BL Bitleitung

Die Programmierung der 8 ausgewählten Zellen erfolgt seriell durch aufein-
anderfolgendes Anlegen von Stromimpulsen an jede der 8 Ausgangsklemmen,
wobei die erforderliche Leistung durch die während der Programmierung
anzulegenden Betriebsspannungen von 20 und 7V bereitgestellt wird. Beim Lesen
wird durch die 8 ausgewählten Bitleitungen von der ausgwählten Wortleitung ein
Lesestrom von ca. 0,5mA erzeugt und der Spannungsabfall ausgewertet. Die
Zugriffszeit beträgt 40ns bzw. 15ns.

5.3.2 MOS-PROM

Die meisten PROM-Schaltkreise in MOS-Technologie, die gegenüber den bipolaren
PROM höhere Integrationsgrade ermöglichen aber langsamer sind, werden in
Wirklichkeit als EPROM-Chips hergestellt (siehe Abschnitt 5.4) und in billigere
Plastikgehäuse ohne Quarzglasfenster verkappt. Damit sind sie nicht löschbar.
Aufgrund ihrer Wirtschaftlichkeit werden sie jedoch in großem Umfang dort

eingesetzt, wo die einmalige Programmiermöglichkeit ausreichend ist und die Stückzahlen nicht groß genug sind, um die Herstellung einer informationstragenden Schablone und die Fertigung als ROM zu rechtfertigen.

Eine Alternative zu dieser Lösung für elektrisch programmierbare MOS-PROM stellt die Verwendung bipolarer Koppelelemente in der Matrix und von MOS-Schaltungen in der Peripherie dar (z.B. der 16kbit-CMOS-PROM nach [5.10], siehe Abschnitt 5.3.1).

Eine andere alternative Lösung ist die Verwendung eines vertikalen Polysilicium-Widerstandes als Programmierelement in Reihe mit einem MOS-Transistor [5.13]. Ein hochohmiger Widerstand wird dabei durch eine 0,2...0,6µm dicke undotierte Polysiliciumschicht zwischen zwei mit Arsen dotierten Poly-siliciumschichten realisiert. Bei Einwirken eines Programmierstromes (<10mA bei 10V, <5µs) erfolgt durch die Erwärmung eine Eindiffusion von As in die hochohmige, undotierte Schicht und damit eine Verringerung ihres Widerstandes um ca. 3 Größenordnungen. Da der Programmierwiderstand senkrecht vom Strom durchflossen wird, beansprucht er nur minimale laterale Abmessungen.

Zur Programmierung der Schaltkreise beim Anwender werden spezielle Programmiergeräte verwendet, die die nötigen Betriebsspannungen und Impulse für die Programmierung bereitstellen. Dafür gelten ähnliche Gesichtspunkte wie für EPROM-Programmiergeräte (vgl. Abschn. 5.4.4.2).

5.4 Elektrisch programmierbare und durch UV-Licht löschbare ROM (EPROM)

5.4.1 Zellen für EPROMs

Im Gegensatz zu den Koppelelementen von ROMs und PROMs mit technologisch oder elektrisch beeinflußten Verbindungen oder Unterbrechungen basieren die EPROMs (und später die EEPROMs) auf der Speicherung von Elektronenladungen auf einer Gateelektrode, die vollkommen in Siliciumoxid eingebettet ist. Da ein solches Gate keinen elektrischen Anschluß hat, weist es kein definiertes Potential auf. Dieses ist vielmehr "schwebend" (daher "floating gate"), d.h. es ändert sich lediglich in Abhängigkeit von den Potentialen der Elektroden in der Umgebung durch elektrostatische Beeinflussung. Durch Aufladung des Floatinggate eines solchen Transistors lassen sich die Leitfähigkeitseigenschaften des Transistors verändern und damit ein Informationszustand programmieren. Da eine einmal aufgebrachte Ladung auf dem isolierten Floating-Gate sehr lange erhalten bleibt (mindestens 10 Jahre), kann dieses Prinzip für nichtflüchtige Speicher ausgenutzt werden.

Eine Entfernung der Speicherladung vom Floatinggate über das Oxid zum Substrat ist mit elektrischen Signalen nicht möglich. Hingegen kann eine solche Ladung durch UV-Bestrahlung des Gates abgebaut werden, wobei durch die energiereiche Strahlung das Oxid ionisiert wird und sich die Ladung mit dem Substrat ausgleichen kann. Das ist allerdings nicht selektiv, sondern nur für den gesamten Schaltkreis auf einmal möglich, sodaß bei EPROMs nur der gesamte Informationsinhalt gleichzeitig gelöscht werden kann. Anschließend ist eine neue Programmierung durch selektive Aufladung möglich.

Damit das UV-Licht zum Löschen an die Gates gelangt, müssen Gehäuse mit UV-durchlässigem Quarzglasfenster über dem Chip verwendet werden. Typische Löschbedingungen sind 3...20 Minuten Bestrahlung mit UV (λ=254nm, z.B. Hg-Dampflampe) einer Beleuchtungsstärke von 10mW/cm^2, je nach Angaben des Herstellers (abhängig von der Oxiddicke zwischen Floatinggate und Substrat).

Die EPROM-Speicherzelle hat sich von der Zweitransistor-P-Kanal-Zelle [5.14] zur heutigen Eintransistorzelle mit Stapel-Gate (stacked gate cell) [5.15] entwickelt.

5.4.1.1 Zwei-Transistor-P-Kanal-Zelle

Die Eigenschaften der Zelle sind auf Abb. 5.11 erläutert. Abbildung 5.11a zeigt die Struktur des Floatinggate-Transistors mit allseitig isoliertem Polysiliciumgate.

Die Aufladung der Gateelektrode (die "Programmierung" der Zelle) erfolgt mit energiereichen (sog. "heißen") Elektronen, die z.B. durch Lawinendurchbruch des Drain-Substrat-PN-Übergangs erzeugt werden und deren Energie ausreicht, die Potentialbarriere Halbleiter-Isolator-Halbleiter zu überwinden (zu "durchtunneln") und das Gate negativ aufzuladen. Bei einem Drain-Spannungsimpuls von -50V dauert der Ladevorgang etwa 1ms (Programmierzeit). Durch die negative Aufladung des Gates verschiebt sich die Eingangskennlinie des FAMOS-Transistors (floating gate avalanche injection MOSFET) so, daß der Transistor ständig eingeschaltet ist (bei U_{GS}=0), d.h. sein Verhalten verschiebt sich vom Enhancement- zum Depletiontyp, siehe Abb. 5.11b.

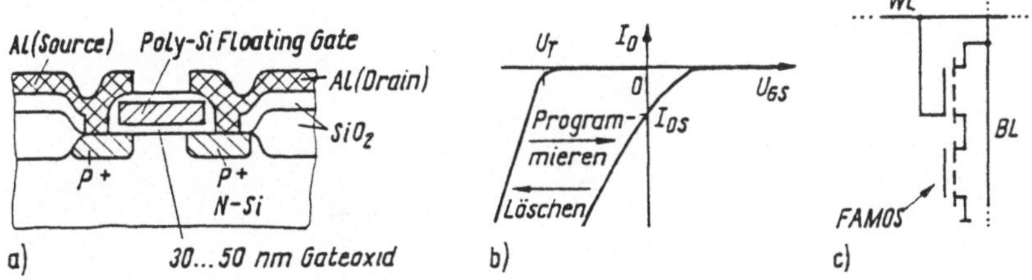

Abb. 5.11. P-Kanal-EPROM-Zelle
a Aufbau des FAMOS-Transistors,
b Eingangskennlinie vor und nach dem Programmieren,
c Speicherzelle mit FAMOS-Transistor und Auswahltransistor

Da der so programmierte FAMOS-Transistor stets leitend ist, muß die Speicherzelle zur Vermeidung von Leseströmen in nichtausgewählten Zellen neben diesem Speichertransistor einen weiteren Transistor (Auswahltransistor) enthalten, dessen Gate mit der Wortleitung verbunden ist (Abb. 5.11c). Beim *Lesen* wird die negativ vorgeladene Bitleitung über die ausgewählte Zelle entladen, wenn der

Speichertransistor leitend (also programmiert) ist. Andernfalls ist die Zelle nicht leitend und die Bitleitung bleibt auf Betriebsspannung.

Zum *Schreiben bzw. Programmieren* einer Zelle wird diese an der Wortleitung angesteuert, also die Source-Elektrode mit Masse verbunden. Wird an der Bitleitung eine genügend hohe negative Spannung angelegt, erfolgt aufgrund der Feldstärkeinhomogenität am kanalseitigen Drain-Substrat-Übergang der für die Erzeugung heißer Elektronen nötige Lawinendurchbruch. Nichtausgewählte Zellen an der gleichen Bitleitung erreichen die Durchbruchfeldstärke nicht, da die Source-Elektrode floatet und die Feldstärke zum weiter entfernten Substrat kleiner bleibt.

5.4.1.2 Eintransistor-Stapelgate-Zelle mit N-Kanal

Wird bei einem N-Kanal-Floatinggate-Transistor das Gate mit Elektronen aufgeladen, so ist am Gate eine höhere positive Spannung erforderlich, um den Transistor einzuschalten, d.h. seine Schwellspannung verschiebt sich zu höheren Werten.

Dies wurde zur Entwicklung der Eintransistor-EPROM-Zelle in folgender Weise ausgenutzt. Es wird ein Transistor mit einem unteren Floatinggate aus Polysilicium 1 und einem darüberliegenden Steuergate (Auswahlgate) aus Poly2 erzeugt (Abb. 5.12a). Dieser Transistor hat im unprogrammierten Zustand bezüglich seines Steuergates eine kleine Schwellspannung (z.B. 1,5V) und im programmierten Zustand mit aufgeladenem Floatinggate eine höhere Schwellspannung (z.B. 7V, Abb. 5.12b).

Wird das Steuergate mit der Wortleitung, Source mit Masse und Drain mit der Bitleitung verbunden (Abb. 5.12c) und die ausgewählte Wortleitung zum *Lesen* mit einer mittleren Spannung angesteuert (z.B. 4,3V), so ist die Zelle leitend, wenn sie nicht programmiert ist, und gesperrt, wenn sie programmiert ist. In nichtausgewählten Zellen, die nicht an der Wortleitung angesteuert werden, ist in diesem Fall kein Stromfluß möglich.

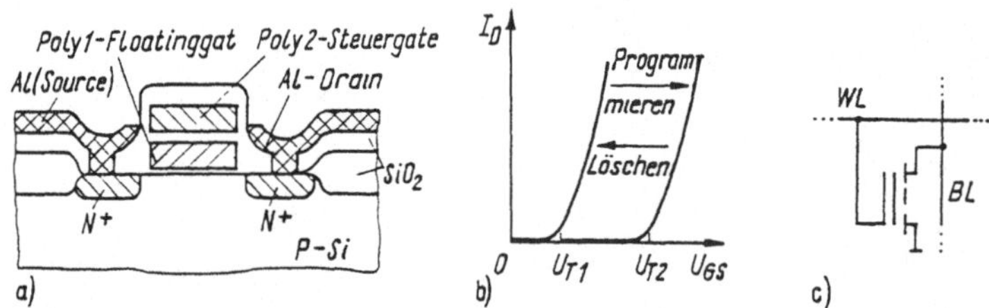

Abb. 5.12. N-Kanal-EPROM-Zelle

a Aufbau des Stapelgate-Transistors,

b Eingangskennlinie vor und nach dem Programmieren,

c Eintransistor-EPROM-Speicherzelle

Zum *Programmieren* werden durch eine hohe Drain-Source-Spannung und eine hohe Programmierspannung am Steuergate im leitenden Kanal heiße Elektronen erzeugt, von denen ein Teil, unterstützt durch die positive Spannung am Steuergate, die Barriere zum Floatinggate überwinden können und dieses aufladen (channel hot electron process, CHE).

Für das Beispiel einer skalierten Zelle für einen 1Mbit-EPROM mit 1,2µm Kanallänge, 30nm Gateoxid- und 35nm Zwischenoxiddicke beträgt beim Programmieren die Programmierspannung an der Wortleitung 13V und an der Bitleitung 7V [5.16]. Dann ist nach etwa 1ms der Programmiervorgang mit Sicherheit abgeschlossen, wie das Diagramm von Abb. 5.13 zeigt. Die maximale Betriebsspannung beim Lesen, bei der eine gerade programmierte Zelle gerade noch nicht leitet, ist ein direktes Maß für die erreichte Schwellspannung der Zelle. Der Programmierstrom beträgt ca. 1mA/bit.

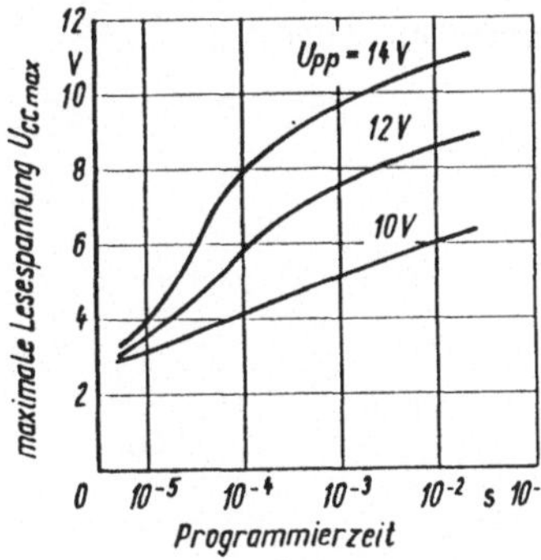

Abb. 5.13. Programmiercharakteristik einer EPROM-Zelle (nach [5.16])

Der nötige relativ große Programmierstrom erschwert die chipinterne Erzeugung der größeren Programmierspannungen. Eine Variante mit höherem Injektionswirkungsgrad, die Injektion heißer Elektronen direkt aus dem Substrat (substrate hot electron method, SHE), erfordert die Erzeugung einer Beschleunigungsspannung in der Verarmungszone größer 3,2V, damit die Elektronen die Potentialbarriere (3,2eV für $Si\text{-}SiO_2\text{-}Si$) überwinden können [5.17]. Das wird mit 20V am Gate und 8V an Source und Drain erreicht, wobei die Ströme dann nur 20µA bzw. 200µA betragen und die selektive Programmierung möglich ist. Jedoch ist die Programmierzeit von 20ms (für 4V Schwellspannungsverschiebung) sehr hoch.

Eine Zellvariante zur Verkürzung der Programmierzeit verwendet eine zusätzliche, selbstjustierte dünne P^+-Schicht in unmittelbarer Nachbarschaft zur Drainelektrode [5.18]. Dadurch wird die elektrische Feldstärke in der Nähe der Drainregion vergrößert und der Gate-Injektionsstrom erhöht (Programmierzeit nur noch 3µs/byte), siehe Abb. 5.14a.

Eine andere Zellenvariante für hohe Lesegeschwindigkeit und Skalierfähigkeit ist die Split-Gate-Zelle [5.19], Abb. 5.14b und c. Sie zeichnet sich auch bei extrem kurzer Floatinggate-Länge durch hohe Punch-Through-Festigkeit und hohe Stabilität gegen Drain-Durchbruch aus (>15V werden erreicht). Das ist beim Programmieren für nichtausgewählte Zellen eine wichtige Eigenschaft. Durch so erreichbare extrem kurze Floatinggates und hohe Drain-Kopplung wird ein großer Lesestrom ($>150...200\mu A$) und damit eine kurze Zugriffszeit von 50ns für einen 256K-EPROM erreicht.

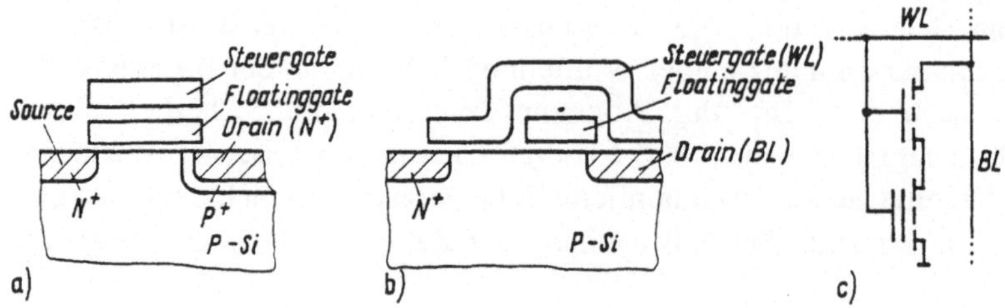

Abb. 5.14. Varianten der EPROM-Zelle. **a** Zelle für kurze Programmierzeit nach [5.18] **b** Split-Gate-Zelle mit großem Lesestrom nach [5.19], **c** Ersatzschaltbild der Zelle von (b)

5.4.2 EPROM-Schaltkreis

5.4.2.1 Blockschaltbild

Das typische Blockschaltbild eines EPROM-Schaltkreises zeigt Abb. 5.15.

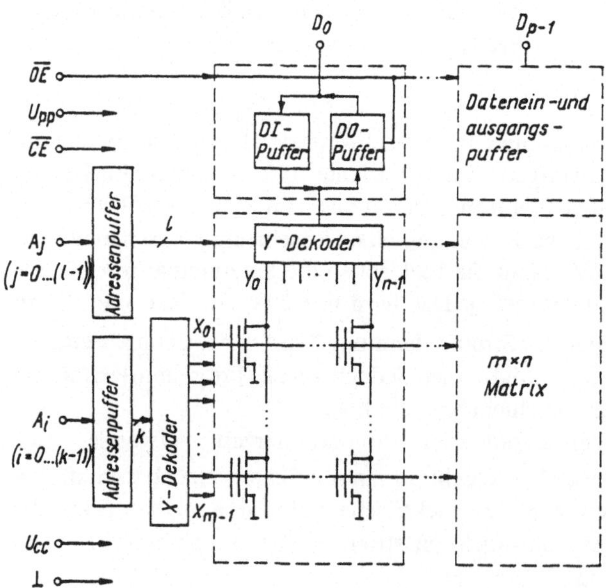

Abb. 5.15. Blockschaltbild eines EPROM-Schaltkreises
A_i, A_j Adresseneingänge; U_{CC}, U_{pp} Betriebs- bzw. Programmierspannung;
$\overline{CE}$ Chip-enable; $\overline{OE}$ Output-enable; O_i Datenausgänge; PGM Programmier-Mode (nicht bei allen Typen als getrenntes Pin vorhanden)

Das Blockschaltbild ist für einen Schaltkreis der Organisation (m x n) x p dargestellt. Darin ist p die Aufruf-breite, die z.B. 8, 9 oder 16 beträgt. Die Zahl der Adresseneingänge ist dann k+l mit

$$2^k = m, \quad 2^l = n.$$

Jedes Wort der Länge p wird durch einen Zeilendekoder 1 aus m und p Spalten-dekoder 1 aus n ausgewählt. Die Eingänge der Dekoder sind an Adressenpuffer angeschlossen. Die Speicherfreigabe erfolgt durch ein $\overline{CE}$ -Signal, nachdem die Adresse angelegt ist. Die Datenausgangspuffer werden durch das $\overline{OE}$ -Signal freige-geben. Auf die Zeitsteuerung und Programmierung der EPROM-Schaltkreise wird im Abschnitt 5.4.4 näher eingegangen.

5.4.2.2 Gehäuse und Anschlußbelegung

EPROM-Schaltkreise benötigen für die Löschung der Information Gehäuse mit Quarzglasfenster. Abbildung 5.16 zeigt schematisch ein 24poliges Dual-Inline-Gehäuse für einen 32kbit-EPROM mit der zugehörigen Anschlußbelegung sowie das Logiksymbol.

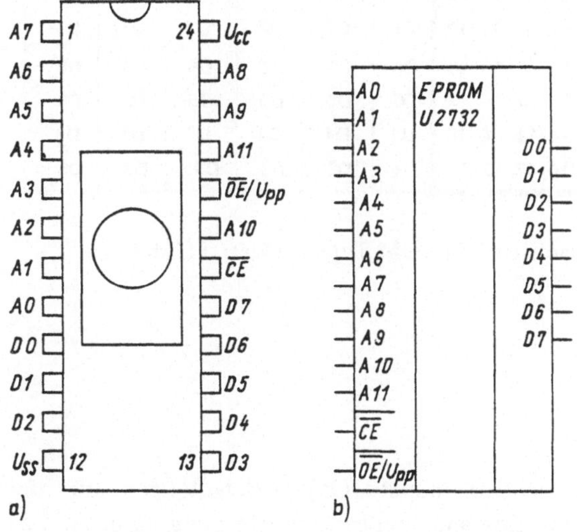

Abb. 5.16. EPROM-Schaltkreis a Gehäuseform und Anschlußbelegung für den 2732 b Logiksymbol des 32kbit-EPROM

Neben einer Reihe von EPROMs, die für spezielle Anwendungen entwickelt wurden, hat sich international ein Standard hinsichtlich der Anschlußbelegung für EPROMs mit 8bit Aufrufbreite (und vielfach auch der Bezeichnung, angepaßt an die Serie 27.. von Intel) durchgesetzt. Eine Übersicht über die EPROMs in 24- bzw. 28poligem Gehäuse gibt Abb. 5.17 [5.20]. Einige der Schaltkreise steuern den Programmiermodus mit $\overline{PGM}$, andere mit $\overline{CE}$ (vgl. Abschnitt 5.4.4.2). Zum Teil werden Anschlußpins für mehrere Signale gleichzeitig genutzt ($\overline{OE}$ /U_{PP}).

Diese Tendenzen setzen sich auch für neuere EPROM-Typen mit 1 bis 4Mbit und 8bit bzw. 16bit Aufrufbreite fort, die in 32- bzw. 40poligem Gehäuse oder in neueren SMD-Gehäusen konfektioniert werden. Eine Vereinheitlichung der Anschlußbelegung ist hier noch nicht zu erkennen.

Die meisten Hersteller von EPROMs liefern zu allen Typen auch sogenannte OTPs (one time programmable, eigentlich PROMs) im Plastikgehäuse aus, die nur einmalig programmierbar und wegen des fehlenden Quarzglasfensters nicht UV-löschbar sind (vgl. Abschnitt 5.3.2). Vorteilhaft für bestimmte Anwendungen ist der geringere Preis durch das billigere Gehäuse.

27512	27256	27128	2764	2732	2716	Pin-Nummern				2716	2732	2764	27128	27256	27512
A15	UPP	UPP	UPP			1			28			UCC	UCC	UCC	UCC
A12	A12	A12	A12			2			27			$\overline{PGM}$	$\overline{PGM}$	$\overline{PGM}$	$\overline{PGM}$
A7	A7	A7	A7	A7	A7	3	1	24	26	UCC	UCC	N.C.	A13	A13	A13
A6	A6	A6	A6	A6	A6	4	2	23	25	A8	A8	A8	A8	A8	A8
A5	A5	A5	A5	A5	A5	5	3	22	24	A9	A9	A9	A9	A9	A9
A4	A4	A4	A4	A4	A4	6	4	21	23	UPP	A11	A11	A11	A11	A11
A3	A3	A3	A3	A3	A3	7	5	20	22	$\overline{OE}$	OE/UPP	$\overline{OE}$	$\overline{OE}$	$\overline{OE}$	$\overline{OE}$
A2	A2	A2	A2	A2	A2	8	6	19	21	A10	A10	A10	A10	A10	A10
A1	A1	A1	A1	A1	A1	9	7	18	20	$\overline{CE}$	$\overline{CE}$	$\overline{CE}$	$\overline{CE}$	$\overline{CE}$	$\overline{CE}$
A0	A0	A0	A0	A0	A0	10	8	17	19	D7	D7	D7	D7	D7	D7
D0	D0	D0	D0	D0	D0	11	9	16	18	D6	D6	D6	D6	D6	D6
D1	D1	D1	D1	D1	D1	12	10	15	17	D5	D5	D5	D5	D5	D5
D2	D2	D2	D2	D2	D2	13	11	14	16	D4	D4	D4	D4	D4	D4
GND	GND	GND	GND	GND	GND	14	12	13	15	D3	D3	D3	D3	D3	D3

Abb. 5.17. Anschlußbelegung für standardisierte EPROM-Typen 16kbit...512kbit
GND Masse, N.C. nicht angeschlossen

5.4.3 Schaltungstechnische Fragen

Neuere EPROM-Schaltkreise verwenden meist CMOS-Schaltungen in der Peripherie, um eine geringe Verlustleistung auch bei sehr hohem Integrationsgrad zu realisieren. Dabei sind wegen der Skalierung und der Arbeit mit erhöhten Programmierspannungen besondere Maßnahmen gegen Heißelektronen-Effekte bei kurzen Kanälen, zur Erhöhung der Durchbruchspannung der peripheren Transistoren und zur Vermeidung von Latch-up-Störungen zu treffen.

Zur Erzeugung von Hochspannungstransistoren in den peripheren Schaltungen werden in den meisten Fällen LDD-Strukturen bei P- und N-Kanaltransistoren angewendet (z.B. [5.18], [5.21]). Durch Anwendung der leicht dotierten Drainüber-gänge (LDD) wird einerseits aufgrund der Reduzierung der elektrischen Feldstärke im Kanal in Drainnähe der Effekt des Auftretens heißer Elektronen unterbunden und andererseits die Drain-Substrat-Durchbruchspannung erhöht (auf 14V bei 10,5V Programmierspannung in [5.21]).

Vorzug wird der Verwendung einer zusätzlichen LDD-Schablone für die N-Kanaltransistoren gegeben. In diesem Fall können die leicht dotierten Übergänge nur auf der Drainseite realisiert werden, was die Leitfähigkeit der Transistoren weniger ungünstig beeinflußt.

5.4.3.1 Leseschaltung

Zur Erreichung hoher Lesegeschwindigkeiten werden ähnliche Prinzipien angewendet, wie in MOS-SRAMs ([5.17]...[5.23]). Dazu gehören geeignete und schnelle Vorladung der Bitleitungen nach Aktivierung des Chips, Begrenzung der Bitleitungsspannung auf einen niedrigen Wert (hier auch zur Vermeidung von parasitären Aufladungen des Floatinggate beim Lesen durch heiße Elektronen aus dem Kanal), Anwendung von Differenzverstärkern zum Lesen (mit Spannungs- oder Stromnachweis), Verwendung von Referenzzellen, Begrenzung des Bitleitungshubes auf z.B. 200mV usw. bis hin zur Anwendung der Adressen-Übergangs-Detektion (vgl. Abschnitt 4.1.2.3).

Als Beispiel für eine Leseschaltung soll der *Sensorverstärker* eines 4Mbit-EPROM-Schaltkreises beschrieben werden (Abb. 5.18a, [5.21]). Herzstück ist der N-Kanal-Stromspiegel-Differenzverstärker. Um den Bitleitungshub zu begrenzen, wird die Bitleitung über eine P-Kanallast mit verbundenem Gate und Drain und einen Schalttransistor T_V, an den eine Vorspannung von 2,5V angelegt wird, zugeschaltet. Die Vorspannung wird als $2U_T$ der in Reihe geschalteten N-Kanaltransistoren erzeugt, die durch eine P-Kanallast und einen Schalttransistor aufgeladen werden. Durch Abschaltung mit einem Power-Down-Impuls (PWD) kann der in dieser Schaltung fließende Dauerstrom im nicht selektierten Chip (Standby-Modus) unterbunden werden. Last- und Schalttransistor müssen jedoch breiter sein, um eine schnelle Aktivierung der Vorspannung U_{bias} zu gewährleisten (<10ns).

Die Referenzspannung auf der anderen Seite des Stromspiegels wird analog aus einer leitenden (nicht programmierten) Referenzzelle abgeleitet, die entsprechend vorgespannt ist. Jedoch wird durch eine größere Last (Transistorbreite $W_2>W_1$) die Referenzspannung U_{ref} auf den mittleren Pegel der Leseleitung gesetzt. Die Beziehung zwischen Ausgangsspannung und Eingangsspannung des Leseverstärkers zeigt Abb. 5.18b, typische Signalformen Abb. 5.18c.

5.4.3.2. Redundanz

Bei der Fertigung von sehr hoch integrierten Schaltkreisen ist die Frage der genügend hohen Ausbeute von wesentlicher Bedeutung. Ähnlich wie bei SRAMs und DRAMs wird daher auch in neueren EPROMs meist mit Redundanz gearbeitet, um fehlerhafte Elemente, Zeilen oder Spalten durch Umprogrammierung durch neue zu ersetzen (z.B. [5.19], [5.24]). Dabei wird auch hier mit Laserprogrammierung oder mit Durchschmelzverbindungen gearbeitet. Im letzteren Fall ist die Programmierung der Redundanz auch noch nach der Verkappung möglich, wobei der

Programmierstatus der redundanten Zellen durch ein spezielles Redundanz-Flag
nach Anlegen der Betriebsspannung angezeigt wird. Im Beispiel eines 256K-
Speichers mit 8 redundanten Zeilen sind je 14 Fuses für die Programmierung
fehlerbehafteter Adressen und zwei weitere Fuses für die Deselektierung der nicht
verwendeten Redundanzzeilen erforderlich [5.19]. Der benötigte zusätzliche
Flächenbedarf ist unter 5%.

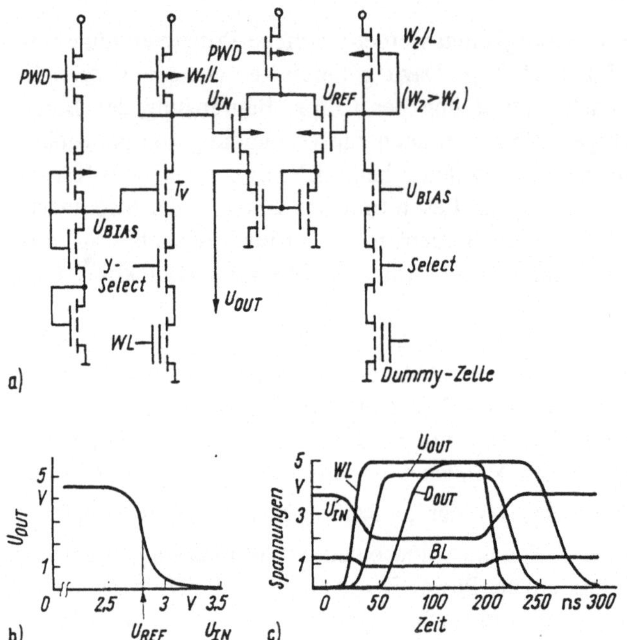

Abb. 5.18. Sensorverstärker eines 4Mbit-EPROM [5.21]
a Schaltung, b Übertragungskennlinie, c typische Signalformen
PWD Power Down Impuls

5.4.3.3 Schaltungen zur Testunterstützung

Durch die hohe Programmierzeit (bis 50ms/byte) wird die Testdauer von EPROMs
in der Fertigung sehr zeitaufwendig und beansprucht daher auch einen großen Teil
der Herstellungskosten. EPROMs müssen normalerweise gegen Ladungsverlust der
Floatinggates im programmierten Zustand und gegen Ladungsaufsammlung
nichtprogrammierter Zellen unter worst-case Betriebsbedingungen getestet werden.
Die Testfolgen sind daher beispielsweise

    Löschen
    Programmieren aller Zellen
    Streßbehandlung (thermisch, elektrisch, Drainspannung hoch)

Testen mit Bestimmung der Schwellspannungsverschiebung
Löschen
Streßbehandlung (Gatespannung hoch)
Testen mit Bestimmung der Schwellspannungsverschiebung
Löschen

Um diesen Prüfprozess zu vereinfachen und zu verkürzen, werden vielfach schaltungstechnische Maßnahmen zur Testunterstützung realisiert. Dazu gehören (z.B. [5.23], [5.18]):

- *gang programming mode*: erlaubt zwei oder vier Bytes parallel zu programmieren (bis 32bit) und so die Programmierzeit zu reduzieren;
- *full array stress mode*: Gleichzeitiges Anlegen hoher Streßspannungen an alle Wortleitungen bzw. Bitleitungen, um Störungen im normalen Betrieb an nichtselektierten Zellen nachzubilden;
- *individual cell threshold mode*: In diesem Modus arbeiten alle Leseschaltungen mit normaler Betriebsspannung, während an die Wortleitungen die Programmier-spannung U_{PP} gelegt wird, die in diesem Modus zwischen 0 und 21V variiert werden kann.

Die einzelnen zusätzlichen Testbetriebsarten werden meist durch überhöhte Spannungssignale an einzelnen Adressenpins aktiviert.

5.4.4 Applikative Gesichtspunkte

5.4.4.1 Betriebsarten von EPROMs

EPROMs ermöglichen jeweils eine der folgenden Betriebsarten:

- *Bereitschaft* (standby): Betriebsspannungen liegen an, $\overline{CE}$ =high.
- *Lesen* (read): Ein typisches Impulsdiagramm für den Lesevorgang für asynchrone EPROMs (mit ATD) zeigt Abb. 5.19. Nach der Adressenzugriffszeit t_{AVDV} bzw. der $\overline{CE}$ -Zugriffszeit t_{CVDV} liegen die gelesenen Informationen bei $\overline{OE}$ =Low an den Datenausgängen an.

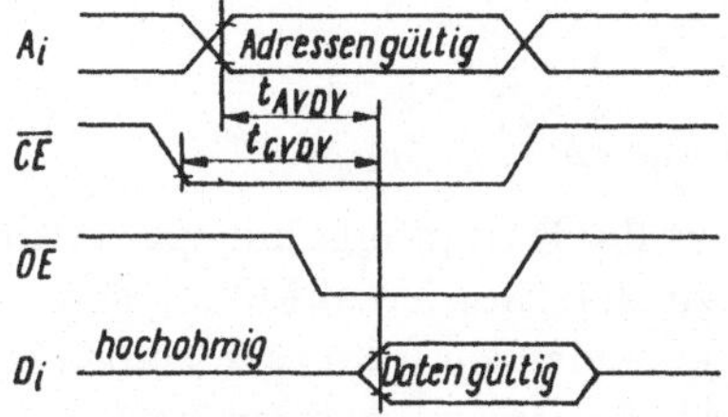

Abb. 5.19. Leszyklus eines EPROM-Schaltkreises

- *Programmieren* (program): Bei anliegender Programmierspannung wird bei stabil anliegenden Adressen- und Datenbits das $\overline{CE}$ -Signal oder das $\overline{PGM}$ - Signal für die Programmierimpulsdauer t_{PW} auf L-Pegel gelegt, wodurch das anliegende Datenmuster in den Schaltkreis übernommen wird. Drei verschiedene typische Varianten des Programmierzyklus sind auf Abb. 5.20 dargestellt.

- *Programmierkontrolle* (verify): Der Inhalt der adressierten Speicherzellen kann unter Programmierbedingungen (im Anschluß an einen Programmiervorgang) mit der aktuellen Adresse gelesen werden, siehe Abb. 5.20.

- *Programmiersperre* (program inhibit): Sperre der Programmierung mit $\overline{CE}$ = High bei angelegter Programmierspannung. In diesem Zustand dürfen Daten und Adressen geändert werden.

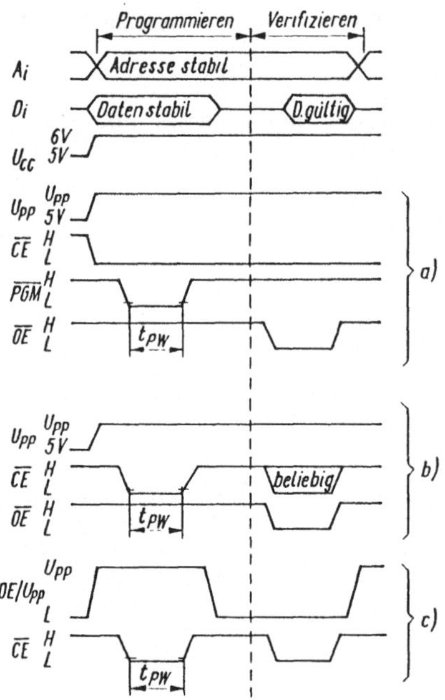

Abb. 5.20. Programmier- und Verifizierzyklus verschiedener EPROM-Typen **a** 2764, 27128, **b** 27256, **c** 27512 A_i, D_i, U_{CC} für alle Typen analog; t_{PW} Programmierzeit

5.4.4.2 Programmiergeräte und Programmieralgorithmen

Die Programmierung der EPROMs (und anderer PROMs) erfolgt mit speziellen Programmiergeräten, die meist mit Schnittstellen zu standardisierten Mikrorechner-Bussystemen oder PC versehen sind. Die zu programmierenden Bitmuster werden in einen bestimmten Arbeits-speicherbereich des Mikrorechners geladen und ggf. korrigiert. Anschließend wird der entsprechende Speicherbereich auf den EPROM kopiert. Dazu werden alle nötigen Signale für die EPROM-Programmierung vom Programmiergerät bereitgestellt.

Da mit der Standard-Programmierzeit von 50ms die Programmierdauer für hochintegrierte Speicher unvertretbar hoch ist, werden neuerdings von den Herstellern sogenannte *schnelle Programmieralgorithmen* vorgeschlagen, die auf folgendem Prinzip beruhen [5.20], [5.25]: Zunächst wird bei erhöhter Betriebsspannung und angelegter Programmierspannung maximal M-mal versucht, die Information mit einem Programmierimpuls der Länge t_{PW} in die ausgewählte Adresse zu programmieren und sofort wieder zu lesen (verify). Nach erster erfolgreicher Leseoperation wird die ausgewählte Adresse nochmals mit einem Impuls der Länge Nkt_{PW} überprogrammiert (N Überprogrammierfaktor, k Anzahl der bisher benötigten Programmierimpulse).

Mit dieser sogenannten *intelligenten Programmierung*, die den aktuellen Zustand der aufgerufenen Zellen berücksichtigt, werden Programmierzeiteinsparungen von 70...90% erreicht, wobei schwerer und leichter programmierbare Zellen entsprechend differenziert programmiert werden. Typische Werte sind

$$M = 25, \quad N = 3...4, \quad t_{PW} = 10\mu s.$$

Die Betriebsspannung wird meist auf 6V erhöht und die Programmierspannung beträgt 12,5V (skalierte Typen), 21V (ältere Typen) oder 25V (nichtskalierte 2716 und 2732). Verbindlich sind hier stets die Herstellerdaten. Da bei gleicher Typ-Bezeichnung Verwechslungen nicht ausgeschlossen sind, werden neuere EPROMs herstellerseitig mit einem *Identifizierungs-Code* (silicon signature, identifier mode) versehen, der in zwei Bytes sowohl einen Hersteller- als auch einen Typindikator signalisiert (Lesen dieser Kennbytes mit A_9 auf 12V und A_0=Low bzw. High für Hersteller- bzw. Typcode, wobei die anderen Adressen beliebig sein können).

5.5 Elektrisch löschbare und programmierbare ROM (EEPROM)

Elektrisch löschbare Festwertspeicher erfordern eine Möglichkeit, Ladungsträger in einen Speicherbereich zu injizieren und von dort auch wieder mit Hilfe elektrischer Signale zu extrahieren. Die zwei hierzu erfolgreich entwickelten Lösungswege sind

- Metall-Nitrid-Oxid-Halbleiter (MNOS)-Speicher und
- Floatinggate EEPROM-Speicher (einschließlich der neueren sogenannten Flash-EEPROMs).

Diese sollen im folgenden erläutert und der erreichte Stand dargestellt werden, wobei entsprechend ihrer Bedeutung der zweiten Gruppe mehr Aufmerksamkeit gewidmet wird.

Wie beim EPROM beruht auch beim EEPROM die Speicherung der Information auf einer Schwellspannungsverschiebung von MOS-Transistoren (Speicherelementen) durch Aufladen einer Schicht zwischen Gate und Kanal, wobei jetzt auch die Möglichkeit der Entladung realisiert werden muß.

5.5.1 MNOS-Speicher

Bei diesen Speichern wird die Speicherung von Elektronen in Haftstellen an der Grenzschicht zwischen einer Siliciumoxid- und einer Siliciumnitridschicht ausgenutzt. Zum Programmieren und Löschen wird die direkte Tunnelung von Elektronen aus dem Kanalbereich durch das für diese Zwecke ultra dünne SiO_2 (unter 5nm) zur Grenzschicht und umgekehrt ausgenutzt. Obwohl dieses Prinzip gegenüber dem Floatinggate-Prinzip hinsichtlich der Dauerhaftigkeit der Ladungs-speicherung und hinsichtlich einer schwierigeren Technologie Nachteile aufweist, wurden Speicherschaltkreise auf seiner Basis bis 64kbit erfolgreich hergestellt [5.26], [5.27], [5.28].

Die Speicherzelle (Abb. 5.21a) besteht aus einem Auswahltransistor und einem Speichertransistor (MNOS-Transistor). Letzterer ist im Schnitt auf Abb. 5.21b dargestellt. Die Speicherzellen jeweils in Gruppen zusammengefaßt in einer P-Wanne realisiert.

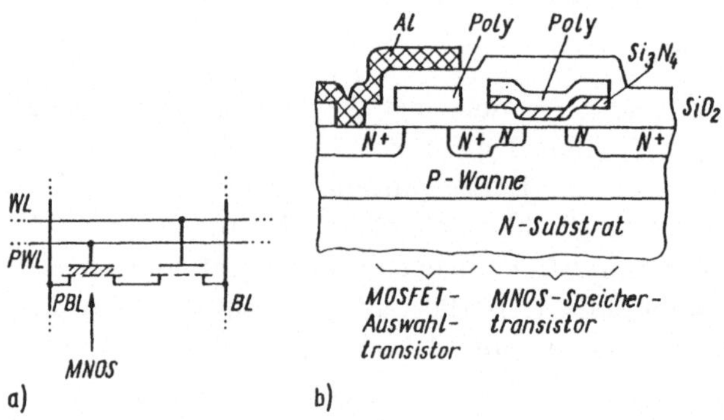

Abb. 5.21. MNOS-Speicherzelle. **a** Ersatzschaltung, **b** Struktur im Querschnitt BL, WL Bit- bzw. Wortleitung; PBL, PWL Programmier-Bit- bzw. Wortleitung

Die Funktion der Speicherzellen ist wie folgt. Im nichtprogrammierten Zustand hat der MNOS-Transistor eine negative Schwellspannung von ca. -4V (Depletion-verhalten), d.h. er ist ohne Gatespannung leitend. Zum *Programmieren* wird eine hohe Spannung an das Gate des ausgewählten MNOS-Transistors gelegt, während Source, Drain und P-Wanne (Substrat) auf Masse verbleiben. Durch die dabei auftretende hohe Feldstärke zwischen Gate und Kanal können Elektronen aus der Inversionsschicht durch das dünne SiO_2 zur Oxid-Nitrid-Grenzfläche tunneln und haften bleiben. Dadurch verschiebt sich die Schwellspannung des Transistors zu höheren Werten (ca. +4V nach hinreichender Programmierdauer).

Zum *Löschen* wird das Gate der entsprechenden Transistoren auf Masse und Source und Substrat auf hohe Spannung gelegt, wobei eine für das Elektronen-tunneln ausreichende Feldstärke über das dünne Oxid erzeugt und die Zwischenschicht entladen wird.

Praktisch erfolgt die Steuerung durch die in Abb. 5.21a dargestellten gesonderten Programmier-Wort- und -Bitleitungen mit den Spannungsverhältnissen nach Tabelle 5.1. Zum Unterbinden der Programmierung der Zellen nicht ausgewählter Bitleitungen muß die Programmier-BL dieser Spalten an eine hohe Spannung U_i (Inhibit-Spannung) gleicher Größe gelegt werden.

Tabelle 5.1. Spannungsbelegung an Wort- und Bitleitungen für Programmieren und Löschen der MNOS-EEPROM-Zelle

Anschluß	Programmieren		Löschen	
	selektiert	nicht selektiert	selektiert	nicht selektiert
Programmier-WL	U_P	0	0	U_P
Programmier-BL	0 oder U_i	U_i	U_i	U_i
P-Wanne	0	0	U_P	0

Um *byteweises Schreiben* (Löschen und Programmieren) zu ermöglichen, werden jeweils 8 Zellen benachbarter Spalten in getrennt ansteuerbaren P-Wannen untergebracht [5.26]. Zum Löschen wird dann nur an eine (selektierte) P-Wanne der Matrix, die dem ausgewählten Byte entspricht, die Programmierspannung gelegt. Dabei führt nur eine ausgewählte PWL das zum Löschen nötige Massepotential, während die nicht ausgewählten PWL hohe Spannung zum Unterbinden des Löschvorganges nichtausgewählter Bytes der gleichen P-Wanne erhalten.

Beim *Lesen* sind PWL und PBL auf Massepotential. Damit ist eine ausgewählte Zelle leitend, wenn ihr Speichertransistor nicht programmiert ist, bzw. nicht leitend, wenn er programmiert ist. Je nach Speicherzustand kann also über den eingeschalteten Auswahltransistor ein Strom in die jeweilige Bitleitung fließen oder nicht.

Daten der Speicherzelle des 64kbit-MNOS-EEPROM nach [5.26] sind: Tunneloxiddicke 1,7nm (!), Nitriddicke 30nm, Programmierspannung 16V (im Vergleich für den 16kbit-Vorläufertyp: 2,1nm, 50nm bzw. 25V).

Bei dem neueren (64K-) EEPROM wird die hohe Spannung intern aus einer einzigen 5V-Betriebsspannung mittels Oszillator und Ladungspumpe erzeugt. Das ist dadurch möglich geworden, daß die bei Löschen und Programmieren auftretende Gleichstrombelastung der Hochspannung eliminiert wurde. Diese war bei dem Vorläufertyp vorwiegend dadurch bedingt, daß die Drain-Substrat-Durchbruchspannung niedriger war als die Programmierspannung.

Zur Heraufsetzung dieser Durchbruchspannung wurde eine spezielle Struktur des Speichertransistors mit niedrigdotierten Drain- und Sourcegebieten (LDD) und mit über Drain und Source gezogenem Gate (mit Oxidstufe) entwickelt, bei der die auftretenden Feldstärkespitzen an Gate- bzw. Drainrand reduziert sind.

Der 64K-MNOS-Speicher [5.26] ist pinkompatibel zum 64K-EPROM bis auf Pin 1, das nicht verbunden ist, da die Programmierspannung intern erzeugt wird. Er erreicht eine Zugriffszeit von 150ns, eine niedrige Verlustleistung von 275mW, schnelle Lösch- und Schreibzyklen mit unter 1ms, eine Ladungshalte- und damit Speicherzeit von über 10 Jahren und eine hohe Ausdauer von ca. 10^4 Lösch- und Schreibzyklen.

5.5.2 Floatinggate-EEPROM

5.5.2.1 Zweitransistor-FLOTOX-Zelle

Bei dieser Zelle wird wie beim EPROM die Aufladung eines vollständig in Oxid eingebetteten Floatinggates zur Programmierung ausgenutzt. Die Beladung kann durch Tunneln heißer Elektronen aus dem Kanalbereich (Avalanche-Injektion wie bei EPROMs) erfolgen. Für die Löschung muß die Ladung durch Löcherinjektion [5.29] oder durch Elektronenemission vom Floatinggate zu einem darüber liegenden Steuergate [5.30] bzw. zum Substrat [5.31] abgeführt werden können.

Neuere EEPROMs nutzen sowohl für das Programmieren als auch für das Löschen das direkte Tunneln von Elektronen unter der Wirkung einer hohen elektrischen Feldstärke (Fowler-Nordheim-Tunnelung) durch den Isolator, meist zwischen Floatinggate und Substrat oder Floatinggate und Drain [5.32]. Dabei ist kein Kanal- oder Avalanche-Durchbruch erforderlich, wodurch die Strombelastung der nötigen hohen Programmierspannung sehr gering ist und diese chipintern erzeugt werden kann.

Den Aufbau der Speicherzelle zeigt Abb. 5.22a,b. Sie besteht aus einem Speichertransistor mit Floatinggate (FG) und spezieller Struktur (sogen. FLOTOX-Struktur: floating-gate tunneling oxide) und einem Auswahltransistor [5.33], [5.34].

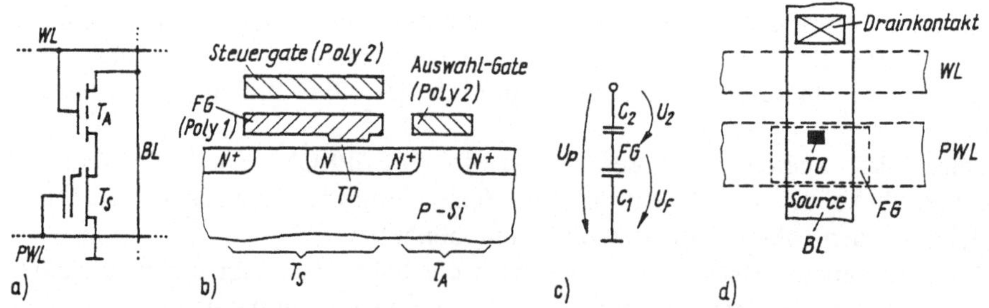

Abb. 5.22. EEPROM-FLOTOX-Zelle
a Schaltbild, b Aufbau im Schnitt, c Kapazitives Ersatzschaltbild des Speichertransistors, d Layout
BL, WL, PBL, PWL wie Abb. 5.21; FG Floatinggate; TO Tunneloxid;
TA Auswahltransistor; TS Speichertransistor

Maßgeblich für Programmierung und Löschung ist die Realisierung eines Bereiches mit sehr dünnem Oxid für das Elektronentunneln zwischen FG und Drain.

Zum Aufladen des FG (*Programmieren*) wird eine hohe positive Spannung U_P an das obere Steuergate und Massepotential an Drain gelegt. Durch elektrostatische Kopplung nimmt das FG dabei eine Spannung U_F an, die sich anhand des Ersatzschaltbildes (Abb. 5.22c) wie folgt ergibt. Aus

$$Q_2 = C_2 U_2, \quad Q_1 = C_1 U_1, \quad Q_1\text{-}Q_2 = Q_F, \quad U_P = U_2 + U_F \tag{5.1}$$

folgt nach kurzer Umformung

$$U_F = \frac{C_2 U_P + Q_F}{C_1 + C_2} . \tag{5.2}$$

C_2 Kapazität zwischen FG und Steuergate,

C_1 gesamte Kapazität des FG zu Drain und Substrat,

Q_F Speicherladung auf dem FG,

U_P Programmierspannung.

Der Tunnelstrom zum FG ist der elektrischen Feldstärke proportional, die unter der Voraussetzung eines homogenen Feldes über der dünnen Schicht

$$E_1 = U_F / d_{TO} \tag{5.3}$$

beträgt. Dieser Tunnelstrom muß größer als der Tunnelstrom zwischen FG und Steuergate sein, d.h. E_1 muß deutlich größer als $E_2 = U_2 / d_2$ sein (d_2 Zwischen-ebenen-Isolatordicke). Aus den obigen Gleichungen folgt

$$\frac{E_1}{E_2} = \frac{d_2 U_F}{d_1 U_2} = \frac{d_2 U_F}{d_1 [U_P\text{-}U_F]} = \frac{d_2 [C_2 U_P + Q_F]}{d_1 [C_1 U_P\text{-}Q_F]} . \tag{5.4}$$

Für $Q_F = 0$ ist

$$\frac{E_{10}}{E_{20}} = \frac{d_2 C_2}{d_1 C_1} . \tag{5.5}$$

Die günstigsten Programmierbedingungen ergeben sich aus Gln. (5.1), (5.3) und (5.5), wenn d_{TO} möglichst klein und $C_1 << C_2$ sind. Da C_1 in erster Linie die Kapazität des Tunneloxidbereiches ist und $d_1 C_1$ der Fläche dieses Bereiches entspricht, muß die Fläche des Tunnelbereiches klein gegenüber der Überlappungsfläche von FG und Steuergate ($A_2 \sim d_2 C_2$) sein. Daher wird zwischen FG und Drain mit einer getrennten Schablone ein möglichst kleines Fenster im Gateoxid für das dünne Tunneloxid realisiert (typisches Layout siehe Abb. 5.22d).

Die Daten einer Speicherzelle eines 256K-EEPROM sind: d_{TO}=8nm, Gateoxiddicke 50nm, Interpoly-Oxiddicke 50nm, Tunnelfläche ca. $2,5\mu m^2$, Zellenfläche $54\mu m^2$ [5.34]. Mit einer Programmierspannung von 18...19V wird in 5ms eine Schwellspannungsverschiebung von +4V (gelöschte Zelle) auf -4V (programmierte Zelle, selbstleitend bei $U_{GS}{=}0$) erreicht. Zum Löschen wird das Steuergate auf Masse und Drain an U_P gelegt, wodurch ein entgegengesetztes Elektronentunneln eingeleitet wird. Das entspricht einer Akkumulation positiver Ladung auf dem FG.

5.5.2.2 Eigenschaften der EEPROM-Schaltkreise

Die EEPROM-Schaltkreise haben sich mit der Verbesserung des Integrationsgrades und der Technologie auch in schaltungstechnischer und applikativer Hinsicht ständig weiterentwickelt (Abb. 5.23). Zunächst mußten die Schreibimpulse für Löschen und Programmieren mit definierter Form (langsamer Anstieg der Spannung mit ca. 10V/ms zum Schutz des dünnen Tunneloxids) extern bereitgestellt werden und die Adressen- und Steuersignale sowie die Daten für die gesamte Dauer des Schreibvorganges extern gültig bleiben.

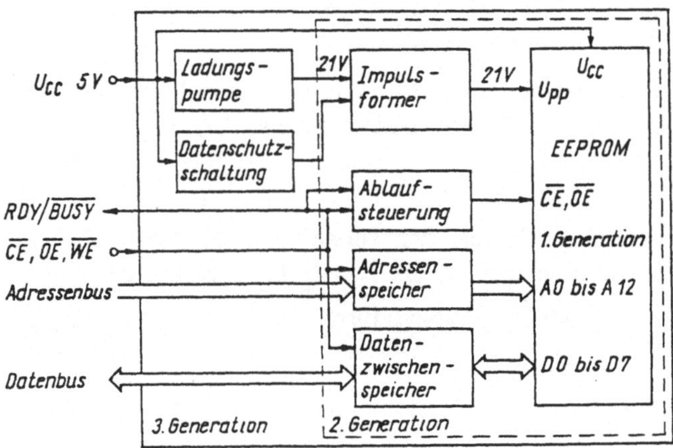

Abb. 5.23. EEPROM-Entwicklungsstufen (nach [5.28])

Nach Integration von Zwischenspeichern für Adresse und Daten, einer Ablausteuerung und einer Impulsformerschaltung für den Schreibimpuls wurde die Anwendung der EEPROMs schon wesentlich vereinfacht: Signale brauchten nur kurzzeitig anzuliegen und die Programmierspannung konnte als Gleichspannung angelegt werden (2. Generation).

Moderne EEPROMs der 3. Generation kommen mit einer Betriebsspannung von 5V aus, indem die Programmier- und Löschspannung chipintern mittels Ladungs-pumpe bereitgestellt werden (Schaltung z.B. in [5.35]). Da alle für Löschen und Schreiben notwendigen Impulse intern erzeugt werden, wenn mit äußeren Steuersignalen ein Schreibvorgang eingeleitet wird, besteht aber auch die Gefahr, daß durch Störungen wie Netzausfall u.a. undefinierte Zustände auftreten, die unbeabsichtigte Schreibvorgänge auslösen. Um die Information gegen solche

Störungen zu sichern, wurden Schreibschutzschaltungen entwickelt und mit integriert.

Hauptprobleme der EEPROM-Schaltkreise sind ihre Speicherzeit (retention rate) und ihre aktive Lebensdauer (endurance, Zahl der möglichen Lösch-/Programmierzyklen). Diese Probleme resultieren in erster Linie aus der technologischen Beherrschung der extrem dünnen Tunneloxidschicht und ihren Isolationseigenschaften.

Für ein gute Speicherzeit müßte das Oxid dicker sein, was höhere Programmierspannung und längere Programmierzeit erfordern würde. Die gewählten Kompromisse liegen so, daß mit den realisierten Elementen Programmierzeiten <5ms und Speicherzeiten größer 10 Jahre erreicht werden. Heute wird bei der internen Steuerung der Lösch- und Programmiervorgänge mehr und mehr eine Arbeitsweise angewendet, bei der durch wiederholtes Arbeiten mit kürzeren Impulsen und Abfrage der zu programmierenden Zellen (vgl. Abschnitt 5.4.4.2) die Güte und der Verschleißzustand des Tunneloxids automatisch berücksichtigt wird. Die Zahl der möglichen Programmierzyklen liegt durchschnittlich bei $10^4...10^6$.

Das Schreiben (Löschen bzw. Programmieren) erfolgt byteweise in typischerweise 5ms. Praktisch alle neueren Schaltkreise bieten aber auch einen *page mode* zum Schreiben an. Dieser beinhaltet das Laden von mehreren Bytes in interne Spaltenlatches, die dann gleichzeitig in eine Zeile geschrieben werden. Nicht selektierte Bytes, die keine Datenänderung erfahren, werden in dem Lösch-Programmierzyklus nicht mit Hochspannungen beaufschlagt, um Vorsorge für große Lebensdauer zu treffen. Die maximale Größe einer Seite entspricht der Kapazität einer Wortleitung (z.B. 64byte in [5.34], [5.36]). Dadurch kann die Schreibzeit praktisch auf bis zu 80µs/byte reduziert werden.

Auch in hochintegrierten EEPROM-Schaltkreisen wurde die Verwendung von *Redundanz* zur Ausbeuteerhöhung vorgesehen. Dabei können zur Programmierung der redundanten Zeilen bzw. Spalten wiederum EEPROM-Elemente eingesetzt und elektrisch eingeschaltet werden [5.37].

Die Verwendung der NAND-Schaltung von Speichertransitoren an den Bitleitungen anstelle der üblichen NOR-Schaltung (vgl. bei ROMs, Abschnitt 5.2.2.3) ermöglicht auch hier, Platz für Kontaktflächen und Auswahltransistoren zu sparen [5.38]. Durch Anordnung von jeweils 8 Speichertransistoren in Reihe zwischen zwei Auswahltransistoren wurde bei einem 4Mbit-CMOS-EEPROM mit 1µm-Entwurfsregeln eine Flächeneinsparung von 40% gegenüber üblichen EEPROMs erzielt, wobei die Geschwindigkeit aufgrund der Reihenschaltung reduziert ist (Zugriffszeit 1,6µs).

5.5.2.3 Flash-EEPROM

Nachteil der FLOTOX-EEPROM-Zelle ist der hohe Flächenbedarf gegenüber der EPROM-Zelle bedingt durch den Auswahltransistor, der für ihre Funktion aber erforderlich ist. Mitte der 80er Jahre wurde eine neue Zelle entwickelt, die diesen Nachteil nicht besitzt (Flash-EEPROM-Zelle, Abb. 5.24) [5.39]...[5.41]. Sie ist der EPROM-Zelle sehr ähnlich, jedoch ist das Steuergate auf der Drainseite zusammen

mit dem Floatinggate (FG) in einem selbstjustierenden Prozeß bündig geätzt und auf
der anderen Seite neben dem FG bis über das Substrat gezogen. Dadurch entsteht
eine Reihenschaltung aus FG und dem Steuergate über dem Kanalbereich, die der
Reihenschaltung eines Speichertransistors und eines Auswahltransistors äquivalent
ist.

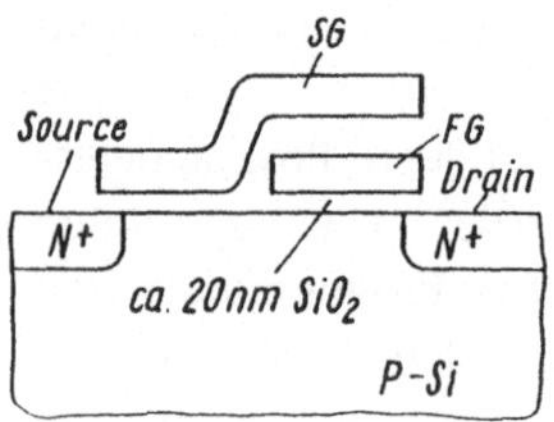

Abb. 5.24. Flash-EEPROM-Zelle
FG Floatinggate, SG Steuergate

Zum *Programmieren* wird wie bei der EPROM-Zelle die Injektion heißer
Elektonen aus dem Drain-Substratübergang auf das FG ausgenutzt. Dabei wird die
hohe Programmierspannung an Drain und Steuergate angelegt. Die Programmierdauer ist ebenfalls ähnlich (<1ms) und wird durch intern erzeugte
aufeinanderfolgende kürzere Programmierimpulse (z.B. 19V, 100µs) realisiert.
Durch die Aufladung des FG steigt die Schwellspannung auf >7V.

Ein elektrisches *Löschen* ist durch Fowler-Nordheim-Tunnelung möglich, indem
Steuergate und Source auf Masse und Drain an 19V gelegt werden [5.39].
Allerdings ist das Löschen nicht selektiv (also beispielsweise byteweise) möglich,
sondern nur für alle Zellen bzw. für ganze Blöcke der Speichermatrix gleichzeitig.
Hierauf bezieht sich auch die Bezeichnung "flash" (blitzartig). Die Löschzeiten
betragen 200ms...1s.

Das *Lesen* erfolgt wie bei der EEPROM-Zelle mit einer mittleren Spannung an
der Wortleitung (an den Steuergates) die die Größe U_{DD}-U_T aufweisen kann. Wenn
der Speichertransistor programmiert ist, ist er gesperrt (U_T>7V). Im gelöschten
Zustand kann das FG eine positive Ladung aufweisen, d.h. der FG-Bereich geht in
den Depletion-Mode über und ist ständig eingeschaltet. Daher ist der in Reihe
liegende Auswahltransistor nötig, um einen Stromfluß durch nicht selektierte Zellen
zu verhindern.

Die Struktur des Schaltkreises und die verwendete Schaltungstechnik
entsprechen denen der EPROMs bzw. der übrigen EEPROMs. Typische Daten für
256K-Flash-EEPROMs sind: Lesezugriff in 110ns, Löschen des gesamten Speichers
in 200ms, Programmieren mit 100µs/byte im page mode, Zellenfläche 6x6µm² (ca.
20% größer als die EEPROM-Zelle wegen des Auswahlgate-Bereiches), 5 und 12V
Betriebsspannung extern und 150mW Verlustleistung im Lesebetrieb [5.41]. Die
Umprogrammierung im System wird durch Befehlseingänge für die Bertriebsarten
Löschen, Löschen/Prüfen, Programmieren, Programmieren/Prüfen und Lesen

unterstützt. Damit können die Flash-EEPROMs eine Alternative zu den klassischen UV-löschbaren EPROMs mit vergleichbarem Integrationsgrad werden.

5.6 Nichtflüchtige RAM

Die EEPROM sind wegen ihrer Umprogrammierbarkeit auf der Leiterplatte (im System) und wegen der alleinigen 5V Betriebsspannung eine brauchbare Lösung für nichtflüchtige Speicher. Ihre Anwendung ist jedoch aufgrund der hohen Programmierdauer und der begrenzten Zahl von möglichen Lösch-/Programmier-zyklen -selbst wenn diese den Wert 10^6 erreicht- eingeschränkt und für schnelle nichtflüchtige Operativspeicher ungeeignet.

Um dennoch nichtflüchtige schnelle RAM zur Verfügung zu haben, wurden Schaltkreise entwickelt, die die Eigenschaften schneller RAM mit denen der Nichtflüchtigkeit von EEPROMs verbinden. Diese *nichtflüchtigen RAM* (nonvolatile RAM oder NVRAM) stellen eine bitweise Kombination von SRAM- und EEPROM-Zellen dar [5.42], [5.43], [5.44]. Aufgrund des hohen Platzbedarfes für die Zelle ist der Integrationsgrad dieser Speicher jedoch begrenzt (4...16kbit) und damit der Bitpreis zu hoch für einen breiteren Einsatz. Vielmehr muß in den gegenwärtigen Computersystemen auf andere, billigere nichtflüchtige Speicher zurückgegriffen werden (EEPROM, Hard-disk).

Neuerdings gibt es auch einen Vorschlag, eine EEPROM-Zelle mit der DRAM-Speicherzelle zu einem NVRAM zu kombinieren [5.45]. Durch geeignete Konstruktion der Zelle, die aus einem EEPROM-Speichertransistor, einer Kapazität und drei Auswahltransistoren besteht (davon einer für die Steuerung der Bertriebsart RAM oder EEPROM), konnte die Dummy-Zelle eliminiert, der gleiche Leseverstärker für Lesen aus dem DRAM-Speicherkondensator und aus dem EEPROM-Speichertransistor verwendet und ein seitenweiser Datentransfer zwi-schen DRAM und EEPROM erreicht werden. Die beschriebenen Untersuchungen sind jedoch noch im Laborstadium.

Solange befriedigende praktikable Lösungen für nichtflüchtige RAM nicht zur Verfügung stehen, hilft man sich mit CMOS-SRAM geringen Leistungsbedarfs, die durch Batterien gepuffert werden. Eine interessante Variante diesen Typs verwendet Miniatur-Lithiumzellen, die in das Gehäuse des Schaltkreises mitintegriert sind. Eine Sensor- und Steuerschaltung mißt ständig die Betriebsspannung und schaltet die Batterie ab, wenn diese einen Mindestwert übersteigt (z.B. 4,2...4,5V). Bei Unterschreitung des Mindestwertes der Betriebsspannung werden Speicherzugriffe unterbunden ($\overline{CE}$ inaktiv) und bei Ausfall der Versorgungspannung wird automa-tisch auf batteriegepufferten Datenerhalt umgeschaltet. Unzureichende Batterie-spannung kann ebenfalls angezeigt werden.

Ein Beispiel für einen nichtflüchtigen RAM stellt der MK48ZX2/12 von SGS Thomson Microelectronics dar [5.46]. Er hat 2Kx8bit und 120ns und ist zu entspre-chenden SRAM in 24poligem DIL-Gehäuse kompatibel.

6 Technische Realisierung von Speichern

In den ersten Kapiteln wurden innerer Aufbau, Eigenschaften und die entsprechenden mikroelektronischen Technologien verschiedener Speicherschaltkreise behandelt. Im vorliegenden Kapitel wird - nun aus Sicht des Anwenders von Speicherschaltkreisen - die Vorgehensweise bei der technischen Realisierung von Speichern als Bestandteil eines elektronischen Gerätes oder als eigenständiges Gerät betrachtet.

Nach allgmeinen Überlegungen zur technischen Realisierung von Speichern wird im zweiten Abschnitt dieses Kapitels der Leistungsbedarf eines Speichers berechnet und anschließend der Einfluß von Masse- und Betriebsspannungszuführung zum Speicherschaltkreis auf die Funktionsfähigkeit des gesamten Speichers dargestellt. Der dritte Abschnitt beschreibt elektrische Störerscheinungen beim Signalaustausch innerhalb des Speicher (Reflexionen und Übersprechen) und behandelt Maßnahmen zu deren Reduzierung. Neben verschiedenen Varianten, eine Speicherleiterkarte geometrisch zu strukturieren, werden im letzten Abschnitt Möglichkeiten zur Steigerung der Packungsdichte aufgezeigt.

Da dem Speicher im allgemeinen eine einfache, übersichtliche logische Struktur zugrundeliegt, ist man häufig veranlaßt, der technischen Realisierung keine ausreichende Beachtung zu schenken. Viele der anschließend behandelten Fakten können jedoch die Funktionsfähigkeit eines Speichers entscheidend beeinflussen, werden sie trotz modernster hochintegrierter Speicherschaltkreise nicht genügend berücksichtigt.

6.1 Allgemeine Überlegungen

Jeder technischen Realisierung geht eine Phase der Konzipierung voraus, in der grundlegende technische und ökonomische Randbedingungen abgesteckt werden. Diese dienen anschließend, während der Phase der technischen Realisierung, als Entscheidungskriterium für alle aufgeworfenen Fragenkomplexe. Beispiele einiger wichtiger, den Speicher betreffender Fragen sind im folgenden aufgeführt. Da sich ihre möglichen Lösungsvarianten teilweise widersprechen, müssen sie gegeneinander abgewogen und optimiert werden, um schließlich der Grundkonzeption für einen konkreten Speicher zu genügen. Zu diesen Fragen gehören:

- Welcher Speicherschaltkreis soll eingesetzt werden? Muß ein SRAM- oder ein DRAM- Schaltkreis benutzt werden? (Für diese Entscheidung können Geschwindigkeitsforderungen, Volumenvorgaben, Stromverbrauch, Preisgründe usw. ausschlaggebend sein).

- Wie zuverlässig muß der Speicher sein? Sind besondere Forderungen an den Ausfallabstand gestellt? Ist es notwendig, statt einfacher Fehlererkennung eine Fehlerkorrektureinrichtung vorzusehen? Sind Vorkehrungen gegen Soft-errors zu treffen?
- Welche Speicherstruktur ist notwendig? Müssen besondere Maßnahmen ergriffen werden, um den Datendurchsatz zu beschleunigen?
- Können zweilagige Leiterkarten eingesetzt werden?
- Welche Vorkehrungen sind zur Speicherprüfung notwendig? Mit welchen Programmen soll geprüft werden, bei welcher Temperatur? Sind besondere Inbetriebnahmehilfsmittel erforderlich?
- Welche Forderungen sind an die Speicherwartung (Reparatur) zu stellen?
- Sind aus den Umgebungsbedingungen (Temperatur, Strahlung usw.) bestimmte Maßnahmen abzuleiten?
- Müssen Vorkehrungen getroffen werden, um eine Sicherung der Daten bei Energieausfall zu garantieren? Ist eine Stützbatterie notwendig? Wie lange sollen die Daten gesichert werden?
- Welche Schaltkreistechnik soll in der Ansteuerung Verwendung finden?
- Ist es günstig, hochintegrierte Unterstützungsschaltkreise einzusetzen?

Allen weiteren Betrachtungen in den Kapiteln 6 und 7 sind einige *Festlegungen und Definitionen* voranzustellen:

1. Es werden nur Speicherschaltkreise untersucht, die sich aus den heute gebräuchlichsten Speicherschaltkreisen (SRAM, DRAM, ROM) mit direktem Zugriff zusammensetzen. Spezifische Probleme anderer Speicherorganisationsformen wie z.B. SAM (serial access memory, Speicher mit seriellem Zugriff) werden nicht behandelt.

2. Der *Speicherschaltkreis* ist jetzt eine "black box". Unter Berücksichtigung seiner elektrischen und logischen Randbedingungen werden alle weiteren Untersuchungen ausgeführt.

3. Ein *Speicher* (Abb. 6.1) mit N Speicherplätzen zu je i bit Aufrufbreite besitzt eine Kapazität K, wobei

$$K = N{\cdot}i$$

ist (für N ist auch der Begriff "Anzahl der gespeicherten Worte", für i "Wortbreite" gebräuchlich, vgl. Abschnitt 2.2.2).

4. Ein *Basisspeichermodul* (BSM) ist eine technische Speichereinheit (Abb. 6.2), bestehend aus einer Matrix typgleicher Speicherschaltkreise und einer entsprechenden Anzahl von Treiberschaltkreisen. Die Summe der Speicherschaltkreise der Matrix beträgt y·a (y Zeilenzahl der Matrix, a Aufrufbreite des BSM). Die Speicherkapazität des BSM ergibt sich aus

$$K = (y{\cdot}2^{n}){\cdot}a.$$

n Anzahl der Adreßbits des Speicherschaltkreises.

Durch Zusammenfügen mehrerer BSM in Breite (Aufrufbreite) und Tiefe (Adreßtiefe) kann ein größerer Speicher aufgebaut werden.

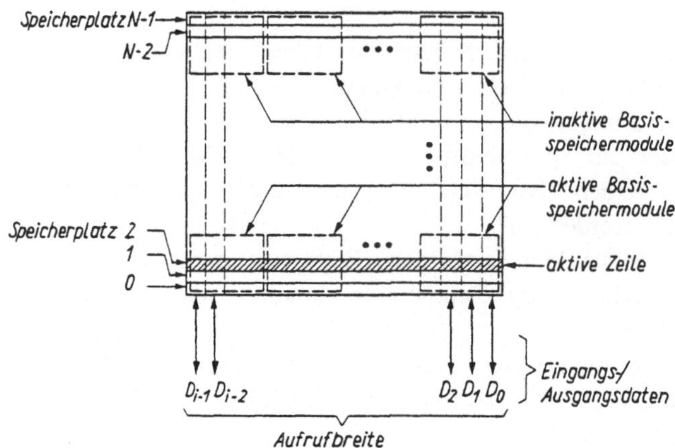

Abb. 6.1. Speicher mit N Speicherplätzen und einer Aufrufbreite von i bit. $D_0...D_{i-1}$ Datenbits

Jeder Speicher besteht aus mindestens einem, meist aber mehreren Basisspeichermodulen, die um eine gegenseitige Beeinflussung zu vermindern, elektrisch weitgehend voneinander entkoppelt sind. In großen Speichern belegt der BSM meist eine eigene physische Einheit (Leiterkarte), bei kleinen Speichern ist der BSM gemeinsam mit anderen Funktionsgruppen auf einer Leiterkarte untergebracht. Der in Abb.6.1 dargestellte Speicher besteht aus mehreren BSM (gestrichelte Kästchen). Sie sind zur Vergrößerung der Aufrufbreite in horizontaler und zur Erhöhung der Adreßtiefe in vertikaler Richtung aneinandergereiht.

Vielfältig strukturierte Varianten von BSM sind denkbar. Für die nachfolgenden Betrachtungen wurden in Abb. 6.2 zwei auf das Wesentliche reduzierte BSM ausgewählt. Beide BSM besitzen eine Aufrufbreite von a bit und werden durch n Adreßbits angesteuert. Der DRAM-Modul Abb. 6.2a unterscheidet sich vom SRAM-Modul Abb. 6.2b lediglich durch den RAM-Bausteintyp und die Zahl der Treiberstufen, entsprechend der Spezifikation des jeweiligen Speicherschaltkreises.

Während der SRAM-Schaltkreis im allgemeinen nur mit zwei Takten CE und WE operiert, benötigt der DRAM insgesammt drei Takte RAS, CAS und WE. Jeder Adreßtreiber ist sowohl in Abb. 6.2a als auch in Abb. 6.2b mit jedem RAM-Schaltkreis der Matrix verbunden.

Der SRAM- und der DRAM-Modul wurden mit Speicherschaltkreistypen implementiert, die eine Aufrufbreite von 1bit besitzen und "tri-state" Datenausgänge aufweisen. Das heißt, die Schaltkreisausgänge haben neben den logischen High- und Low-Zuständen einen dritten hochohmigen Zustand, in den sie geschaltet werden, wenn der Schaltkreis inaktiv sein soll. Die Ansteuerung der Speichermatrix muß garantieren, daß stets nur eine Zeile aktiviert wird, damit innerhalb einer Spalte nur

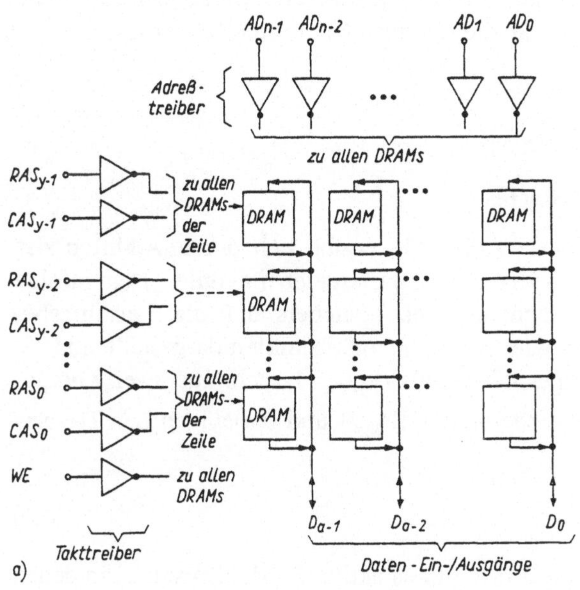

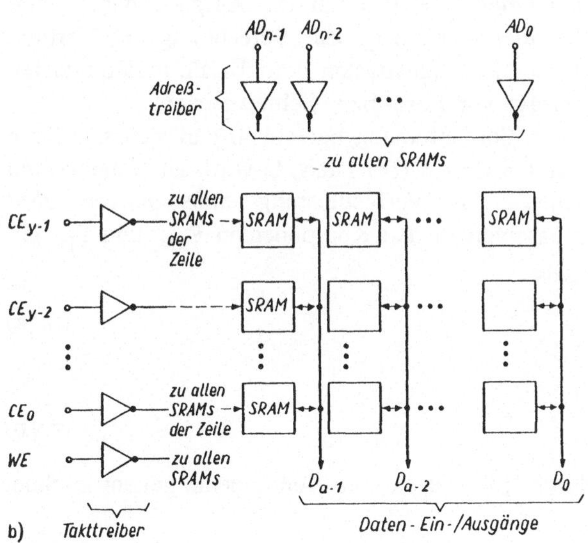

Abb. 6.2. Basisspeichermodul **a** bestehend aus DRAM-Speicherschaltkreisen,
b bestehend aus SRAM-Speicherschaltkreisen
$AD_0...AD_{n-1}$ Adressen, $RAS_0...RAS_{y-1}$ RAS-Taktsignale,
$CAS_0...CAS_{y-1}$ CAS-Taktsignale, WE Schreibtakt, $CE_0...CE_{y-1}$ Chipauswahltakte,
$D_0...D_{a-1}$ Daten-Ein-/Ausgänge, y Zeilenzahl, a Spaltenzahl = Anzahl der Daten-Ein-
/Ausgänge, n Anzahl der Adreßsignale

ein Speicherschaltkreis aktiv ist und alle anderen inaktiv sind. So können sämtliche Daten-Ein-/Ausgänge der RAM einer Spalte miteinander verbunden werden.

6.2 Stromversorgung der Speicher

6.2.1 Berechnung des Leistungsbedarfes

Der Leistungsbedarf eines Speichers (Abb. 6.1) ergibt sich durch Addition des Leistungsbedarfes aller in ihm enthaltenen Basisspeichermodule. Demzufolge konzentriert sich die Leistungsberechnung des Speichers auf die Leistungsberechnung der Basisspeichermodule, wie sie in Abb. 6.2 detailliert dargestellt sind.

Die Verlustleistung des Basisspeichermoduls (P_{BSM}) besteht aus zwei Komponenten, der Verlustleistung der Speichermatrix (P_{MA}) und derjenigen der Treiberstufen (P_D):

$$P_{BSM} = P_{MA} + P_D. \tag{6.1}$$

In Speichern, mit einer Vielzahl von BSM, gibt es aktive BSM, also solche in denen gerade ein Lese- oder Schreibzyklus abläuft, und inaktive oder passive BSM, die weder gelesen noch geschrieben werden, die also nur die Aufgabe haben, ihre Informationen zu speichern (siehe auch Abb. 6.1). Zur Berechnung der Verlustleistung eines aktiven BSM wählt man den ungüstigsten Betriebsfall, in den meisten Fällen die ununterbrochene Reihenfolge von Lese- bzw. Schreibzyklen.

Der *passive BSM* wird unter der Voraussetzung berechnet, daß sich sämtliche Speicherschaltkreise im Ruhezustand befinden (bei DRAMs wird der Ruhezustand von Regenerierzyklen unterbrochen). Die Verlustleistung eines *aktiven BSM* unterscheidet sich von der eines passiven in den Komponenten P_{MA} und P_D. Gl. (6.1) läßt sich demnach schreiben als

$$P_{BSM,av} = P_{MA,av} + P_{D,av} \tag{6.1a}$$

bzw.

$$P_{BSM,pv} = P_{MA,pv} + P_{D,pv}, \tag{6.1b}$$

wobei mit "av" die aktive und durch "pv" die passive Komponente gekennzeichnet sind.

Zunächst soll die Verlustleistung P_{MA} der Speichermatrix ermittelt werden und anschließend die Treiberverlustleistung P_D [6.1]...[6.3].

6.2.1.1 Berechnung der Verlustleistung der Speichermatrix

Für eine aktive Speichermatrix des BSM von Abb. 6.2a oder Abb. 6.2b, bei der genau eine Zeile von Speicherbausteinen im Lese- oder Schreibzustand und alle übrigen im Ruhezustand (passiv = stand-by) sind, gilt

$$P_{MA,av} = a\, P_{MD,av} + (y\text{-}1)a\, P_{MD,pv}. \tag{6.2a}$$

Für eine passive Speichermatrix (sämtliche Speicherschaltkreise im Ruhezustand) läßt sich schreiben

$$P_{MA,pv} = a\, y\, P_{MD,pv}. \tag{6.2b}$$

$P_{MA,av}$, $P_{MA,pv}$ Verlustleistng der aktiven bzw. passiven Speichermatrix (memory array)

$P_{MD,av}$, $P_{MD,pv}$ Verlustleistung *eines* aktiven bzw. passiven Speicherschaltkreises (memory device)

a, y Spalten- bzw. Zeilenzahl der Speicherschaltkreis-Matrix (Abb. 6.2)

Die Verlustleistungsberechnung der Speichermatrix reduziert sich nunmehr auf die Verlustleistungsberechnung eines Speicherschaltkreises. Im folgenden wird zunächst der aktive und anschließend der passive Speicherschaltkreis untersucht.

Speicherschaltkreis im aktiven Zustand

Die Verlustleistung eines Speicherschaltkreises im aktiven Zustand und mit belastetem Ausgang kann ganz allgemein aus zwei Teilen bestehend betrachtet werden

$$P_{MD,av} = P_{OP} + P_{L}. \tag{6.3}$$

Während der erste Term (P_{OP}) den im Datenblatt spezifizierten Speicherschaltkreis charakterisiert, kennzeichnet der zweite (P_{L}) die zusätzliche äußere Belastung.

Die *Verlustleistung* P_{OP} bzw. der über einen Zyklus gemittelte Betriebsstrom I_{CC0} wird im Datenblatt des Speicherschaltkreises meist als Maximalwert bei minimaler Zykluszeit t_{CYCmin} garantiert. Der Betriebsstrom ist frequenzabhängig. Er sinkt, sobald die Zykluszeit verlängert wird. Allgemeine Beziehungen für das Frequenzverhalten des Betriebsstromes werden selten angegeben, weil der Betriebsstrom nicht nur von der Zykluszeit, sondern auch von der Breite verschiedener Takte innerhalb des Zyklus abhängt.

Abbildung 6.3a zeigt den Speicherschaltkreis in der Anordnung, in der für ihn im Datenblatt Betriebsstromwerte festgelegt sind (im Leerlauf, nur mit der Datenausgangskapazität C_{OUT}). Rechnet man mit dem im Datenblatt fixierten Strom, so ist der Fehler unbedeutend, wenn der Schaltkreis auch in der Nähe der minimalen Zykluszeit arbeitet. Weicht jedoch die nominale Zykluszeit t_{CYCnom} von der minimalen beträchtlich ab, so sind orientierende Messungen zu empfehlen, um zu prüfen, ob beispielsweise eine Näherung der nominalen Verlustleistung [6.4], [6.5] gemäß

$$P_{OPnom} = U_{CC}\,[I_{CC0}\, t_{CYCmin}/t_{CYCnom} + I_{CCSB}\,(1\text{-}\, t_{CYCmin}/t_{CYCnom})] \tag{6.4}$$

anwendbar ist.

Gleichung (6.4) setzt voraus, daß im Speicherschaltkreis bis auf statische Restströme nur kapazitive Ladeströme fließen, wie es für CMOS-Schaltkreise gilt. Während eines Bruchteiles der Zeit (t_{CYCmin}/t_{CYCnom}) fließt der maximale Strom I_{CC0}, in der verbleibenden Zeit ($1-t_{CYCmin}$/t_{CYCnom}) der Reststrom I_{CCSB}. Beide Komponenten bilden die Verlustleistung bei ununterbrochenem Betrieb mit einer Zykluszeit $t_{CYCnom} > t_{CYCmin}$.

In Abb. 6.3b ist ein Speicherschaltkreis mit zusätzlicher externer Belastung dargestellt, wobei in C_L sämtliche Verdrahtungskapazitäten und Eingangskapazitäten nachgeschalteter Speicher und Logikschaltkreise zusammengefaßt sind.

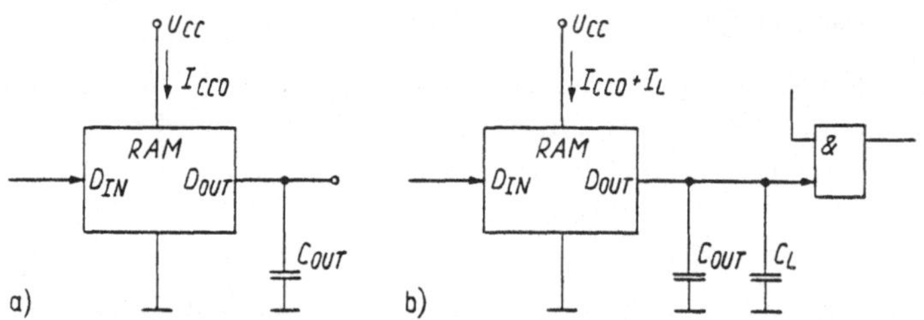

Abb. 6.3. Blockschaltbild eines Speicherschaltkreises
a unbelastet entsprechend Datenblatt, **b** belastet mit C_L und Logik- Gatter
D_{IN} Dateneingang, D_{OUT} Datenausgang, U_{CC} Betriebsspannung, I_{CC0} Betriebsstrom im aktiven Zustand bei t_{CYCmin}, C_{OUT} Kapazität von D_{OUT}, C_L Lastkapazität, I_L Laststrom aufgrund äußerer Belastung

Die *Verlustleistung durch äußere Belastung* P_L besteht aus einem ersten dynamischen (frequenzabhängigen) Anteil, der durch Umladung der externen Lastkapazität hervorgerufen wird, und einem zweiten statischen Anteil:

$$P_L = I_L U_{CC} = C_L U_C^2/t_{CYC} + I_{LSTAT} U_{CC}. \tag{6.5}$$

P_L Verlustleistung durch äußere Belastung

I_L Ersatzlaststrom, auf Betriebsspannung bezogen

U_{CC} Betriebsspannung

$U_C = U_{Cmax} - U_{Cmin}$ Spannungshub, der beim Umladen an C_L auftritt

U_{Cmax} Maximalspannung an C_L

U_{Cmin} Minimalspannung an C_L

C_L externe Lastkapazität

t_{CYC} Zykluszeit, mit der C_L umgeladen wird

I_{LSTAT} Laststrom, durch beliebige statische Belastung

Ihre Ermittlung wird später an einem Beispiel ausführlicher gezeigt.

Speicherschaltkreis im passiven Zustand

Wenn die Verlustleistung eines Speicherschaltkreises im passiven Zustand bestimmt werden soll ($P_{MD,pv}$ in Gl. (6.2a,b)), dann ist bei SRAM anders zu verfahren als bei DRAM-Schaltkreisen.

Für einen *SRAM-Schaltkreis* kann die Verlustleistung nach

$$P_{MD,pv} = U_{CC}\, I_{CCR} \tag{6.6}$$

ermitteln werden, mit U_{CC} Betriebsspannung des Speicherschaltkreises und I_{CCR} Betriebsstrom im Ruhezustand.

Etwas komplizierter sind die Verhältnisse im *dynamischen Speicherschaltkreis* [6.6]. Aufgrund der auch im passiven Zustand ständig notwendigen Regenerierzyklen (siehe Abb. 6.4) besteht die Verlustleistung im Ruhezustand $P_{MD,pv}$ aus zwei Termen.

Der erste Term beschreibt den Verlustleistungsanteil, der durch die Regenerierzyklen selbst beigesteuert wird (zur Berechnung der Verlustleistung kann man Regenerierzyklen meist mit Speicherzyklen gleichsetzten), und der zweite den Verlustleistungsanteil während der Ruhezustände zwischen den Regenerierzyklen. Sie ergen sich aus

$$P_{MD,pv} = U_{CC}(I_{CCREF}\, r\, t_{CYC}/t_{REF} + I_{CCSB}[t_{REF} - r\, t_{CYC}]/t_{REF}) \;. \tag{6.7}$$

r Anzahl der Regenerierzyklen innerhalb der Refreshperiode t_{REF}

Achtung: Die Betriebsströme im Ruhezustand von CMOS-Speicherschaltkreisen (SRAM und DRAM) sind vom Ansteuerpegel (TTL oder CMOS) abhängig.

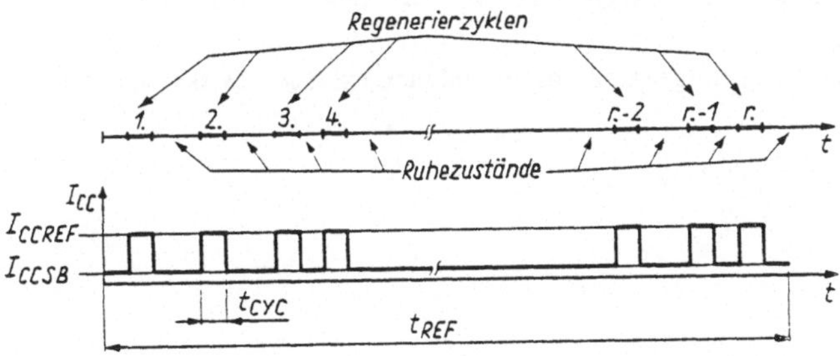

Abb. 6.4. Betriebsstromverlauf (schematisiert) eines DRAM im passiven Zustand mit verteilten Regenerierzyklen
I_{CCREF} mittlerer Betriebsstrom im Regenerierzustand, I_{CCSB} mittlerer Betriebsstrom im Ruhezustand (stand-by), t_{REF} Regenerierintervall, r Anzahl dervorgeschriebenen Regenerierzyklen im Regenerierintervall, t_{CYC} Zykluszeit eines Regeneriezyklus

6.2.1.2 Verlustleistung der Treiberbaustufen

Zur Auswertung von Gl. (6.1a,b) fehlt noch die Betrachtung der Treiberverlustleistung, wobei unter $P_{D,av}$ die Verlustleistung der Treiber im aktiven
Zustand und unter $P_{D,pv}$ diejenige im passiven Zustand der Speichermatrix (Abb.
6.2a,b) verstanden werden soll. Da zur Ermittlung der Verlustleistung des Treibers
die Schaltfrequenz und die Verweilzeit im Low- und High-Zustand wichtige
Eingangsgrößen darstellen, muß an Hand des Taktdiagrammes untersucht werden,
wie jeder Treiber im aktiven und passiven BSM arbeitet [6.1], [6,7], [6.8], [6.9].

Die Treiberverlustleistung setzt sich bei einem DRAM-BSM aus den
Verlustleistungen der $\overline{\text{RAS}}$ -, $\overline{\text{CAS}}$ -, $\overline{\text{WE}}$ - und Adreßtreiber, bei einem SRAM-
BSM aus den Verlustleistungen der $\overline{\text{CE}}$ -, $\overline{\text{WE}}$ - und Adreßtreiber zusammen. Jeder
Treiber des BSM sei ausschließlich mit MOS-Speicherschaltkreisen verbunden, die
durch Eigangsströme von wenigen µA gekennzeichnet sind. Damit kann die
Ausgangsbelastung eines Treibers in guter Näherung als rein kapazitiv angesehen
werden. Es ergibt sich die in Abb. 6.5 dargestellte Ersatzschaltung eines Treibers
mit der Lastkapaiztät C_L, in der sämtliche Eingangskapazitäten C_{IN} der angeschalteten RAMs und die Verdrahtungskapaztäten C_V des Leitungsnetzes zusammengefaßt sind.

Die Verlustleistung eines Treibers kann allgemein ausgedrückt werden durch

$$P_D = P_{STAT} + P_{INDYN} + P_{LDYN} . \tag{6.8}$$

P_{STAT} Gleichstromleistung, die im Ruhezustnd, nach Abklingen der High-/Low-
Flanke, aufgenommen wird

P_{INDYN} frequenzabhängiger Leistungsanteil, hervorgerufen durch Umschalten interner
Schaltkreiskapazitäten und durch interne Querströme, wenn beide Transistoren
kurzzeitig leitend sind

P_{LDYN} frequenzabhängiger Leistungsanteil durch Umladen externer Lastkapazitäten
C_L

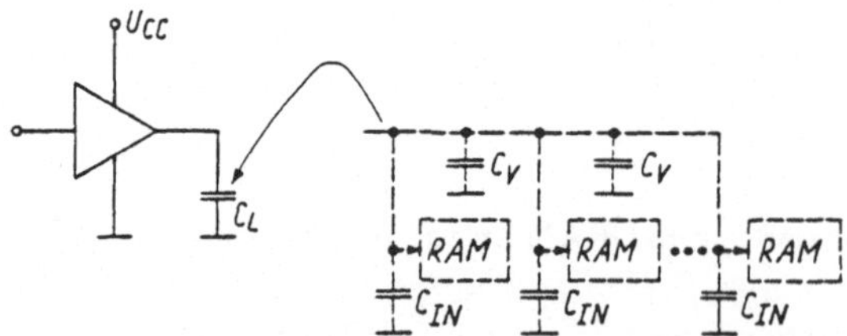

Abb. 6.5. Treiberschaltkreis mit externer Belastung
C_{IN} Eingangskapazität des RAM, C_V Verdrahtungkapazität,
C_L Ersatzlastkapazität $= \Sigma C_V + \Sigma C_{IN}$, U_{CC} Betriebsspannung

P_{STAT} und P_{INDYN} sind treiberspezifische Eigenschaften. Sie hängen von der Schaltkreistechnologie und vom Schaltkreistyp ab. Der durch äußere Belastung verursachte Verlustleistungsanteil ist im wesentlichen kapazitiver Natur und läßt sich demzufolge analog Gl. (6.5) berechnen.

6.2.1.3 Beispiel einer Verlustleistungsberechnung

Am Beispiel der Verlustleistungsberechnung eines DRAM-BSM nach Abb. 6.2a werden die bisherigen Darlegungen verdeutlicht. Gleichzeitig soll auf Näherungen hingewiesen werden, die in vielen Fällen notwendig sind, um bestimmte Eigenschaften leichter berechenbar zu gestalten.

Unter Verwendung eines CMOS-1Mx1bit DRAM-Speicherschaltkreises (z.B. HYB 511000, TC 511000) soll ein 4Mbyte-BSM mit einer Aufrufbreite von 8bit aufgebaut werden. Die dafür erforderliche Speichermatrix (analog Abb. 6.2a), besteht aus 4 Zeilen (y=4) und 8 Spalten (a=8). Zur Vereinfachung wird vorausgesetzt, daß der BSM mit einer Zykluszeit von 220ns, also mit der im Datenblatt des DRAM spezifizierten Zykluszeit arbeitet.

Da die 20 Adreßsignale eines 1Mbit DRAMs zeitmultiplex, d.h. nacheinander in zwei Blöcken zu je 10 Signalen übertragen werden, kommen insgesammt 10 Adreßtreiber (n=10) zum Einsatz. Weil jeweils ein $\overline{RAS}$ - und ein $\overline{CAS}$ -Treiber mit einer Zeile der Speichermatrix verbunden sind, werden 4 $\overline{RAS}$ -Treiber und 4 $\overline{CAS}$ -Treiber benötigt. Nur ein $\overline{WE}$ -Treiber übernimmt die Lese-/Schreib-Steuerung sämtlicher DRAMs der Matrix.

Die technische Realisierung aller Treiber soll mit dem Schaltkreis SN 74S04 durchgeführt werden. Die zur Berechnung benötigten Parameter von Treiber- und Speicherschaltkreis sind in Tabelle 6.1 zusammengefaßt. Der BSM soll wie im Taktdiagramm Abb. 6.6 dargestellt betrieben werden.

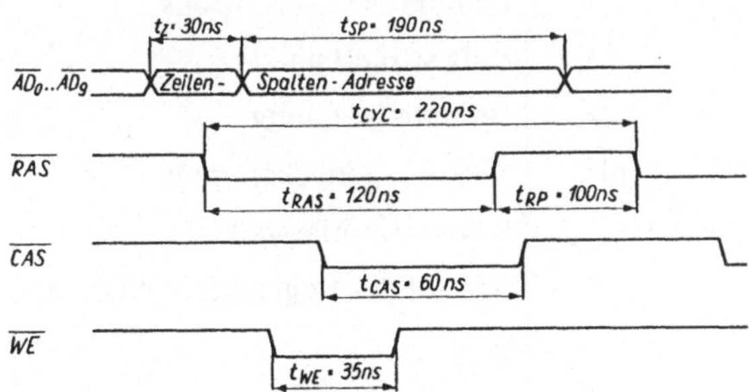

Abb. 6.6. Takdiagramm eines Basisspeichermoduls
t_Z Einschaltzeit der Zeilenadresse, t_{SP} Einschaltzeit der Spaltenadresse, t_{RAS} Einschaltzeit des $\overline{RAS}$ -Taktes, t_{CAS} Einschaltzeit des $\overline{CAS}$ -Taktes, t_{WE} Einschaltzeit des $\overline{WE}$ -Taktes, t_{RP} Erhohlzeit

Zunächst wird die Treiberverlustleistung im aktiven Zustand des BSM ermittelt, gleichbedeutend dem Betriebsfall, daß mit einer Zykluszeit t_{CYC} = 220ns entweder ununterbrochen auf ein und dieselbe oder auf unterschiedliche Zeilen zugegriffen wird. Nach Gl. (6.8) setzt sich die Treiberverlustleistung aus drei verschiedenen Beträgen zusammen.

Bei ca. 5MHz, so auch in diesem Beispiel, kann der interne Verlustleistungsanteil des zum Einsatz kommenden Schottky-TTL-Schaltkreises vernachlässigt werden (P_{INDYN} = 0), während der statische Anteil (P_{STAT}) und der frequenzabhängige Lastanteil (P_{LDYN}) unbedingt berücksichtigt werden müssen.

Tabelle 6.1. Parameter des Treiberschaltkreises SN74S04 und des Speicherschaltkreises TC 511000

Parameter	min. Wert	typ. Wert	max. Wert	Bezeichnung
Treiber SN74S04 (Angaben je Gatter):				
I_{CCL}		5mA	9mA	statischer Betriebsstrom, Ausgang Low
I_{CCH}	-	2,5mA	4mA	statischer Betriebsstrom, Ausgang High
U_{CC}	4,75V	5V	5,25V	Betriebsspannung
Speicherschaltkreis:				
I_{CCO}	-	-	60mA	Betriebsstrom bei t_{CYC}=220ns im Arbeitszustand
I_{CCREF}	-	-	50mA	Stromaufnahme im Regenerierzustand bei t_{CYC}=220ns
I_{CCSB}	-	-	2mA	Ruhestrom (stand by)
U_{CC}	4,5V	5V	5,5V	Betriebsspannung
$C_{IN/OUT}$	-		7pF	Ein-/Ausgangskapazität
t_{REF}	8ms			Regenerierintervall
r		512		Anzahl der Regenerierzyklen in t_{REF}
t_{CYC}	220ns			min. Zykluszeit

P_{STAT} wird berechnet, indem der Low-Strom in der Low-Zeit und der High-Strom in der High-Zeit summiert werden (die Zeiten sind aus Taktdiagramm Abb. 6.6 zu erkennen). Es gilt

$$P_{STAT} = U_{CC} \left(I_{CCL}\, t_{Low}\, / t_{CYC} + I_{CCH}\, t_{High}\, / t_{CYC} \right). \qquad\qquad (6.9)$$

P_{STAT} statische Verlustleistung des Treibers

U_{CC} Betriebsspannung

I_{CCL}, I_{CCH} Betriebsstrom bei Treiberausgang Low bzw.High

t_{Low}, t_{High} Low-bzw. High-Zeit des Treiberausganges

t_{CYC} Zykluszeit, mit der der Treiber umschaltet.

Die weitere Berechnung der Verlustleistung des DRAM-BSM für die Baugruppen

- RAS-Treiber
- CAS-Treiber
- WE-Treiber
- Adreßtreiber und
- Speichermatrix

ist im Anhang detailliert dargestellt. Besondere Beachtung sollte dabei der möglichen Verlustleistungseinsparung geschenkt werden, die an einigen Stellen diskutiert wird.

Insgesamt errechnet sich für den Beispiel-BSM mit den gegebenen Rahmenbedingungen eine Verlustleistung von ca. 2890mW für den aktiven und von ca. 960mW für den passiven Betriebszustand.

6.2.2 Betriebsstromzuführung innerhalb des BSM

Speicherschaltkreise sind komplexe Gebilde mit eigener interner Ablaufsteuerung, wie in den vorangegangenen Kapiteln beschrieben. Einmal durch einen äußeren Takt (z.B. $\overline{RAS}$) angestoßen, laufen interne Vorgänge mit hoher Geschwindigkeit ab. Sie können zwar durch das Ausbleiben weiterer Taktflanken (z.B. $\overline{CAS}$) eine gewisse Zeit unterbrochen werden, um aber nach deren Erscheinen mit gleicher hoher Geschwindigkeit fortzufahren. Die Vorgänge, die im Speicherschaltkreis ausgelöst werden, generieren stets dieselben schaltkreisspezifischen Betriebsstromänderungen in seinen Zuleitungen, weitgehend unabhängig von der Flankensteilheit der Ansteuersignale. Das bedeutet auch, daß der mit weniger steilen Flanken und mit geringerer Arbeitsfrequenz betriebene Speicherschaltkreis die gleichen Betriebsstromänderungen hervorruft, wie der mit steilen Flanken und seiner minimalen Zykluszeit betriebene Speicherschaltkreis.

Moderne Speicherschaltkreise mit kurzen Zykluszeiten erzeugen selbstverständlich auch schnelle Betriebsstromänderungen. Die Vorgänge in den Betriebsstromzuleitungen für einen 256kbit-DRAM-Schaltkreis sind in Abb. 6.7 dargestellt. Deutlich sind die Stromänderungen nach der $\overline{RAS}$ -High/Low-Flanke, nach der $\overline{CAS}$ -High/Low-Flanke, sowie nach den $\overline{CAS}$ - und $\overline{RAS}$ -Low/High-Übergangen zu beobachten.

Durch den Speicherschaltkreis hervorgerufene Stromänderungen tragen aufgrund ihrer steilen Flanken hochfrequenten Charakter und bewirken, daß Streifenleitungen gedruckter Leiterkarten nicht als rein ohmsche, sondern als komplexe Widerstände betrachtet werden müssen. Ein solcher Leiterzug besitzt dabei meist einen ohmschen Widerstand, der gegenüber dem frequenzabhängigen induktiven Widerstand vernachlässigt werden kann.

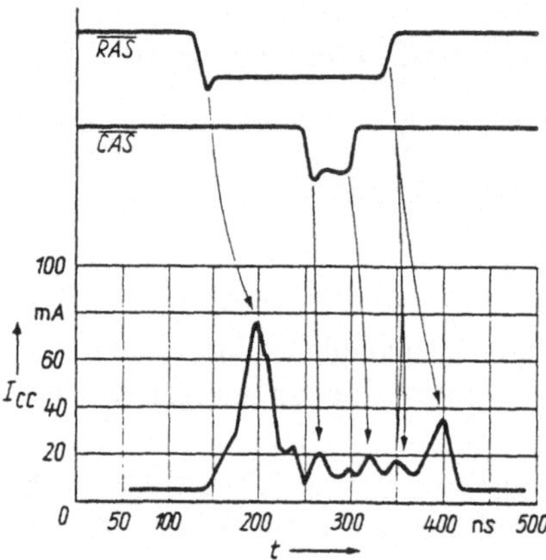

Abb. 6.7. Betriebsstromverlauf $I_{CC} = f(t)$ eines 256kbit-DRAM-Speicherschaltkreises und dessen Abhängigkeit von den Takten $\overline{RAS}$ und $\overline{CAS}$.

Abbildung 6.8 zeigt eine Zusammenschaltung von mehreren Speicherschaltkreisen, die das Problem verdeutlichen soll. Acht Speicherschaltkreise mit gemeinsamer Masse- und Betriebsspannungszuleitung werden durch ein $\overline{CE}$ -Signal gleichzeitig aktiviert.

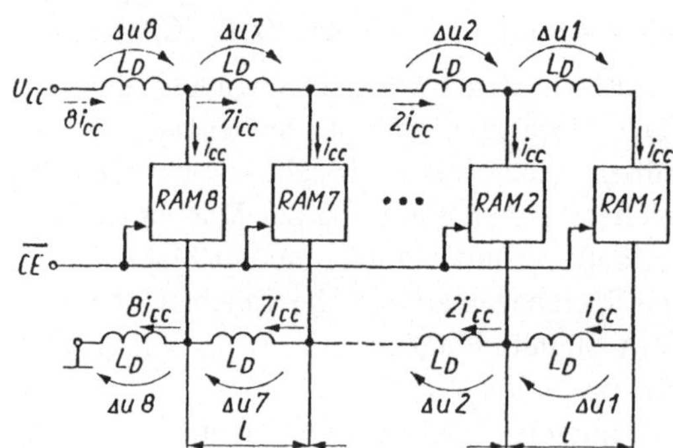

Abb. 6.8. Zur Erläuterung des Einflusses der Leitungsinduktivitäten L_D von Masse- und Betriebsspannungszuführung

i_{CC} Betriebsstrom eines RAM-Speicherschaltkreises, ΔU Spannungsabfall über

Leitungsinduktivität, l Länge der Leitung zwischen zwei Schaltkreisen,

L_D Induktivität der Leitung der Länge l

Alle Speicherschaltkreise seien vom gleichen Typ und mögen übereinstimmende elektrische Eigenschaften besitzen. Zwei benachbarte RAM-Schaltkreise werden jeweils durch eine Masse- und Betriebsspannungsleitung der Länge l (mit der Induktivität L_D) verbunden [6.9], [6.10].

Sofort nach der Aktivierung der Speicherschaltkreise beginnt in der Betriebsspannungszuleitung eines jeden der Strom i_{CC} zu fließen, der sich mit di_{CC}/dt ändert. Hervorgerufen durch diese Stromänderung entsteht über der Induktivität L_D ein Spannungsabfall. Am RAM1 beträgt der Spannungsabfall über der Induktivität

$$\Delta U_1 = L_D \frac{di_{CC}}{dt},$$

am RAM2

$$\Delta U_2 = 2\,L_D \frac{di_{CC}}{dt}$$

usw., bis zu RAM8, wo der Spannungsabfall durch

$$\Delta U_8 = 8\,L_D \frac{di_{CC}}{dt}$$

ausgedrückt werden kann.

Die Gesamtspannungänderung an einem RAM-Schaltkreis setzt sich aus der Summe der Spannungsänderungen ΔU zusammen, die an den in Richtung Spannungsquelle davorliegenden Induktivitäten enstehen.

Am empfindlichsten wird RAM1 betroffen. Für diesen Schaltkreis beträgt die Gesamtspannungsänderung

$$\Delta U_{G1} = 2 \sum_{k=1}^{8} \Delta U_k = 2 \sum_{k=1}^{8} k\,L_D \frac{di_{CC}}{dt}. \tag{6.10}$$

Verbindet beispielsweise ein Streifenleiter von l=10mm Länge und 0,25mm Breite sowohl die Betriebsspannungs- als auch die Masseanschlüsse zweier Speicherschaltkreise, dann entspricht das einer Leitungsinduktivität von ca. L_D = 5nH. Veranschlagt man weiterhin eine Betriebsstromänderung von 100mA innerhalb von 20ns, wird der Gesamtspannungseinbruch am RAM1 (Abb. 6.8) nach Gl. (6.10) einen Wert von

$$\Delta U_{G1} = 2 \cdot 36 \cdot 5nH \cdot 100mA/20ns = 1{,}8V$$

annehmen.

Eine Betriebspannungsänderung in dieser Höhe übersteigt erheblich die zulässige Datenblattoleranz des Speicherschaltkreises von $\pm 10\%$ und wird mit hoher Wahrscheinlichkeit einen Ausfall herbeiführen. Grundsätzlich gibt es zwei Möglichkeiten, die Betriebsspannungsabsenkung auf eine Größe zu reduzieren, die für einen Speicherschaltkreis zulässig ist. Entsprechend der Beziehung

$$\Delta U = L_D \, \frac{di_{CC}}{dt}$$

kann entweder die Induktivität L_D vermindert und/oder die Stromänderung di_{CC}/dt klein gehalten werden. Die praktische Anwendung beider Varianten ist in den folgenden Abschnitten beschrieben.

6.2.2.1 Minimierung von Betriebsspannungsschwankungen durch Verminderung der Induktivitäten

Die Stromversorgungsleitung eines beliebigen Punktes auf der Leiterkarte habe die Impedanz $Z_1 = j\omega L$. Wird nun der ersten Leitung eine zweite der gleichen Impedanz $Z_1 = Z_2$ parallelgeschaltet, vermindert sich die Gesamtimpedanz um die Hälfte

$$Z_G = Z_1 Z_2 / (Z_1 + Z_2) = j\omega L / 2.$$

Durch Parallelschaltung von p Stomversorgungsleitungen mit der Impedanz Z_1 erniedrigt sich die Gesamtinduktivität auf

$$Z_G = Z_1 / p.$$

Eine Anwendung beschriebener Parallelschaltung zweier Leitungen ist die Methode (besonders bei Zweilagenplatinen bewährt), bei der ein Gitter für Masse und Betriebsspannung ausgebildet wird, so wie es Abb.6.9 zeigt [6.2], [6.7]. Auf der einen Seite der Leiterkarte verlaufen horizontale Leiterzugpaare bestehend aus Masse und Betriebsspannung, auf der anderen Seite vertikale Leiterzugpaare, ebenfalls aus Masse und Betriebsspannung bestehend. In den Kreuzungspunkten sind die entsprechenden Leiterzüge miteinander verbunden. Auf diese Weise ist jeder Schaltkreis von einem Masse- und Betriebsspannungsnetz umgeben.

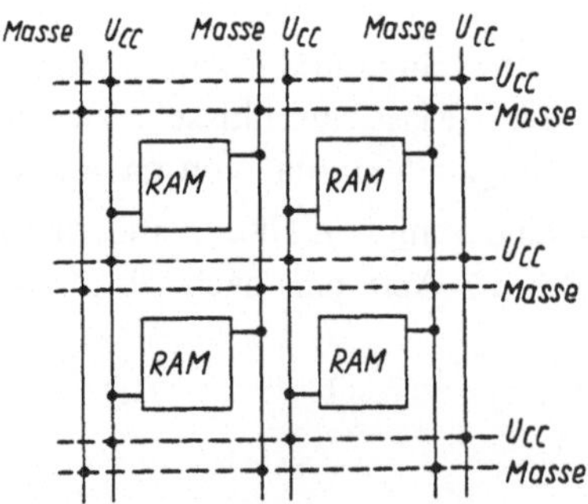

Abb. 6.9. Gitterförmiges Netzwerk für Masse und Betriebsspannung bei Zweilagenplatinen

Entsteht aus mehreren sich quasi berührenden Leiterzügen ein breiter Streifenleiter, ist das ein nächster Schritt zur Induktivitätsreduzierung. Grundsätzlich gilt, daß die Induktivität eines Leiters mit zunehmender Breite kleiner wird. Sie ist dann am geringsten, wenn Leiterbreite und Länge etwa in der gleichen Größenordnung liegen. Befinden sich schließlich unendlich viele sich berührende Leiterbahnen nebeneinander, spricht man von "geschlossenen" Ebenen für Masse und Betriebsspannung. Damit ist zwar die wirksamste Reduzierung der Induktivität erreicht, gleichzeitig aber die kostspieligste Lösung gewählt, weil so der Übergang von der Zweilagen- zur teureren Mehrlagenplatine notwendig geworden ist.

Eine verdrahtungstechnisch zwar günstig zu realisierende Struktur, welche jedoch keine Verminderung der Zuleitungsinduktivität bewirkt, ist in Abb. 6.10 dargestellt.

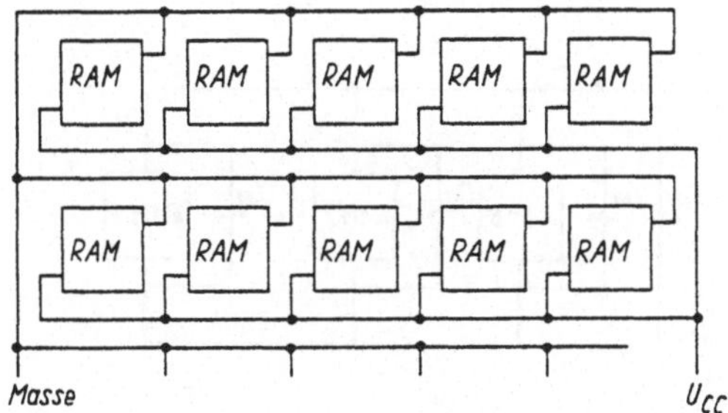

Abb. 6.10. Ungünstige Verteilung von Masse und Betriebsspannung

6.2.2.2 Minimierung von Betriebsspannungsschwankungen mittels lokaler Stützkondensatoren

Die zweite Möglichkeit, Spannungseinbrüche auf den Versorgungsleitungen zu mindern, ist die Verkleinerung der Stromänderungen di_{CC}/dt. Eine sowohl auf Zweilagenplatinen als auch auf Mehrlagenplatinen brauchbare Lösung sieht vor, in unmittelbarer Nähe des Speicherschaltkreises einen Kondensator zu plazieren, der in der Lage ist, den kurzzeitig auftretenden erhöhten Strombedarf des Speicherschaltkreises aufzubringen.

Stützkondensator C_{HF} für hochfrequente Stromänderungen

Abbildung 6.11a zeigt die Schaltung von Abb. 6.8, jedoch mit den zusätzlichen Kondesatoren C_{HF}. Jeder Kondensatoranschluß ist durch eine Leitung der Länge l, repräsentiert durch die Induktivität L_C, mit dem RAM verbunden [6.9], [6.10].

Sobald nun $\overline{CE}$ aktiviert wird, starten sämtliche RAMs ihren internen Ablauf und entnehmen der Betriebsspannungsleitung jeweils einen Strom i_{CC} mit der zeitlichen Änderung di_{CC}/dt. Unter der Annahme, daß der gesamte Strom i_{CC} während eines Speicherzyklus vom Kondensator C_{HF} geliefert wird, entsteht an jeder Induktivität L_C der Spannungsabfall

$$\Delta U = L_C \frac{di_{CC}}{dt}$$

und über jedem RAM ein Spannungseinbruch von

$$\Delta U_{RAM} = 2\,\Delta U = 2\,L_C \frac{di_{CC}}{dt}. \qquad\qquad (6.11)$$

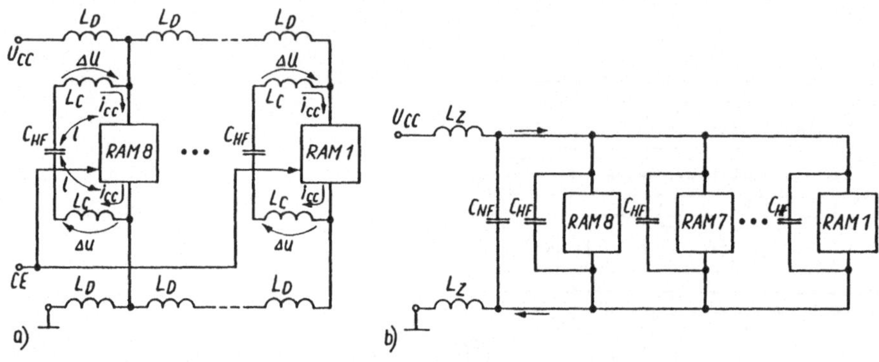

Abb. 6.11. Wirkung einer zusätzlichen Stromquelle in Form eines Kondensators
a für hochfrequente Stromänderungen C_{HF}, **b** für niederfrequente Stromänderungen C_{NF}
C_{HF} HF-Kondensator, C_{NF} NF-Kondensator, L_C Leitungsinduktivität der Leitung zum
HF-Kondensator, l Leitungslänge zum HF-Kondesator; L_D, L_Z Leitungsinduktivität der
Masse- und Betriebsspannungszuführung, i_{CC} Betriebsstrom eines RAM-Schaltkreises,
ΔU Spannungsabfall über L_C bzw. L_Z

Vergleicht man die Spannungseinbrüche der Varianten ohne und mit C_{HF}, dann
wird besonders am RAM1 der wesentliche Vorteil des Stützkondensators deutlich.
Vorausgesetzt die Leitungsindukivitäten sind gleich ($L_C = L_D$, Entfernung vom
RAM zum Kondensator C_{HF} in Abb. 6.11a gleich Entfernung vom RAM zum
Nachbar-RAM, Abb. 6.8), dann beträgt der Spannungseinbruch nach Gl. (6.11) nur
noch 1/36 des Spannungseinbruches ohne Stützkondensator (Gl. (6.10), d.h.

$$\Delta U_{RAM} / \Delta U_{G1} = 1/36.$$

Das entspricht an jedem RAM nur noch einem Spannungseinbruch von
ΔU_{RAM}=50mV. Dieser liegt damit innerhalb der Betriebsspannungstoleranz des
Speicherschaltkreises von $\pm 10\%$. Sobald die Entfernung 1 (zwischen C_{HF} und RAM)
anwächst, wird auch L_C und damit die Spannungsdifferenz ΔU_{RAM} vergrößert.
Überschreitet die Entfernung eine bestimmte Größe, verliert der Stützkondensator
einen Großteil seiner Wirkung.

Die vorangegangenen Überlegungen haben solange Gültigkeit, wie der Betriebsspannungsleitung Strom entzogen wird. Sobald jedoch Kapazitäten nach Masse entladen werden, bleibt der Stützkondensator ohne Einfluß, da jetzt der gesamte Strom nur über den Masseleiter abgeführt werden muß. In diesem Fall ist allein der niedrige ohmsche und induktive Widerstand des Masseleiters ausschlaggebend. An dieser Stelle soll deshalb nochmals die besondere Bedeutung eines guten Masseleiters (möglichst breit und dick) unterstrichen werden.

Bei der Dimensionierung der Siebung einer Speicherplatine spielen Aufwandsüberlegungen eine wesentliche Rolle. Häufig taucht die Frage auf, ob jedem Speicherschaltkreis ein eigener HF-Kondensator beigefügt werden muß, oder ob es ausreichend ist, wenn für mehrere ein einziger plaziert wird. Dazu folgende Überlegungen [6.11]:

Jeder Kondensator C_{HF} bildet mit den beiden Zuleitungsinduktivitäten L_C einen Serienresonanzkreis, dessen Impedanz durch

$$Z = R + j(\omega L_C - 1/\omega C_{HF}) = R + jX$$

Z Impedanz,

R ohmscher Widerstand,

ω Kreisfrequenz des Resonanzkreises,

L_C parasitäre Induktivität einer Zuleitung des Kondensators C_{HF},

C_{HF} Kapazität des Stützkondensators

X Blindwiderstand

gebildet wird.

In Abhängigkeit von der Frequenz ändert sich der Blindwiderstand der Anordnung. Bei der Resonanzfrequenz wird er zu Null, unterhalb dieser ist er kapazitiv, oberhalb der Resonanzfrequenz hat er induktiven Charakter. Wenn der Serienresonanzkreis, so wie beabsichtigt, unter allen Umständen auch als Kondensator wirken soll, muß der Blindwiderstand kapazitiv bleiben, d.h. seine Resonanzfrequenz sollte so hoch wie möglich sein. Dies ist erreichbar, wenn die parasitäre Induktivität L_C und/oder die Kapazität C_{HF} so klein wie möglich ausgelegt werden.

C_{HF} verkleinern heißt in diesem Fall: Es ist günstiger zu jedem Speicherschaltkreis einen etwas kleineren Stützkondensator, als zu mehreren Schaltkreisen einen größeren zuzuordnen. L_C reduzieren bedeutet: Die Masse- und Betriebsspannungsleitungen vom Speicherschaltkreis zum Stützkondensator sollten so kurz wie möglich und besonders breit ausgelegt sein, oder wenn das nicht möglich ist, aus mehreren einzelnen Streifenleitern (Abb. 6.12) zusammengesetzt werden.

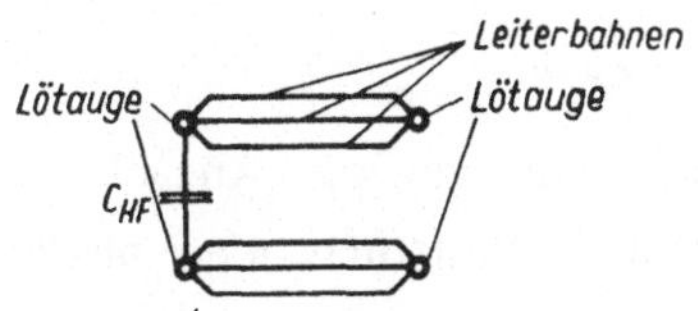

Abb. 6.12. Verbindung zum HF-Stützkondensator, aus mehreren Streifenleitern bestehend

In Abb. 6.13a ist eine günstige Anbringung und in Abb. 6.13b eine ungünstige Anordnung des Stützkondensators dargestellt [6.6], [6.7].

Der Stützkondensator C_{HF} muß aber auch groß genug gewählt werden, um einen wesentlichen Teil des Betriebsstromes während des Speicherzyklus liefern zu können, ohne einen bedeutenden Betriebsspannungseinbruch am Kondensator entstehen zu lassen. Unter der vereinfachenden Annahme, der gesammte Betriebsstrom I_{CC0} werde während der Zykluszeit t_{CYC} dem Kondensator C_{HF} entnommen, sinkt die Spannung an C_{HF} um den Betrag

$$\Delta U_{CHF} = I_{CC0}\, t_{CYC}\, /C_{HF}. \tag{6.12}$$

Das bedeutet bei einem Stützkondensator C_{HF}=100nF, I_{CC0}=50mA und t_{CYC}=220ns eine Änderung der Kondensatorspannung um ΔU_{CHF} =110mV.

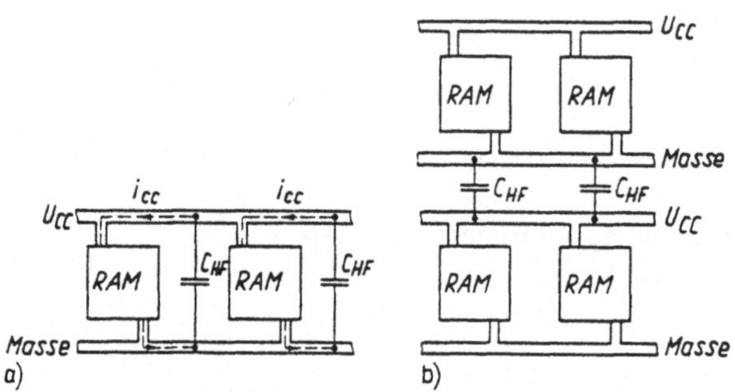

Abb. 6.13. Verbindung des HF-Stützkondensators
a günstige Variante, **b** ungünstige Variante

In der Praxis wird allerdings der Betriebsstrom nur teilweise C_{HF} entzogen, weshalb die Kondensatorspannung um einen geringeren Betrag absinkt. Der Gesamtspannungseinbruch am RAM-Baustein setzt sich aus ΔU_{RAM} und ΔU_{CHF} zusammen und liegt mit 160mV innerhalb der Bauelementetoleranz von $\pm$10%.

Alle vorangehenden Betrachtungen können aufgrund umfangreicher Vereinfachungen nur zur Demonstration der Wirkung des Stützkondensators dienen. Der Einfluß des Stützkondensators in einer konkreten Schaltung muß auf der Platine erprobt werden, da die Vorgänge in ihrer Gesamtheit einen äußerst komplexen Charakter tragen.

In praktischen Schaltungen wird meist jedem Speicherschaltkreis eine Kapazität C_{HF} in Form eines Keramikkondensators von 100nF zugeordnet.

Stützkondensator C_{NF} für niederfrequente Stromänderungen

Neben dem Stützkondensator C_{HF} macht sich für eine gewisse Anzahl von Speicherschaltkreisen außerdem ein Siebkondensator erforderlich, der niederfrequente Stromänderungen ausgleicht. Im Schaltbild Abb. 6.11b ist er als C_{NF} eingetragen [6.3], [6.6], [6.10]. Ihm obliegt die Aufgabe, Spannungsabfälle an den relativ großen Zuleitungsinduktivitäten L_Z zu reduzieren, die infolge niederfrequenter Betriebsstromänderungen entstehen. Zu diesem Zweck wird meist ein Elektrolytkondensator eingesetzt. Seine Größe berechnet sich mit

$$C_{NF} = Q/\Delta U_{CNF}.$$

Darin ist ΔU_{CNF} die zulässige Spannungsänderung am Kondensator und Q die Ladung, die dem Kondensator während der Zeit t_Z entzogen wird, bevor die Nachlieferung aus der Stromquelle erfolgt. Die Ansprechzeit t_Z des Zuleitungsnetzes ist abhängig von dessen Zeitkonstante $\tau = L_Z/R_Z$.

Wenn man davon ausgeht, daß innerhalb der Zeit t_Z r Regenerierzyklen mit der gesamten a·y - Matrix (Abb. 6.2) und in der übrigen Zeit (t_Z - r t_{CYCmin}) ununterbrochen Speicherzugriffe nur mit einem Teil der Speichermatrix (a Schaltkreise) stattfinden, berechnet sich bei Vernachlässigung des Ruhestromes die Ladungsmenge näherungsweise zu

$$Q = I_{CCREF}\, t_{CYCmin}\, r \cdot a \cdot y + I_{CC0}\, (t_Z - r\, t_{CYCmin})\, a.$$

$I_{CCREF},\ I_{CC0}$ Regenerierstrom bzw. Betriebsstrom eines Speicherschaltkreises bei t_{CYCmin}
a, y Spalten- bzw. Zeilenzahl des BSM (oder einer Platine)
t_Z Ansprechzeit des Stromversorgungsnetzes
t_{CYCmin} minimale Zykluszeit des Speicherschaltkreises
r Zahl der Regenerierzyklen innerhalb t_Z

Es ist günstig, die Kapazität C_{NF} in zwei oder mehreren kleineren Kondensatoren unterzubringen. Der eine sollte dort plaziert sein, wo die Betriebsspannung zugeführt wird, der andere auf der entgegengesetzten Seite.

6.2.2.3 Einschalten der Betriebsspannung

Solange Speicherschaltkreise mit mehreren Betriebsspannungen betrieben wurden, verlangte ein strenges Reglement zuerst das Einschalten der negativen Substratvorspannung, anschließend das Zuschalten der MOS-Spannung und schließlich das Anlegen der Betriebsspannung für die TTL-Ausgangsstufen. Die heutigen Speicherschaltkreise besitzen einen integrierten Substratvorspannungsgenerator, welcher aus der Betriebsspannung $U_{CC}=5V$ die notwendige negative Vorspannung intern erzeugt.

Kurze Zeit nach Zuschalten der Betriebsspannung an den Speicherschaltkreis steht die Substratvorspannung zur Verfügung und versetzt den Speicherschaltkreis in Betriebsbereitschaft (z.B. nach 200µs und 8 $\overline{RAS}$ -Zyklen = "warm up"-Phase). Bis dahin dürfen aber nur negative Spitzen sehr kleiner Amplitude (z.B. größer -0,3V) am Speicherschaltkreiseingang auftreten.

Besonders wenn Speicherschaltkreise und Treiber aus verschiedenen Stromquellen gespeist werden, ist zu beachten, daß erst nach dem Erreichen der Betriebsbereitschaft des Speicherschaltkreises Takt-, Daten- und Adreßsignale aus der Ansteuerlogik zugeführt werden sollten, da diese in den meisten Fällen mit relativ großem Unterschwingen behaftet sind. Wenn in einem solchen Fall zuerst die Betriebsspannung der Speicherschaltkreise und danach die der Treiber zugeschaltet wird, sind die Schwierigkeiten behoben.

6.3 Ansteuerung der Speichermatrix

Wie eingangs schon erwähnt, muß dem logischen und technischen Entwurf die notwendige Aufmerksamkeit geschenkt werden, damit unzuverlässige oder instabile technische Speicher ausgeschlossen werden können. Ausgelöst werden derartige Fehler durch verdeckte Abweichungen einiger Ansteuer- oder Betriebsbedingungen von den Schaltkreisspezifikationen. Manche Abweichungen treten nur bei bestimmten Umgebungsbedingungen oder bei besonderen logischen Konstellationen auf. Durch ihre Seltenheit sind sie äußerst schwierig zu lokalisieren.

Große Sorgfalt ist deshalb den Fragen zu widmen, die wesentlich zur Funktionssicherheit des BSM beitragen. Neben der bereits behandelten Stromzuführung auf der Leiterkarte sind dies außerdem

- die elektrischen Ansteuerbedingungen und
- die Einhaltung der Zeitbedingungen.

Zunächst sollen die elektrischen Ansteuerbedingungen und anschließend die Zeitbedingungen behandelt werden.

6.3.1 Elektrische Ansteuerbedingungen

Es bestehen zwei allgemeine Forderungen:

Erstens dürfen die Pegel der Eingangssignale (z.B. Takte und Adressen) des Speicherschaltkreises U_{IH} und U_{IL} (für Eingangssignalpegel High bzw. Low) die Datenblattspezifikationen nicht verletzen. Es gilt:

$$U_{IHmin} \leq U_{IH} \leq U_{IHmax},$$

$$U_{ILmin} \leq U_{IL} \leq U_{ILmax}.$$

Im Datenblatt eines 1Mbit DRAM Speicherschaltkreises ist beispielsweise festgelegt:

$$2,4V \leq U_{IH} \leq U_{CC} + 0,5V,$$

$$-1V \leq U_{IL} \leq 0,8V.$$

Speziell der minimale Low-Pegel und der maximale High-Pegel bedürfen besonderer Beachtung.

Sinkt die Low-Signalspannung geringfügig unter -1V, ist zunächst mit unzuverlässigem Speicherbetrieb durch auftretende Soft-Fehler zu rechnen. (Durch den einsetzenden schwachen Flußstrom besteht die Gefahr der Injektion von Ladungsträgern über die Eingangsschaltungen in benachbarte Randzonen der Speichermatrix. Dort befindliche Speicherzellen können umgeladen werden).

Unterschreitet die Signalspannung den Pegel -1V, oder überschreitet sie den Pegel U_{CC}+0,5V um einen höheren Betrag, kann dies durch den sogenannten Latch-up-Effekt (auch zweiter Durchbruch, hervorgerufen durch technologiebedingt entstehende Thyristorstrukturen,) bis zur Zerstörung des Schaltkreises führen. Ein Spannungsverlauf, wie in Abb. 6.14 dargestellt, muß deshalb so verändert werden, daß obige Datenblattspezifikationen eingehalten werden.

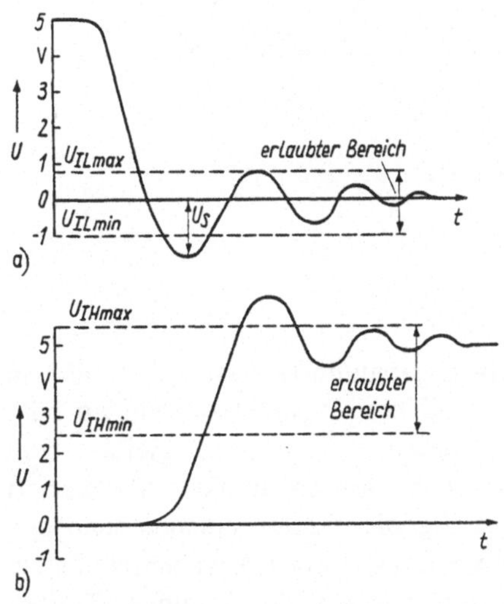

Abb. 6.14. Unerlaubter Signalverlauf
a beim Schalten von High nach Low,
b beim Schalten von Low nach High

Zweitens stoßen die Taktsignale $\overline{RAS}$, $\overline{CAS}$, $\overline{WE}$ oder $\overline{CS}$ im Inneren des Schaltkreises Vorgänge an, die zwar anschließend im wesentlichen automatisch ablaufen, jedoch im weiteren durch Taktstörungen beeinflußbar sind. Durch sie kann der Speicherschaltkreis ungewollt, zu unbestimmter Zeit in einen undefinierten Zustand geschaltet werden, denn schon eine Spannungsspitze ist in der Lage, sobald sie die Schwellspannung überschreitet, entweder einen internen Vorgang zu aktivieren, oder einen bereits gestarteten Vorgang zu beenden.

Es ist deshalb erforderlich, die Taktflanken monoton und die Low- und High-Zustände der Taktsignale frei von Spannungsschwankungen zu formieren. Signalverläufe von Taktspannungen, wie in Abb. 6.15 sind auszuschließen. Es ist nicht möglich diese durch Warten auf den eingeschwungenen Zustand auszugleichen; sie führen zu Datenfehlern.

Beide Forderungen werden besonders durch Übertragungsleitungseffekte innerhalb eines BSM äußerst schnell verletzt, da in Verbindung mit immer schnelleren Speicherschaltkreisen auch schnellere Treiber zum Einsatz kommen. Sie erzeugen in zunehmenden Maße Reflexionen und Übersprechen.

Es ist von Bedeutung zu wissen, wie derartige Effekte entstehen, und wie sie in geeigneter Weise behandelt werden können. In den anschließenden Erläuterungen wird allerdings darauf verzichtet, Reflexionen und Übersprechen umfassend zu beschreiben, weil damit der fachliche Rahmen dieser Schrift gesprengt würde.

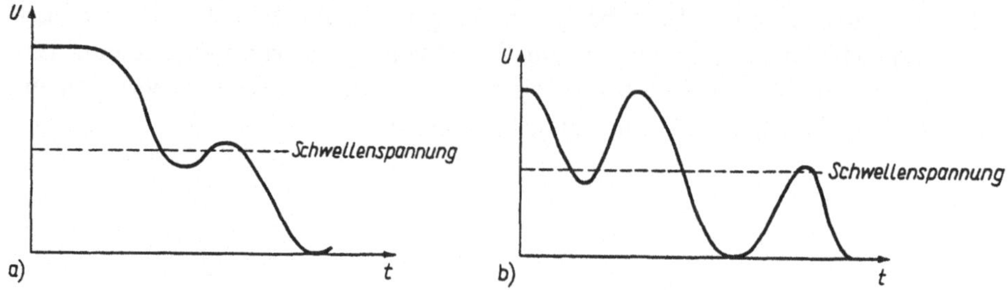

Abb. 6.15. Unerlaubter Signalverlauf
a während der Taktflanke, **b** im Low- und High-Zustand

6.3.1.1 Reflexionen

Reflexionen treten an Inhomogenitäten von nicht angepaßten Leitungen auf, also an Verbindungsstellen von Leitungen mit unterschiedlichen Wellenwiderständen oder am Abschluß von Leitungen mit Widerständen, die nicht gleich dem Wellenwiderstand sind. Sie werden nach bekannten Gesetzmäßigkeiten generiert [6.12], [6.13] und äußern sich beispielsweise in Signalverläufen entsprechend den Abbildungen 6.14 und 6.15. Im interessierenden Spezialfall des Ansteuerns (Takte, Daten und Adressen) von Speicherschaltkreisen werden durch einen Treiber ausschließlich kapazitive Lasten versorgt.

Schon in der Zusammenschaltung eines Treibers über 15cm Leitung mit 12 Speicherschaltkreisen zu je 8pF Eingangskapazität (Abb. 6.16) gibt es durch Refexion hervorgerufenes Unterschwingen.

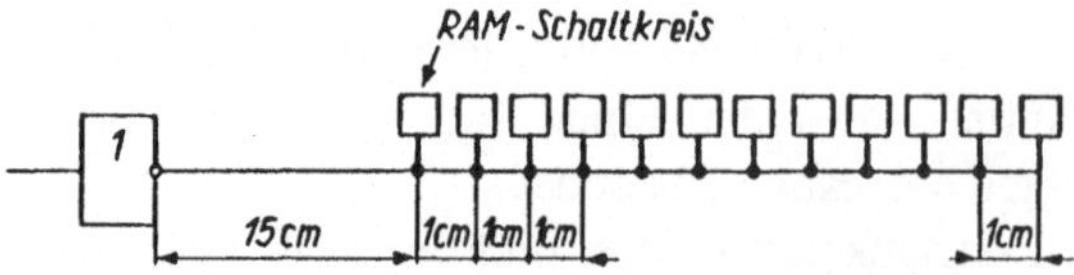

Abb. 6.16. Ansteuerung von 12 RAM-Schaltkreisen durch einen Treiber
Wellenwiderstand Z_0=70Ω, C'=1pF/cm, Eingangskapazität je RAM-Eingang 4pF

Beim Schalten des Treiberausganges von High nach Low entsteht an den RAMs ein Kurvenverlauf ähnlich Abb. 6.14a. Je nach Treibertyp ist die Amplitude (U_S) des Unterschwingens verschieden groß, z.B.

SN74S00: $U_S = -2{,}6V$,

SN7400 : $U_S = -1{,}2V$.

Eine umfassende Betrachtung komplexer Leitungsnetze ist durch Lösung der Leitungsgleichungen, zweckmäßigerweise mit rechnergestützten dynamischen Analyseverfahren, durchführbar. Diese gestatten, den Verlauf von Strom und Spannung längs der Leitung, in Abhängigkeit von Ort und Zeit zu bestimmen. Mit Hilfe einiger Näherungen ist es möglich, grobe *Schätzungen* vornehmen zu können, ohne Leitungsgleichungen lösen zu müssen.

Zunächst soll im folgenden ein Verfahren vorgestellt werden, mit dem ermittelt werden kann, von welcher Leitungslänge ab beim Entwurf von Speicherleiterkarten Einflüsse der Übertragungsleitungen berücksichtigt werden müssen. Anschließend werden Methoden beschrieben, die es gestatten, diese Effekte zu mindern.

Einfluß der Leitungslänge

Allgemein gilt, daß Störungen durch Reflexionen nur bei "elektrisch langen" Leitungen auftreten. Bei "elektrisch kurzen" fällt die vom Ende der Leitung reflektierte Welle noch in die Impulsflanke der am Leitungsanfang einfallenden Welle. Eine Leitung ist dann "elektrisch lang", wenn die doppelte Signallaufzeit der Leitung größer als die Flankendauer des einfallenden Impulses ist [6.2], [6.3], [6.8], [6.9]

$$2\, t_s > t_{Fl}. \tag{6.13}$$

Unter Berücksichtigung der Ausbreitungsgeschwindigkeit auf der Leitung $v = l / t_s$ läßt sich die folgende Bedingung formulieren

$$l > t_{Fl}\, v / 2. \tag{6.14}$$

l Leitungslänge

v Ausbreitungsgeschwindigkeit auf der Leitung

t_{Fl} Flankendauer des einfallenden Signals

(t_{FlHL}, t_{FlLH}, High/Low- bzw. Low/High-Flanke)

t_s Signallaufzeit für die Länge l

Im Falle einer *verlustarmen Leitung* beträgt die Ausbreitungsgeschwindigkeit

$$v = 1/ \sqrt{L'C'}.$$

v Ausbreitungsgeschwindigkeit auf der Leitung ohne RAM-Last

L' Induktivität pro Längeneinheit

C' Kapazität pro Längeneinheit der unbelasteten Leitung

Wenn eine Signalleitung, die eine Reihe von RAM-Schaltkreisen verbindet, den in Abb. 6.17 dargestellten regelmäßigen Verlauf besitz, kann man eine modifizierte Leitungskapazität C_m' (Leitungskapazität/Längeneinheit) definieren,die sich aus den Beträgen C_L' (RAM-Einganskapazität/Längeneinheit eines von der Leitung berührten Schaltkreis-Pins) und C' (Kapazität der Verdrahtungsleitung/Längeneinheit) zusammensetzt:

$$C_m' = C' + C_L'.$$

Damit läßt sich unter der Annahme, die RAM-Lastkapazitäten seien *gleichmäßig längs der Leitung verteilt*, eine modifizierte Ausbreitungsgeschwindigkeit

$$v_m = \frac{1}{\sqrt{L'[C'+C_L']}} = \frac{v}{\sqrt{1+C_L'/C'}} \tag{6.15}$$

v_m modifizierte Ausbreitungsgeschwindigkeit, d.h. Ausbreitungsgeschwindigkeit auf einer gleichmäßig mit RAMs belasteten Leitung
C_m' modifizierte Kapazität pro Längeneinheit einer mit RAMs belasteten Leitung
C_L' RAM-Schaltkreiseingangskapazität pro Längeneinheit (10mm Raster in Abb. 6.17)

errechnen. Setzt man Gl. (6.15) in (6.14) ein, kann die kritische Länge einer gleichmäßig mit RAMs belasteten Leitung bestimmt werden

$$l > \frac{t_{Fl}v}{2\sqrt{1+C_L'/C'}} . \tag{6.16}$$

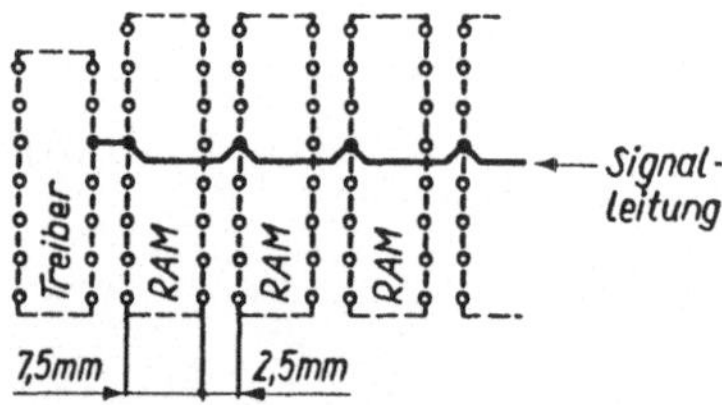

Abb. 6.17. Leiterbild einer RAM-Ansteuerung (Treiber für mehrere RAMs) mit TTL-Baustein

Für eine Leitung auf einer Mehrlagenleiterkarte mit den charakteristischen Parametern

$v = 1\text{m}/5{,}5\text{ns},$
$C' = 1\text{pF/cm},$

die RAM-Speicherschaltkreise von je 4pF Eingangskapazität in der Struktur nach Abb. 6.17 verbindet, ergibt das $C_L' = 4\text{pF/cm}$. Wird außerdem vorausgesetzt, die treibende Baustufe sei ein Schottky-TTL-Schaltkreis (Flankensteilheiten für einige gebräuchliche Logikbaureihen siehe Tabelle 6.2, [6.3]) mit

$t_{FlHL} = 1,6ns,$

so errechnet sich aus Gl. (6.16) eine kritische Leitungslänge von

$l = 6,5cm.$

Das bedeutet, daß bei DIP-Schaltkreisen (dual in-line package) ab 6,5cm Leitungslänge Vorkehrungen zu treffen sind, um gefährliche Reflexionen unterdrücken zu können. Für Gehäuse, die eine dichtere Packung gestatten, wird man selbstverständlich kleinere kritische Leitungslängen errechnen.

Tabelle 6.2 Flankenzeiten einiger TTL-Baureihen

Baureihe	Low-High-Flanke	High-Low-Flanke
L-TTL	14...18ns	4...6ns
TTL	6...9ns	4...6ns
H-TTL	4...6ns	2...3ns
LS-TTL	4...6ns	2...3ns
S-TTL	1,8...2,8ns	1,6...2,6ns

Voraussetzung aller vorangegangenen Überlegungen sind konstante Leitungsparameter, wie sie nur vorkommen, wenn ein Leiterzug über einer Masseebene verläuft, d.h. bei Mehrlagenplatinen. Zweilagenplatinen besitzen aufgrund fehlender Masseebene schwer definierbare und in Abhängigkeit von der Umgebung wechselnde Leitungsparameter.

Müssen nun Übertragungsleitungseffekte berücksichtigt werden, ist es kompliziert, wenn keine automatischen Berechnungsverfahren zur Verfügung stehen.

Relativ unproblematisch lassen sich noch einfache und homogene Strukturen nach Abb. 6.17 behandeln. Sie können mit Hilfe des *"Bergeron Verfahrens"* [6.12], [6.13], [6.14], einer grafischen Methode, näherungsweise erfaßt werden.

Voraussetzungen sind die Kenntnis der I-U-Ausgangskennlinie des Treiberschaltkreises, des Wellenwiderstandes der Leitung und der Eingangskennlinie der Leitungsempfänger. Inhomogene Netzwerke nach Abb. 6.18, wie sie leider recht häufig in der Praxis anzutreffen sind, können kaum ohne Computerunterstützung beurteilt werden.

Methoden zur Minderung von Reflexionen

Welche schaltungstechnischen Lösungen stehen zur Verfügung [6.15], um Reflexionen und damit auch Unterschwingen vermeiden bzw. vermindern zu können?

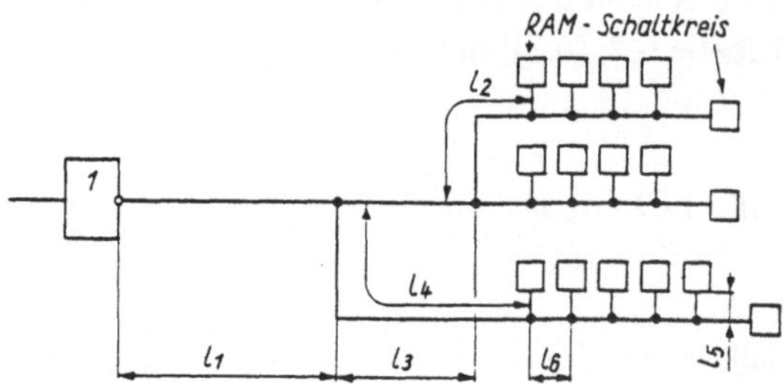

Abb. 6.18. Leitungsnetz einer Ansteuerschaltung: Treiber mit mehreren RAM-Lasten
l Leitungslänge; $l_1 = l_2 = ... = l_6$

Die einfachste, aber wohl in den seltensten Fällen nutzbare Methode besteht entsprechend Gl. (6.16) darin, einen langsameren Treiberschaltkreis (t_{Fl} groß) einzusetzen. Eine weitere Methode, die kritische Leitungslänge nicht zu überschreiten, besteht in der Verwendung mehrerer Treiberschaltkreise mit dementsprechend weniger Last und kürzeren Leitungen. Diese Methode wird häufig in Kombination mit der nächsten Methode, der "Anpassung" benutzt.

Die Anpassung, entweder am Leitungsanfang oder am Leitungsende, ist eine technische Lösung, die mit Erfolg zur Anwendung kommt.

Eine *Variante 1* sieht durch den Einsatz eines Seriendämpfungswiderstandes R_D entsprechend Abb. 6.19 eine Anpassung am Leitungsanfang vor. Indem mit Hilfe des Seriendämpfungswiderstandes der Wellenwiderstand der Leitung dem Treiberausgangswiderstand gleich gemacht wird, tritt am Eingang zunächst eine Pegelhalbierung des einfallenden Signales für eine Zeit $2t_s$ auf. Wenn nach vollständiger Reflexion am nichtabgeschlossenen Ende der Leitung die Welle zum Eingang zurückläuft, wird schließlich der Spannungssprung vervollständigt (die Schaltkreise schalten möglicherweise erst mit der rücklaufenden Welle). Weil am Eingang der Leitung Anpassung vorliegt, gibt es keine erneute Reflexion.

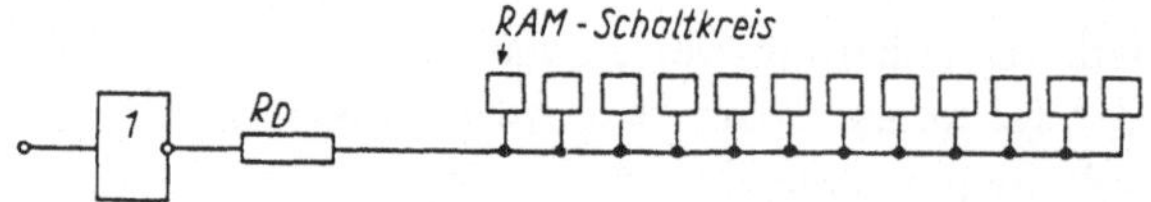

Abb. 6.19. Anpassung einer Ansteuerschaltung mittels Seriendämpfungswiderstand R_D

Der Widerstand R_D soll möglichst nahe am Treiberausgang plaziert werden. Die exakte Bestimmung erfolgt durch Erprobung in der konkreten Schaltung. Ein Dämpfungswiderstand von ca. $30\,\Omega$ hat sich auf Mehrlagenplatinen vielfach bewährt.

Von besonderem Vorteil ist der äußerst niedrige Leistungsverbrauch. Selbst wenn die Anpassung nicht hundertprozentig gelingt, bleibt die Wirksamkeit noch groß. Nachteilig ist, daß das Signal längere Zeit ($2t_s$) im Schwellspannungsbereich verbleiben kann (Anwachsen der Verzögerungszeit, größere Empfindlichkeit gegen Übersprechen).

Variante 2 benutzt Anpassung am Leitungsende und ist in Abb. 6.20 dargestellt. Im Gegensatz zu Variante 1 werden zwei Widerstände (R_1 und R_2) eingesetzt, deren Stromverbrauch nicht vernachlässigt werden kann. Die Parallelschaltung von R_1 und R_2 muß dem Wellenwiderstand der Leitung Z_0 entsprechen. Das Verhältnis der Widerstandswerte sollte ca. 2 zu 3 sein. Diese Variante kann dort eingesetzt werden, wo stromstarke Treiber zur Verfügung stehen und die hohe Verlustleistung keine Rolle spielt. Sie wird in den Fällen gewählt, wo der Vorteil einer schnellen Anstiegs- und Abfallzeit wesentlich ist (Schaltkreise schalten bereits mit der einlaufenden Welle). Nachteilig ist, daß sich der Störabstand in beiden logischen Zuständen etwas verkleinert.

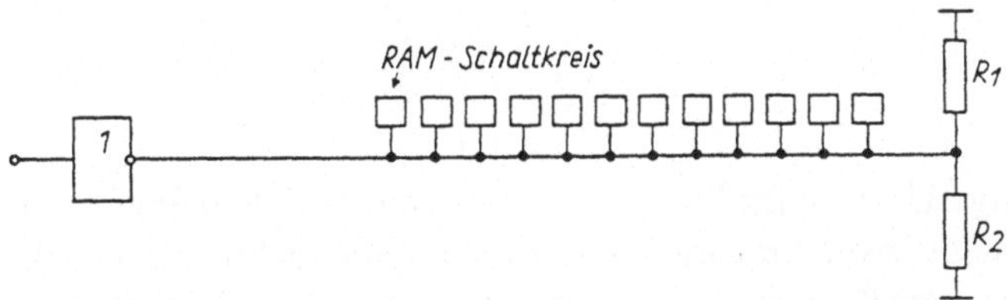

Abb. 6.20. Anpassung einer Ansteuerschaltung durch Widerstand am Leitungsende ($R_1 \| R_2 = Z_0$)

Variante 3 arbeitet ebenfalls mit Anpassung am Leitungsende. Durch den Einsatz einer Begrenzungsdiode nach Abb. 6.21, sinnvoll ist nur eine Schottky-Diode, wird der Wellenwiderstand am Ende der Leitung erniedrigt. Eine praktische Realisierungsmöglichkeit bietet sich mit der Verwendung von Treibergattern, deren Eingänge eine Schottky-Diode nach Masse besitzen. Mit normalen Schaltdioden ist das Unterschwingen lediglich auf ca. -1,5V zu begrenzen, mit Schottky-Dioden auf -1V. Die Schaltung nimmt praktisch keine zusätzliche Verlustleistung auf.

Nachteilig ist, daß durch die nicht vollständige Anpassung ein Signal eventuell doch mehrmals reflektiert werden kann und so möglicherweise trotzdem Störungen hervorruft.

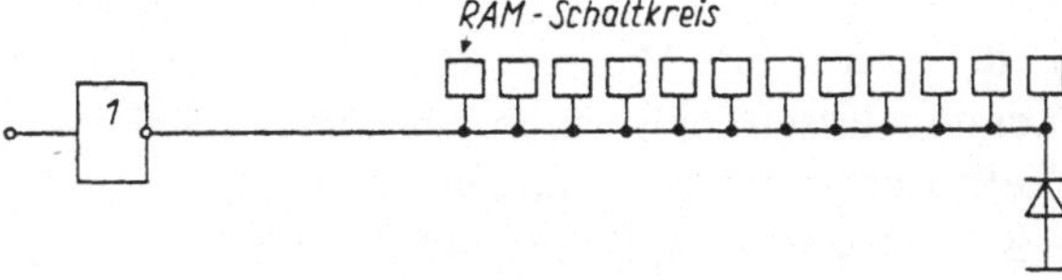

Abb. 6.21. Anpassung einer Ansteuerschaltung mit Hilfe einer Diode am Leitungsende

Variante 4 ist in Abb. 6.22 gezeigt. Diese Anpassung ähnelt Variante 2, besitzt aber einen Widerstand R=Z_0 und einen Kondensator C, mit dem der wesentliche Nachteil, die Gleichstromverlustleistung von Variante 2, eleminiert wird. Allerdings muß auch hier der Treiberschaltkreis kräftig genug sein, um in akzeptabler Zeit die Leitung samt Kondensator C (typisch ca. 300pF) umzuladen (die Schaltkreise schalten bereits mit der einfallenden Welle).

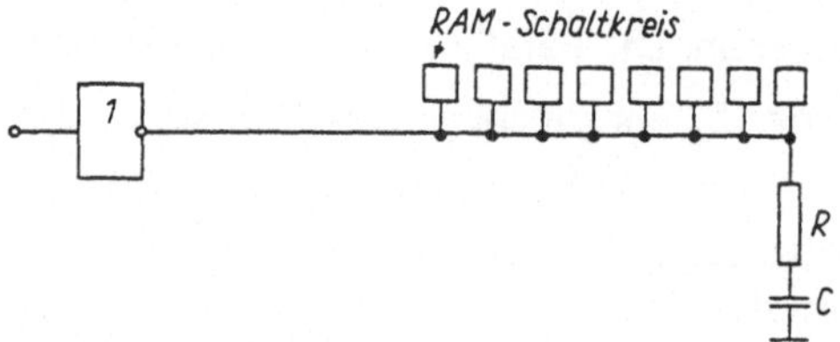

Abb. 6.22. Anpassung einer Ansteuerschaltung mit Widerstand R und Kondensator C am Leitungsende (R = Z_0, C ≈ 300 pF)

6.3.1.2 Übersprechen

Übersprechen ist eine häufige Ursache für Störungen, auch innerhalb von Speichern. Es tritt auf, wenn mindestens zwei Signalleitungen eine gewisse Strecke nebeneinander geführt werden, sodaß eine kapazitive und induktive Verkopplung zwischen beiden zustande kommt [6.12], [6.13], [6.16].

In Abb. 6.23 sind zwei typische Schaltungsanordnungen gezeigt, bei denen Übersprechen auftreten kann. In Abb. 6.23a ist eine Anordnung mit gleichsinniger und in Abb. 6.23b eine mit gegensinniger Übertragungsrichtung gezeigt.

Wird in Abb. 6.23a am Schaltkreis S1 ein Low/High-Spannungssprung eingespeist, wandert dieser auf der störenden Leitung in Richtung S2. Er kann anschließend mehrmals reflektiert werden, sodaß schließlich ein entsprechend veränderter Spannungssprung an S2 entsteht. Sofort wenn der Spannungssprung auf der störenden Leitung von S1 nach S2 wandert und anschließend, wenn er mehrmals hin und her reflektiert wird, koppelt der Spannungssprung von jedem Ort der Leitung eine *Störspannung* auf die in Ruhe befindliche gestörte Leitung über. Diese Störspannung wandert vom Ort der Überkopplung wellenförmig, sowohl in Richtung S3, als auch in Richtung S4 und läßt beispielsweise die in Abb. 6.23a dargestellten Störspannungen entstehen. Am Schaltkreisausgang S4 kommt durch den Übersprechimpuls am Eingang von S4 schließlich ein Störimpuls zustande, der sich im System ausbreitet.

Die Maximalamplitude und der zeitliche Verlauf der Störspannung in Abhängigkeit vom Ort auf der Leitung lassen sich durch Lösung der Leitungsgleichungen ausgehend von den Reflexionen auf der störenden Leitung ermitteln. Eine Berechnung des Übersprechens ist ebenso kompliziert und langwierig, wie die Berechnung der oben erwähnten Reflexionen. Es kommen dafür zweckmäßigerweise rechnergestützte dynamische Analyseverfahren zum Einsatz.

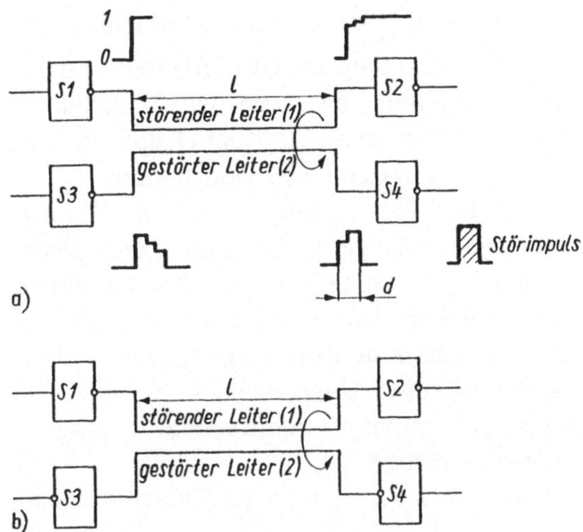

Abb. 6.23. Übersprechen zwischen Signalleitungen
a gleichsinnige Übertragungsrichtung, **b** gegensinnige Übertragungsrichtung

Es lassen sich einige schaltungstechnische Maßnahmen vorsehen, die Voraussetzung für geringes Übersprechen sind. Abbildung 6.24 zeigt die Ersatzschaltung eines symmetrischen Dreileitersystems, zwei symmetrische Leiter über einer Masseebene, mit den für das Übersprechen charakteristischen Größen.

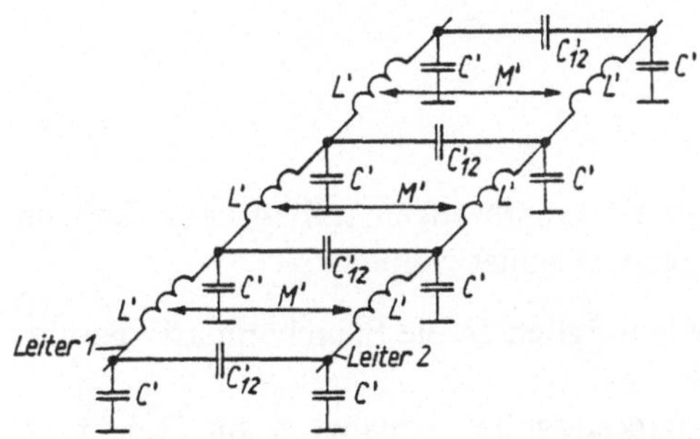

Abb. 6.24. Ersatzschaltung für zwei symmetrische Leiter über einer Masseebene
L' Leitungsinduktivität pro Längeneinheit, M' Indukivität zwischen Leiter 1 und Leiter 2 pro Längeneinheit, C' Kapazität pro Längeneinheit, C'_{12} Kapazität zwischen Leiter 1 und Leiter 2 pro Längeneineiheit

Es gelten folgende allgemeinen Aussagen:

A) Das Übersprechen wird klein, wenn die Koppelinduktivität zwischen störender und gestörter Leitung (Leiter 1 und 2) sehr viel kleiner, als die Leitungsinduktivität ist ($M' \ll L'$) und wenn die Kapazität zwischen den Leitern sehr viel

kleiner ist, als die Kapazität zur Masseebene ($C'_{12} \ll C'$). Diese Forderung läßt
sich entweder durch eine Masseebene oder einen mitgeführten Erdleiter erfüllen.
Ein Erdleiter sollte, wie in Abb. 6.25 dargestellt, zwischen den Signalleitern
verlaufen. Dadurch wird die Kapazität zur Masse groß, die Koppelkapazität und
Koppelinduktivität zwischen störendem und gestörten Leiter jedoch klein.

B) Die Länge der gekoppelten Leitung l (Abb. 6.23a) ist proportional zur Dauer d
des Übersprechimpulses. Lange Leiter ergeben lange, kurze Leiter kurze Über-
sprechimpulse. Kurze Leiter sind demzufolge weniger kritisch. Die Amplitude
des Übersprechens hängt von der Geometrie der Leitung und den Ausgangs- und
Eingangscharakteristika der beteiligten Schaltkreise ab (nur bei kurzen Leitungen hat die Länge l Einfluß auf die Amplitude des Übersprechens).

C) Das Übersprechen ist im allgemeinen bei gleichsinniger Übertragungsrichtung
kleiner, als bei gegensinniger Übertragungsrichtung.

D) Gelingt es Reflexionen zu vermeiden, wird auch die Dauer d des Übersprechens
kürzer.

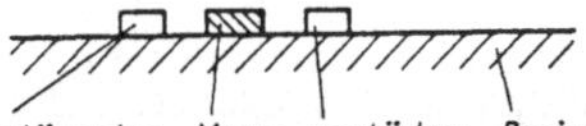

Abb. 6.25. Querschnitt durch eine Platine mit einer Leiteranordnung, welche wenig
Übersprechen generiert

Grundregeln für den Speicherentwurf:

Unter Berücksichtigung der vorangegangenen Ausführungen sollten beim Entwurf
der Speicheransteuerung folgende Grundregeln beachtet werden:

1. Treiberschaltkreise müssen so nahe wie möglich an die Speichermatrix gerückt
   werden (kurze Leitungen).
2. Ein Dämpfungswiderstand ist um so wirkungvoller, je näher er am Treiberausgang plaziert ist.
3. Ein Dämpfungswiderstand 30Ω (Variante 1) hat sich in vielen Fällen bewährt;
   Werte von 10Ω bis 100Ω sind in Abhängigkeit von der Schaltung möglich.
4. Zur Verminderung des Übersprechens zwischen zwei Signalen wird empfohlen
   die Taktsignale, besonders $\overline{RAS}$, $\overline{CAS}$, und $\overline{CE}$, wenn möglich um 90° versetzt zu anderen Signalleitungen zu verlegen.
5. Die Entfernung der Taktleitungen von anderen Signalleitungen sollte zur Reduzierung des Übersprechens größer als 1mm sein.
6. Adressen und Daten sind in ihrer Anordnung unkritisch; hier ist es möglich, auf
   den eingeschwungenen Zustand zu warten.

6.3.2 Zeitbedingungen der Ansteuersignale, Timing des Speichermoduls

Unmittelbar im Zusammenhang mit der regulären Ansteuerung der Takt- und Adressensignale steht die Fixierung der zeitlichen Lage der Steuer- und Adressensignale an den Grenzen des BSM, das sogenannte Timing. Unter Berücksichtigung

- der Verzögerung der Ansteuerlogik, besonders der Treiberbaustufen,
- der Leitungsverzögerung unter Beachtung der kapazitiven Belastung und
- der Takttoleranzen

wird ermittelt, wann und mit welchem zeitlichen Vorhalt Steuer-, Adreß- und Datensignale am BSM anliegen müssen. Die Berechnung erfolgt derart, daß auch unter "worst case" Bedingungen eine zuverlässige Arbeitsweise garantiert werden kann. Zunächst soll an Hand der Ansteuerschaltung für DRAM-Schaltkreise der Abb. 6.26a dargestellt werden, wie mit der Verzögerung der Logikelemente umgegangen wird (ohne dabei die vollständige Berechnung des Taktdiagrammes zu beschreiben).

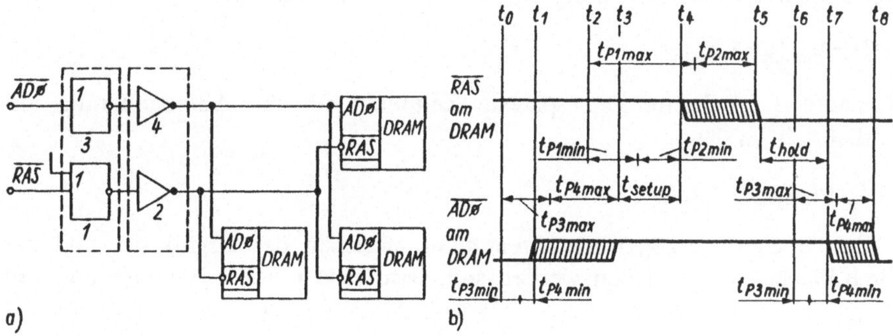

Abb. 6.26. DRAM-Ansteuerung

a Stromlaufplan für $\overline{\text{RAS}}$ -Takt und Adresse AD_0

b Zeitdiagramm des Taktsignales $\overline{\text{RAS}}$ und der Adresse AD_0.

Die minimale/maximale Gatterverzögerung für die Baustufen 1 bis 4 betrage t_{p1min}, t_{p1max}, t_{p2min}, t_{p2max},···, t_{p4min}, t_{p4max}. Liegt zum Zeitpunkt t_2, siehe Abb. 6.26b, das $\overline{\text{RAS}}$ -Signal an Baustufe 1, dann kann es frühestens nach der Verzögerung

$$t_4 - t_2 = t_{p1min} + t_{p2min},$$

und spätestens zur Zeit

$$t_5 = t_2 + t_{p1max} + t_{p2max}$$

am $\overline{\text{RAS}}$ -Eingang des DRAM eintreffen.

Im Datenblatt des DRAM sei definiert, daß die Adressen eine Zeit t_{setup} vor Eintreffen des $\overline{\text{RAS}}$ -Signales am Speicherelement anliegen sollen. Das ist gleichbedeutend mit der Forderung, die Adressen eine Zeit

$$t_4 - t_0 = t_{p3max} + t_{p4max} + t_{setup}$$

vorher an Baustufe 3 abzusenden. Sie sind damit spätestens zu t_3 und frühestens zu

$$t_1 = t_0 + t_{p3min} + t_{p4min}$$

am Speicherelement. Es sei weiterhin im Datenblatt spezifiziert, daß die Adressen mindestens für die Zeitdauer t_{hold} nach der $\overline{\text{RAS}}$ - High/Low-Flanke am Speicherelement anliegen müssen. D.h., da sie frühestens zu

$$t_7 = t_5 + t_{hold}$$

am Speicherbaustein umschalten dürfen, können sie frühestens zu

$$t_6 = t_7 - t_{p3min} - t_{p4min}$$

an Baustufe 3 wechseln. Der späteste Zeitpunkt für die Adreßänderung am Speicherbaustein ist dann

$$t_8 = t_6 + t_{p3max} + t_{p4max}.$$

Wenn für die Gatterverzögerungszeiten nicht zwischen der High/Low- und der Low/High-Flanke unterschieden werden soll, wird eine mittlere Verzögerungszeit nach

$$t_{pmax} = (t_{pHLmax} + t_{pLHmax})/2 \tag{6.17}$$

benutzt.

6.3.3 Bestimmung der Verzögerungszeiten

Zur praktischen Berechnung des Taktdiagammes eines BSM ist es häufig vorteilhaft, die Vezögerungszeiten der Baustufen so zu definieren, daß in ihr alle signalverzögernden Anteile zusammengefaßt sind. Im besonderen Maße gilt das für die unmittelbar mit der Speichermatrix verbundenen Treiberbaustufen. Von Bedeutung sind:

    a) die Logikverzögerung (teilweise im Datenblatt spezifiziert),
    b) die Verzögerung durch zusätzliche Lastkapazität,
    c) die Ausbreitungsverzögerung durch die Signalnetzlänge,
    d) der Verzögerungsanteil, bedingt durch Seriendämpfungswiderstand.

6.3.3.1 Maximale und minimale Logikverzögerung

Solange die Einsatzbedingungen eines Logikelementes und die im Datenblatt spezifizierten Kennwerte übereinstimmen, gibt es keine Schwierigkeiten. Eine STTL-Baustufe hat z.B. laut Datenblatt bei einer Belastung von 15pF eine Verzögerung von t_{pHLmax}=5ns, t_{pLHmax}=4,5ns. Diese Werte können benutzt werden, wenn die tatsächliche Belastung kleiner als die Datenblattlast ist. Das gilt in Abb. 6.26a mit Sicherheit für die Baustufen 1 und 3.

Nicht im Datenblatt der Logikbaustufe sind allerdings minimale Verzögerungszeiten ausgewiesen. Es können Erfahrungswerte berücksichtigt werden, die mit gewisser Vorsicht anzuwenden sind, solange keine statistischen Angaben vorliegen. Oftmals wird für die minimale Verzögerung die Hälfte der typischen oder ein drittel der maximalen berücksichtigt. Das bedeutet für eine Schottky-Baustufe

$$t_{pHLmin} = t_{pHLmax}/3 = 5ns/3 = 1,7ns$$

oder

$$t_{pHLmin} = t_{pHLtyp}/2 = 3ns/2 = 1,5ns.$$

Die Verzögerungzeiten der Baustufen, die sich gemeinsam in einem Schaltkreis befinden, weichen nur geringfügig voneinander ab. Für STTL-Baustufen im gemeisamen Schaltkreis beträgt die Differenz

$$t_{pmax} - t_{pmin} = 0,5ns.$$

Es ist deshalb vorteilhaft, diese Eigenschaft zu nutzen, und parallele Netze, deren Berechnung in Abschnitt 6.3.2 beschrieben wurde, in einem Schaltkreis unterzubringen (in Abb. 6.26a gestrichelt gezeichnet).

6.3.3.2 Einfluß der Lastkapazität

Vor jedem Systementwurf steht die Frage, nach welchem Verfahren die Baustufenverzögerungen berechnet werden. Existieren zur Logikbaureihe statistische Verteilungskurven für Verzögerungszeiten und deren Lastabhängigkeit, dann ist selbstverständlich auf *statistische Verfahren* zurückzugreifen. Sie gehen davon aus, daß bei einer längeren Baustufenkette mit bestimmter Wahrschscheinlichkeit nicht die maximale, sondern eine geringere Verzögerung pro Baustufe berücksichtigt werden kann. Probleme treten allerdings auf, wenn keine statistischen Angaben vorliegen oder die Länge der Kette nicht groß genug ist (nur bei sehr langen Ketten nähert man sich statistisch der typischen Verzögerung).

In solchem Fall bleibt nur übrig, mit "worst case"-Methoden zu arbeiten. Verzögerungszeiten von Logikbaustufen t_{pDBL} werden im allgemeinen im Datenblatt bei einer Last C_{DBL} von 15pF oder 50pF spezifiziert und vom Hersteller garantiert. Ist die Belastung einer Baustufe größer als im Datenblatt definiert, muß auch mit größerer Verzögerungszeit gerechnet werden. In der Speicheransteuerung nach Abb. 6.26a gilt das für die Baustufen 2 und 4, die durch die DRAM-Speicherschaltkreise

und die zugehörige Verdrahtungskapazität durchaus mit 120pF oder mehr belastet
sein können.

Ist die kapazitive Belastung kleiner, als die im Datenblatt festgelegte, kann auch
die Verzögerungszeit verkleinert werden. Für jede als Treiber eingesetzte Baustufe
läßt sich eine Abhängigkeit der Verzögerungszeit von der kapazitiven Last

$$t_p = f(C_L)$$

ermitteln. Derartige Funktionen werden teilweise vom Bauelementehersteller
veröffentlicht, allerdings nur als *typische Kennwerte*. Abbildung 6.27 zeigt diese für
eine Baustufe SN74S04.
Deren mittlere *typischen Anstiege* betragen

$$\Delta t_{pHL}/\Delta C_L = 2,5ns/100pF,$$

$$\Delta t_{pHL}/\Delta C_L = 2,1ns/100pF.$$

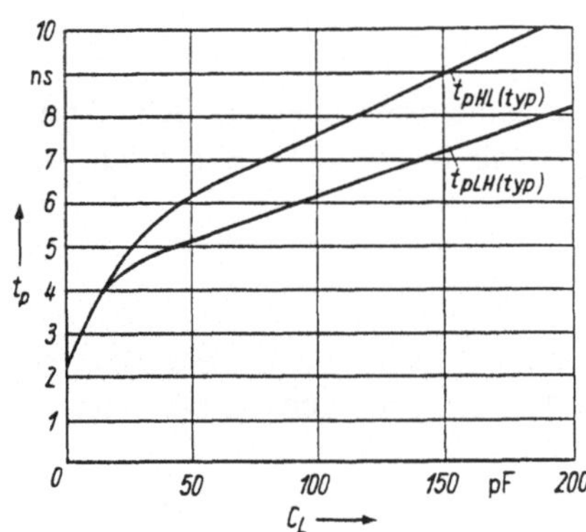

Abb. 6.27 Verzögerungszeit eines
Schottky-Gatters SN74S04 in Abhängigkeit
von der Lastkapazität [$t_P = f(C_L)$]

Eine brauchbare "worst case"-Methode [6.2] geht von der im Datenblatt
spezifizierten maximalen Verzögerungszeit aus und berücksichtigt die durch zusätzliche Lastkapazitäten hervorgerufene zusätzliche Verzögerung entsprechend

$$t_{pHL,CL} = t_{pHLmax} + (C_L - C_{DBL})\Delta t_p/\Delta C_L, \qquad (6.18a)$$

$$t_{pLH,CL} = t_{pLHmax} + (C_L - C_{DBL})\Delta t_p/\Delta C_L. \qquad (6.18b)$$

$t_{pHL,CL}, t_{pLH,CL}$ maximale Verzögerung der HL- bzw. LH-Flanke bei Lastkapazität C_L
C_L tatsächliche Lastkapazität

C_{DBL} Lastkapazität, bei der laut Datenblatt die maximale Verzögerung definiert ist

t_{pHLmax}, t_{pLHmax} maximale Datenblattverzögerung der HL- bzw. LH-Flanke (bei
C_{DBL})

$\Delta t_p/\Delta C_L$ Anstieg einer linearisierten "worst case"-Lastkurve $t_{pmax} = f(C_L)$

Üblicherweise wird mit maximalen Verzögerungszeiten pro Lastkapazität gerechnet, wie sie etwa in Tabelle 6.3 [6.3], [6.17] angegeben sind. Für eine mit C_L=90pF belastete Schottky-Baustufe errechnet sich dann beispielsweise nach Gl. (6.18) bei t_{pLHmax}=4,5ns, C_{DBL}=15pF und $\Delta t_p/\Delta C_L$=0,05ns/pF eine Verzögerung von

$$t_{pLHCL} = 4{,}5ns + (90\ pF - 15\ pF)\ 0{,}05ns/pF = 8{,}25ns.$$

Tabelle 6.3 Maximale Verzögerungszeiten pro Lastkapazität

Baureihe	$\Delta t_p/\Delta C_L$ in µs/pF
TTL	0,75
HTTL	0,25
LSTTL	0,1
STTL	0,05

6.3.3.3 Signalleitungsverzögerung

Neben der Verzögerung durch kapazitive Belastung spielt die Ausbreitungsverzögerung auf der Signalleitung [6.2] eine Rolle (Abb. 6.26a, Signalleitung zwischen den Baustufen 2 und DRAM bzw. 4 und DRAM; die Verzögerung zwischen den Baustufen 1 und 2 bzw. 3 und 4 soll vernachlässigt werden, da die Leitungslänge kurz und die Belastung gering ist). Einigermaßen zuverlässige Ergebnisse liefert nur der Einsatz dynamischer rechnergestützter Analyseverfahren.

Eine *Näherungslösung* benutzt die Betrachtungsweise analog zur Ermittlung der kritischen Leitungslänge bei Reflexionen (siehe oben): Längs einer Übertragungsleitung wird das Signal pro Längeneinheit um die Zeit

$$t_p' = \sqrt{L'C'} \tag{6.19}$$

t_p' Verzögerungszeit pro Längeneinheit

L' Verdrahtungsinduktivität pro Längeneinheit

C' Verdrahtungskapazität pro Längeneinheit

verzögert.

Nimmt man an, daß die angeschalteten RAM-Baustufen *gleichmäßig längs der Leitung verteilt* sind, ist es möglich, eine RAM-Belastung pro Längeneinheit C_L' zu ermitteln. Wird C_L' dann zur Kapazität C' addiert, ergibt sich eine modifizierte Kapazität C_m'. Ersetzt man in Gl. (6.19) die Kapazität C' durch C_m', dann errechnet sich eine modifizierte Verzögerungszeit

$$t_{pm}' = \sqrt{L'[C'+C_L']} = \sqrt{L'C'}\ \sqrt{1+C_L'/C'}\ ,$$

$$t'_{pm} = t_p' \sqrt{1 + C'_L / C'}.$$

Für die absolute Verzögerung der Leitung gilt dann

$$t_p = t'_{pm} \cdot l.$$

In den letzten Beziehungen sind

C_L' Lastkapazität durch RAM-Belastung (auf die Längeneinheit bezogen),

t'_{pm} modifizierte Verzögerungsszeit pro Längeneinheit,

t'_p Verzögerungszeit der Leitung pro Längeneinheit,

l Leitungslänge.

Beispiel: Für die Schaltung von Abb. 6.16 soll die Verzögerungszeit ermittelt werden (alle Speicherschaltkreise sind gleichmäßig längs der Leitung verteilt). Bei Verwendung einer Steckeinheit in Mehrlagentechnik mit t_p'=5,5ns/m, C'=100pF/m, einer RAM-Belastung von C_L'=3,6pF/cm (C_L=8pF/RAM-Eingang) und einer Leitungslänge von 0,26m errechnet sich die Verzögerung zu

$$t_p = 5{,}5\text{ns/m} \cdot \sqrt{1+3{,}6/1} \cdot 0{,}26\text{m} = 3{,}0\text{ns},$$

die zusätzlich zur Verzögerung der kapazitiv belasteten Treiberstufe zu addieren ist.

6.3.3.4 Einfluß des Seriendämpfungswiderstandes R_D

Zur näherungsweisen Beurteilung des Zuwachses der Verzögerungszeit durch einen Seriendämpfungswiderstand R_D nach Abb. 6.19 wird die gesamte kapazitive Last (Verdrahtungskapazität und Eingangskapazitäten der RAMs) in einer Ersatzlast C_L zusammengefaßt und ermittelt, in welcher Zeit C_L über den Widerstand R_D auf- bzw. entladen wird. Diese Zeit ist zur Verzögerungszeit zu addieren, die für eine Schaltung ohne R_D gewonnen wurde (Ersatzschaltung nach Abb. 6.28).

Während des Ladevorganges (Schalter auf High) wird die Lastkapazität über R_D von der Spannungsquelle U_{OHmax} aufgeladen. Die Zeit bis zum Erreichen des Pegels U_{IH} ergibt sich zu

$$t_{LH} = -R_D C_L \ln \left([U_{OHmax} - U_{IH}]/[U_{OHmax} - U_{OLmin}] \right). \tag{6.20}$$

Eine Entladung von U_{OHmax} nach U_{OLmin} (Schalter auf Low) erfolgt ebenfalls über R_D. Der Pegel U_{IL} wird nach der Zeit

$$t_{HL} = -R_D C_L \ln \left(U_{IL}/[U_{OHmax} - U_{OLmin}] \right) \tag{6.21}$$

R_D Seriendämpfungswiderstand,

C_L Lastkapazität,

U_{OHmax} maximale Ausgangs-High-Spannung der Treiberbaustufe,

U_{OLmin} minimale Ausgangs-Low-Spannung der Treiberbaustufe,

U_{IH}, U_{IL} Eingangspegel des RAM - Schaltkreises für High- bzw. Low-Zustand.

erreicht.

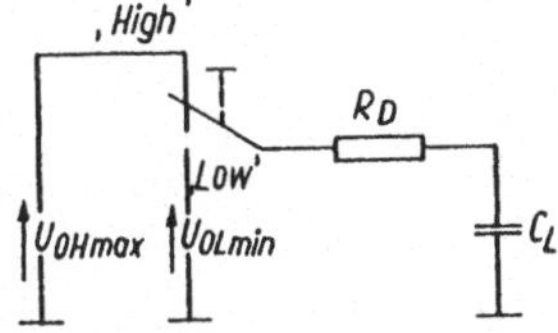

Abb. 6.28. Ersatzschaltung zur Ermittlung der Verzögerungszeit durch Dämpfungswiderstand R_D

Am *Beispiel* eines Schottky-Treibers S04, belastet mit C_L=120pF, Dämpfungswiderstand R_D=30Ω und den Baustufenpegeln

für die Treiberbaustufe: $\quad U_{OHmax} = 3{,}8V, \ U_{OLmin} = 0{,}2V,$

für den DRAM Schaltkreis: $\quad U_{IHmin} = 2{,}4V, \ U_{ILmax} = 0{,}8V$

ermittelt man den theoretisch maximal möglichen Verzögerungszeitzuwachs t_{LH}=3,4ns und t_{HL}=5,6ns. Praktisch wird der angesteuerte Speicherschaltkreiseingang jedoch bereits bei einer Schwellspannung von beispielsweise 1,25V und nicht erst bei 2,4V oder 0,8V seinen Zustand wechseln. Setzt man deshalb $U_{IHmin} = U_{ILmax} = 1{,}25V$, erhält man den typischen Fall kleinerer Werte von $t_{LH} = 1{,}4ns$ und $t_{HL} = 3{,}8ns$.

Die Gesamtverzögerung ergibt sich dann mit den Zeiten nach Gl. (6.18) zu $t_{pLH} = 11{,}15ns$ und $t_{pHL} = 14{,}05ns$. Darin ist der Einfluß der Leitung nicht berücksichtigt.

6.4 Geometrischer Aufbau einer Speicherleiterkarte

In Abb. 6.29 und Abb. 6.30 sind zwei denkbare Varianten von Speicherplatinen dargestellt. Die erste entspricht der RAM-Erweiterung eines PC, die zweite der RAM-Steckeinheit eines größeren Speichersystems.

Auf der PC-RAM-Leiterkarte befinden sich neben der in zwei Hälften geteilten Speichermatrix die mittig plazierten Treiber für Adreß- und Taktsignale, die Datenregister und die zugehörige Steuerung, praktisch ein vollständiges Speichersystem. Die Anordnung von Siebkondensatoren und Dämpfungswiderständen ist nicht gezeigt. Mit dieser Aufteilung wird vor allem eine Halbierung der Treiberbelastung erreicht. Lastkapazität und Leitungslänge werden vermindert und damit Verzögerungszeit eingespart (Reduzierung von Reflexionen und Übersprechen).

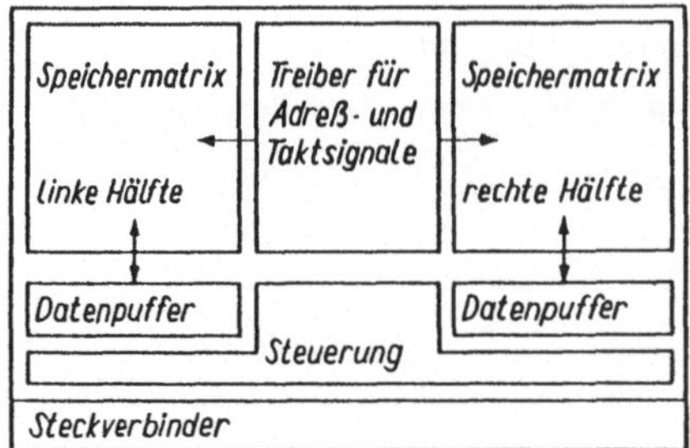

Abb. 6.29. Belegungsplan einer RAM-Speicherplatine (PC-RAM-Erweiterung)

Die RAM-Steckeinheit von Abb. 6.30 enthält im Gegensatz dazu nur die Speichermatrix und die notwendigen Adreß- und Takttreiber, ähnlich dem Schaltbild in Abb. 6.2 (Steuerung und Datenregister sind an anderer Stelle untergebracht). Abb. 6.30 zeigt neben dem Steckverbinder und den Speicherschaltkreisen auch die zu jedem DRAM gehörenden Keramikkondensatoren C_{HF}, die Elektrolytkondensatoren C_{NF} und die Treiberschaltkreise für Takte und Adressen. Außerdem sind in unmittelbarer Nähe der Treiberschaltkreise die in Widerstandsbausteinen zusammengefaßten Dämpfungswiderstände R_D sichtbar. Eine Reduzierung der Siebkondensatoren ist möglich und kostengünstig. Sie sollte allerdings nur nach gründlicher Erprobung eingeführt werden.

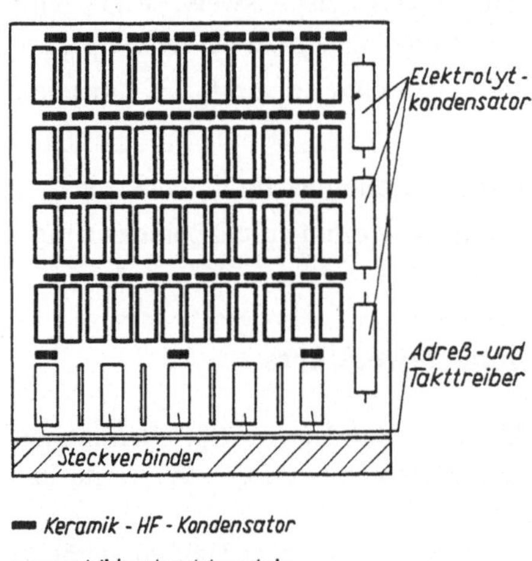

Abb. 6.30. Belegungsplan einer RAM-Speicherplatine (BSM eines größeren Systems)

6.4.1 Steigerung der Packungsdichte von Speichern

In der Vergangenheit vervierfachte sich im Abstand von jeweils drei Jahren die Speicherdichte, weil es durch modernere Halbleitertechnologien gelang, eine größere Anzahl von Speicherzellen auf einem Siliziumchip unterzubringen (vgl. Abschnitt 2.3). Lange Zeit wurde dabei stets die Gehäuseform, das dual-in-line Gehäuse (DIP) zur Durchsteckmontage, beibehalten. Deshalb war es auch nur möglich, die Speicherdichte eines Gerätes in gleichem Maße zu steigern, wie die Speicherdichte des Einzelschaltkreises.

Seit einiger Zeit wird in größerem Maße eine neue Montagetechnologie eingesetzt, die es gestattet, durch dichtere Packung eine weitere Vergrößerung der Speicherdichte eines Gerätes zu erzielen bzw. Leiterplattenfläche oder Gerätevolumen zu sparen. Diese sogenannte *Oberflächenmontagetechnologie* (surface mount technology, SMT) wurde durch ein Schaltkreisgehäuse, das Aufsetzgehäuse (surface mount device, SMD) möglich.

6.4.2 SMD-Schaltkreis

Bei der Entwicklung von Speicherschaltkreisen im Aufsetzgehäuse ging man von bereits in großen Stückzahlen gefertigten DRAM-Speicherchips aus und versuchte, sie in dem neuen Gehäuse unterzubringen [6.18].

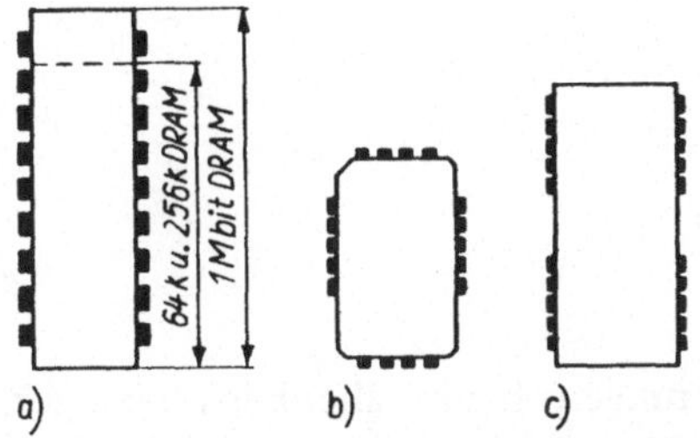

Abb. 6.31. Gehäuseformen verschiedener Speicherschaltkreise
a DIP-Gehäuse für 64Kx1bit-, 256Kx1bit-, 1Mx1bit-DRAM,
b PLCC-Gehäuse eines 256Kx1bit-DRAMs,
c SOJ-Gehäuse eines 1Mx1bit-DRAMs

Die 64kx1bit- und 256kx1bit-DRAM-Speicher, entworfen für ein herkömmliches 16 Pin-DIP (siehe Abb. 6.31a), konnten so z.B. in ein SMD-Gehäuse, das rechteckige 18Pin-PLCC-Gehäuse (plastic leaded chip carrier) mit "J"-förmigen Anschlüssen (Abb. 6.31b), übertragen werden. Das Gehäuse besitzt in 4 Anschlußreihen 18 Kontakte und könnte bei Bedarf bis zu 26 aufnehmen. Allein die Gegenüberstellung beider Gehäusegrundflächen (in Abb. 6.31 in einheitlichem Maßstab dargestellt) macht den Vorteil des PLCC-Gehäuses deutlich. Es benötigt ca.25% weniger Leiterplattenfläche als ein 18-Pin-DIL-Gehäuse.

Ungünstiger lagen die Verhältnisse bei der Umsetzung des 1Mx1bit-DRAM. Ebenfalls für ein DIP entworfen (Abb. 6.31a), war das Siliziumchip für ein normales PLCC-Gehäuse zu groß. Hier fiel die Wahl auf ein modifiziertes PLCC-Gehäuse, das 26/20 polige SOJ-Gehäuse (small outline "J" leaded, Abb. 6.31c). Es ist größer als das PLCC-Gehäuse, besitzt 20 (bei Bedarf bis zu 26) Anschlüsse in nur zwei Reihen und ermöglicht eine Flächeneinsparung von ca. 10%. Die Ähnlichkeit mit einem DIP ist unverkennbar.

6.4.3 Oberflächenmontagetechnologie

Der wesentliche Vorteil aufsetzbarer PLCC- und SOJ-Gehäuse liegt in der dreidimensionalen Packungstechnologie [6.19]. Da keine Durchverbindungslöcher für die Befestigung benötigt werden, können sowohl auf der Oberseite der Leiterplatte, als auch auf der Unterseite Bauelemente montiert werden (Abb. 6.32).

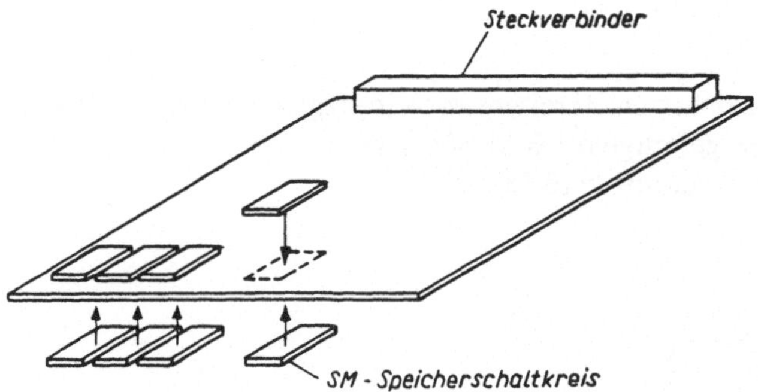

Abb. 6.32. Speicherplatine in Oberflächenmontagetechnologie

Von den oben propagierten Flächeneinsparungen bleibt allerdings weniger übrig, wenn man berücksichtigt, daß auf der Platine viele SM-Gehäuse durch Leiterzüge miteiander verbunden werden müssen.

Da in den meisten Fällen der Verdrahtungsraum in nur einer Ebene nicht ausreichend ist, ist es notwendig, mit Hilfe von Löchern zur Durchkontaktierung in eine Innenebene der Mehrlagenleiterplatte überzuwechseln. Solche Durchkontaktierungen benötigen eine relativ große Oberfläche und sind deshalb nicht alle innerhalb der Aufsetzflächen des SM-Gehäuses unterzubringen. Durch die nach außen verlagerten Durchverbindungslöcher wird die effektiv erforderliche Grundfläche eines SM-Gehäuses größer. Die Situation ist in Abb.6.33 dargestellt.

Das PLCC-Gehäuse wird auf die rechteckigen Aufsetzflächen (in Abb. 6.33 schraffiert) der Leiterplatte gelötet. Von da aus führen Leiterbahnen entweder zu anderen Aufsetzflächen der gleichen Ebene oder zu Durchverbindungslöchern. Die Packungsdichte einer Steckeinheit mit 1Mx1bit-DRAM-Schaltkreisen in SOJ-Gehäuse ist mindestens doppelt so groß, wie die einer Steckeinheit mit den gleichen Schaltkreisen in DIL-Gehäuse.

Die SM-Montagetechnologie zeichnet sich weiterhin aus, durch

- kleineres Gewicht (bis 70% weniger) und
- günstigere elektrische Eigenschaften.

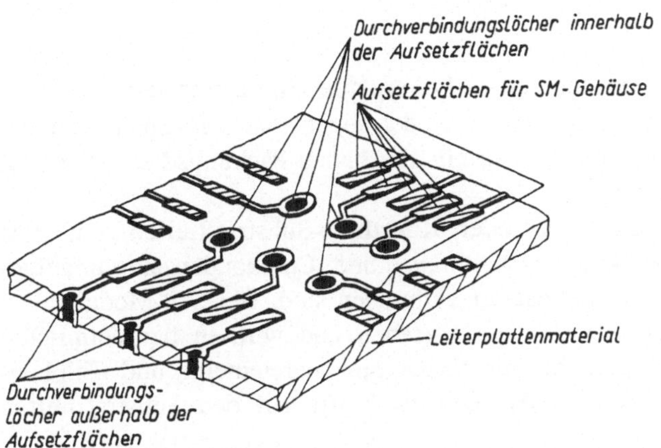

Abb. 6.33. Querschnitt durch eine Platine in Oberflächenmontagetechnologie

Besonders die verbesserten elektrischen Eigenschaften wirken sich vorteilhaft auf das Gesamtsystem aus. Dazu gehören die folgenden Merkmale:

a) Durch Verkürzung der Signal- und Stromversorgungszuleitungen innerhalb des SM-Speicherschaltkreises vermindern sich deren ohmsche, kapazitive und induktive Widerstände (die um mindestens 50% kleinere Zuleitungsinduktivität von Masse- und Betriebsspannungsverbindungen innerhalb des Schaltkreises läßt die durch Stromänderung verursachten Spannungseinbrüche deutlich kleiner werden, siehe Abschnitt 6.2.2).
Kleinere Gehäusegeometrien bewirken außerdem auf der Speicherplatine eine zusätzliche Verkürzung der Stromversorgungsleitungen. Mit den kleineren Zuleitungsinduktivitäten der ebenfalls zum Einsatz kommenden SM-HF-Chipkondensatoren ergibt das eine weitere Verringerung der durch Stromänderung generierten Störspannungen. Anders ausgedrückt, mit einem geringeren Aufwand an Siebmitteln läßt sich die gleiche Störsicherheit gegen Betriebsspannungseinbrüche erzielen.

b) Bedingt durch eine höhere Packungssdichte der Leiterplatte vermindern sich die Gesamtspeicherabmessungen. Das bewirkt durch Verkürzung der Laufzeiten auf den Leitungen eine Reduzierung der Zugriffszeit bzw. Zykluszeit.

c) Speicherbauelemente in SM-Technologie sind mindestens genauso zuverlässig wie die entsprechenden im DIL-Gehäuse.

Bei allen augenscheinlichen Vorteilen der SM-Technologie soll jedoch auf ein Problem aufmerksam gemacht werden, welches durch die Differenz der thermischen

Ausdehnungskoeffizienten zwischen Gehäuse und Leiterplattensubstrat hervorgerufen wird. Wenn keramische SM-Gehäuse auf Epoxydharzsubstrat montiert
werden, kann es bei thermischer Belastung vorkommen, daß Lötverbindungen
brechen oder Anschlußfahnen reißen.

6.4.4 SIP-Speichermodule

Falls aus ökonomischen Gründen eine Leiterplatte in Durchsteckmomtage-
technologie zum Einsatz kommen muß, bietet der sogenannte SIP-Speichermodul
(single-in-line-package) ein Mittel, die Vorteile der hohen Packungsdichte der SM-
Montage trotzdem nutzen zu können.

Der SIP-Modul ist ein Keramik- oder Kunstharz-Substratstreifen, auf dem
mittels Oberflächenmontage Speicherschaltkreise und Chipkondensatoren aufgebracht und durch Leiterbahnen miteinander verbunden sind. Der SIP-Modul selbst
ist mit Kontakten zur Durchsteckmontage versehen und wird in herkömmlicher
Technologie auf die Platine gebracht. Die SMD- Speicherelemente und Chipkondensatoren können sowohl einseitig als auch zweiseitig auf den Substratstreifen
gebracht werden.

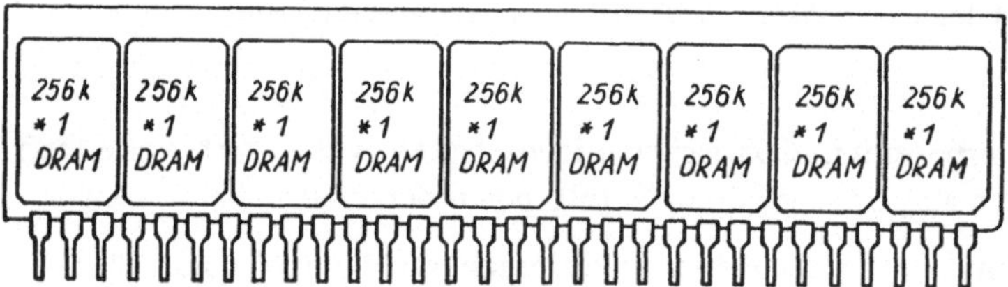

Abb. 6.34. SIP-Speichermodul 256Kx9bit

In Abb. 6.34 ist ein 256kx9bit DRAM-SIP-Modul dargestellt, bei dem einseitige
Bestückung gewählt wurde. Der Modul besteht aus neun 256kx1bit DRAM-Schaltkreisen und den nicht gezeichneten Chipkondensatoren. An einer Längsseite des
Streifens befindet sich die Kontaktreihe zur Durchsteckmontage. Der SIP-Speichermodul wird nun senkrecht stehend, auf die Platine montiert.

Abbildung 6.35 zeigt eine Speicherkarte mit mehreren SIP-Modulen. Bei diesem
SIP-Modul ist die zweiseitige Bestückung mit DRAM-Schaltkreisen angedeutet.
Nicht gezeichnet sind die außerdem vorhandenen DIP-Schaltkreise in Durchsteck-
montagetechnologie.

Vorteile der SIP-Module sind:

1. Durch Nutzung der Bauhöhe und der kleineren SM-Gehäuse ist die Packungs-
   dichte einer typischen Speicherkarte um mindestens 50% gegenüber der
   Durchsteckmontage mit DIL-Gehäusen zu steigern, auch wenn die übrigen
   Bauelemente (z.B. Treiberschaltkreise) in DIL-Gehäusen verbleiben.

2. Es lassen sich bei Verwendung unterschiedlichster Speicherschaltkreise (unterschiedliche Anschlußbelegung) SIP-Module entwickeln, die zueinander steckerkompatibel sind. So lassen sich beispielsweise Leiterkarten konstruieren, die später mit höherintegrierten, steckerkompatiblen SIP-Modulen problemlos aufgerüstet werden können. Voraussetzung ist die rechtzeitige Berücksichtigung zusätzlicher Adressen. So ist es z.B. möglich, durch den Austausch des 256kx9bit SIP-Moduls gegen einen steckerkompatiblen 1Mx9bit SIP-Modul oder weiter gegen einen 4Mx9bit SIP-Modul, die Kapazität der Leiterkarte bei unveränderter Verdrahtung um das Mehrfache zu steigern.

3. Nutzung der günstigen elektrischen Eigenschaften der SM-Montage.

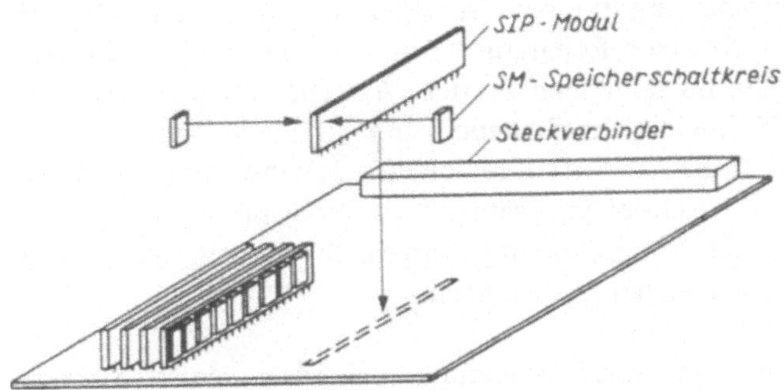

Abb. 6.35. Speicherplatine bestückt mit SIP-Speichermodulen

Beim Einsatz von SIP-Modulen muß jedoch die größere Bauhöhe berücksichtigt werden. Falls sie stört, können die Module auch schrägstehend eingesetzt werden.

7 Entwurf von Speicherbaugruppen und Speichern

In diesem Kapitel wird in den ersten drei Abschnitten der logisch funktionelle Aufbau einiger typischer Speicheranwendungen beschrieben (ROM-, SRAM- und DRAM-Speicher). Einige in sämtlichen Speichertypen notwendige logische Funktionen wie Wort- und Kapazitätserweiterung sind nur am Beispiel des ROM-Speichers erläutert. Der abschließende vierte Abschnitt befaßt sich mit verschiedenen Maßnahmen zur Datensicherung in einem Speicher, sowohl off-line, d.h. im Zustand der Prüfung (z.B. nach einer Reparatur oder während einer zyklischen Wartung), als auch on-line, d.h. im laufenden Betrieb. Anstelle "off-line"-Datensicherung ist hier der Begriff "nicht schritthaltend" und an Stelle "on-line" der Ausdruck "schritthaltend" gewählt. Als Mittel zur off-line Datensicherung werden verschiedene Testalgorithmen beschrieben, während nachfolgend einige fehlertolerante Binärcodes zur on-line Datensicherung vorgestellt werden. Schließlich wird auf die Zuverlässigkeit der Speicher eingegangen.

In einem Computer oder in einer Steuerung existieren meist mehrere unterschiedliche Speicher, denen fixierte Aufgaben innerhalb der Speicherhierarchie zugewiesen sind. In weniger leistungsfähigen Mikrorechnern arbeiten sämtliche internen Speicher (RAM, ROM), alle I/O-Einheiten und externen Speicher auf einen gemeinsamen BUS (siehe Abb. 2.11). Welcher Speicher angesprochen wird, hängt von der CPU-Adreßkombination ab. In Abb. 7.1 ist die Speicheraufteilung eines Mikrocomputers dargestellt.

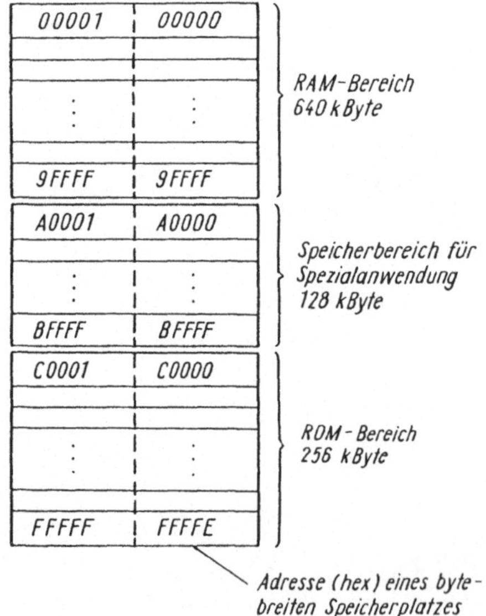

Abb. 7.1. Beispiel der Speicheraufteilung eines Mikrocomputers

Mit 20 Adreßbits ist die CPU (z.B. Intel 8086) des beispielsweise Personalcomputers (PC) in der Lage, insgegesamt 1Mbyte direkt zu adressieren. Das können sein [7.1]:

256kbyte residenter Speicher (ROM), Adresse (hex):   C0000-FFFFF
640kbyte Lese-Schreib-Speicher (RAM):   00000-9FFFF
128kbyte reservierter Speicherplatz für Spezialanwendungen,
    z.B.Grafik-/Anzeigespeicher: A0000-BFFFF.

Die Speicher unterscheiden sich in Geschwindigkeit (Zykluszeit, Zugriffszeit), Speicherkapazität und Speicherfunktion (z.B. Festwertspeicher (ROM) oder Schreib/Lese-Speicher (RAM)).

Die allgemeinen elektrischen Probleme, wie z.B. Ansteuerung der Speichermatrix, Übertragungsleitungseffekte oder Siebung der Betriebsspannung (siehe Kapitel 6) sind unabhängig von Einsatzgebiet bzw. Aufgabe des Speichers. Sie müssen entsprechend vorangegangener Überlegungen gelöst werden. Wichtig dafür sind vor allem die räumliche Speichergröße und dieGeschwindigkeit.

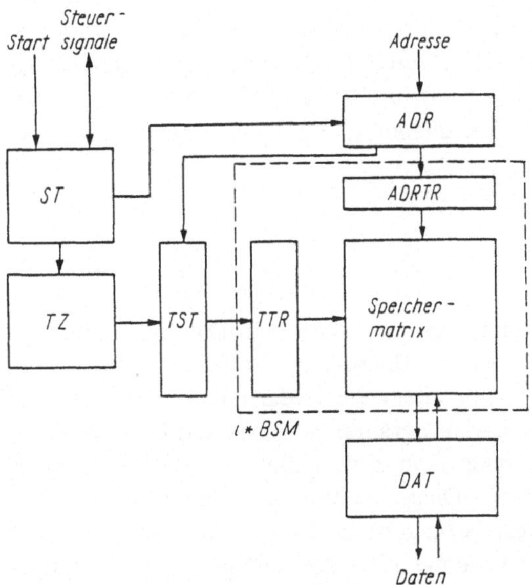

Abb. 7.2. Blockschaltbild eines Speichers
ADR Adreßaufbereitung, ADRTR Adreßtreiber, TST Taktsteuerung, TZ Taktzentrale, DAT Datenbehandlung, TTR Takttreiber, ST Speichersteuerung

Sämtliche Speicher mit direktem Zugriff, gleich ob ROM oder RAM, lassen sich durch das Blockschaltbild Abb. 7.2 beschreiben. Der Inhalt einiger Funktionsblöcke kann in Abhängigkeit von Speicherkapazität und Speicherfunktion teilweise mit anderen verschmelzen oder gänzlich entfallen. (Die im gestrichelten Block enthaltenen Funktionsgruppen entsprechen einem Vielfachen des in Kapitel 6 beschriebenen BSM (Basisspeichermodul)). Das Blockschaltbild und die Arbeitsweise des Speichers lassen sich wie folgt beschreiben.

Der Speicher erhält zunächst, z.B. vom Prozessor, eine *Adresse* zur Kennzeichnung des Platzes innerhalb der Speichermatrix, welcher entweder beschrieben oder gelesen werden soll. Im Block ADR wird die Adresse im allgemeinen zwischengespeichert und in zwei Teile zerlegt. Ein Teil gelangt, verstärkt im Funktionsblock ADRTR, direkt zur Speichermatrix und ist dort mit jedem Speicherschaltkreis verbunden. Der andere Teil der Adresse wählt über den Block TST nur soviel Taktsignale aus, daß in der Speichermatrix lediglich eine Zeile angesprochen werden kann. Nachdem die Taktsignale in TTR verstärkt wurden, werden sie der Speichermatrix übergeben.

Zum Auslösen eines Speicherzyklus benötigt der Speicher ein Startsignal und einige *Steuerinformationen*, welche die Art des Speicherzyklus (Lese-, Schreib- oder Regenerierzyklus) bestimmen. Im DRAM-Speichersystem sichert der Block ST außerdem den konfliktfreien Zugriff zwischen CPU-Zugriffen und Regenerieranforderungen. Mit den Signalen von ST wird eine Taktzentrale aktiviert, welche alle für die Speicherschaltkreise benötigten Takte generiert. Im *Lesezyklus* übernimmt der Funktionsblock DAT die ausgelesenen Daten, speichert sie vorübergehend und untersucht sie eventuell auf Datenfehler, um sie anschließend zu korrigieren. Im *Schreibzyklus* stehen die Daten im Block DAT bereit. Sie werden hier vor dem Transport zur Speichermatrix eventuell mit Fehlererkennungs- bzw. Fehlerkorrekturinformationen versehen.

7.1 ROM-Speicher

Aus ROM-Schaltkreisen zusammengesetzte Speicher dienen in Datenverarbeitungsanlagen vorwiegend zum residenten (nicht flüchtigen) Speichern von Informationen. Das betrifft im Mikrorechner vor allem die Anfangslade- bzw. Initialisierungsprogramme (bootstrap-loader = Ladeprogramm, welches den Prozessor und sämtliche anderen Funktionskomplexe nach dem Einschalten bzw. Rücksetzen in einen arbeitsfähigen Zustand versetzt). Dieser Vorgang beginnt mit einem Lesezyklus auf eine, durch die CPU fest vorgegebene Adresse im ROM-Speicher, die so gewählt sein muß, daß die erste Leseoperation dort auf genau die Anfangsadresse des Ladeprogrammes trifft.

Der ROM-Speicher kann außerdem Systemprogramme, Anwenderprogramme oder Testroutinen zur Hardwareprüfung enthalten. Er kann aus ROM-, PROM- oder EPROM-Schaltkreisen aufgebaut werden.

7.1.1 Worterweiterung des ROM-Speichers

Fast alle modernen ROM-Speicherschaltkreise besitzen mindestens eine Aufrufbreite von 8bit oder 16bit. Die Realisierung größerer Aufrufbreiten geschieht durch

Parallelschaltung von zwei oder mehreren Speicherschaltkreisen [7.2], [7.3]. Beispielsweise ergibt die Parallelschaltung von zwei Schaltkreisen mit 8Kx8bit einen Speicher mit 8Kx16bit (Abb. 7.3).

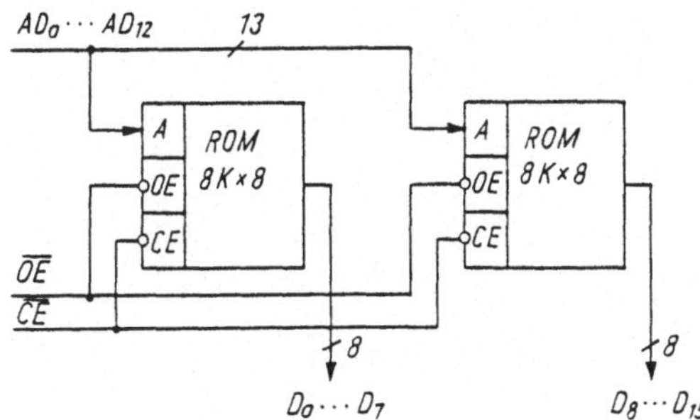

Abb. 7.3. Realisierung der Aufrufbreite

AD_{jk} Adressensignal, $\overline{OE}$ Ausgangs-Freigabe-Signal, $\overline{CE}$ Chip-Freigabe-Signal,

D_{lm} Datenausgangssignal

7.1.2 Kapazitätserweiterung des ROM-Speichers innerhalb des CPU-Adreßraums

Die schaltungstechnische Realsierung des geforderten Adreßraumes kann nach dem Beispiel von Abb. 7.4a erfolgen [7.4], bei dem aus vier 8Kx8bit Speichern einer mit 32Kx8bit realisiert wird. Zur Schaltkreisauswahl benutzt man zweckmäßigerweise das Signal, mit dem der Speicherschaltkreis in den Ruhezustand (standby mode) gebracht werden kann, hier das Signal $\overline{CE}$.

Am Beispiel des Schaltkreises INTEL 2764 soll dies demonstriert werden. Der Schaltkreis gelangt durch $\overline{CE}$ =High in den Ruhezustand; sämtliche Datenausgänge werden außerdem hochohmig. Bei $\overline{CE}$ =Low wird der Schaltkreis gelesen, aber erst mit dem Signal $\overline{OE}$ =Low stehen die Daten am Ausgang zur Verfügung.

In Abb. 7.4a bildet der Dekoder aus den Adressen AD_{13}, AD_{14} ein Chip-Freigabe-Signal, welches auf den entsprechenden $\overline{CE}$ -Eingang jeweils eines ROMs geführt ist; durch $\overline{READ}$ =Low werden sämtliche Schaltkreisausgänge der ROMs auf den Daten-BUS geschaltet; alle außer einem befinden sich im hochohmigen Zustand. Der Adreßraum ist damit gegenüber einem Schaltkreis vervierfacht worden.

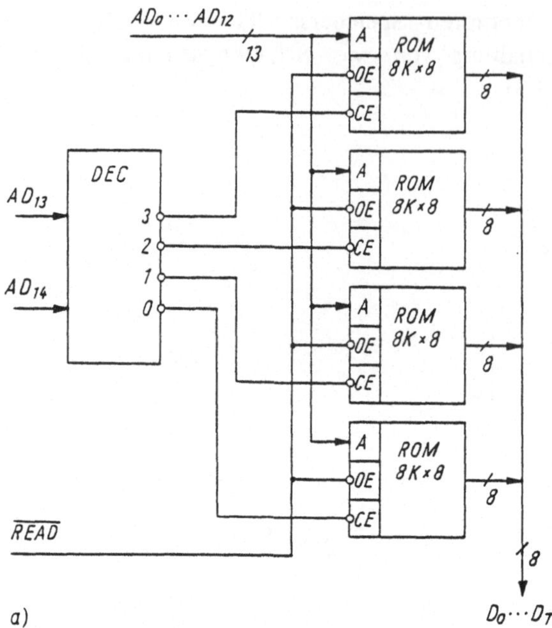

Abb. 7.4a. Erweiterung der Kapazität eines Speichers innerhalb des CPU-Areßraumes

7.1.3 Kapazitätserweiterung über den CPU-Adreßraum hinaus

Manche softwareintensiven Anwendungen erfordern einen Speicherraum, den die CPU standardmäßig nicht zur Verfügung stellen kann. Ist der Adreßbereich ähnlich wie in Abb. 7.1 strukturiert, wird aber ein größerer RAM-Speicher (z.B. 896kbyte) und ein größerer ROM-Speicher (z.B. 512kbyte) benötigt, kann die sogenannte *Bank-Technik* (page adressing technique) [7.4] angewendet werden. Mit ihr ist es möglich zusätzliche Speicherkapazität zu adressieren.

Die Kapazitätserweiterung über den CPU-Adreßraum hinaus wird durch Nutzung einiger Datenbits zur Speicheradressierung erreicht (Abb. 7.4b) und erfordert neben den hier gezeigten Hardwaremaßnahmen zusätzliche Software-unterstützung, auf die hier nicht eingegangen werden soll.

Das Ansprechen des ROM-Bereiches wird folgendermaßen realisiert: Zunächst übernimmt ein *Schreibzyklus* in den Adreßraum außerhalb des RAM-Speichers (mit $\overline{\text{WR}}$ =0, $\overline{\text{RD}}$ =1, AD$_{17}$... AD$_{19}$=0) vom Datenbus zwei Datenbits (D$_0$, D$_1$, werden als Adresse genutzt). Diese gelangen in das Flipflop T, werden anschließend in DEC2 dekodiert um danach einen der 4 ROM-Speicherblöcke selektieren zu können.

Ein nun folgender *Lesezyklus*, ebenfalls im ROM-Bereich ($\overline{\text{WR}}$ =1, $\overline{\text{RD}}$ =0, AD$_{17}$...AD$_{19}$=0), liest aus dem ausgewählten ROM-Speicherblock. Soll aus einem anderen ROM-Speicherblock gelesen werden, ist vorher mit einem Schreibzyklus eine geänderte Kombination D_0, D_1 in das Flipflop T zu transportieren. Die Adressen $AD_1...AD_{16}$ werden unmittelbar an sämtliche Speicherschaltkreise geführt; die Adressen $AD_{17}...AD_{19}$ wählen über DEC1 entweder den RAM-Speicher (Ausgangssignale 1...7) oder den ROM-Speicher (Ausgangssignal 0). Auf diese Weise sind statt 256kbyte insgesamt 512kbyte ROM- und statt 640kbyte RAM-Speicher insgesamt 896 kbyte RAM-Speicher nutzbar.

Es existieren EPROM-Schaltkreise, die sämtliche Funktionsblöcke innerhalb des gestrichelten Feldes (Abb. 7.4b) in einem Schaltkreisgehäuse zusammenfassen. Diese benötigen durch Nutzung der Datenleitungen zur Adressierung weniger Pins, als ein ROM-Schaltkreis mit vollständiger Adressierung.

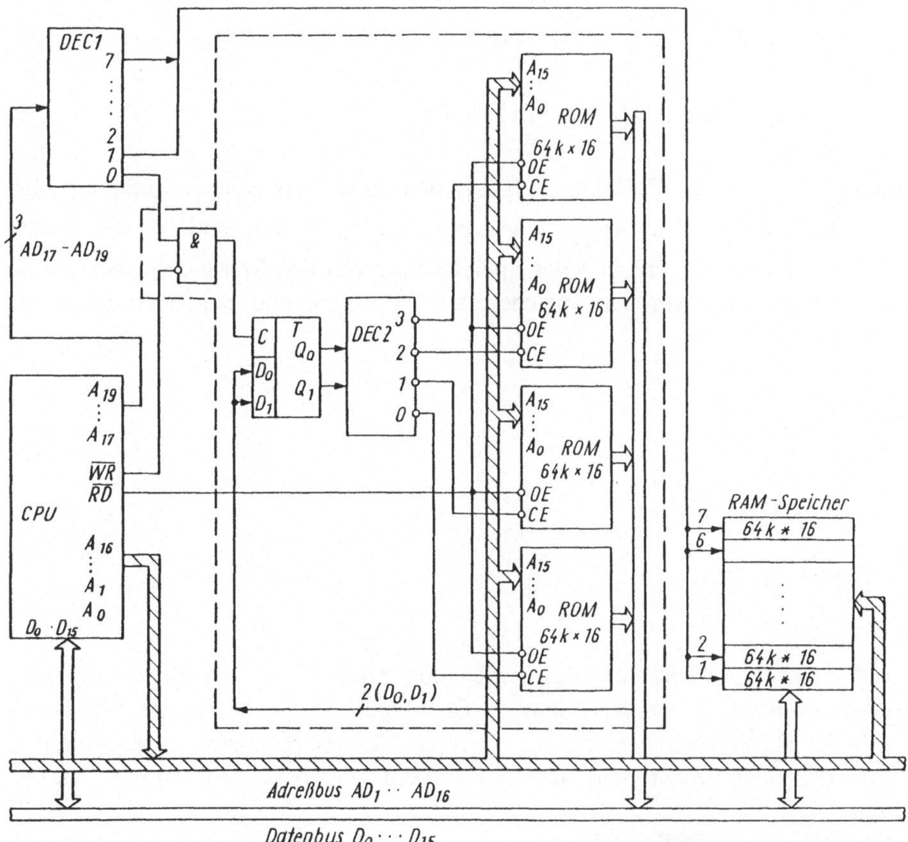

Abb. 7.4b. Erweiterung der Kapazität eines Speichers über den CPU-Areßraum hinaus AD_{jk} Adressensignal, D_{lm} Datenausgang, DEC Dekodierer, T Flipflop, READ Lesesignal

7.1.4 ROM-Schaltkreise als programmierbare Logik-Arrays

Mit ROM-Schaltkreisen ist es möglich programmierbare Logik-Arrays (PLA) aufzubauen. Die Adressen sind die Eingangsvariablen, welche auf dem zur jeweiligen Adreßkombination gehörenden Speicherplatz den entsprechenden Funktionswert besitzen, der am Datenausgang zur Verfügung steht.

Beispielsweise können mit dem ROM-Schaltkreis von Abb. 7.5 (4 Adressen und 8 Datenausgänge) 8 logische Funktionen von 4 Variablen realisiert werden, siehe [6.1], [7.5].

In *disjunktiver Normalform* läßt sich das für eine Funktion z.B. D_0 (entspricht dem Ausgang D_0 am ROM) durch

$$D_0 = \overline{AD_0} \cdot \overline{AD_1} \cdot \overline{AD_2} \cdot \overline{AD_3} \cdot Z(0000) \; v$$

$$v \; AD_0 \cdot \overline{AD_1} \cdot \overline{AD_2} \cdot \overline{AD_3} \cdot Z(1000) \; v \; ...v$$

$$v \; AD_0 \cdot AD_1 \cdot AD_2 \cdot AD_3 \cdot Z(1111) \, .$$

ausdrücken, wobei z.B. $Z(0000) \in \{0,1\}$, den Inhalt der Speicherzelle mit der Adresse AD_0, AD_1, AD_2, $AD_3 = 0$, "v" den ODER-Operator und "·" den UND-Operator darstellen. Der Inhalt jeder Speicherzelle (Z) des ROMs wird beim Programmieren (Beschreiben der Speicherplätze) entsprechend der darzustellenden Funktion festgelegt.

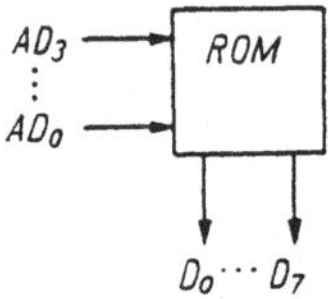

Abb. 7.5. ROM als PLA

ROMs als PLAs sind im allgemeinen dort einzusetzen, wo *kombinatorische Netzwerke* verwendet werden können. Das kann als Codewandler (Kodierer, Dekodierer), als Zeichengenerator aber auch als Zuordnernetzwerk in sequentiellen (asynchronen oder synchronen) Schaltungen sein, gleich ob Moore- oder Mealy-Automat.

Als Beispiel für ein ROM-PLA in *sequentiellen Schaltungen* zeigt Abb. 7.6 das Blockschaltbild eines Mealy-Automaten mit den Eingangsignalen $X_0...X_K$, und den Ausgangssignalen $Z_0...Z_l$. Die mittels ROM realisierten kombinatorischen Funktionen dienen sowohl der Bildung der Folgezustände als auch der Ausgangsfunktionen des Automaten [6.1], [6.8], [7.2]. Der ROM-Speicher kann aus einem oder aus mehreren Schaltkreisen bestehen. Zur Reduktion vollständig oder unvollständig bestimmter Automaten sind die bekannten Reduktionsverfahren einsetzbar [7.6].

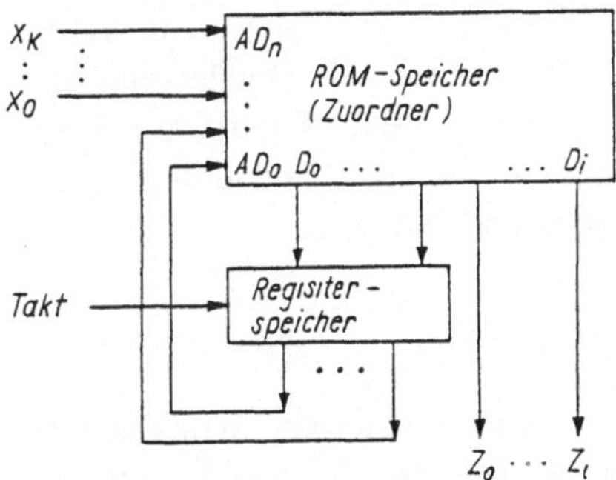

Abb. 7.6. ROM in sequentieller Schaltung

7.1.5 ROM-PLA als Signalgenerator

Abbildung 7.7 zeigt das Blockschaltbild eines Signalgenerators für ein analoges Signal [6.1], [7.2]. Der gesamte Signalzyklus kann aus 2^{n+1} Zeitschritten und 2^{i+1} Pegelwerten aufgebaut werden (n+1 = Anzahl der Adreßeingänge, i+1 = Anzahl der Datenausgänge des ROM). Ein Takt schaltet den Zähler, der die Adresse für den ROM liefert, jeweils um eine Stelle weiter. Die Zykluszeit des Taktes bildet das kleinste nutzbare Zeitraster. Ein digitaler Signalgenerator für i+1 Ausgangssignale entsteht durch Weglassen des D/A-Umsetzers.

Besonders bei asynchronen Schaltungen, die unter Zuhilfenahme von ROMs aufgebaut sind, ist zu beachten, daß nach Anlegen einer Adresse erst die Zugriffszeit vergehen muß, bevor der ROM-Ausgang einen definierten Zustand angenommen hat.

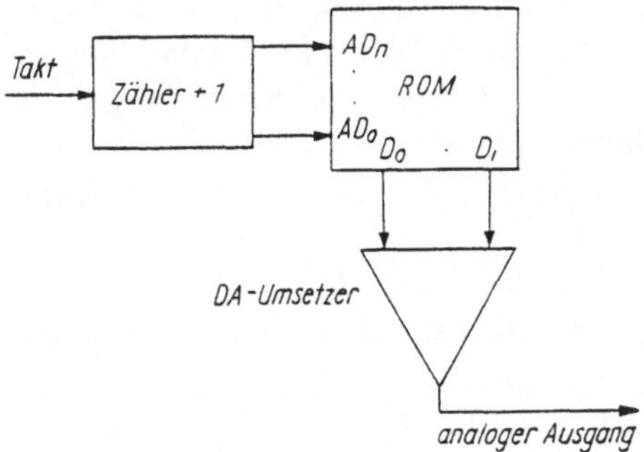

Abb. 7.7. ROM als Signalgenerator

Neben den beschriebenen speziellen Anwendungen werden ROMs häufig als Zeichengenerator, beispielsweise für Displays oder Drucker angewendet.

7.2 SRAM-Speicher

Mit dem SRAM steht ein Schaltkreis zur Verfügung, der den Entwurf von Speichern gestattet, die einfach im logischen Aufbau sind. Den Hauptvorteilen von kurzer Zugriffszeit und einfacher Steuerung stehen die Nachteile hoher Verlustleistung und niedrigeren Integrationsgrades gegenüber (siehe Kapitel 4). Deshalb wird der SRAM besonders dort gewählt, wo die Geschwindigkeit dominierende Bedeutung besitzt und die hohe Verlustleistung in Kauf genommen werden kann.

7.2.1 Cache-Speicher (Pufferspeicher)

Prozessoren, auch Mikroprozessoren, besitzen so hohe Arbeitsgeschwindigkeiten, daß die zumeist aus DRAM-Schaltkreisen bestehenden Operativspeicher an den Grenzen ihrer Leistungsfähigkeit stehen. Will man die Operationsgeschwindigkeit der Einheit von Prozessor und Speicher verbessern, macht man sich gewisse Nachbarschaftsbeziehungen von zusammengehörigen Befehlen, wie sie besonders bei Programmschleifen sehr ausgeprägt sind, und zugehörigen Daten im Operativspeicher (Hauptspeicher) zunutze.

Der abzuarbeitende Bereich des Operativspeichers (Seite) wird deshalb in einen kleineren, aber schnellen SRAM-Speicher (Cache-Speicher) transportiert, auf den die CPU anschließend bei Bedarf in rascher Folge zugreifen kann.

Das Grundprinzip des Cache-Speichers, die Methode der *virtuellen Speicherung*, ist seit langem bekannt und ausführlich in der Literatur beschrieben [7.3], [7.7]. Als Abbildung (mapping) des Hauptspeichers in den Cache-Speicher wird das Verfahren bezeichnet, nach dem der gesamte Hauptspeicher in Seiten zerlegt wird und deren Daten im Cache-Speicher abgelegt sind. Verschiedene Abbildungsverfahren, die sich in Zugriffsgeschwindigkeit, Trefferrate und Aufwand unterscheiden, werden ausführlicher dargestellt.

Der *Einweg-Cache* als einfachste Lösung erlaubt den schnellsten Zugriff. Die Abbildung des Hauptspeichers erfolgt hier durch eine Unterteilung in Seiten, die genau so groß sind wie der Cache-Speicher. Charakteristisch für den Eiweg-Cache ist, daß die Kopie einer Hauptspeicheradresse nicht beliebig im Cache-Speicher abgelegt werden kann, sondern nur genau an der Stelle, die durch einen Zeiger, die Indexadresse, bestimmt wird. Dieses Verfahren hat den Nachteil, daß mehrere Haupspeicheradressen (alle mit der gleichen Indexadresse) auf die gleiche Cache-Adresse abgebildet werden.

Der *vollassoziative Cache-Speicher* dagegen, die aufwendigste Lösung, besitzt kein vorgegebenes Abbildungsverfahren. Eine Hauptspeicheradresse kann an einer beliebigen Stelle im Cache-Speicher abgelegt werden.

Die allgemeine Wirkungsweise eines Caches soll am Übersichtsschaltbild Abb. 7.8 erläutert werden. Das gesamte System besteht aus dem *Cache-Daten-Speicher*, der eine Kopie der am häufigsten benutzten Hauptspeicherdaten enthält, aus dem *Cache-Tag-Speicher* (Adressenspeicher = Directory), der die zugehörigen Adressen der im Cache-Daten-Speicher vorhandenen Daten enthält, und aus der Steuerung.

Bei einem Lesezugriff der CPU gelangt die Adresse zunächst zum Cache-Tag-Speicher, der mit hoher Geschwindigkeit prüft, ob diese bereits hier vorhanden ist. Kann sie geortet werden (Treffer = Hit) organisiert die Steuerung einen Lesezugriff zum Cache-Daten-Speicher und über den Daten-BUS gelangen die gewünschten Daten zur CPU. Das Resultat ist eine Bedienung der CPU ohne Wartezyklen.

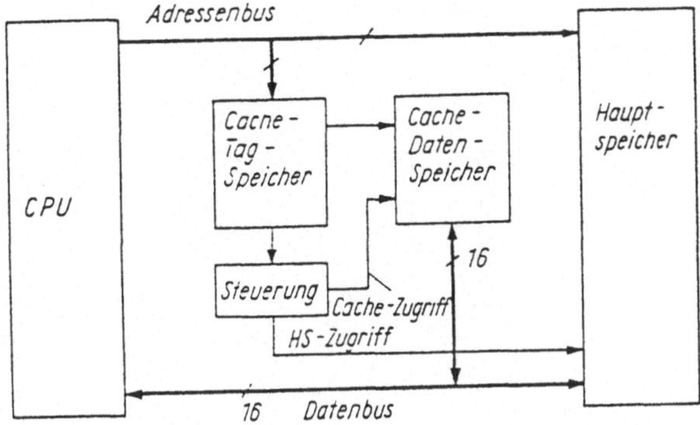

Abb. 7.8. Blockschaltbild einer CPU mit Cache-Speicher

Konnte die Adresse nicht im Cache-Tag-Speicher gefunden werden (Fehlversuch =Miss), startet die Steuerung einen normalen Lesezugriff zum Hauptspeicher. Die CPU muß warten. Gleichzeitig mit dem Transport der Daten vom Hauptspeicher zur CPU übernimmt der Cache-Daten-Speicher die bisher noch nicht vorrätige Information und der Cache-Tag-Speicher die zugehörige Adresse, um sie bei einem wiederholten Zugriff der CPU vorrätig zu haben [7.8], [7.9].

Nach der Speicherung der Daten und Adressen im Cache unterscheidet man verschiedene Organisationsformen:

a) Vollassozativer Cache-Speicher,
b) Einweg-Cache-Speicher (direct mapped cache),
c) Assoziativer Zwei-oder Mehrwege-Cache-Speicher.

7.2.2.1 Vollassoziativer Cache-Speicher

Er ist durch die Eigenschaft charakterisiert, jedes Datenwort des Haupspeichers mit zugehöriger vollständiger Addresse an beliebiger Stelle (Eintrag) des Cache abspeichern und wiederfinden zu können. Bei einem Lesezugriff werden sämtliche Tag-ADR Einträge des Cache mit dem Tag-ADR-Teil der CPU-Referenzadresse verglichen.

Ist die Tag-Adresse im Cache vorhanden (Treffer), werden die zugehörigen Daten gesteuert durch das Treffersignal über den Multiplexer zur CPU transportiert. Die volle Assoziativität fordert beträchtlichen Aufwand an Steuerung und Vergleichslogik, wenn nicht lange Suchzeiten in Kauf genommen werden.

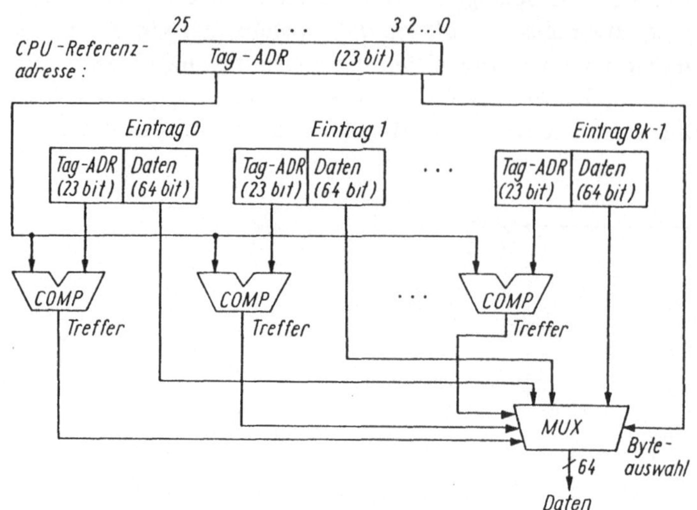

Abb. 7.9. Vollassioziativer Cache-Speicher
COMP Komparator, MUX Multiplexer, Tag-ADR Tag-Adreßteil der Referenzadresse

Der Cache-Speicher in Abb. 7.9 gestattet beispielsweise insgesamt 8K Einträge
(mit jeweils 23bit-Tag-Adresse und 64bit Daten). Dazu sind 8K Komparatoren
($K=2^{10}$) notwendig, für jeden Cache-Eintrag einer [7.9], [7.10] (die Bits 0...2 der
CPU-Referenzadresse dienen zur Byteauswahl an MUX). Da der Effektivitäts-
gewinn in vielen Fällen diesen Aufwand nicht rechtfertigt, wird diese Organisationsform selten benutzt.

7.2.1.2 Einweg-Cache

Er ist im wesentlichen dadurch gekennzeichnet, daß ein Hauptspeicherplatz nicht
mit der gesamten zugehörigen Adresse an beliebiger Stelle, sondern nur mit einem
Teil, dem Tag-Adreßteil (Abb. 7.10) an einer Stelle, die durch den Index-Adreßteil
bestimmt ist, im Cache abgelegt werden kann.

Beim Durchmustern des Cache nach einer CPU-Referenzadresse wird demzufolge auch nur an einer Stelle überprüft, nämlich unter der Indexadresse, ob die
gespeicherte Tag-Adresse mit der Referenzadresse übereinstimmt. Das fordert
wesentlich geringeren Aufwand als der vollassoziative Cache, da nur ein Komparator benötigt wird.

Der Hauptnachteil wird augenscheinlich, wenn das Programm zwischen Speicherplätzen wechselt, die die gleiche Indexadresse besitzen. Da diese Informationen
beide am gleichen Ort im Cache abgespeichert werden, und der Cache nach einem
Fehlversuch die fehlende Information sofort in den Cache holt, treten häufig
Fehlversuche auf. (Daten-Speicher und Tag-Speicher erlauben, wie der vollassoziative Cache Abb. 7.9, 2^{13} = 8K Einträge).

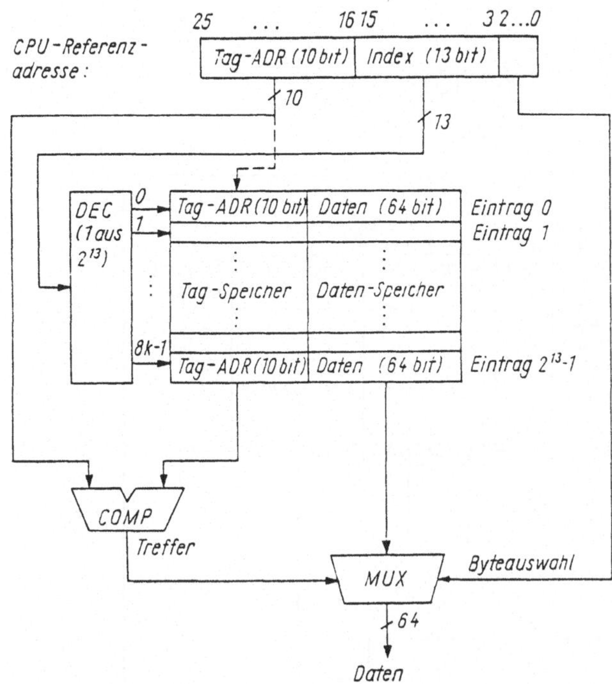

Abb. 7.10. Einweg-Cache-Speicher
COMP Komparator, MUX Multiplexer, DEC Dekodierer, Tag-ADR Tag-Adreßteil der
Referenzadresse, Index Index-Adreßteil der Referenzadresse

7.2.1.3 Assoziativer Zweiwege-Cache

Der Unterschied zum Einweg-Cache besteht darin, daß eine Hauptpeicher-
information an zwei Stellen im Cache (Weg A oder Weg B) unter seiner Indexadresse abgespeichert werden kann (Abb. 7.11).

Während eines Lesevorganges werden beide Tag-ADR-Speicher (Weg A und B)
überprüft, ob unter der Indexadresse der Tag-Adressenteil der Referenzadresse
abgespeichert ist. Existiert nun ein Programm, welches zwischen zwei Speicherplätzen mit der gleichen Indexadresse wechselt, werden keine Fehlversuche
auftreten wie vorher beim Einweg-Cache, da beide im Cache stehen können. Der
Aufwand gegenüber dem Einweg-Cach, ist geringfügig größer. Sowohl Weg A als
auch Weg B gestatten nur $2^{12} = 4K$ Einträge. Ein zweiter Komparator ist notwendig.
Neben dem Zweiwege-Cache sind auch Mehrwege-Cache-Speicher (4, 8, ...)
möglich.

7.2.1.4 Entwurf von Cache-Speichern

Beim Entwurf eines Cache-Speichers muß zuerst bestimmt werden, welche
Organisationsform zum Einsatz kommen soll. Anschließend sind folgende Ent-
scheidungen zu treffen [7.10]:

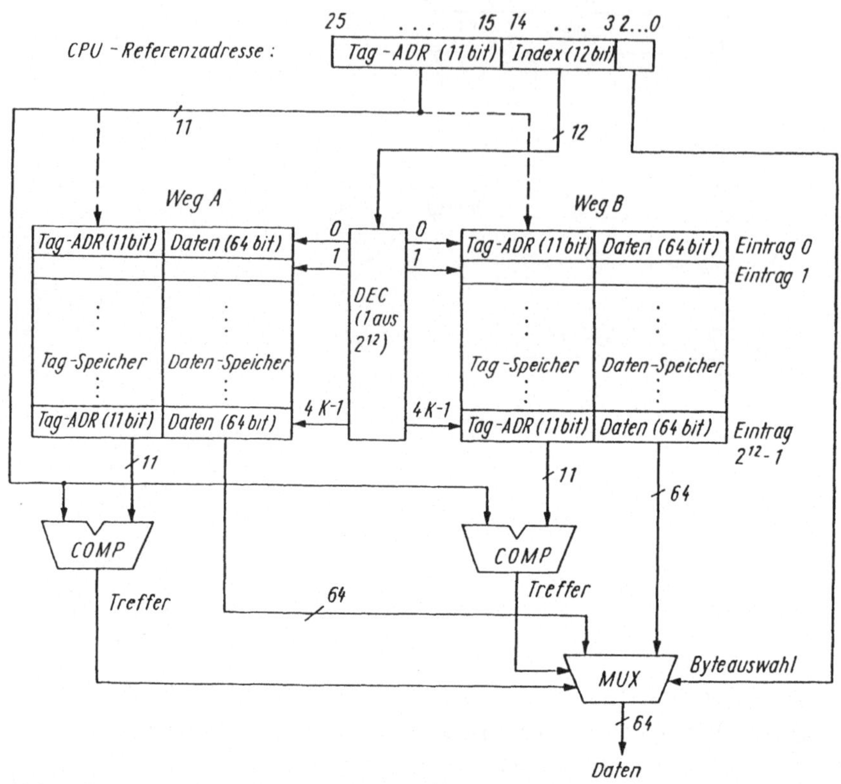

Abb. 7.11. Assoziativer Zweiwege-Cache-Speicher
COMP Komparator, MUX Multiplexer, DEC Dekodierer, Tag-ADR   Tag-Adreßteil der
Referenzadresse, Index   Index-Adreßteil der Referenzadresse

1. Die Trefferrate ist von der *Cache-Kapazität* abhängig. Je größer der Cache-Speicher, desto größer ist die Trefferrate. Sie geht aber mit steigender Kapazität in eine Sättigung, sodaß ein Optimum zwischen Aufwand und erzielbarem Effekt gefunden werden muß.

2. Nach welcher Methode erneuert der Cache-Speicher seinen Inhalt (*replacement algorithm*)? Wenn nach einem Fehlversuch die gesuchte Information aus dem Hauptspeicher in die CPU und gleichzeitig in den Cache-Speicher übernommen wird, muß ein Speicherplatz gefunden werden, dessen Information überschrieben wird.

Beim Einweg-Cache gibt es dieses Problem nicht. Die neue Information wird an die Stelle geschrieben, welche der Index angibt. Schon beim assoziativen Zweiwege-Cache entsteht aber die Frage, in welchem der beiden Wege (A oder B) die neue Information nun abgspeichert werden soll.

Es gibt eine Reihe von Algorithmen, die das Aufnehmen neuer und damit das Überschreiben eventuell unnötiger Informationen steuern. Sie sind mehr oder weniger optimal und aufwendig. Solche Algorithmen sind z.B.:

- LRU (least recently used, der Speicherplatz, der am längsten nicht angesprochen wurde, wird erneuert) oder
- FIFO (first in first out, der Speicherplatz der am längsten im Cache steht, wird ausgetauscht).

3. Wann wird ein Haupspeicherzugriff gestartet? Wird er erst dann gestartet, nachdem die Durchmusterung des Cache-Tag-Speichers mit einem Fehlversuch beendet ist (look-through method)? Oder wird er bereits gestartet, während der Cache-Tag-Speicher noch arbeitet (look-aside method) und wird eventuell der Hauptspeicherzugriff abgebrochen?

4. Wie groß soll der Datenblock sein, der nach einem Fehlversuch vom Hauptspeicher in den Cache-Speicher übertragen wird? Werden nicht nur das eine fehlende, sondern auch die nächstfolgenden Worte mit übertragen, dann ist ein vorausschauendes Füllen des Cache gewährleistet (damit werden mit großer Wahrscheinlichkeit die demnächst benötigten Informationen bereitgestellt).

5. Informationen, welche sich im Cache-Speicher befinden, können auch irgendwann von der CPU geändert werden. Es ist zu überlegen, ob diese Informationen gleichzeitig im Cache- und im Hauptspeicher aktualisiert (write-through) oder ob sie nur im Cache geändert und dann später, wenn sie aus dem Cache entfernt werden, in den Hauptspeicher zurückgeschrieben (aktualisiert) werden (write-back)?

6. Was wird gemacht, falls der DMA-(direct memory access) Schaltkreis mit dem Hauptspeicher korrespondiert? Sobald der DMA Informationen im Hauptspeicher ändert, wird die Kopie, die sich gegenenfalls im Cache-Speicher befindet, ungültig. Es kann nun entweder sofort im Hauptspeicher und im Cache-Speicher gleichzeitig geändert werden, dann ist ständig ein aktueller Stand vorhanden. Es kann aber auch im Cache notiert werden (snooping), daß die entsprechenden Daten inzwischen ungültig geworden sind [7.11].

7. Welche Art der Fehlerbehandlung im Cache-Speicher wird vorgenommen, Paritätsprüfung, Fehlererkennung oder gar keine?

Die Beantwortung eines Großteils dieser Fragen wird unterstützt, wenn ein *Cache-Controller* eingesetzt werden kann. Er ist über eine integrierte CPU-Interfaceeinheit und ein BUS-Interface mit seiner Umgebung verbunden. Neben der Cache-Management/Controll-Einrichtung, enthält er außerdem den viel Platz beanspruchenden schnellen Cache-Tag-Speicher (cache directory).

In Fällen, wo ein Cache-Controller nicht zweckmäßig scheint, ist für die Realisierung des Cache-Directorys z.B. ein *Cache-Tag-Speicherschaltkreis* vorteilhaft [7.9], [7.12]. Der Cache-Tag-Speicherschaltkreis ist ein schneller SRAM-Spezialschaltkreis mit integriertem Komparator. Das Blockschaltbild eines derartigen Cache-Tag-Schaltkreises zeigt Abb. 7.12.

Zum Beschreiben wird der Schaltkreis durch die Signale $\overline{WR}$, CS =Low aktiviert. Das an $D_0...D_7$ liegende Informationswort wird, mit einem Paritätsbit versehen auf den durch $AD_0...AD_{10}$ gekennzeichneten Speicherplatz geschrieben. Der Cache-Tag-Betrieb ist durch $\overline{CS}$ =Low und $\overline{RD}$, $\overline{WR}$ =High initiierbar. Der Block

COMP vergleicht ein durch $AD_0...AD_{10}$ adressiertes Informationswort mit dem an $D_0...D_7$ befindlichen Wort. Match = High zeigt die Übereinstimmung beider Worte (Treffer) an.

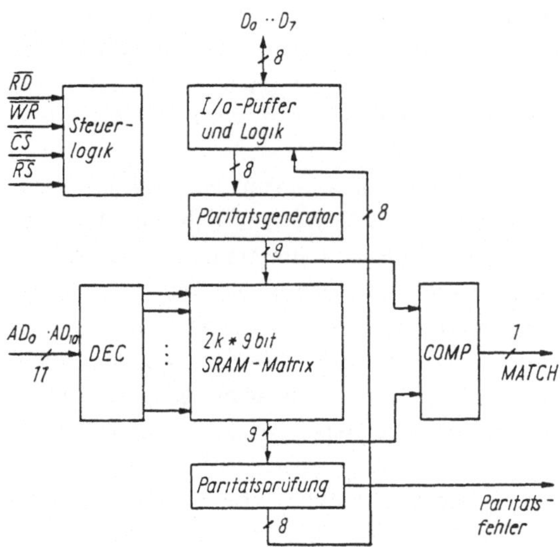

Abb. 7.12. Blockschaltbild eines 2kx9bit Cache-Tag-SRAM-Speicherschaltkreises

COMP Komparator, DEC Dekoder, $\overline{RD}$ Lesesignal, $\overline{WR}$ Schreibsignal,

$\overline{CS}$ Chipauswahlsignal, $\overline{RS}$ Rücksetzsignal

Eine einfache Leseoperation $\overline{CS}$, $\overline{RD}$ = LOW, $\overline{WR}$ = High erlaubt an den Pins $D_0...D_7$ ein Wort aus der SRAM-Matrix abzunehmen. Mit einem Low-Signal am Pin $\overline{RS}$ kann die gesamte 2Kx9bit Matrix, bei gültigem Paritätsbit rückgesetzt werden. Solche Schaltkreise sind geeignet, Ein- oder Mehrwege-Cache-Speicher, aber keine vollassoziativen Caches aufzubauen.

Neben anderen SRAMs sind die sogenannten *synchronen SRAM-Schaltkreise* zum Aufbau eines Cache-Daten-Speichers vorteilhaft [7.13]. Entsprechend der Devise "mehr Logik in den Speicher" enthalten diese sowohl Eingangsregister für alle Adressen-, Daten-und Steuersignale, als auch eine interne Steuerung für Lese- und Schreibzyklen, ein Datenausgangsregister und realisieren eine gute Treiber- fähigkeit der Ausgangsdaten. Abb. 7.13 zeigt das Blockschaltbild eines synchronen SRAM.

Der Takteingang T wird mit dem Systemtakt des Gerätes verbunden. Er übernimmt mit der Low/High-Flanke sämtliche Eingangssignale (Daten, Adressen, Steuersignale) in die entsprechenden Register und stellt nach einem Lesezugriff die Daten im Ausgangsregister zur Verfügung.

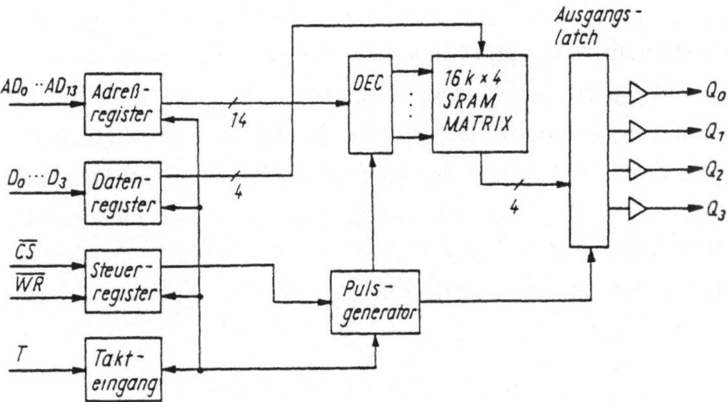

Abb. 7.13. Blockschaltbild eines synchronen SRAM-Schaltkreises

Ein interner Pulsgenerator vereinfacht die sonst etwas komplizierte und unübersichtliche Taktung und gestaltet den SRAM leichter handhabbar. In Abb. 7.14a ist das Taktdiagramm eines Lesezyklus, in Abb. 7.14b das eines Schreibzyklus dargestellt.

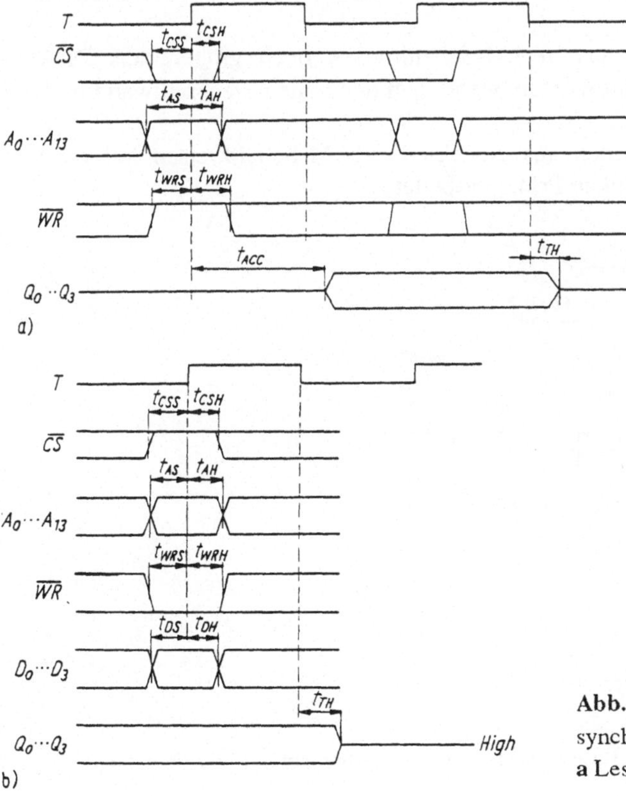

Abb. 7.14. Taktdiagramm eines synchronen SRAM
a Leszyklus, b Schreibzyklus

Sind für sämtliche Eingangsignale die setup- und hold-Zeiten bezüglich der Takt-Low/High-Flanke garantiert (t_{AS} und t_{AH} für die Aressen, t_{WRS} und t_{WRH} für das Schreibsignal, t_{DS} und t_{DH} für die Eingangsdaten sowie t_{CSS} und t_{CSH} für das Chip-Select Signal), dann erscheinen im Leszyklus an $Q_0...Q_3$ nach der Zugriffszeit t_{ACC} die Ausgangsdaten. Eine Zeit t_{TH} nach der Taktrückflanke gehen die Ausgänge in den hochohmigen Zustand. Im Schreibzyklus werden die Eingangsdaten ebenfalls mit der Taktvorderflanke übernommen. Die Ausgänge werden nach t_{TH} hochohmig. Sobald die Taktbreite größer als die Zugriffszeit ist, gilt ein verändertes Takt-diagramm.

7.2.2 SRAM-Speichermatrix für FIFO-Speicher

FIFO-Pufferspeicher (Abb. 2.1) gehören zu den seriellen Speichern [7.3]. Als Spezialschaltkreise werden sie in unterschiedlichen Organisationformen (4bit x 64, 9bit x 2K, usw.) als asynchrone oder als simultan lese- und schreibfähige Speicher angeboten.

Ihr Einsatzgebiet ist die Pufferung (Zwischenspeicherung) von Daten zwischen digitalen Systemen von unterschiedlicher (asynchroner) Operationsgeschwindigkeit. Sie finden unter anderem Anwendung in Tele- und Datenkommunikations-einrichtungen. Die Information im FIFO-Puffer "wartet" auf die Weiterverarbeitung im nächsten Funktionsblock.

Größere FIFOs können aus SRAM-Schaltkreisen noch größere aus DRAM-Schaltkreisen [7.14] aufgebaut werden, wenn man den hohen Steueraufwand und die Refresh-Funktion akzeptiert.

Abbildung 7.15 zeigt einen aus einzelnen SRAM-Schaltkreisen aufgebauten FIFO-Puffer, der nach folgendem Prinzip arbeitet.

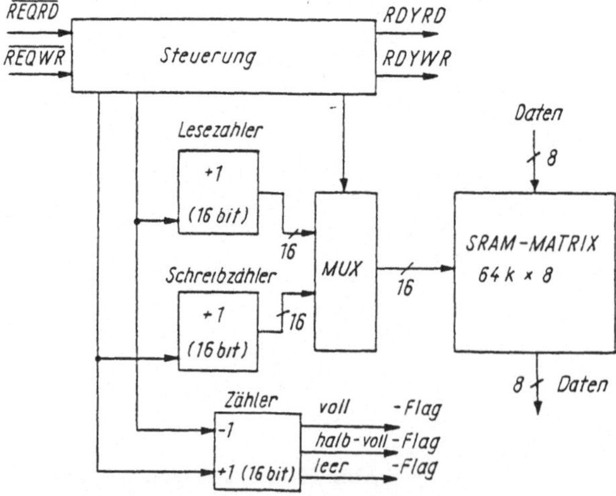

Abb. 7.15. Blockschaltbild eines mit diskreten SRAMs aufgebauten FIFO-Speichers

Anfangs sind sämtliche Zähler rückgesetzt. Mit jeder Schreibanforderung $\overline{\text{REQWR}}$ =Low werden die Eingangsdaten in die SRAM-Speicherzelle eingeschrieben, deren Adresse durch den 16bit Schreibzähler erzeugt und über den Multiplexer MUX der Matrix zugeführt ist. Am Ende jeder Schreiboperation wird der Schreibzähler um eine Position weitergezählt, damit die nächste Schreibanforderung auf der folgenden Adresse gespeichert wird.

Jede Leseanforderung $\overline{\text{REQRD}}$ =Low holt die durch den 16bit Lesezähler ausgewählten Daten aus der Speichermatrix und schaltet anschließend den Lesezähler eine Adresse weiter. Zur Generierung der Flags "voll", "halbvoll" und "leer" gibt es einen Auf-/Abwärts-Zähler. Mit jeder Schreiboperation wird inkrementiert, mit jeder Leseoperation dekrementiert. Innerhalb des Zählers existiert eine Erkennung für die Zählerstände hex. 0000, 00FF, FFFF. Das Signal RDYRD (ready read) teilt anderen Funktionseinheiten mit, daß eine Leseoperation, RDYWR (ready write), daß eine Schreiboperation beendet wurde. Sämtliche Zähler können bis 64K $= 2^{16}$ zählen und damit einen der 64K Speicherplätze der SRAM-Matrix auswählen.

7.3 DRAM-Speicher

Dynamische RAM-Schaltkreise haben den gewichtigen Nachteil, daß sie in regelmäßigen Abständen aufgefrischt werden müssen (siehe Abschnitt 4.4). Dieses Problem fordert einen relativ hohen Steuerungsaufwand und eine komplizierte Anpassung an die umgebenden Baugruppen. Ohne Zweifel rechtfertigen die hervorragenden Vorteile (hoher Integrationsgrad, niedrige Verlustleistung, günstige Preise) den Aufwand und sorgen seit Jahren für ein ständig wachsendes Einsatzgebiet.

Entsprechend der Bauelementespezifikation muß auf jeder der 0...r-1 Zeilenadressen im Abstand von t_{REF} ein Regenerierzyklus (oder Lesezyklus) durchgeführt werden (t_{REF} Periode zwischen zwei Regenerierungen; r Anzahl der Zeilen, die innerhalb t_{REF} regeneriert werden müssen). Typische Werte siehe Tabelle 7.1.

Tabelle 7.1. Regenerierperioden und Zahl der Regenerierzyklen verschiedener DRAM-Speichertypen

DRAM-Typ	Regenerierperiode t_{REF} / ms	Zahl der Regenerierzyklen r
4Mx1bit	16ms	1024
1Mx1bit	8ms	512
256Kx1bit	4ms	256
64Kx1bit	2ms	128

7.3.1 Regeneriervarianten

Es gibt grundsätzlich zwei Methoden zur Realisierung der Regenerierung [7.15] und daneben einige Varianten, um die Regenerierung (den Refresh) möglichst verdeckt ablaufen zu lassen.

Dem Anwender bleibt überlassen, in welchem Abstand und in welcher Reihenfolge die einzelnen Regenerierzyklen ablaufen, wenn obige Spezifikationen eingehalten sind.

*Methode 1: Konzentrierte Regenerierung (*burst refresh*).*

Sie sieht vor, zu Beginn einer Regenerierperiode t_{REF} nacheinander r Regenerierzyklen durchzuführen (Abb. 7.16a). Der Speicher bleibt für die gesamte Zeit $t=t_{CYC}r$ gesperrt (t_{CYC} Länge eines Regenerierzyklus), eventuelle Speicheranforderungen werden solange ausgesetzt. Für manche Systeme ist die Wartezeit unakzeptabel und diese Methode wenig geeignet.

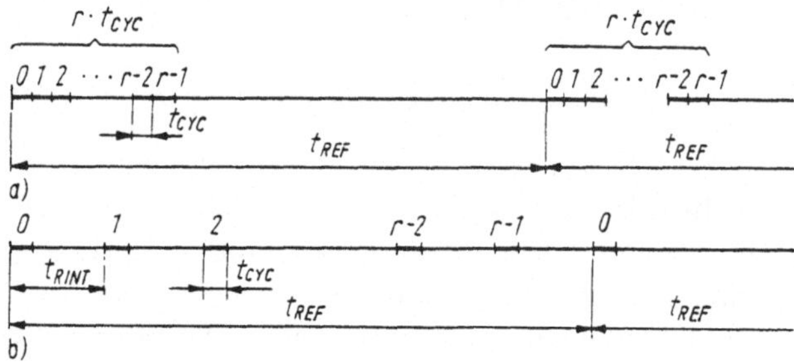

Abb. 7.16. Regeneriermethoden: **a** konzentrierte, **b** verteilte Regenerierung

Anwender sollten ferner beachten:

- Im allgemeinen werden große Speicherbereiche, wegen des geringen schaltungstechnischen Aufwandes gleichzeitig regeneriert. Das bedeutet, während der Zeit $t=t_{CYC}r$ sind sämtliche Speicherschaltkreise gleichzeitig aktiv und benötigen einen Betriebsstrom, der gegenüber dem durchschnittlichen Betriebsstrom des Systems (nur wenige aktive Speicherschaltkreise), stark erhöht ist. Dadurch kann es zu kurzzeitigen unerwünschten Spannungseinbrüchen auf der Platine kommen.
- Im Speicherschaltkreis ist nicht nur die Speicherung der Information dynamisch, auch innerhalb der Steuerung wird mit dynamischen Schaltungen gearbeitet. Da diese dynamischen Logikschaltungen ebenfalls mit jedem Zugriff regeneriert werden, stellt eine lange Zeit, die zwischen zwei Regenerierungen möglicherweise auftreten kann, auch für diese eine erhöhte Belastung dar, die aber vom Speicherschaltkreis toleriert werden wird, wenn er im Rahmen seiner zulässigen Parameter arbeitet.

Methode 2: Verteilte Regenerierung (distributed refresh)

Sie ist dadurch gekennzeichnet, daß die r Regenerierzyklen annähernd gleichmäßig über die Regenerierperiode verteilt sind (Abb. 7.16b). Die Systemarbeit wird zwar häufiger unterbrochen, aber jeweils nur für die Dauer einer Regenerierzykluszeit. Die Regenerierperiode wird meist in Regenerierintervalle $t_{RINT} = t_{REF}/r$ unterteilt, innerhalb derer, z.B. am Anfang, jeweils ein Regenerierzyklus erfolgt (Abb. 7.16b). Das Regenerierintervall t_{RINT} derzeit gebräuchlicher DRAM-Typen (Tabelle 7.1) beträgt z.B. 15,6µs. Diese Methode kommt häufig zur Anwendung.

Verdeckte Regenerierung

Varianten zur möglichst *verdeckten Regenerierung* (Regenerierung in Zeitabschnitten, die durch den Prozessor nicht genutzt werden) gibt es mehrere. Sie sind auch unter der Bezeichnung "hidden- oder transparent-refresh" bekannt.

Variante 1: Ihre Verwendung ist zu empfehlen, solange der Prozessor, im Vergleich zum DRAM langsam ist (Abb. 7.17). Zwischen zwei aufeinanderfolgenden Lese- oder Schreibzyklen (t_{SPCYC}), benötigt der Prozessor für die interne Verarbeitung noch soviel Zeit, daß ein Regenerierzyklus, falls notwendig, eingeschoben werden kann. Der Prozessor muß nicht "gebremst" werden.

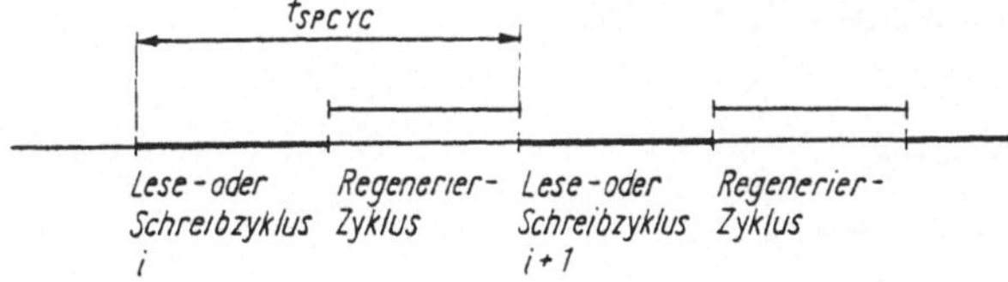

Abb. 7.17. Verdeckte Regenerierung, Variante 1

Variante 2: Häufig benutzt man zur Erhöhung der effektiven Zykluszeit eine Speicherunterteilung in mehere Module (Bänke), die nacheinander zeitversetzt aufgerufen werden (Abb. 7.18). Die Speichermodule arbeiten überlappend (RAM cycle interleaving) und erhöhen den durchschnittlichen Datendurchsatz des gesamten Speichers.

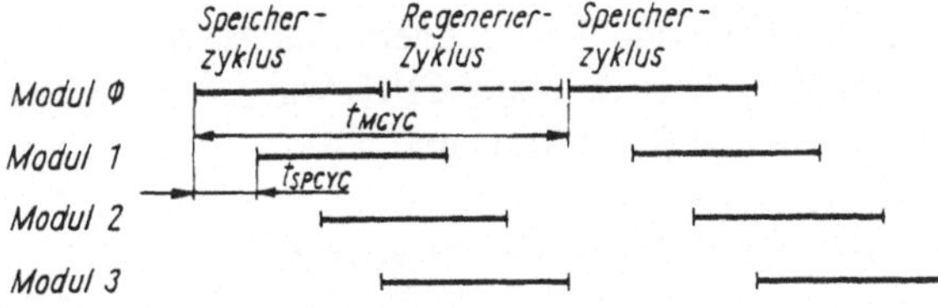

Abb. 7.18. Verdeckte Regenerierung, Variante 2

Die Zykluszeit aufeinanderfolgender Speicherzugriffe beträgt im Normalfall t_{SPCYC}, die Speicherzykluszeit eines Moduls t_{MCYC}. Das wird erreicht, indem die niedrigstwertigen Bits der Speicheradresse zur Modulauswahl herangezogen werden und somit aufeinanderfolgende Adressen in aufeinanderfolgenden Modulen abgelegt sind. Startet der erste Speicherzugriff einen Zyklus, z.B. im Modul 0, anschließend der nächste, zeitversetzt um t_{SPCYC} einen Zyklus im Modul 1 usw., dann wird nach 4 Speicherzyklen wieder Modul 0 angesprochen.

Die Zeit zwischen zwei Speicherzugriffen eines Moduls t_{MCYC} (Abb. 7.18) ist nun ausreichend, zum Speicherzyklus noch einen Regenerierzyklus durchführen zu können. Jetzt werden nicht sämtliche Speicherschaltkreise des gesamten Systems mit einem Zyklus regeneriert, sondern die Module regenerieren zeitversetzt (*staggered refresh*). Indem sich die Regenerierung über längere Zeit verteilt, verteilt sich auch der Stromverbrauch, und die hohen Stromspitzen werden reduziert.

Es sind verschiedene Modulaufteilungen möglich. Abbildung 7.19 zeigt eine gebräuchliche Aufteilung in zwei Module [7.16]. Ist ebenfalls das niedrigwertigste Adreßbit zur Modulauswahl herangezogen, werden aufeinanderfolgende Speicherzugriffe abwechselnd in Modul 0 und 1 durchgeführt. Gleichzeitig mit dem Speicherzugriff in einem Modul, kann im anderen eine Regeneriervorgang ablaufen. In der Speichersteuerung müssen Vorkehrungen für den Fall getroffen werden, daß nicht aufeinanderfolgende Adressen bearbeitet werden. Zum gleichen Modul darf nur im Abstand t_{MCYC} zugegriffen werden (Abb. 7.18).

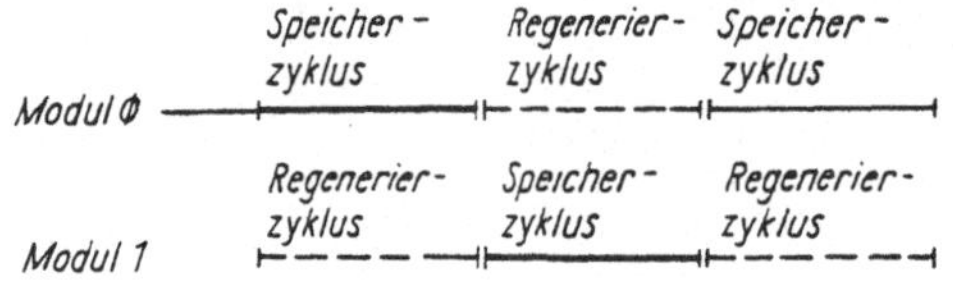

Abb. 7.19. Verdeckte Regenerierung, Variante mit zwei Speichermodulen

7.3.2 Regeneriersteuerung/Speichersteuerung

Die von einer Speichersteuerung unbedingt auszuführenden Funktionen sind:

   a) Erzeugung der Regenerierzeitbedingungen und der Regenerieradressen,
   b) Realisierung der Adreßmultiplexer (Regenerieradresse, CPU-Adresse),
   c) Erzeugung der Taktsignale für den DRAM-Schaltkreis und die
      Adreßmultiplexer,
   d) Vermittlung zwischen CPU-Zugriffen und Regenerieranforderungen.

Im Blockschaltbild von Abb. 7.2 umfaßt die Regeneriersteuerung die Baugruppen ST, ADR, TST und TZ. Die detailliertere Darstellung einer Regeneriersteuerung zeigt Abb. 7.20a mit dem typischen Zeitdiagramm in Abb. 7.20b.

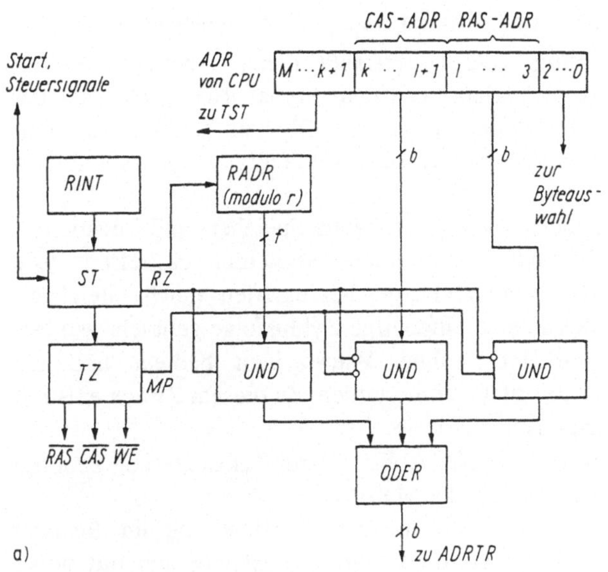

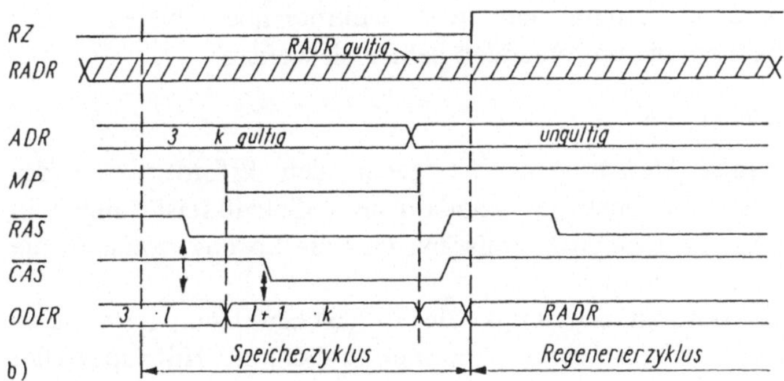

Abb. 7.20. Regeneriersteuerung. **a** Blockschaltbild, **b** Taktiagramm
RADR Regenerieradreßzähler (liefert das Signal RADR), ST Steuerung,
RINT Regenerierintervallzähler, TZ Taktzentrale, ODER Signal am Ausgang der Baugruppe
ODER, RZ Signal Regenerierzyklus, MP Multiplextakt, ADR Adresse;
$\overline{RAS}$, $\overline{CAS}$, $\overline{WE}$ Speichertaktsignale

Während eines Speicherzugriffes (Signal RZ = 0) werden aus der Speicheradresse der CPU (Bits 0...M) die Bits 3...k der Speichermatrix zeitmultiplex,
gesteuert durch das Signal MP, zugeführt (k-2=2b, 2b=ld(n), b Stellenzahl der
Spaltenadressen bzw. Zeilenadressen des Speicherschaltkreises, n Zahl der
Speicherplätze eines Speicherbausteins der Aufrufbreite 1bit, ld Logarithmus zur
Basis 2). Ein Teil, die Bits 3...l (RAS-ADR), wird synchron zum Takt $\overline{RAS}$, ein
zweiter Teil, die Bits l+1...k (CAS-ADR), synchron zum Takt $\overline{CAS}$ übermittelt.

Der Zähler RINT signalisiert im Abstand t_{RINT} dem Steuerblock ST die Notwendigkeit einer Regenerierung. Dieser veranlaßt dann, abhängig von der gewählten Regeneriermethode bzw. Variante mit dem Signal RZ=1, daß statt der Speicheradresse der CPU die Regenerieradresse des Blockes RADR zur Speichermatrix gelangt (f = ld(r), f Anzahl der Regenerieradreßbits, r Anzahl der zu regenerierenden Zeilen).

Dem Block ST obliegt die äußerst wichtige Aufgabe Speicher- und Regenerieranforderungen zu vermitteln, besonders wenn beide asynchron eintreffen. Jede mögliche Reihenfolge von Regenerier- und Speicherzugriffen (auch Gleichzeitigkeit) muß durch den Steuerblock in eine eindeutige Zyklusfolge gebracht werden, indem jeder Speicherzugriff möglichst ohne Wartezyklen bedient und die Regenerierforderungen mit hoher Priorität erfüllt werden. Zu diesem Zweck existiert innerhalb des Steuerblocks der sogenannte *Arbiter*.

Die Bits k+1...M werden (im Block TST, Abb. 7.2) zur Taktsteuerung benötigt (Aktivierung einer Speicherschaltkreiszeile der Matrix).

Schließlich muß festgelegt werden, wo die Speichersteuerung im Rechner angesiedelt werden kann. Es muß ein Komplex sein, der ständig und mit hoher Priorität Zugriff zum DRAM-Speicher besitzt und somit Regenerierzyklen unverzüglich auslösen kann. Großrechner und Mikrorechner bieten dafür unterschiedliche Möglichkeiten, die im folgenden behandelt werden.

7.3.2.1 Steuerung im Großcomputer

Im Großrechner findet man Steuerungen, die genau den Erfordernissen des Systemkonzeptes angepaßt sind. Ohne auf standardisierte Schaltkreislösungen in CPU und Umgebung Rücksicht nehmen zu müssen, wird die Lösung realisiert, die sämtliche Aufgaben optimal erfüllt.

Besondere Beachtung verlangt allerdings die in solchen Computern meist vorhandene Diagnosefähigkeit (Fehlerortung). Diese ermöglicht mit Hilfe spezieller Diagnosemikroprogramme, zusätzlicher Hardware und vor allem Einzeltaktbetrieb das Auffinden fehlerhafter Baustufen. Solange der Speicherinhalt dabei erhalten bleiben soll, darf die Regeneriersteuerung vom Einzeltaktbetrieb (Taktabstand beliebig lang) nicht betroffen sein und muß in einem Funktionskomplex untergebracht werden, der auch während der Diagnose ständig mit Taktsignalen versorgt wird. Sie ist deshalb in einer eigenständigen Baugruppe, in der Nähe des DRAM-Speichers untergebracht.

Es existieren viele unterschiedliche Lösungen der Speichersteuerung/ Regeneriersteuerung. Ist beispielsweise eine vorausschauende Beobachtung der Speicherzugriffe möglich (Warteschlange), kann eine Regenerierung nach folgendem Muster erfolgen:

Das Regenerierintervall t_{RINT} (Abb. 7.16b) wird in zwei Teilabschnitte t_{RINT1} und t_{RINT2} ($t_{RINT1} > t_{RINT2}$) unterteilt (Abb. 7.21). Während t_{RINT1} wird gewartet, ob in der Zugriffsfolge zum DRAM-Speicher eine natürliche Lücke, ausreichend für einen Regenerierzyklus, auftritt. Ist der Speicher ständig durch Zugriffe belegt, wird innerhalb t_{RINT2} von der Regeneriersteuerung eine Unterbrechung der Zugriffsfolge bei der CPU angemeldet. Die daraufhin erzwungene Lücke wird für einen Regeneriezyklus genutzt, um anschließend mit der CPU-Aktivität fortzufahren. Daß der Regeneriezyklus sowohl zu Beginn als auch am Ende von t_{RINT} abgearbeitet werden kann, ist bei der Festlegung der Länge von t_{RINT} zu berücksichtigen.

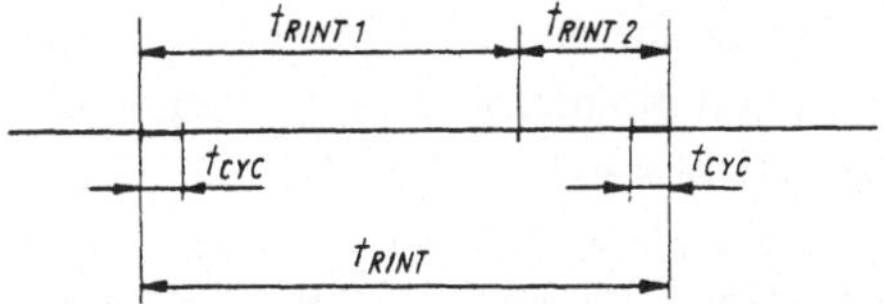

Abb. 7.21. Zeitdiagramm einer möglichst verdeckten Regenerierung

Neben der Realisierung einer möglichst verdeckten Regenerierung übernimmt die Regeneriersteuerung/Speichersteuerung selbstverständlich auch die Aufgabe, im Zustand Taktstopp die Regenerierung durchzuführen und beim anschließenden erneuten Taktstart zu garantieren, daß mit dem erstem Takt auch sofort, wenn notwendig, Speicherzugriffe ausgeführt werden können. Die Aufgabe ist gelöst, indem (Abb. 7.22) kurz vor Taktstart eine Regenerierung durchgeführt und gleichzeitig der Regenerierintervallzähler RINT rückgesetzt wird.

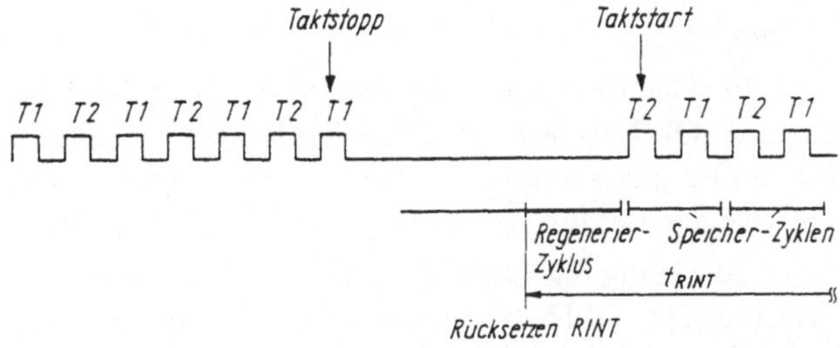

Abb. 7.22. Zeitdiagramm des Zustandes Taktstart

7.3.2.2 Steuerung im Mikrocomputer

Im Mikrocomputer oder PC gibt es keinen Taktstopp, d.h. alle Teile der Schaltung sind zu jeder Zeit mit Takten versorgt. Aus diesem Grund ist es auch möglich, Funktionskomplexe zu finden, die zusätzlich zur eigentlichen Aufgabe eine Regenerierung steuern können. Nachfolgend werden eine Regeneriersteuerung im CPU-Schaltkreis, eine Regeneriersteuerung mit DMA-Controller und eine Regeneriersteuerung/Speichersteuerung mittels DRAM-Controller beschrieben.

Regeneriersteuerung im CPU- Schaltkreis

Ein solcher Weg wurde z.B. beim Z80 [7.17] beschritten. Nach dem Code-hol-Speicherzyklus (Speicherzyklus zur Bereitstellung des CPU-Befehls) ist für die

CPU-interne Befehlsverarbeitung noch soviel Zeit notwendig, daß dazu parallel (also unmittelbar anschließend an die Übertragung des Befehls) ein Regenerierzyklus eingeschoben werden kann, ohne die Verarbeitungsgeschwindigkeit zu beeinflussen. Das Zeitdiagramm entspricht Abb. 7.17. Die Funktionsblöcke RINT, RADR und ST (Abb. 7.20) sind Bestandteil der CPU.

Aktivitäten anderer Funktionsblöcke, die über HOLD- oder WAIT-Zustände der CPU realisiert werden, stellen eine mögliche Gefahr für den DRAM dar, weil die CPU unerlaubterweise über längere Zeit in der Funktion unterbrochen werden kann. Es wäre z.B. denkbar, den Prozessor solange zu blockieren, bis der Inhalt des DRAM-Speichers verlorengegangen ist.

Andere Lösungen wurden auch deshalb notwendig, da moderne Mikroprozessoren aufgrund schnellerer Schaltkreistechniken und demzufolge kürzerer Taktzyklen weniger Zeit für die Befehlsverarbeitung benötigen. Zudem verbleibt durch die Pipeline-Technik (Befehlswarteschlange) kaum noch Zeit, Regenerierzyklen transparent einzuschieben, da der BUS fast ständig belegt ist. Nur durch zwangsweise Erzeugung von BUS-Lücken kann dann eine Regenerierung realisiert werden.

Eine Möglichkeit, die Regeneriersteuerung außerhalb der CPU vorzunehmen und außerdem möglichst wenig zusätzliche Bauelemente einzuführen, bietet die Verwendung des schon für andere Aufgaben vorgesehenen DMA- (direct memory access) Controllers.

Regeneriersteuerung mit DMA-Controller

Das Blockschaltbild zeigt Abb. 7.23. Die Regenerierung arbeitet nach folgendem, vereinfachten Schema [7.1]. Kanal 0 (OUT 0) des TIMER-Schaltkreises (entspricht Zähler RINT Abb. 7.20), ist derart programmiert, daß er im Abstand von t_{RINT}=15,6µs jeweils ein Signal (Regenerieranforderung) an den DMA-Controller übermittelt. Dieses Signal gelangt zum Eingang DREQ0 (DMA-Request Kanal 0), dem Kanal mit der höchsten Priorität. Der DMA-Controller generiert daraufhin ein HRQ-Signal (Hold-Request), welches die CPU (Eingang READY), nach Beendigung des gerade laufenden BUS-Zyklus, über WAIT-Steuerung und CLOCK-Generator, in den WAIT-Zustand bringt.

Gleichzeitig erhält der DMA-Controller (Eingang HLDA) aus der WAIT-Steuerung die Quittung (hold acknowledge) und gibt über das Signal AEN (DMA-enable) die Mitteilung, daß bald ein DMA-Zyklus folgt, an den BUS-Controller weiter, der daraufhin sämtliche Kommandosignale in den Tristate-Zustand schaltet.

Schließlich wird mit Signal AEN auch der Adreßpuffer der CPU in den Tristate-Zustand gebracht und BUS-Freiheit für den DMA-Zyklus (Regenerierzyklus) geschaffen. Der DMA steuert zunächst, aus dem PAGE0 Adreßregister (entspricht RADR Abb. 7.20) die höherwertigen Adreßbits (AD_{16}...AD_{19}) und aus dem internen DMA-Adreßregister die niedrigwertigen Adreßbits (AD_0...AD_{15}) der Regenerieradresse auf den Adreßbus sowie gleichzeitig aus dem DMA-Controller die Kommando-Signale auf den Steuerbus. Danach aktivieren die Signale MEMR und DACK0 die Speichersteuerung zu einem Regenerierzyklus für die bereitgestellte

Adresse. Anschließend werden das DMA-Register Kanal 0 automatisch inkrementiert (Bereitstellung der Adresse für nächsten Regenerierzyklus) und über das Signal HRQ der CPU die weiteren Aktivitäten übertragen.

Vorteil dieser DMA-Regenerierung ist, daß sowohl bei Multiprozessorbetrieb, als auch DMA-Betieb die Regenerierung gewährleistet ist, allerdings - und das ist ein Nachteil -, darf der DMA-Controller nur im "single-transfer-mode" betrieben werden. (Im "block-transfer-mode" eines anderen DMA-Kanales wäre es möglich, den höchstpriorisierten Kanal 0 länger zu blockieren, als für die Regenerierung zulässig).

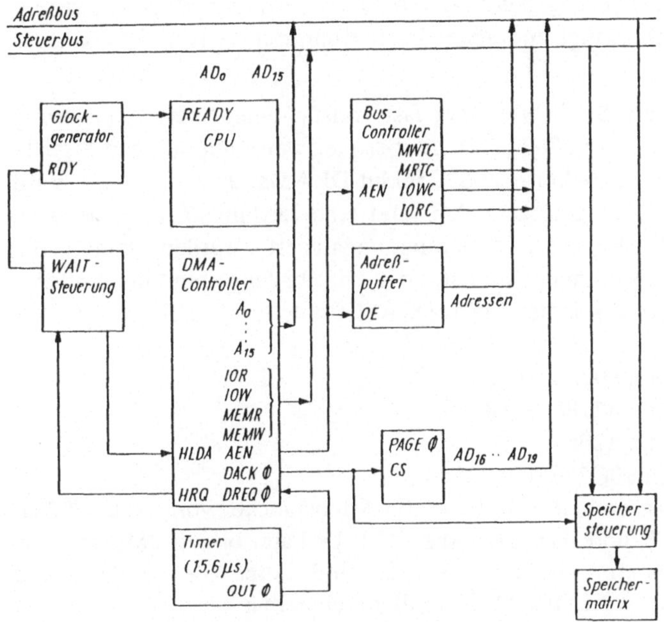

Abb. 7.23. Blockschaltbild einer DMA-Regeneriersteuerung

Regenerierung/Speichersteuerung mittels DRAM-Controller

Im Rahmen einer weiteren Verbesserung der Speichersteuerung, bei gleichzeitiger Minimierung des Schaltkreisaufwandes, werden integrierte DRAM-Controller angeboten. Mit möglichst einem Schaltkreis versucht man, eine komplette Speicher- und Regeneriersteuerung nach Abb. 7.2 aufzubauen und dabei gleichzeitig sämtliche Mängel voranggeganger Regeneriersteuerlösungen zu beseitigen.

Der Einsatz von DRAM-Controllern gestattet es, Leiterplattenfläche und Verlustleistung einzusparen und gleichzeitig die Zuverlässigkeit zu steigern. Relativ niedrige Preise gegenüber diskreten Lösungen garantieren eine insgesamt ökonomische Systemrealisierung. Gleichzeitig macht sich vorteilhaft bemerkbar,

daß die Leitungsverzögerungszeiten von diskreten Lösungen entfallen und deshalb
höhere Schaltfrequenzen möglich sind [7.19], [7.20].
Selbstverständlich existieren auch Nachteile, an die erinnert werden soll [7.18]:

- Die Schaltkreise sind, um eine möglichst breite Anwendung (Universalität) zu
  erzielen, mit Funktionen ausgestattet, die im konkreten Einsatz oft nicht
  benötigt werden. Die Schaltkreise besitzen dadurch einen wesentlich höheren
  Integrationsgrad und größere Verlustleistung, als unbedingt notwendig.
- Die Schaltkreislösung zielt bezüglich Timing, Interface und BUS-Protokollen
  auf eine oder wenige CPUs und ein spezielles Sortiment an Unterstützungs-
  schaltkreisen.
- Der Entwerfer ist auf die vorgegebene Leistungfähigkeit fixiert. Eine Anpassung
  an andere Schaltkreise zwingt zu aufwendigen Kompromissen und Leistungs-
  einbusen.

Abbildung 7.24 zeigt ein Schaltbild einer fast vollständigen Speichersteuerung
mit dem DRAM-Controller Intel 8207 [7.4], der beispielsweise alle nötigen Signale
zur Steuerung von 16kbit-, 64kbit- und 256kbit-DRAMs erzeugt. Hier wird
besonders deutlich, mit welch geringem Aufwand eine leistungsfähige Speichersteuerung (einschließlich Regeneriersteuerung) realisiert werden kann, die
wesentliche funktionelle Merkmale besitzt, wie sie bislang nur in größeren
Computern realisiert werden konnten. Der DRAM-Contoller [7.22] ist für eine
Zusammenarbeit mit:

CPU   Intel 80286, 8086,
Bus-Controller   Intel 82288, 8288
EDC-Conroller   Intel 8206,
DRAMs   Am90C257, Intel 2164

entworfen.Der Schaltkreis enthält sämtliche Funktionsblöcke von Abb. 7.20a,
außerdem die Treiber TTR und ADRTR (Abb. 7.2). Er kann bis zu 2Mbyte ohne
zusätzliche Treiber ansteuern. Größere Speicher sind durch Verwendung und
geeignete Adressierung mehrerer DRAM-Controller realisierbar.
Der DRAM-Controller bietet auch die Möglichkeit, zwischen fünf *Refreshmodi*
zu wählen:

- Intern generierter Refresh. Damit wird vollständig eine verteilte Regenerierung
  nach Abschnitt 7.3.1, Methode 2, realisiert.
- Extern ausgelöste Regenerierung mit Ausfallschutz. Dieser Modus gestattet dem
  Anwender über das Pin RFRQ den Zeitpunkt der Regenerierung selbst zu
  bestimmen. Wird jedoch innerhalb des Regenerierintervalls von 15,6µs
  (verteilte Regenerierung) keine externe Regenerierung ausgelöst, nimmt der
  Schaltkreis selbsttätig einen Regenerierzyklus vor (sogenannter Ausfallschutz).
- Extern ausgelöste Regenerierung ohne Ausfallschutz. Sie arbeitet wie der
  vorhergehende Regeneriermodus, jedoch entfällt die intern ausgelöste
  Regenerierung, falls die 15,6µs überschritten sind.
- Burst refresh. Wenn dieser Modus (Abschnitt 7.3.1, Methode 1) eingestellt ist,
  kann über das Schaltkreispin REFRQ mit einem externen Signal eine Regene-
  rierung von 128 Zeilenadressen ausgelöst werden.

- Keine Regenerierung.

Weiterhin gestattet der DRAM-Controller eine Unterteilung des Speicherraumes in ein bis vier Module (Bänke) entsprechend Abschnitt 7.3.2 und erlaubt damit einen *staggerd refresh*.

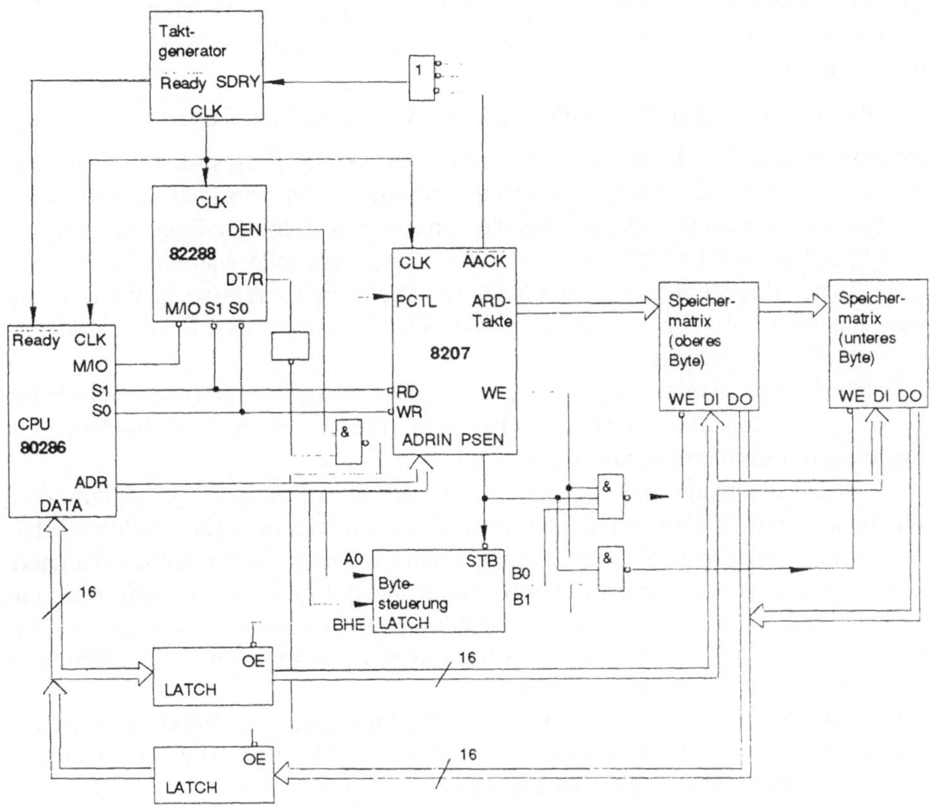

Abb. 7.24. Schaltbild einer Speichersteuerung mit DRAM-Controller

Der Controller generiert nach seiner Programmierung eine Anzahl "Warmlaufzyklen" (siehe Abschnitt 6.2.2.3). Seine intern erzeugten Taktdiagramme sind geeignet, wahlweise sowohl schnelle als auch langsame DRAMs anzusteuern. Der Schaltkreis besitzt zwei Prozessorinterfaces Port A und B (nicht dargestellt), die es ermöglichen, zwei der oben genannte Mikroprozessoren direkt an einen gemeisamen Speicher anzuschließen. Die Priorität der Ports A, B und C (C entspricht Regenerieranforderung) ist wahlweise durch Programmierung festzulegen. Der Schaltkreis garantiert durch einen integrierten Arbiter, in jedem Falle einen konfliktfreien Zugriff zum Speicher.

Außerdem ist es möglich über ein ECC-Interface, einen Fehlererkennungs/ Fehlerkorrekturschaltkreis Intel 8206 (EDC) anzuschließen. Die Kombination beider

Schaltkreise erlaubt ein sogenanntes *"memory scrubbing"*. Man bezeichnet damit das Durchmustern und wenn notwendig Korrigieren des Speicherinhaltes während des Regeneriervorganges.

Folgende Methodik wird dabei zugrundegelegt. Die Regenerierung eines Speicherschaltkreises kann durch Verschiedene Verfahren sichergestellt werden (siehe Abschnitt 4.4.3.4). In jedem Fall wird gleichzeitig eine vollständige Zeile der internen Speichermatrix des Schaltkreises aufgerufen, aufgefrischt und erneut eingeschrieben.

Während bei einigen Verfahren (z.B. "$\overline{RAS}$-only Refresh") der Datenausgang unbeeinflußt (z.B. hochohmig) bleibt, wird bei einem Refresh-Lesezyklus der adressierte Zelleninhalt zum Datenausgang transportiert (in Abb. 4.26 ist dies einer von 256). Macht man sich diese Tatsache zunutze und wählt zur Regenerierung in einem Speicher grundsätzlich den Leszyklus, dann kann man während der schaltkreisbedingten Regenerierzyklen den Inhalt des Speichers sukzessive auslesen, wenn dabei außerdem die Spalten der internen Speichermatrix des Schaltkreises in geeigneter Folge adressiert werden.

Das auf diese Weise ausgelesene, mit *Fehlerkorrektur*information versehene Datenwort, wird sofort verifiziert. Ist kein Fehler vorhanden, bleiben die ausgelesenen Informationen ungenutzt.

Ist das Datenwort fehlerbehaftet, wird es wenn möglich korrigiert und schließlich durch Verlängerung des Lesezyklus zu einem Read-Modify-Write-Zyklus erneut eingeschrieben. Da dieser gesamte Vorgang ausschließlich während der Regenerieroperation abläuft, bleibt die Systemleistung unverändert (nur im Fehlerfall wird etwas zusätzliche Zeit benötigt, um wieder einzuschreiben). Das Verfahren ist vor allem geeignet, 1bit-Softerrors zu korrigieren, kann allerdings nicht in jedem System eingesetzt werden.

Der DRAM-Controller unterstützt nicht: Nibble-mode, Page-mode und Static-column-mode (vgl. Abschnitt 4.4.3.3). 1Mbit-DRAMs und größere Speicherschaltkreise können nicht angesteuert werden.

7.4 Maßnahmen zur Datensicherung im Speicher

Auch wenn sich die Speicherschaltkreise selbst durch eine hohe Zuverlässigkeit auszeichnen, können innerhalb größerer Speicherbaugruppen, die durch Zusammenschaltung vieler Einzelschaltkreise entstanden sind, Datenfehler auftreten.

Die Ursachen dafür sind vielfältiger Natur und reichen vom Schaltkreisfehler über unkorrekte Ansteuerbedingungen bis hin zu technologischen Fehlern bei der Montage (Leitungsunterbrechung, Kurzschluß) oder Störungen durch äußere Einflüsse während der Übertragung auf Leitungen oder durch α-Teilchen. Deshalb werden besonders dort, wo die Datenintegrität einen hohen Stellenwert einnimmt, Datensicherungsverfahren eingesetzt.

Fehlererkennungs und Fehlerkorrekturverfahren (Datensicherungsverfahren) in Speichern lassen sich nach unterschiedlichen Gesichtspunkten klassifizieren [7.23].

Sie können beispielsweise in schritthaltende und nichtschritthaltende Verfahren unterteilt werden. Durch *nichtschritthaltende Verfahren* (off-line Maßnahmen) ist zu signifikanten Zeitpunkten feststellbar, ob der Speicher fehlerbehaftet ist oder nicht. Gleichzeitig sollen diese Verfahren gestatten, nicht nur Fehler zu erkennen, sondern auch zu lokalisieren.

Schritthaltende Verfahren (on-line Maßnahmen) erlauben, permanent, während eines jeden Lesezugriffs, festzustellen, ob die ausgelesenen Daten fehlerbehaftet sind. Ist ein Fehler vorhanden, muß es mit dem Sicherungsverfahren möglich sein, den Fehler sofort, noch vor der Übergabe an den Speichernutzer, zu korrigieren.

7.4.1 Nichtschritthaltende Datensicherungsmaßnahmen

Zu den wichtigsten Vertretern dieser Gruppe zählen

- die bekannten Testalgorithmen (für RAM-Schaltkreise) und
- die Zählverfahren (für ROM-Schaltkreise).

Testalgorithmen wurden vor allem entworfen, um Speicherschaltkreise zu prüfen. Sie werden eingesetzt, um z.B. zwischen einzelnen Produktionsphasen oder in der Endkontrolle fehlerhafte Speicherschaltkreise zu selektieren. Sie werden aber auch angewendet, um vor der Inbetriebnahme eines Computers (z.B. nach dem Einschalten) oder bei zyklischen Wartungen eine Aussage zur Funktionssicherheit abgeben zu können [7.24].

Im allgemeinen prüft man zunächst mit geeigneten Mittel die Randelektronik der Speicherbaugruppe (Adressen-, Datenweg, Steuerelektronik). Anschließend wird Speicherschaltkreis für Speicherschaltkreis (die gesamte Aufrufbreite parallel), mittels Testalgorithmen auf richtige Funktion geprüft.

Obwohl RAM-Schaltkreise eine sehr einfache, reguläre Struktur besitzen, ist ihre Prüfung auf Grund des hohen Integrationsgrades und der daraus resultierenden großen Zahl innerer logischer Zustände, sehr kompliziert. Besonders hochintegrierte Speicherschaltkreise sind kaum noch umfassend zu prüfen. Es ist nicht ausreichend, in willkürlicher Reihenfolge jede Zelle einmal mit Low- oder High-Pegel zu beschreiben. Um mit hoher Sicherheit eine Aussage zur Funktion geben zu können, sind spezielle Testalgorithmen notwendig.

Drei Klassen von Testalgorithmen für Speicherschaltkreise sind zu unterscheiden [7.25]:

- Tests für *statische Parameter* (Stromverbrauch, Signalpegel, Ausgangstreiber);
- Tests für *dynamische Parameter* (Zugriffszeit, Zykluszeit, andere Zeiten);
- Tests zur Ermittlung *funktioneller Fehler* (Verkopplung von Speicherzellen, Speicherzelle fest auf Null, fest auf Eins, fehlerhafte Dekoder, Adressierungsfehler, musterempfindliche Fehler).

Da die Feststellung der vollen logischen Funktionsfähigkeit besonders schwierig ist, werden anschließend nur solche Testalgorithmen, die zur letzten Klasse zählen, erläutert. Zunächst sollen die sehr populären und noch häufig angewendeten Standard-Tests [6.16] untersucht werden, wie:

- Marching-Test (marschierender Test),
- Walking -Test (laufender Test),
- Galopping-Test (galoppierender Test),
- Diagonal-Test,
- Refresh-Test (DRAM).

Mit der Weiterentwicklung von Speicherschaltkreise waren auch Überlegungen zur Verbesserung der Prüfung, besonders unter Beachtung des Zeitaufwandes notwendig. Diese führten zur Entwicklung und Anwendung der im folgenden beschriebenen optimierten Tests und Zufallstests. Jeder Test überdeckt nur eine Teilmenge der insgesamt möglichen Fehler. Deshalb müssen als Garantie für eine sichere Aussage zumeist mehrere Testalgorithmen zur Prüfung herangezogen werden.

Zählverfahren [7.23] lesen den Inhalt des programmierten ROMs Adresse für Adresse aus und zählen bei

- *Edge-counting* die steigenden oder fallenden Flanken, bei
- *Transition-counting* sowohl die steigenden als auch die fallenden Flanken und bilden beim
- *Check-sum Verfahren* eine algebraische Summe und vergleichen mit dem Erwartungswert.

Auch *Signaturverfahren* zählen zu den nichtschritthaltenden Verfahren. Mit ihrer Hilfe können Fehler zwar festgestellt aber nicht näher lokalisiert werden. Weitere Hinweise dazu in [7.33].

7.4.1.1. Standard-Testalgorithmen

Jede physikalische Erscheinung die fehlerverursachend sein kann, wird sich irgendwann als konkreter Datenfehler äußern. Die wichtigste Aufgabe einer Prüfung ist, möglichst schnell Umgebungsbedingungen herzustellen, die diesen Fehler sichtbar machen. Gelingt das nicht, werden Schaltkreise irgendwann im späteren Einsatz, wenn sich der Fehlerzustand zufällig einstellt, ausfallen.

Die Standard-Tests sind, historisch betrachtet, die ersten speziellen Speichertests, die zur Anwendung kamen.

Marching-Test

Der Test marschierende 0/1 dient zur vollständigen quasistatischen Adreßprüfung des Speicherschaltkreises [7.26]. Über eine ganze Speichebaugruppe ausgeführt, prüft er deren Adressierbarkeit und ermittelt sowohl Fehler im Speicherschaltkreis als auch bei externen Dekodern, Kabeln, Treiberschaltkreisen und Registern. Der Test beginnt mit der Initialisierung der Speichermatrix in den Zustand $\overline{I}$ (Abb. 7.25a). Anschließend wird mit jeder Speicherzelle SZ, beginnend bei der ersten Zelle und fortschreitend bis zur letzten Zelle, folgende Prozedur ausgeführt:

1) Lesen SZ und Vergleichen mit $\overline{I}$,

2) Beschreiben SZ mit I (Abbildungen 7.25b, c).

Auf diese Weise ist nach Erreichen der letzten Speicherzelle die gesamte Matrix mit I beschrieben. Sodann wird, beginnend mit der letzten Speicherzelle und abwärts schreitend bis zur ersten Speicherzelle, wie folgt verfahren:

3) Lesen SZ und vergleichen mit I,

4) Beschreiben SZ mit $\overline{I}$ (Abbildungen 7.25d, e).

Mit dem erneuten Erreichen der ersten Speicherzelle ist die Matrix wieder im Ausgangszustand (Information $\overline{I}$). Die Anzahl der Prüfschritte beträgt 5N (N Anzahl der gespeicherten Worte im Schaltkreis bzw. Speicher, N = 2^n, n Anzahl der Adreßbits). Der gesamte Test wird mit den Informationsmustern I=1 und I=0 abgearbeitet.

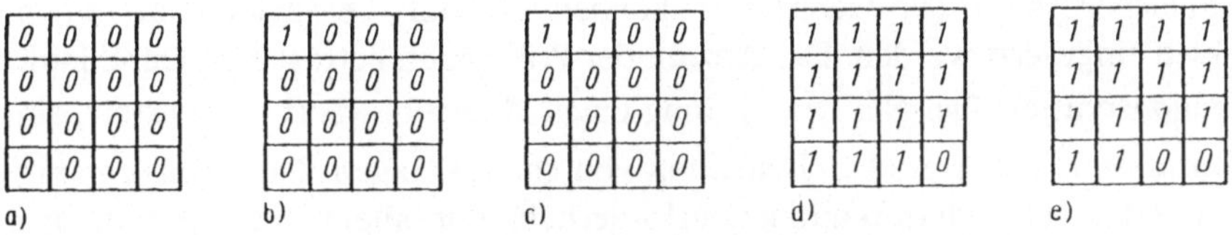

Abb. 7.25. Marching-Test **a** nach Beschreiben mit $\overline{I}$ =0,

b nach Prüfschritt 2, erster Durchlauf, **c** nach Prüfschritt 2, zweiter Durchlauf,
d nach Prüfschritt 4, erster Durchlauf, **e** nach Prüfschritt 4, zweiter Durchlauf

Für einen 1Mbit-DRAM (t_{CYC} =180ns, N= 2^{20}) benötigt der Test bei einen Durchlauf (ein Informationsmuster) ca. 1 sec. Die relativ hohe Wirksamkeit mit nur wenigen Prüfschritten bei einfachster Adressenzählung (+ oder -1) hat diesen Algorithmus (teilweise modifiziert) weit verbreitet.

Der Prüfeffekt beruht auf folgender Methodik. Ist während der aufsteigenden Adressierung durch fehlerhafte Dekodierung eine binär höhere Speicherzelle als die beabsichtigte (statt SZ, k=SZ+i, i≥1) mit der Information $\overline{I}$ beschrieben worden, liest man dann, wenn die Speicherzelle k regulär behandelt wird, statt der erwarteten Information I ein $\overline{I}$. Falls eine Beeinflussung in Richtung binär niedrigwertiger Adressen erfolgt, wird dies erkannt, wenn man beim Abwärtszählen eine andere als die erwartete Information findet.

Nicht erkannt werden unter anderem sogenannte Doppelfehler. Sie entstehen, wenn eine fehlerhaft dekodierte Zelle k in einem ersten Prüfschritt mit der Information $\overline{I}$ und in irgendeinem folgenden Prüfschritt, ebenfalls durch fehlerhafte Dekodierung, wieder mit der Information I beschrieben wird.

Walking-Test

Der Walking-Test (laufende 0/1) prüft ebenfalls auf richtige Adressierung. Außerdem registriert er einfache und einige mehrfache Verkopplungen zwischen

Speicherzellen (unter Verkopplung versteht man die Beeinflussung einer Speicherzelle durch eine beliebige andere). Während des Tests werden zuerst alle Speicherzellen des Schaltkreises mit der Information $\overline{I}$ beschrieben.

Danach wird in ansteigender Folge, mit der ersten Zelle beginnend und fortschreitend bis zur letzten, jede Speicherzelle SZ einmal zur Referenzzelle RZ erklärt. Die Referenzzelle wird wie folgt behandelt:

1) Beschreiben RZ mit I,
2) Ausführen von Stör-Speicherzyklen auf alle Adressen des Speicherschaltkreises SZ $\neq$ RZ,
3) Lesen RZ und vergleichen mit I.

Der Test muß mit den Informationsmustern I=0 und I=1 durchgeführt werden. Als Stör-Speicherzyklen (Prüfschritt 2) können sowohl Lesezyklen als auch Schreibzyklen eingesetzt werden. Die Anzahl der Prüfzyklen beträgt (ein Durchlauf, ein Informationsmuster) $2N+N^2$. Die Prüfung eines 1Mbit-RAMs (t_{CYC} =180ns, ein Informationsmuster) benötigt also Testzeiten von ca. 2,3 Tagen. Dieser übermäßig große Aufwand macht Modifikationen erforderlich, vor allem zur wesentlichen Reduzierung der Prüfzeit.

Das wird z.B. erreicht, wenn Prüfschritt 2) nicht über alle Speicherzellen des Speicherschaltkreises sondern nur über die Zellen der Zeile (ROW-WALK), oder die der Spalte (COLUMN-WALK) geführt wird, in denen sich die Referenzzelle befindet (Abb. 7.26). Der gekürzte Algorithmus ortet nur Adreßdekoderfehler, entweder innerhalb der Zeile oder innerhalb der Spalte.

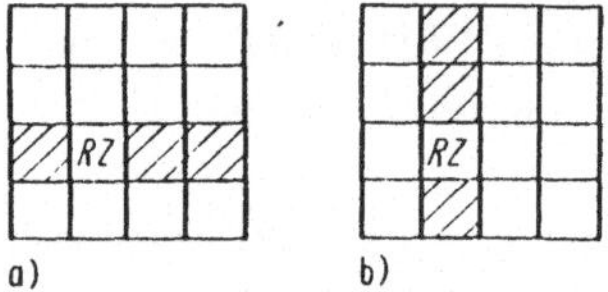

Abb. 7.26. Walking-Test: **a** ROW-WALK, **b** COLUMN-WALK

Galopping-Test

Der Test galoppierende 0/1 prüft gleichfalls die Adressierung des Speicherschaltkreises. Jeder mögliche Adreßsprung wird einmal ausgeführt, die gesamte Adressierung wird gewissermaßen dynamisch geprüft. Einige wenige Verkopplungen zwischen Speicherzellen werden festgestellt.

Die Prüfung startet mit dem Schreiben der Information $\overline{I}$ in alle Speicherzellen der Matrix. Anschießend wird, beginnend mit der ersten Speicherzelle und fortschreitend bis zur letzten, jede Speicherzelle einmal als Referenzzelle gewählt und wie folgt behandelt:

1) Beschreiben RZ mit I,

2) für sämtliche Adressen SZ $\neq$ RZ wird die Prozedur

- Störzyklus auf Speicherzelle SZ

- Lesen RZ und Vergleichen mit I ausgeführt,

3) Beschreiben RZ mit $\overline{I}$.

Die Anzahl der Prüfzyklen beträgt für einen Durchlauf $N+2N^2$. Wie der Walking-Test kann auch der Galopping-Test für I=0, I=1, Störzyklus=Schreibzyklus und/oder Störzyklus=Lesezyklus ausgeführt werden. Der 1Mbit-RAM (t_{CYC}=180ns, ein Informationsmuster, ein Durchlauf) benötigt eine Testzeit von ca. 4,6 Tagen.

Auch bei diesem Test wurden Modifikationen erdacht, die ein Verkürzen der Testzeit bewirken. Werden die Störzyklen nach Schritt 2) nicht für sämtliche Speicherzellen des Schaltkreises ausgeführt, sondern lediglich innerhalb von der Zeile oder Spalte, in der sich RZ befindet, ist eine Reduzierung möglich (GALTROW bzw. GALTCOL).

Diagonaltest

Der Test gleitende Diagonale ist ein quasistatischer Test mit einer, gegenüber Walking oder Galopping kleineren Zyklenzahl. Er benutzt aber im Vergleich zum Marching-Test ein komplizierteres Datenmuster. Unter kompliziert ist zu verstehen, in Spalte und Zeile befinden sich jeweils nur eine Zelle mit der Information I, alle übrigen mit der Information $\overline{I}$.

Zunächst wird die Speichermatrix mit der Information $\overline{I}$ beschrieben (Hintergrund). Alsdann wird in die Hauptdiagonale, die in der ersten Speicherzelle beginnt, die Information I eingetragen (Abb. 7.27a). Anschließend wird die Speichermatrix Zeile für Zeile ausgelesen und

- die Zellen der Hauptdiagonale mit I,

- die Zellen des Hintergrundes mit $\overline{I}$

verglichen. Dann wird die Hauptdiagonale eine Position nach rechts verschoben (Abb. 7.27b) und erneut der gesamte Speicher ausgelesen. Dieser Vorgang wird solange wiederholt, bis jede Hauptdiagonale einmal behandelt wurde.

Die Zahl der Prüfschritte beträgt für einen Durchlauf $3N+N^{3/2}$. Der Test muß mit Informationsmuster I=0 und I=1 abgearbeitet werden. Zum Testen eines 1Mbit-RAMs (t_{CYC}=180ns, ein Durchlauf, ein Muster) sind ca. 3,2 min erforderlich.

1	0	0	0
0	1	0	0
0	0	1	0
0	0	0	1

a)

0	1	0	0
0	0	1	0
0	0	0	1
1	0	0	0

b)

Abb. 7.27. Diagonal-Test

a Hauptdiagonale =1, Hintergrund = 0, **b** Diagonale eine Position verschoben

Regeneriertest

Mit diesem Test wird geprüft, ob es möglich ist, die eingetragene Information über die geforderte Zeit zu bewahren. Dazu gibt es einen statischen und einen dynamischen Test.

a) Statischer Regeneriertest [7.27]: Zunächst wird die Speichermatrix mit einem Informationsmuster I beschrieben. Danach bleibt der Speicherschaltkreis einige Regenerierperioden (2 oder 3 t_{REF}) in Ruhe, anschließend wird die Matrix ausgelesen und mit dem ursprünglichen Muster I verglichen. Die Regenerierung des Schaltkreises muß während dieser Prüfung automatisch erfolgen. Die Testzeit ist proportional $(2N+2)t_{REF}$, sie beträgt für einen 1Mbit-DRAM-Schaltkreis ca.0,3s.

b) Dynamischer Regeneriertest: Der Test prüft, ob die eingetragene Information gehalten wird, wenn auf Nachbarzellen zusätzliche Störzyklen einwirken. Dazu wird der Schaltkreis zuerst mit dem Informationsmuster I beschrieben. Danach werden sämtliche geradzahligen Zeilen für die Dauer einiger Regenerierperioden mit Störzyklen beaufschlagt. Alsdann wird der Inhalt sämtlicher ungeradzahligen Zeilen gelesen und mit dem ursprünglichen Muster I verglichen.

Schließlich werden die ungeradzahligen Zeilen für die Dauer einiger t_{REF} gestört und danach die geradzahligen Zeilen ausgelesen und verglichen. Als Störzyklen kommen sowohl Schreib- als auch Lesezyklen zur Anwendung. Der Test kann wiederholt werden, indem statt der Zeilen jeweils Spalten gestört werden. Er sollte auch mit dem Informationsmuster $\overline{I}$ abgearbeitet werden. Die Testzeit entspricht dem statischen Regeneriertest.

Als Informationsmuster werden verwendet: alles 0, alles 1, Spaltenmuster (Abb. 7.28a), Streifenmuster (Abb. 7.28b) oder Schachbrettmuster (Abb. 7.28c).

Während des Tests wird nicht nur die Speicherfähigkeit des Speicherschaltkreises, sondern auch die entsprechende Steuerung getestet. Besonders Regneriertests sollten unbedingt bei maximal zulässiger Betriebstemperatur abgearbeitet werden.

1	1	1	1
0	0	0	0
1	1	1	1
0	0	0	0

a)

1	0	1	0
1	0	1	0
1	0	1	0
1	0	1	0

b)

1	0	1	0
0	1	0	1
1	0	1	0
0	1	0	1

c)

Abb. 7.28. Speichermatrix mit **a** Spaltenmuster, **b** Zeilenmuster, **c** Schachbrettmuster

Weitere Testalgorithmen

Es gibt eine Vielzahl weiterer Algorithmen. Einige sind als Modifikation und/oder Kombination obiger Tests entstanden. Die angegebenen Testzeiten beziehen sich auf einen 1Mbit-RAM bei t_{CYC}=180ns.

Folgende Tests sind, neben anderen, weit verbreitet [6.16]:

- *Test alternierende Adressierung*. Dieser Test (address complementing routine) prüft die Adressierung der Speichermatrix mit gegenüber dem Marching-Test verminderter Prüfschärfe. Die Adreßdekoder werden aber in besonderen Weise belastet, da jeweils von Adresse SZ zur invertierten Adresse $\overline{SZ}$ übergegangen wird.

Der Algorithmus beschreibt zuerst in aufsteigender Folge den gesamten Adreßraum des Speicherschaltkreises mit der Information I, liest unmittelbar danach in gleicher Folge aus und vergleicht mit dem Erwartungswert I. Dabei ist die Adressierung beim Lesen und Schreiben dadurch gekennzeichnet, daß sofort nach einem Speicherzyklus auf die Adresse SZ ein Speicherzyklus auf $\overline{SZ}$ ausgeführt wird. Der Speicherschaltkreis ist vollständig getestet, wenn die Adresse SZ die Hälfte des vorhandenen Adreßraumes erreicht hat. Die Informationsmuster können wie im Regeneriertest gewählt werden. Der Test benötigt für 2N Speicherzyklen (ein Informationsmuster) insgesamt 0,4s.

- *Adreß-Paritäts-Test*. Das Paritätsbit (address parity bit) der jeweiligen Adresse wird gebildet und in die entsprechende Speicherzelle eingeschrieben. Erst nach dem Beschreiben der gesamten Matrix wird ausgelesen (Gesamtzyklenzahl 2N).

- *Test Checkerboard*. Ein Schachbrettmuster (checkerboard, Abb. 7.28c) wird zunächst vollständig zeilenweise eingeschrieben und anschließend spaltenweise gelesen und verglichen (Gesamtzyklenzahl 2N).

- *Test Störung durch nächste Nachbarn* (disturb from nearest neighbors). Jede Speicherzelle wird in aufsteigender Folge einmal als Referenzzelle gewählt und wie folgt behandelt:

1) Beschreiben RZ mit I,

2) Beschreiben RZ+1 mit $\overline{I}$, Lesen RZ+1,

3) Lesen RZ und Vergleichen mit I,

4) Beschreiben RZ-1 mit $\overline{I}$, Lesen RZ-1,

5) Lesen RZ und Vergleichen mit I.

Die Prüfschritte 2) und 4) können mehrmals ausgeführt werden. Falls Prüfschritt 2) und 4) je einmal abgearbeitet werden, benötigt der Test (ein Informationsmuster) mit 7N Speicherzyklen ca. 1,3 sec.

- *Test Eins gestört durch Null in Nachbarzellen* (one disturbed with cross of zero). Jede Zelle, mit der ersten beginnend und fortfahrend bis zur letzten, wird einmal Referenzzelle RZ. Mit dieser werden folgende Schritte ausgeführt (Abb. 7.29):

1) Beschreiben RZ mit I,

2) Beschreiben R mit $\overline{I}$,

3) Lesen RZ und Vergleichen mit I,

4) Lesen R und Vergleichen mit $\overline{I}$,

5) Lesen RZ und Vergleichen mit I.

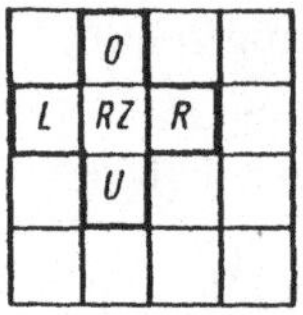

Abb. 7.29. Test Eins gestört durch Null in Nachbarzellen
RZ Referenzzelle, L linke Nachbarzelle, R rechte Nachbarzelle,
O obere Nachbarzelle, U untere Nachbarzelle

Anschließend werden die Prüfschritte 2) bis 5) für die Zellen R=U, danach R=L und zuletzt für R=O wiederholt. Sodann wird die Adresse RZ um 1 erhöht. Als Informationsmuster werden I=0 und I=1 gewählt. Für ein Informationsmuster sind 17N Speicherzyklen notwendig, d.h. ca. 3,2s.

Die beiden letzten Verfahren prüfen den Einfluß von Nachbarzellen auf eine Referenzzelle. Diese Prüfung kann sinnvoll sein, da durch parasitäre Kapazitäten eine gegenseitige Beeinflussung möglich ist. Allerdings sollte auf einen Umstand hingewiesen werden, der den Nutzen in Frage stellt.

Bei vielen Speicherschaltkreisen ist durch Vertauschen und Verknüpfen von Adressen (Address-Scrambling) der direkte Zusammenhang zwischen logischer Adresse und Topologie der Speichermatrix verlorengegangen. Das bedeutet, daß eine logische Nachbarschaft im Schaltkreis nicht unbedingt die topologische Nähe voraussetzt. Bei unbekannter Vertauschung wird ein Nachbarschaftstest nicht zum gewünschten Erfolg führen.

- *Bump-Test.* Der Bump-Test zählt zu den Parameter-Tests. Er ist jedoch hier aufgeführt, da er gestattet, mit hoher Prüfschärfe den Einfluß von Betriebsspannungsschwankungen zu ermitteln [7.26]. Eine Information I wird bei niedriger Betriebsspannung U_{CC}=4,5V in die Speicherzelle geschrieben und nachdem die Spannung auf U_{CC}=5,5V erhöht wurde, ausgelesen. Solche Manipulation wird mit jeder Speicherzelle ausgeführt. Die Prüfung Einschreiben bei U_{CC}=5,5V und Auslesen bei U_{CC}=4,5V, ist ebenso zulässig.

Der Prüfeffekt beruht auf der Veränderung der Betriebsspannung nach dem Einschreiben. Wurde z.B. bei niedriger Betriebsspannung eine ungenügende High-Information eingeschrieben, so kann dieser High-Pegel (Ladung) nach der Erhöhung der Betriebsspannung zu niedrig sein und als Low erkannt werden. Fehler wie mangelhafte Leseverstärker bzw. unzureichende Ladung von Speicherzellen werden so erkannt. Mehrere Informationsmuster, unter anderem auch I=0 und I=1, sind möglich.

7.4.1.2 Optimierte Testalgorithmen: Funktionaltests

Wirtschaftliche Erwägungen führen besonders im Rahmen der ständigen Weiterentwicklung der DRAM-Schaltkreise zur Überarbeitung vorhandener und zur Neuentwicklung effizienterer, optimierter Teststrategien. Zeitaufwendige Tests mit nur geringer Fehlerbedeckung mußten ersetzt werden, durch möglichst kurze Tests hoher Fehlerbedeckung, um auch zukünftige Super-DRAMs in akzeptablen Zeiten prüfen zu können.

Da die eingangs erwähnten Standardtests mehr aus heuristischer Sicht ohne detailierten Bezug auf den physikalischen Fehlermechanismus im Speicherschaltkreis entworfen wurden, war es zur theoretisch fundierten Behandlung von Testalgorithmen zunächst notwendig, logische Fehlermodelle zu entwickeln. Das *logische Fehlermodell* soll dabei möglichst umfassend, die vielfältigen technischen, konstruktiven und technologischen Fehlerursachen reflektieren. Auf der Basis des Fehlermodells erfolgt anschließend die Konstruktion von Testalgorithmen mit dem Ziel, bei wenig Prüfzyklen eine hohe Fehlerbedeckung zu erreichen.

Die Kriterien Fehlerbedeckung und Prüfzyklenzahl gestatten schließlich auch eine analytische Bewertung der Leistungsfähigkeit unterschiedlicher Tests (je kleiner die Prüfzyklenzahl bei hoher Fehlerbedeckung, desto größer die Wirksamkeit). Ausgehend vom Fehlermodell unterscheidet man zwei Gruppen von Fehlern und die entsprechenden Testalgorithmen: funktionale Fehler (functional faults) und musterempfindliche Fehler (pattern sensitive faults).Im folgenden werden zunächst die Funktionaltests behandelt.

Als *Funktionalfehler* der Speicherzelle sind entsprechend [7.28], [7.29] folgende Erscheinungen definiert, wobei mangels Standardterminologie die hier verwendeten Begriffe gebraucht werden:

- *Speicherzelle fest auf Null, fest auf Eins* (stuck-at-faults). Die Speicherzelle bleibt auf festem Potential, Low oder High, unabhängig davon, ob sie selbst oder eine andere Speicherzelle gelesen oder beschrieben wird.

- *Übergangsfehler* (transition faults). Dieser Fehler, unabhängig von der Belegung anderer Speicherzellen, tritt auf, wenn der invertierte Inhalt in eine Speicherzelle geschrieben werden soll. Soll eine Zelle mit der Information x durch $\overline{x}$ beschrieben werden, bleibt der Inhalt x, soll erneut x eingeschrieben werden, ändert sich der Zelleninhalt zu $\overline{x}$; $x \in \{0,1\}$.

- *Zweizellen-Kopplungsfehler* (2-coupling-faults). Ein Paar von Speicherzellen C_i, C_j ($i \neq j$) ist miteinander verkoppelt, wenn durch eine Schreiboperation Zelle j von y nach $\overline{y}$ geändert wird und sich daraufhin der Zelleninhalt einer Zelle i ebenfalls (durch Verkopplung) ändert. Im Schaltkreis können mehrere Paare von verkoppelten Speicherzellen auftreten. Zu den verschiedenen möglichen Typen von Zweizellen-Kopplungsfehlern gehören:

- *Einweg- asymmetrische Kopplung.*
Sind die Speicherzellen i im Zustand x und j im Zustand y, dann ist C_i nur dann mit C_j verkoppelt, wenn Zelle j von y nach $\overline{y}$ wechselt und sich Zelle i im Zustand x=s befindet; $s \subset \{0,1\}$. Versucht man Zelle i zu lesen, findet man den Zustand $\overline{x}$.

- *Zweiweg- asymmetrische Kopplung.*
Eine asymmetrische Zweiweg-Kopplung liegt vor, wenn es zwischen den Zellen C_i und C_j, zwei Einweg-Kopplungen nach obiger Definition gibt, nämlich

a) eine Einweg-Verkopplung dann, wenn bei Änderung der Zelle j von y nach $\overline{y}$ die Zelle i im Zustand x=s ist; (beim Auslesen der Zelle i erkennt man den Zustand $\overline{s}$), und

b) eine Einweg-Verkopplung dann, wenn bei Änderung der Zelle j von $\overline{y}$ nach y die Zelle i im Zustand x=r ist; (beim Auslesen der Zelle i erkennt man den Zustand $\overline{r}$); $r,s \in \{0,1\}$.

- *Einweg-symmetrische Kopplung.*

Wenn eine Schreiboperation der Zelle j von y nach $\overline{y}$ einen Wechsel der Zelle i, ebenfalls von y nach $\overline{y}$, nach sich zieht, unahbhängig vom Zustand anderer Zellen, spricht man von einer Einweg-symmetrischen Verkopplung.
- *Zweiweg- symmetrische Kopplung.*

Ändert nach einem Schreiben der Zelle j von y nach $\overline{y}$ auch Zelle i den Inhalt von y nach $\overline{y}$, und nach einem Schreiben der Zelle j von $\overline{y}$ nach y auch Zelle i den Inhalt von $\overline{y}$ nach y, dann spricht man von Zweiweg-symmetrischer Kopplung (jeder symmetrische Fehler ist von einem entsprechenden asymmetrischen Fehler überdeckt).
- *Interaktive asymmetrische Einweg-Kopplung.*
Von dieser Kopplung wird gesprochen, wenn die Zellen
a) C_j mit C_i und
b) C_k mit C_i ($i \neq j \neq k$)
einweg-asymmetrisch verkoppelt sind. C_i und C_j sind dann einweg-asymmetrisch verkoppelt, wenn C_j von y nach $\overline{y}$ geändert wird, und sich C_i im Zustand x befindet. Gleichzeitig sind C_i und C_k dann einweg-asymmetrisch verkoppelt, wenn C_k von y nach $\overline{y}$ geändert wird, und sich C_i im Zustand $\overline{x}$ befindet.

Tritt eine derartige Verkopplung dreier Zellen auf, kann es beispielsweise geschehen, daß wenn Zelle j von 0 nach 1 geändert wird, sich Zelle i von 1 nach 0 ändert und wenn anschließend, ohne Zelle i vorher auszulesen, Zelle k von 0 nach 1 gewechselt wird, sich damit Zelle i erneut von 0 nach 1 ändert. Zelle i befindet sich wieder im alten Zustand und beide vorhandenen Kopplungen sind unerkannt.
- *Interaktive Zweiweg-Kopplung* ist entsprechend definiert.

- <u>*Dreizellen-Kopplungs Fehler*</u>. Drei Speicherzellen C_i, C_j, C_k ($i \neq j \neq k$) sind untereinander dann derart verkoppelt, wenn bei Wechsel der Zelle j von y nach $\overline{y}$ die Zelle i ihren Wert x ändert, unter der Voraussetzung Zelle k befindet sich im Zustand z. Eine Dreizellen-Kopplung existiert beispielsweise dann, wenn bei Änderung der Zelle j von 0 nach 1, sich auch Zelle i z.B. von 1 nach 0 ändert, aber nur dann, wenn sich Zelle k im Zustand 1 befindet. Von eingeschränkter Dreiweg-Kopplung wird gesprochen, wenn die Zellengruppen i, j, k disjunkt sind.

- *V-Zellen Kopplungen*. V-Speicherzellen sind dann miteinander verkoppelt, wenn mit der Änderung des Inhalts einer Speicherzelle eine andere fälschlicherweise ebenfalls ihren Inhalt ändert, unter der Voraussetzung, daß V-2 weitere Speicherzellen einen definierten Zustand besitzen.

Die so definierten Funktionalfehler spiegeln vielfältige physikalische Fehlerbilder wieder. Stuck-at Fehler können z.B. aufgrund schwacher Inversionsströme oder zu großer Gate-Leckströme [7.27] entstehen. Aber auch Kurzschlüsse oder kapazitive Verkopplungen im Schreib- oder Leseverstärker sind als Speicherzellen auf festem Potential zu beobachten. Einige Dekoderfehler können sich ebenfalls dergestalt äußern. Dann nämlich, wenn auf Grund eines Defektes keine Speicherzelle ausgewählt ist und am Lesverstärker je nach Schaltkreistechnik entweder festes Low- oder High-Potential angezeigt wird.

Koppelfehler haben eine große Bedeutung. Es kostet viel Mühe, sie zu lokalisieren. Verursacht werden sie z.B. durch Koppelkapazitäten zwischen benachbarten Speicherzellen, durch metallische Kurzschlüsse oder durch fehlerhafte Adreßdekoder. Dabei wird die gekoppelte Zelle in einen neuen Zustand versetzt. Andere Koppelfehler können z.B. durch Adreßdekoderfehler, diese wiederum durch Taktfehler im Schaltkreis ausgelöst werden.

Wenn beispielsweise statt einer Speicherzelle fälschlicherweise zwei ausgewählt werden, beobachtet man entweder eine UND- oder eine ODER-Verknüpfung (je nach Schaltkreistechnik) beider Zellen am Leseverstärker. Ein Speicherfehler wird erkannt, obwohl beide Zellen korrekt beschrieben worden sind. Reflektiert werden diese Fehler durch die verschiedenen Zweizellen-Kopplungen. Sämtliche oben dargestellten Fehler können einzeln, aber auch mehrfach auftreten; unterschiedliche Typen können gleichzeitig vorkommen.

In der Literatur sind eine Reihe von *Funktionaltests* veröffentlicht. Sie unterscheiden sich in ihrer Fehlerbedeckung und der Prüfzyklenzahl. Im folgenden sind einige Algorithmen mit zugehöriger Fehlerbedeckung wiedergegeben. Zur Anwendung kommt folgende Notation:

R   Lesezyklus,

W_0 Schreiben-Null-Zyklus,

W_1 Schreiben-Eins-Zyklus,

W_C Schreiben-Kompliment-Zyklus,

t   oberer Teil der Speichermatrix,

b   unterer Teil der Speichermatrix,

<   ansteigende Adreßfolge,

>   fallende Adreßfolge.

Ein *Marsch-Element* ist ein Operator, der nacheinander auf jede Speicherzelle des Elementes, beginnend entweder bei der ersten und fortfahrend bis zur letzten oder beginnend mit der letzten und fortfahrend bis zur ersten Adresse, angewendet wird.

Das Marsch-Element $<RW_0W_1$ bedeutet beispielsweise: Zunächst wird mit Speicherzelle 1 beginnend, die Zelle gelesen, dann mit einer Null und anschließend mit einer Eins beschrieben (Abb. 7.30). Danach wird zur zweiten Zelle übergegangen und die gleiche Prozedur ausgeführt. Der Vorgang endet bei der letzten Speicherzelle.

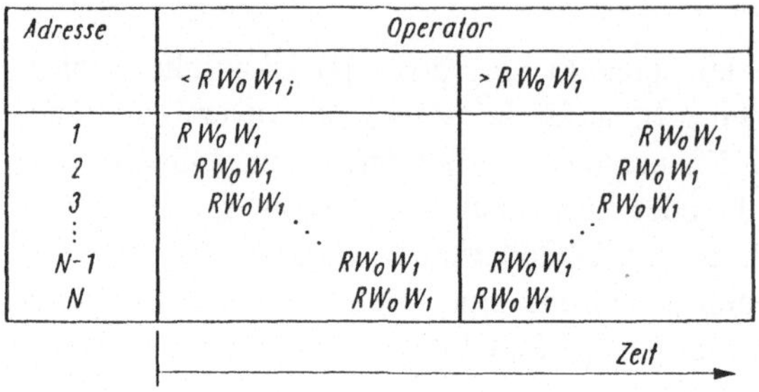

Adresse	Operator	
	$< R W_0 W_1 ;$	$> R W_0 W_1$
1	$R W_0 W_1$	$R W_0 W_1$
2	$R W_0 W_1$	$R W_0 W_1$
3	$R W_0 W_1$	$R W_0 W_1$
⋮		
N-1	$R W_0 W_1$	$R W_0 W_1$
N	$R W_0 W_1$	$R W_0 W_1$

Zeit →

Abb. 7.30. Bedeutung eines Marsch-Elementes

Das Marsch-Element $>RW_0W_1$ bedeutet: Der Speicher wird in umgekehrter Reihenfolge, beginnend mit der letzten Zelle und endend bei der ersten Zelle, in gleicher Weise bearbeitet.

Funktionaltest 1 [7.30]

Der vorgeschlagene Test mit einer Länge von 30N (N Anzahl der Speicherzellen des Speicherschaltkreises) erkennt
- einen oder mehrere Stuck-at Fehler,
- einen oder mehrere Zweizellen-Koppelfehler,

falls nur ein Fehlertyp vorkommt. Die Testsequenz in obiger Notation lautet, wenn der Schaltkreis vorher in den Zustand 0 initialisiert wurde:

$$<W_0; \; <RW_1; \; >R; \; <RW_0; \; >R; \; >RW_1; \; <R; \; >RW_0; \; <R; \; <RW_1W_0;$$

$$>R; \; >RW_1W_0; \; <R; \; <W_1; \; <RW_0W_1; \; >R; \; >RW_0W_1; \; <R.$$

Funktionaltest 2 [7.29]

Der Test besitzt eine Länge von 14N Speicherzyklen und hat folgende Eigenschaften. Er lokalisiert entweder
- Stuck-at Fehler oder,
- Übergangsfehler,

wenn keine Koppelfehler auftreten. Oder er lokalisiert
- Einweg- symmetrische Koppelfehler

wenn keine Stuck-at Fehler, keine Übergangsfehler und keine asymmetrischen Koppelfehler auftreten. Die Testsequenz lautet:

$$<RW_CW_CW_C; \; <RW_CW_C; \; >RW_CW_CW_C; \; >RW_CW_C.$$

Dabei kann der Initialisierungszustand des Schaltkreises entweder 0 oder 1 sein.

Funktionaltest 3 [7.29]

Der Test mit einer Länge von 16N Speicherzyklen lokalisiert unter der Voraussetzung, daß keine asymmetrischen Kopplungen vorkommen
- Stuck-at Fehler,
- Übergangsfehler,
- symmetrische Koppelfehler,
auch wenn mehrere gleichzeitig auftreten. Der Test lautet:

$$\langle RW_C RW_C RW_C; \langle RW_C W_C; \rangle RW_C W_C W_C; \rangle RW_C W_C.$$

Funktionaltest 4 [7.28]

Mit 36N Speicherzyklen lokalisiert der Test
- Stuck-at Fehler,
- Übergangsfehler,
- alle nicht interaktiven Zweizellen-Koppelfehler,
auch wenn mehrere Fehlertypen gleichzeitig auftreten. Die Prozedur lautet:

$$\langle RW_1 R; \langle RW_0 R; \langle RW_1 W_0; \langle RW_1; \langle RW_0 W_1; \langle RW_0; \langle RW_1 W_0;$$

$$\rangle RW_1; \rangle RW_0; \rangle RW_1 W_0; \rangle RW_1; \rangle RW_0 W_1; \rangle RW_0; \rangle RW_1 W_0;$$

wobei vorausgesetzt ist, daß sich der Speicherschaltkreis im Initialisierungszustand 0 befindet.

Funktionaltest 5 [7.28]

Mit 24N ld(N) Speicherzyklen kann der Test vor allem lokalisieren:
- interaktive Zweizellen-Kopplungsfehler und
- eingeschränkte Dreizellen-Kopplungsfehler,
auch wenn mehrere Fehler gleichzeitig auftreten. Dazu wird der Speicherschaltkreis in zwei Hälften, b und t geteilt. In einer Hälfte, z.B. t, wird zunächst mittels Marsch-Element (z.B. tRW_1) die Information I geändert, während sie in der anderen Hälfte b konstant bleibt. Anschließend wird überprüft (durch Marsch-Element bR), ob die Information in der Hälfte b verändert worden ist. Das Verfahren wird für die Informationsmuster I=0; 1 durchgeführt. Sodann wechselt die Aufteilung des Schaltkreises in Hälften b und t und die Prozedur wird erneut abgearbeitet. Dabei bestimmt die Bitposition i, in welcher Weise der Schaltkreis geteilt werden soll. Da jedes Adreßbit einmal zur Bitposition i wird, gibt es insgesamt ld(N) mögliche reguläre Teilungen.

Am Beispiel eines Speicherschaltkreises mit 4 Adressen $a_1 a_2 a_3 a_4$ für 16 Speicherzellen (N=16, ld(16)=4) soll dies veranschaulicht werden. Gibt Bit a_1 (i=1) die Teilung in zwei Hälften an, wird die Hälfte t in der Folge 0,1,2,3,4,5,6,7 und die Hälfte b in der Folge 8,9,10,11,12,13,14,15 abgearbeitet (Abb. 7.31 a und b). Bei i=2 reguliert Bit a_2 die Halbierung des Adreßraumes.

Adresse ($\blacktriangledown$ Bitposition i)	$\blacktriangledown$ $a_1\ a_2\ a_3\ a_4$	$\ \blacktriangledown$ $a_1\ a_2\ a_3\ a_4$	$\ \ \ \blacktriangledown$ $a_1\ a_2\ a_3\ a_4$	$\ \ \ \ \ \blacktriangledown$ $a_1\ a_2\ a_3\ a_4$
Hälfte t	0	0	0	0
	1	8	4	2
	2	1	8	4
	3	9	12	6
	4	2	1	8
	5	10	5	10
	6	3	9	12
	7	11	13	14
Hälfte b	8	4	2	1
	9	12	6	3
	10	5	10	5
	11	13	14	7
	12	6	3	9
	13	14	7	11
	14	7	11	13
	15	15	15	15
Adreßfolge i	1	2	3	4

a)   b)

Adressen-Zuordnung a):

$a_1\ a_2$ \ a_3	0	0	1	1
a_4	0	1	0	1
0 0	0	1	2	3
0 1	4	5	6	7
1 0	8	9	10	11
1 1	12	13	14	15

Abb. 7.31. Beispiel Funktionaltest 5

a Zuordnungsschema der Speichermatrix

b Adreßfolge und Unterteilung der Matrix in Hälften b und t

Die Grundsequenz des Tests für den Fall, daß sich der Schaltkreis anfangs im Zustand "alles 0" befindet, lautet:

$$\text{<}tRW_1;\ \text{<}bR;\ \text{<}bRW_1;\ \text{<}tR;\ \text{<}tRW_0;\ \text{<}bR;\ \text{<}bRW_0;\ \text{<}tR;$$

$$\text{>}bRW_1;\ \text{>}tR;\ \text{>}tRW_1;\ \text{>}bR;\ \text{>}bRW_0;\ \text{>}tR;\ \text{>}tRW_0;\ \text{>}bR.$$

Der gesamte Algorithmus läßt sich dann wie folgt niederschreiben,

1. i = 1 (erste Bitposition)
2. Abarbeiten der Grundsequenz in Adreßfolge i
3. hat i letzte Bitposition erreicht?
        wenn nein, dann i:= i+1 und Sprung zu 2.
        wenn ja, dann Ende

Der 1Mbit-RAM-Schaltkreis wird bei $t_{CYC}=180ns$ innerhalb ($24N\cdot20 = 480N$) von 90s geprüft.

Funktionaltest 6 [7.30]

Seine Länge beträgt $32N\cdot ld(N)$ Speicherzyklen. Er benutzt ebenfalls die Unterteilung des Schaltkreises in Hälften wie der vorherige Test. Die Lage der Hälften b und t wird ebenso durch die Bitposition i bestimmt. Im Gegensatz zu Funktionaltest 5 wird innerhalb b und t ständig eine konsequent steigende oder fallende Adressenfolge verwendet. Als Beispiel ist in Abb. 7.32 ein Speicherschaltkreis mit vier Adreßbits a_1, a_2, a_3, a_4 und 16 Speicherzellen dargestellt.

Der Test ist in der Lage, alle
- Zweizellen-Kopplungsfehler sowie
- eingeschränkte Dreizellen-Kopplungsfehler
zu lokalisieren. Die Grundsequenz lautet, unter der Voraussetzung, daß sich der Schaltkreis im Ausgangszustand "alles 0" befindet:

$$\text{<}tRW_1; \text{ <}tR; \text{ <}bR; \text{ <}tRW_0; \text{ <}tR; \text{ <}bR; \text{ <}bRW_1; \text{ <}tR; \text{ <}bR; \text{ <}tRW_1; \text{ <}tR; \text{ <}bR;$$

$$\text{<}bRW_0; \text{ <}tR; \text{ <}bR; \text{ <}bRW_1; \text{ <}tR; \text{ <}bR; \text{ <}tRW_0; \text{ <}tR; \text{ <}bR; \text{ <}bRW_0; \text{ <}tR; \text{ <}bR;$$

Der Gesamtalgorithmus entspricht Funktionaltest 5. Ein 1Mbit-RAM-Schaltkreis wird (bei $t_{CYC}=180ns$) in $32N \cdot 20 = 640N = 120s$ geprüft.

Adresse ($\blacktriangledown$ Bitposition i)	$\blacktriangledown$ $a_1\ a_2\ a_3\ a_4$	$\blacktriangledown$ $a_1\ a_2\ a_3\ a_4$	$\blacktriangledown$ $a_1\ a_2\ a_3\ a_4$	$\blacktriangledown$ $a_1\ a_2\ a_3\ a_4$
Hälfte t	0	0	0	0
	1	1	1	2
	2	2	4	4
	3	3	5	6
	4	8	8	8
	5	9	9	10
	6	10	12	12
	7	11	13	14
Hälfte b	8	4	2	1
	9	5	3	3
	10	6	6	5
	11	7	7	7
	12	12	10	9
	13	13	11	11
	14	14	14	13
	15	15	15	15
Adreßfolge i	1	2	3	4

Abb. 7.32. Funktionaltest 6, Beispiel einer Adreßfolge und Unterteilung in Hälften b und t

7.4.1.3 Optimierte Testalgorithmen: Maskenabhängige Tests

Als maskenabhängige Fehler (auch musterabhängige Fehler genannt) bezeichnet man ganz allgemein Anomalien von Speicherbauelementen, die von bestimmten Datenmustern abhängig sind. Man unterscheidet aktive und passive maskenabhängige Fehler.

Aktive maskenabhängige Fehler sind wie folgt definiert: Der Inhalt einer Basis- oder Referenzzelle wird von y nach $\overline{y}$ verändert, wenn k Maskenzellen einen fixierten Wert besitzen (k Anzahl der Maskenzellen=1,2,3,...N; N Anzahl der Speicherzellen; Ähnlichkeit mit V-Kopplungsfehlern!).

Man spricht von *passiven Fehlern*, wenn die Basiszelle nicht beschrieben werden kann, sobald k Maskenzellen einen fixierten Wert besitzen. Es wird vorausgesetzt, daß sämtliche Fehler statisch sind.

Die physikalischen Ursachen maskenabhängiger Fehler sind vielfältig. Sie können durch Kopplung verschiedener Takte in Abhängigkeit von bestimmten Adressen oder Daten hervorgerufen werden. Sie werden aber genauso durch Übersprechen von Bitleitung zu Wortleitung in Abhängigkeit von Daten oder Adressen ausgelöst. Auch Schreib/Lesverstärkerer-Erholprobleme können eine Ursache für derartige Fehler sein.

Als sinnvoll erscheint die Definition und Prüfung maskenabhängiger Fehler nur innerhalb einer eigeschränkten Umgebung (*neighborhood pattern sensitive faults*) der Basis- oder Referenzzelle [7.31], da mit der Größe der Umgebung auch die Zahl aller möglichen und damit zu testenden Datenmuster wächst. Wenn keine besondere Umgebung einer Basiszelle definiert ist, gehört der gesamte Schaltkreis zur Prüfumgebung. Damit ergeben sich bei einem 1Mbit-RAM-Schaltkreis ca. 10315000 verschiedene Datenmuster [7.32], die geprüft werden müssen, sollte der Test vollständig sein.

Es kann aber keinesfalls ausgeschlossen werden, und deshalb ist eine solche Nachbarschaftsdefinition in jedem Fall eine Einschränkung, daß maskenabhängige Fehler auftreten, die weit voneinander entfernte Teile der Speichermatrix betreffen. Die praktische Berechtigung solcher nachbarschafts-maskenabhängiger-Tests muß allerdings aus anderen Gründen in Frage gestellt werden, wenn nämlich, wie schon bei den Standard-Tests erwähnt, der Zusammenhang zwischen logischer und physischer Adresse unbekannt ist.

Am Beispiel eines Tests für maskenabhängige Fehler, innerhalb einer definierten Umgebung, soll das prinzipielle Anliegen beschrieben werden [7.31]. Eine Basis- bzw. Referenzzelle mit ihrer Nachbarschaft wurde bereits in Abb. 7.29 definiert. Zur Referenzelle RZ gibt es Nachbarn R, L, O und U. Jede Vierergruppe L,O,R,U kann 24 verschiedene Bitkombinationen (Datenmuster oder Datenmasken = 0000, 0001, 0010, ... 1111 ausgedrückt durch ihren entsprechenden Binärwert D= 0, 1,..., 15) annehmen (24 Datenmuster existieren für RZ=1 und 24 für RZ=0). Die Definition einer anderen, größeren Umgebung ändert nichts an der grundsätzlichen Vorgehensweise, lediglich die Zahl der zu prüfenden Datenmuster D wird größer.

Der Test muß nun jede Zelle des Speicherelementes einmal zur Referenzzelle machen, und sie danach mit allen möglichen Datenmustern der Zellen L,O,R,U umgeben. Nach jedem neuen Datenmuster L,O,R,U wird geprüft, ob der Inhalt der Referenzzelle unverändert geblieben ist.

Aufgabe der Konstruktion eines Tests ist es, möglichst wenig Speicherzyklen zur Realisierung dieses Vorhabens einzusetzen. Zunächst werden die Zellen L,O,R,U und RZ entsprechend der Strukturen A und B über den Speicherschaltkreis verteilt (Abb. 7.33 a und b). Wird anschließend folgender Algorithmus ausgeführt, war jede Zelle des Speicherschaltkreises einmal Referenzzelle, und außerdem wurde jede Referenzzelle mit sämtlichen, für die definierte Umgebung L,O,R,U möglichen Datenmustern umgeben.

Der Algorithmus lautet:

1. Benutze Struktur A (Abb. 7.33 a)
2. Beschreibe alle RZ mit I = 0
3. Datenmuster D = 0

4. Beschreibe alle Zellen L,O,R,U mit Datenmuster D

5. Lese alle Zellen L,O,R,U und vergleiche mit D

6. Datenmuster D = 15 ?

       wenn nein D:= D +1 und Sprung zu 4.

       wenn ja, weiter zu 7.

7. I = 1 ?

       wenn nein, beschreibe alle RZ mit I = 1 und Sprung zu 3.

       wenn ja, weiter zu 8.

8. Benutze Struktur B (Abb. 7.33b) und wiederhole 2. bis 7.

Ende

Mit 34N Schreibzyklen und 32N Lesezyklen wurde für alle Speicherzellen eine Umgebung geprüft, wie in Abb. 7.29 definiert.

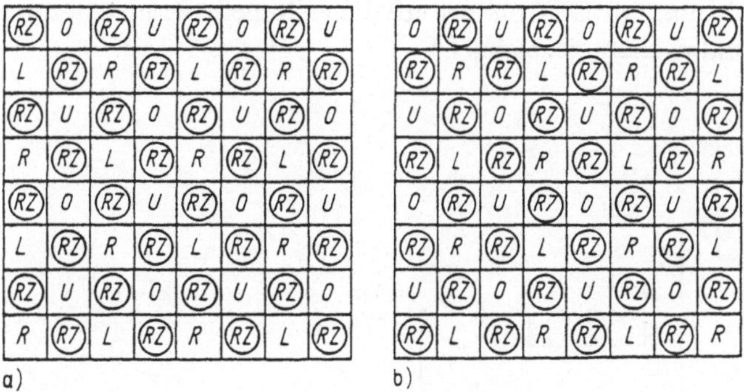

a)   b)

Abb. 7.33. Belegungsschema eines Maskenabhängigen-Tests: **a** Struktur A, **b** Struktur B

Der Test kann um weitere Zyklen reduziert werden, wenn der Übergang vom Datenmuster D zu D+1 stets mit einer Hamming-Distanz =1 vorgenommen wird. Dadurch ist es nicht notwendig, jeweils sämtliche Zellen L,O,R,U, sondern nur eine neu zu beschreiben. Der gesamte Test verringert sich auf (23/2)N Schreibzyklen und 32N Lesezyklen. Zusätzlich können Zyklen eingespart werden, wenn der Übergang von Struktur A nach B in ebensolcher Weise vorgenommen wird.

Nach der bei Funktionalfehlern verwendeten Fehlerdefinition lokalisiert der Test mit insgesamt 41N Speicherzyklen:

- Stuck-at Fehler,

- eingeschränkte Fünfzellen-Kopplungsfehler (oder aktive maskenabhängige Fehler, beschränkt auf eine Nachbarschaft von vier Maskenzellen, K = 4, um die Referenzzelle).

Ein 1Mbit-RAM-Schaltkreis wird (bei t_{CYC}=180ns) in ca. 8s geprüft.

7.4.1.4 Zufallstests

Es liegt nahe, zum Testen von Speicherschaltkreisen und Speicherbaugruppen auch zufällig erzeugte Datenmuster einzusetzen, wie es seit langem bei Logikbaugruppen üblich ist. Verschiedene Zufallstestanwender verweisen auf Ergebnisse, die nicht schlechter sind, als diejenigen, welche mit aufwendigen Standard- und optimierten Tests erzielt wurden. Einige Zurückhaltung gegenüber Zufallstests beruhte vermutlich auf der bislang weitgehend undefinierten Fehlerbedeckung.

In [7.32] wird der Wirkungsgrad zufällig erzeugter Testmuster analytisch bewertet. Es werden Ergebnisse vorgestellt, auf die hier zwar nicht näher eingegangen wird, welche aber zeigen, daß der Einsatz von Zufallstests, vor allem bei hochintegrierten Speicherschaltkreisen, in vielen Fällen sehr vorteilhaft ist.

Die praktische Vorgehensweise bei der Prüfung läßt sich anhand des im Blockschaltbild (Abb. 7.34) dargestellten Aufbaus erläutern. Die gesamte Schaltung befindet sich in einem Initialzustand, der gekennzeichnet ist durch ein rückgesetztes Flipflop FF und den Inhalt beider Speicherbauelemente entweder im Zustand "alles 0" oder "alles 1". (Mit diesem Verfahren können sowohl statische als auch dynamische Speicherschaltkreise getestet werden. Die in beiden Fällen unterschiedlichen Taktbaugruppen und eine bei DRAMs erforderliche Regeneneriersteuerung wurde zum besseren Verständnis nicht gezeichnet.)

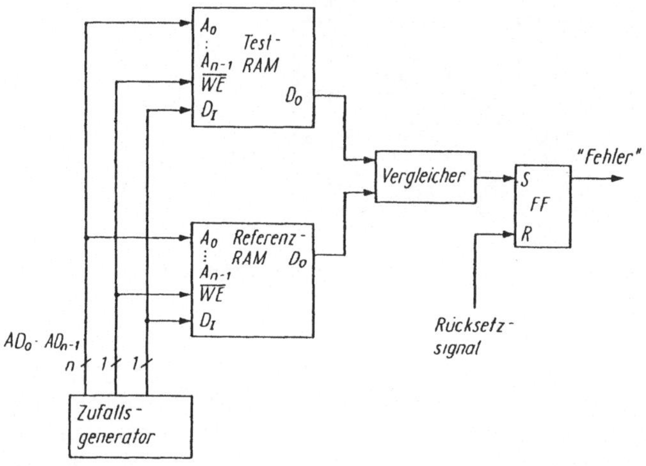

Abb. 7.34. Blockschaltbild einer mit Zufallstests arbeitenden Prüfeinrichtung

Der Zufallsgenerator liefert für die Adressen $AD_0...AD_{n-1}$, das Schreib/Lese-Signal $\overline{WE}$ und das Dateneingangssignal DI eine Zufallsfolge (n+2 zufällige Signale). Diese Signale werden sowohl dem zu prüfenden Test-RAM-Schaltkreis als auch dem als "Normal" dienendem Referenz-RAM angeboten. Beide Speicherschaltkreise verarbeiten die Eingangssignale und reagieren entsprechend. Der Referenz-RAM arbeitet, so wird angenommen, ständig fehlerlos und liefert am Datenausgang DO eine Orginaldatenfolge. Auch der Test-RAM erzeugt an DO eine Datenfolge. Diese ist aber möglicherweise fehlerbehaftet. Beide Datenfolgen werden im Vergleicher verarbeitet. Sind sie kongruent, liefert der Vergleicher das

Ausgangssignal "0". Sind sie nicht kongruent, d.h. im Test-RAM ist ein Fehler aufgetreten, bildet der Vergleicher ein 1-Signal, welches unmittelbar das FF einschaltet und damit den Zustand "Fehler" meldet.

Statt Vergleicher und Referenz-RAM einzusetzen, kann auch die Signaturbildung zur Diagnose verwendet werden. Dazu wird die in einem Signaturregister entstehende Ist-Signatur mit einer vorher generierten Soll-Sigantur verglichen (Näheres zur Signaturanalyse in [7.33]).

Zur analytischen Ermittlung des Wirkungsgrades einer Zufallsfolge wurde der Testvorgang als ein Markovscher Prozeß betrachtet [7.32]. Alle Ergebnisse sind demzufolge mit einer Wahrscheinlichkeit gültig. Q_D ist die Wahrscheinlichkeit, mit der ein bestimmter Fehler im Test-RAM nicht gefunden wird.

Besondere Erwähnung verdient die außergewöhnlich günstige Lösung der Prüfung von Speicherschaltkreisen mit einer Wortbreite i>1 ($DQ_0...DQ_{i-1}$ Daten-Ein-/-Ausgangsignale eines RAM-Schaltkreises). Indem die Zufallsfolge auf die zusätzlichen Daten-Eingangssignale erweitert wird, kann der nachfolgende Vergleich auch über sämtliche Daten-Ausgangssignale durchgeführt werden. Sowohl Standard-Tests als auch die meisten optimierten Tests berücksichtigen dieses Anliegen nicht. Sie sind nur ungenügend oder überhaupt nicht in der Lage, etwas kompliziertere Fehler (z.B. Verkopplungen zwischen verschiedenen Datenbits DQ_j, DQ_l, j $\neq$ l) zu erkennen.

Eine Aussagesicherheit von Q_D = 0,001 zugrundelegend, können mit Hilfe einer Zufallsfolge nachfolgend aufgelistete Fehler in Abhängigkeit von der Testlänge entdeckt werden ($N=2^n$, N Anzahl der gespeicherten Worte im RAM, n Anzahl der Adreßbits des RAM) [7.32]:

46N	sämtliche Stuck-at-Fehler;
219N	sämtliche Stuck-at-Fehler, alle Übergangsfehler, alle Einweg-/ Zweiweg- symmetrischen Fehler, alle Einweg-/Zweiweg- asymmetrischen Fehler, alle interaktiven Einweg-/ Zweiweg-Kopplungen;
447N	sämtliche 3fach Koppelfehler (V=3, siehe Abschnitt 7.4.1.2), alle aktiven und passiven maskenabhängigen Fehler zwischen Referenzzelle und k=2 Maskenzellen (siehe Abschnitt 7.4.1.2) in einer definierten Nachbarschaft und an beliebiger Stelle und alle bei 219N aufgeführten Fehler;
904N	sämtliche 4fach Kopplungsfehler (V=4), alle maskenabhängigen Fehler k=3 (aktiv und passiv, definierte Nachbarschaft und an beliebiger Stelle) und alle bei 447N aufgeführten Fehler;
1805N	sämtliche 5fach Kopplungsfehler (V=5), alle maskenabhängigen Fehler k=4 (aktiv und passiv, definierte Nachbarschaft und an beliebiger Stelle) und alle bei 904N aufgeführten Fehler.

Für einen 1Mbit-RAM (t_{CYC}=180ns, $N=2^{20}$) bedeuten:

46N :	9 s,
447N :	1,4 min,

904N :   2,8 min,
1805N :   5,6 min.

Ein Vergleich zwischen optimierten und Zufallstests fällt besonders bei komplizierten Fehlern, d.h. dort, wo viele Speicherzellen in die Fehlergenerierung einbezogen sind, zugunsten der Zufallstests aus. Für einige Fehlermodelle (z.B. 5fach Kopplungsfehler u.ä.) sind keine Vergleiche möglich, weil wegen des sehr hohen Aufwands keine optimierten oder Standard-Tests existieren. Sämtliche aufgezählten Fehler können gleichzeitig (auch mehrere des gleichen Typs) auftreten. Bei annähernd gleicher Testlänge sind die oben aufgelisteten Fehler und Verkopplungen zwischen den Datenbits auch in Schaltkreisen mit einer Wortbreite i>1 zu orten.

Abschließend muß bemerkt werden, daß Zufallstests zum Auffinden von Fehlern, weniger allerdings zu deren Lokalisierung geeignet sind. Dies folgt aus dem zufälligen und dadurch weitgehend unbekannten Zusammenhang zwischen Adresse, Datenbit und Lese-/Schreibsignal. Zur Lokalisierung ist es deshalb zweckmäßig Testalgorithmen mit definierter Abhängigkeit von Adresse, Datenbit und Lese-/Schreibsignal zu benutzen. Ist allerdings die Aussage "gut" oder "schlecht" ausreichend, sind die Zufallstests sehr leistungsfähig.

7.4.2 Schritthaltende Datensicherungsmaßnahmen

Die meisten informationsverarbeitenden Systeme benötigen zur Lösung ihrer Aufgabenstellung die unterschiedlichsten Speicher. Dabei sind die Anforderungen, die an diese Baugruppen gestellt werden, sehr unterschiedlich. Während bei einem Teil der Anwendungen, etwa der Bildverarbeitung, die absolute Richtigkeit der vom Speicher gelieferten Daten eine untergeordnete Rolle spielt, ist sie für viele anderen Anwedungen, und nicht nur in der Geldwirtschaft, von besonderer Wichtigkeit.

Vom Speicher wird im letzteren Fall zumindest verlangt, daß er einen vorhandenen Fehler signalisiert, um dem Nutzer zu gestatten, entweder die Aufgabenabarbeitung neu zu starten oder, falls das keinen Erfolg bringt, zu reparieren. Besser allerdings ist, wenn der Speicher über eine für den Nutzer transparente *Fehlererkennung* und *Fehlerkorrektur* verfügt. Dann wird das fehlerhafte Datenwort vor der Weiterverarbeitung korrigiert. Die Recheneinheit erhält ständig richtige Daten, ein Systemausfall tritt nicht auf.

Speicherfehler lassen sich hinsichtlich ihrer Fehlerstabilität in zwei Gruppen, Hard-Fehler und Soft-Fehler (hard-errors, soft-errors), einteilen. *Soft-Fehler* sind nicht reproduzierbare Fehler, die sich durch stochastischen Verlust, meist eines einzigen Speicherzelleninhaltes äußern, ohne eine andauernde physikalische Veränderung zu bewirken (vgl. Abschnitt 4.5.4). Soft-Fehler sind nicht vollständig vermeidbar und erfordern - vor allem bei den immer höheren Integrationsgraden - entsprechende Maßnahmen schon bei der Speicherkonzeption [7.35]. Eine hohe Sicherheit gegen Soft-Fehler bieten fehlertolerante Codes.

Im Gegensatz zu Soft-Fehlern sind *Hard-Fehler* stabil und reproduzierbar. Sie entstehen durch dauerhafte Veränderung der Bitzelle und werden sowohl durch schritthaltende als auch durch nichtschritthaltende Datensicherungsmaßnahmen erfaßt.

Die in vorliegender Schrift ausschließlich behandelten Speicher mit direktem Zugriff und paralleler Verarbeitung eines ganzen Wortes bevorzugen Paritätskontrollcodes, hauptsächlich die nachfolgend beschriebenen sogenannten Binärblockcodes. Sie sind dadurch gekennzeichnet, daß jedes Codewort die gleiche Anzahl von Stellen besitzt und jede Stelle nur mit der Information 0 oder 1 belegt sein kann [7.36].

7.4.2.1 Implementierungsvarianten von Fehlererkennungs- und Korrektureinrichtungen

Es gibt mehrere Varianten, Fehlererkennungs- und Korrektureinrichtungen in Speicherbaugruppen zu implementieren [7.37]:

- Scrubbing,
- Flow through und
- Fly by.

Die erste Variante, *Scrubbing*, wurde in Abschnitt 7.3.2.2 beschrieben.

Die zweite Variante, *Flow trough*, auch "correct always" genannt, ist dadurch gekennzeichnet, daß eine Fehlererkennungs-/Korrektureinrichtung zwischen Speicher und CPU geschaltet ist, die ständig jedes Codewort untersucht und wenn notwendig korrigiert (Abb. 7.35).

Ungünstig ist, daß im Übertragungsweg vom Speicher zur CPU ständig die relativ lange Zeit berücksichtigt werden muß, welche ein eventuell vorhandener Fehler für seine Korrektur benötigt (Übertragungsleistung wird reduziert), vorteilhaft ist, daß jedes Datenwort fehlerfrei zur Recheneinheit gelangt. Auch kann ein Hard-Fehler durchaus längere Zeit im Speicher verbleiben, ohne die gesamte Systemleistung weiter zu beeinträchtigen, weil nun für die fortwährende Fehlerkorrektur keine zusätzliche Zeit benötigt wird.

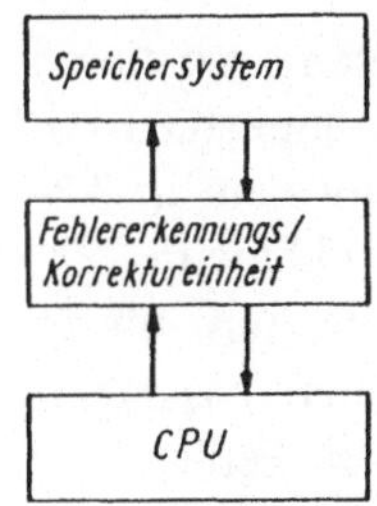

Abb. 7.35. Lage der Fehlererkennungs/Korrektureinheit, Variante Flow-through

Die letzte Variante *Fly-by*, auch "chek only" genannt, arbeitet parallel zur Datenübertragung Speicher-CPU (Abb. 7.36). Im Schreibzyklus werden die Daten von der Fehlererkennungs-/Korrektureinheit mit Prüfbits versehen und zum Speicher transportiert. Bei einem Lesezyklus gelangt das Datenwort, vorbei an der Fehlererkennungs-/Korrektureinheit sofort zur CPU, während parallel dazu die Fehlererkennungseinheit das Codewort nach eventuellen Fehlern untersucht.

Tritt ein solcher auf, signalisiert das Fehlersignal diesen Zustand der CPU. Der daraufhin einsetzende Fehlerbehandlungsmodus wird während der Systemkonzeption festgelegt. Er ist abhängig vom Haupteinsatzgebiet.

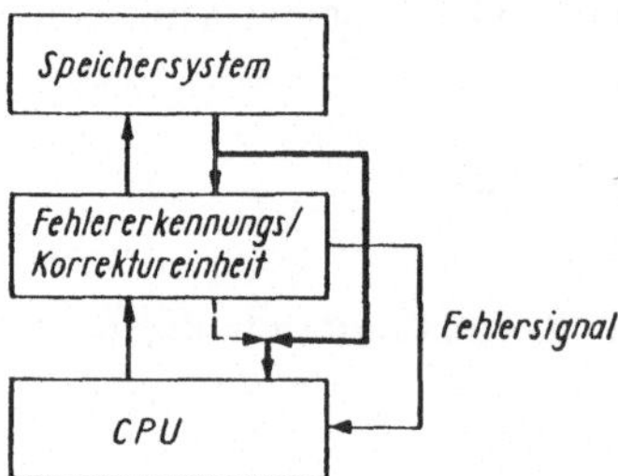

Abb. 7.36. Datenwege und Fehlererkennungs-/Korrektureinheit zur Variante Fly-by

Folgende Modi sind denkbar: Die CPU verlängert ihren gerade laufenden bzw. zuende gehenden Lesezyklus und holt sich die inzwischen korrigierten Daten aus der Fehlerkorrektureinheit, oder, falls eine Zyklusverlängerung nicht möglich ist, müßte das Programm (bei Soft-Fehlern) neu gestartet werden. Es wäre auch denkbar, die Programmarbeit definiert, d.h. mit einem Retten des Speicherinhaltes und aller wichtigen Systemzustände zu beenden, eine Diagnoseroutine zu aktivieren und nach der Reparatur mit der Programmarbeit fortzufahren.

Aufgrund der Tatsache, daß Speicherfehler selten auftreten, bietet die Variante Fly-by den Vorteil, entweder überhaupt keine oder nur eine relativ kurze Verzögerungszeit zur Fehlererkennung berücksichtigen zu müssen (Verzögerung zur Erzeugung des Fehlersignales ist kürzer als Verzögerung zur Generierung korrigierter Daten) und nur dann, wenn wirklich ein Fehler signalisiert wurde, eine Zyklusverlängerung vorzunehmen. Ein Hard-Fehler im Speicher wird die Gesamtverarbeitungsleistung mindern.

Für verschiedene Fehlererkennungs- und Korrekturvarianten existieren standardisierte Schaltkreislösungen. Der Schaltkreis Intel 8206 z.B. unterstützt die Implementierungsvarianten Flow-through, Fly-by und gemeinsam mit dem in Abschnitt 7.3.2.2 beschriebenen DRAM-Controller (Intel 8207) auch Scrubbing [7.22].

Der Intel 8206 ist ein *EDC-Schaltkreis* (error detection and correction) für 16 Datenbits (+6 Prüfbits) und kann bis zu 80 Datenbits (+8 Prüfbits) kaskadiert werden. Innerhalb dieser Grenzen erkennt er sämtliche Zwei-Bit-Fehler und korrigiert alle Ein-Bit-Fehler (2ED+1EC = 2bit error detection + 1bit error correction). Zusätzlich werden einige Mehr-Bit-Fehler (größer 3bit) erkannt. Seine schaltkreistechnische Realisierung (besonders das Timing) ist den Forderungen der 16bit-CPUs angepaßt.

7.4.2.2 Allgemeine Grundlagen fehlertoleranter Binärblockcodes

Theorien *fehlererkennender und fehlerkorrigierender Codes* wurden zunächst für die Datenübertragung entwickelt und angewendet. Da die Speicherung als eine

Datenübertragung mit beliebig wählbarer Zeitverzögerung betrachtet werden kann, ist es möglich, die gewonnenen Erkenntisse in geeigneter Weise zu übertragen [7.34]...[7.36], [7.38].

Eine notwendige Bedingung für den Einsatz von fehlererkennenden und fehlerkorrigierenden Codes ist Redundanz, vor allem an Speicherschaltkreisen, aber auch von Logikschaltkreisen. Mit der umfassenden monolithischen Realisierung beider Schaltkreisarten ist der praktische Einbau von Redundanz in Speicher relativ preiswert möglich geworden.

Folgendes Beispiel soll die grundsätzliche Wirkungsweise verdeutlichen (Abb. 7.37). Von einem 4bit Codewort wird nur die Hälfte aller möglichen Binärzustände zur Informationsspeicherung (gültige Codeworte) genutzt, während der Rest (ungültige Codeworte) zur Fehlererkennung bzw. Fehlerkorrektur dient.

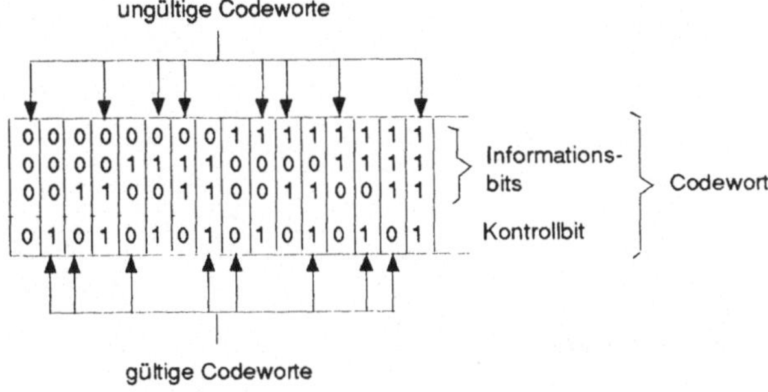

Abb. 7.37. Beispiel eines einfachen Paritätskontrollcodes

In den Speicher werden nur Informationen aus der Menge der gültigen Codeworte eingeschrieben. Sobald beim späteren Auslesen eine Information aus der Menge der ungültigen Codeworte festgestellt wird, kann auf einen Fehler geschlossen werden. Jedes gültige Codeworte kann durch einen beliebigen Ein-Bit-Fehler verfälscht werden (gleich ob Änderung von 0 nach 1 oder 1 nach 0), wodurch ein ungültiges Codewort entsteht. Leider gestattet es die Codierung im Beispiel nicht, das ungültige Codewort so zu analysieren, daß festgestellt werden kann, welche Störung fehlerverursachend war (z.B. kann das ungültige Codewort 0000 durch eine 1 nach 0 Störung aus 0001 oder aus 0010, 0100 oder 1000 enstanden sein).

Drei Bits des Codewortes dienen der eigentlichen Datenspeicherung, das vierte wird als Paritätsbit (Kontrollbit, = Antivalenz der drei Informationsbits) bezeichnet und dient der Fehlererkennung. Der (a,i) Code (a=4 Länge des Codewortes, i=3 Anzahl der Informationsbits) besitzt lediglich die Eigenschaft der Ein-Bit-Fehlererkennung (1ED, error detection). Weitere Kotrollbits (zusätzliche Redundanz) können die Leistung bis zur Mehrbit-Fehlererkennung und -Korrektur erweitern.

Zur analytischen Behandlung von Codes definierte HAMMING eine Distanz D, worunter die Anzahl von Bitstellen zu verstehen ist, in denen sich zwei Codeworte unterscheiden. Die kleinste Distanz aller möglichen gültigen Codewortpaare eines

Codes wird als Distanz des Codes D_{min} bezeichnet. Ein Code mit der Distanz $D_{min}=1$ erlaubt weder Fehlererkennung noch irgendwelche Korretur, weil durch einen beliebigen Ein-Bit-Fehler sofort ein anderes, aber ebenfalls gültiges Codewort entsteht. Ein derartiger Code besitzt keine Redundanz, sämtliche möglichen Binärzustände definieren ein gültiges Codewort (Abb. 7.38a).

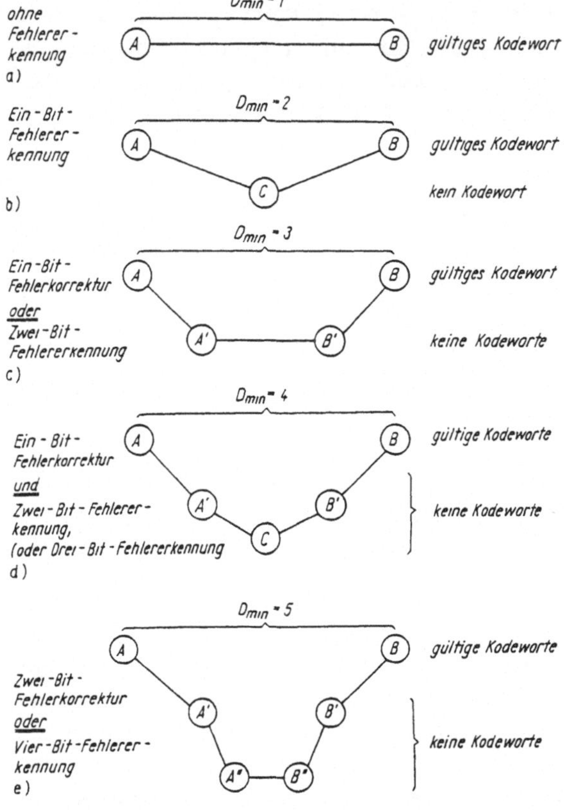

Abb. 7.38. Möglichkeiten der Fehlerbehandlung in Abhängigkeit von der Distanz D_{min} des Codes
a $D_{min}=1$,
b $D_{min}=2$,
c $D_{min}=3$,
d $D_{min}=4$,
e $D_{min}=5$

Ein Ein-Bit-Fehler in einem Codewort eines Codes der Distanz $D_{min}=2$ (Abb. 7.38b) erzeugt ein Wort aus der Nichtcodemenge C, wobei nicht feststellbar ist, welches das Originalcodewort war, A oder B. Ein zweiter Ein-Bit-Fehler könnte wieder ein gültiges Codewort generieren [6.16]. Der Code ermöglicht Ein-Bit-Fehlererkennung.

In einem Code mit der Distanz $D_{min}=3$ erzeugt ein Ein-Bit-Fehler (Abb. 7.38c) aus dem Codewort A ein Nichtcodewort aus der Menge A', oder aus dem Codewort B ein Nichtcodewort aus der Menge B'. Den Nichtcodeworten A' und B' können unter der Voraussetzung von Ein-Bit-Fehlern die Codeworte A bzw. B eindeutig zugewiesen werden; der Ein-Bit-Fehler ist korrigierbar. Ein Zwei-Bit-Fehler kann aus dem gültigen Codewort A das Nichtcodewort B' generieren oder aus B das Nichtcodewort A'. Der Fehler ist erkennbar aber nicht zu korrigieren. Der Code leistet deshalb Ein-Bit-Fehlerkorrektur *oder* Zwei-Bit-Fehlererkennung. Diese Art Code wird als *Hamming-Code* bezeichnet.

Durch Zufügen weiterer Redundanz entsteht ein Code der Distanz D_{min}=4 (Abb. 7.38d). Der Ein-Bit-Fehler im Codewort A verursacht ein Nichtcodewort aus der Menge A' (ein Fehler in B verursacht B'), mit einem zusätzlichen Fehler wird ein Nichtcodewort aus der Menge C erzeugt. Da den Nichtcodemengen A' oder B', unter der Voraussetzung von Ein-Bit-Fehlern, A bzw. B eindeutig zuzuweisen ist, erlaubt der Code Ein-Bit-Fehlererkennung. Das Nichtcodewort C läßt keinen Schluß auf das Originalcodewort A oder B zu, erlaubt aber einen Zwei-Bit-Fehler festzustellen. Ein dritter Fehler erzeugt ein Nichtcodewort aus der Menge B'. Der Code leistet entweder Ein-Bit-Fehlerkorrektur und Zwei-Bit-Fehlererkennung, oder nur Drei-Bit-Fehlererkennung. Er wird oft als *modifizierter Hamming-Code* bezeichnet.

Ein Code mit der Distanz D_{min}=5 (Abb. 7.38e) leistet Zwei-Bit-Fehlerkorrektur, oder Vier-Bit-Fehlererkennung.

Vor der Entwicklung eines Codes interessiert die Frage, wieviel Kontrollbits unbedingt (minimal) notwendig sind, um mit einem Codewort der Länge

$$a = i + k$$

i Anzahl der Informationsbits, k Anzahl der Kontrollbits

eine bestimmte Anzahl Fehler korrigieren zu können. Für die Ein-Bit-Fehlerkorrektur (1EC) [6.16], bei der sowohl die Informationsbits als auch sämtliche Kontrollbits in die Fehlererkennung/Korrektur einbezogen werden, ist es notwendig, mit Hilfe der k Kontrollbits jede Bitposition des Codewortes markieren zu können. Eine der 2^k möglichen Bitkombinationen (0...0) bleibt ungenutzt, da sie keinen Beitrag zur Paritätsbildung liefern wird, bzw. bleibt zur Kennzeichnung des fehlerfreien Falls reserviert. Daher gilt unter der Voraussetzung $D_{min} = 3$ (Abb. 7.38c).

$$2^k - 1 \geq a = i + k \tag{7.1}$$

Im Fall 1EC *und* 2ED (Abb. 7.38d) wird ein zusätzliches Kontrollbit zur Kennzeichnung des Zwei-Bit-Fehlers eingeführt. Durch k-1 Kontrollbits müssen nun a-1 Bitstellen des Codewortes markiert werden. Deshalb gilt

$$2^{k-1} - 1 \geq a - 1$$

oder

$$2^{k-1} \geq a. \tag{7.2}$$

In Abb. 7.39 ist die Anzahl der Kontrollbits als Funktion der Informationswortlänge gemäß Gln. (7.1) und (7.2) dargestellt. Daher muß beispielsweise ein Code mit i=64 Informationsbits der Leistungsfähigkeit 1EC + 2ED mindestens k=8 Kontrollbits besitzen.

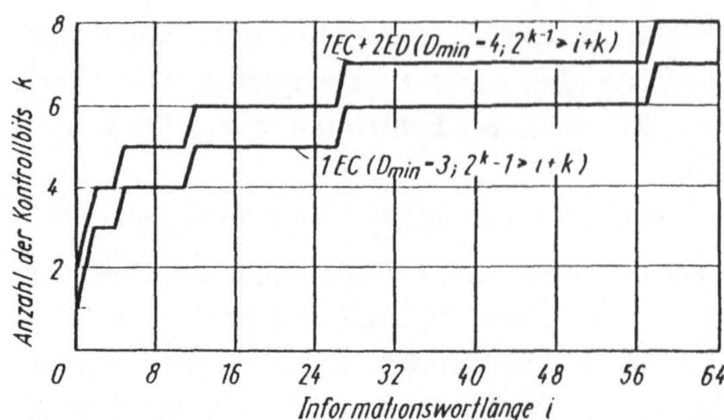

Abb. 7.39. Anzahl der Kontrollbits als Funktion der Informationswortlänge bei $D_{min}=3$ und $D_{min}=4$

Den allgemeinen Zusammenhang zwischen a, k und t (t Anzahl der korrigierbaren Bits) beschrieb HAMMING mit

$$2^k \geq \sum_{x=0}^{t} \binom{a}{x} \tag{7.3}$$

wobei die Erfüllung der Ungleichung keine Garantie für die Existenz eines solchen Codes darstellt.

So benötigt beispielsweise ein 16bit Informationswort (i=16) entsprechend Gl. (7.3) insgesamt 9 Kontrollbits (k=9), um Zwei-Bit-Fehlerkorrektur (t=2) durchführen zu können

$$2^9 \geq \sum_{x=0}^{2} \binom{25}{x} = \binom{25}{0} + \binom{25}{1} + \binom{25}{2} = 326.$$

Der erste Summand kennzeichnet diejenigen Bitkombinationen, die keinen Beitrag zur Paritätsbildung liefern, der zweite die Anzahl der mögichen Ein-Bit-Fehler und der dritte die Anzahl der möglichen Zwei-Bit-Fehler.

7.4.2.3 Matrizendarstellung der Fehlerkorrektur-Prozedur

Für einen (a,i)-Code gelten die allgemeinen Paritätsbeziehungen [6.16], [7.36]

$$h_{11}b_1+h_{21}b_2+...+h_{i1}b_i+c_1 = 0$$

$$h_{12}b_1+h_{22}b_2+...+h_{i2}b_i+c_2 = 0 \tag{7.4}$$

$$.....................................$$

$$h_{1k}b_1+h_{2k}b_2+...+h_{ik}b_i+c_k = 0$$

$b_1,...,b_i$ Informationsbits, i Anzahl der Informationsbits, $h_{11},...,h_{ik}$ Koeffizienten, k Anzahl der Korrekturbits

Der Additionsoperator "+" entspricht einer modulo-2 Addition, identisch mit der bekannten Paritätsbildung.

Die k Gleichungen erlauben eine eindeutige Berechnung der k Kontrollbits $c_1,...,c_k$. Mit den Koeffizienten $h_{11},...,h_{ik} \in \{0,1\}$ des Gleichungssystems (7.4), die angeben, welche Informationsbits bei der Addition berücksichtigt werden, läßt sich die *Paritätskontrollmatrix* **H** (Dimension k × a) aufbauen

$$\mathbf{H} = \begin{pmatrix} h_{11} & h_{21} & ... & h_{i1} & 1 & 0 & ... & 0 \\ h_{12} & h_{22} & ... & h_{i2} & 0 & 1 & ... & 0 \\ . & . & . & . & . & . & . & . \\ h_{1k} & h_{2k} & ... & h_{ik} & 0 & 0 & ... & 1 \end{pmatrix} = [\mathbf{P}, \mathbf{I}_k]. \qquad (7.5)$$

Sie besteht aus Paritäts-Matrix **P** (Dimension k × i) und Identitätsmatrix $\mathbf{I}_k$ (Dimension k × k). Jede Spalte der Identitätsmatrix entspricht einem Kontrollbit (erste Spalte = c_1, zweite Spalte = c_2 usw.). Die Nullen und Einsen sind die zugehörigen Koeffizienten der Kontrollbits und kennzeichnen deren Existenz analog Gl. (7.4).

Eine sogenannte *Generator-Matrix* **G** (i × a) setzt sich aus der transponierten Matrix $\mathbf{P}^T$ (Dimension i × k) und der Idenditätsmatrix $\mathbf{I}_i$ (Dimension i × i) zusammen:

$$\mathbf{G} = [\mathbf{I}_i, \mathbf{P}^T] = \begin{pmatrix} 1 & 0 & ... & 0 & h_{11} & h_{12} & ... & h_{1k} \\ 0 & 1 & ... & 0 & h_{21} & h_{22} & ... & h_{2k} \\ . & . & . & . & . & . & . & . \\ 0 & 0 & ... & 0 & h_{i1} & h_{i2} & ... & h_{ik} \end{pmatrix} \qquad (7.6)$$

Der zugehörige Codewort-Vektor lautet

$$\mathbf{w} = (b_1 \ b_2 \ ... \ b_i \ c_1 \ c_2 \ ... \ c_k),$$

$b_1,...,b_i$ Informationsbits, $c_1,...,c_k$ Kontrollbits

Die Anzahl der Bitstellen des Codewortes beträgt a=k+i.

Die Kontrollbits müssen vor dem *Einschreiben* des Codewortes in den Speicher generiert werden. Dies erfolgt durch Berechnung des Codevektors **w**, d.h. durch Multplikation (ebenfalls modulo 2) des Datenwortes $\mathbf{b} = (b_1 \ b_2 \ ... \ b_i)$ mit der Generator-Matrix **G**

$$\mathbf{w} = \mathbf{b} \, \mathbf{G}. \qquad (7.7)$$

Ist die Idenditätsmatrix $\mathbf{I}_k$ von Gl. (7.5) eine Einheitsmatrix, kann die Bildung der Kontrollbits parallel nach Gl. (7.7) geschehen. Ist sie keine Einheitsmatrix, muß die Berechnung nacheinander in der Reihenfolge ablaufen, die eine eindeutige Bestimmung der Kontrollbits zuläßt (Beispiel 2).

Dem *Auslesen* des Codewortes

$$w' = (b'_1 \ \ b'_2 \dots b'_i \ \ c'_1 \ \ c'_2 \dots c'_k),$$

aus Informationsbits b' und Korrekturbits c' bestehend, folgt die Multiplikation mit der transponierten **H**-Matrix. Im Ergebnis entsteht der Syndromvektor

$$s = w' \, H^T = (s_1 \ \ s_2 \dots s_k). \tag{7.8}$$

Die 1-Bitstellen im Syndromvektor signalisieren eine Verletzung der Paritätsbeziehung, die durch anschließende Dekodierung von s lokalisiert werden kann.

7.4.2.4 Beispiele für 1EC- und 1EC+2ED-Codes

Beispiel 1:

Hamming entwickelte einen 1EC (7,4)- Code mit folgender **H**-Matrix (D_{min}=3)

$$H = \begin{pmatrix} 1\ 1\ 0\ 1 & 1\ 0\ 0 \\ 1\ 0\ 1\ 1 & 0\ 1\ 0 \\ 0\ 1\ 1\ 1 & 0\ 0\ 1 \end{pmatrix} = [P, I_3].$$

Abbildung 7.39 und Gl. (7.1) zeigen, daß der Code ein Minimalcode ist. Die ersten vier Spalten der **H**-Matrix beschreiben die Koeffizienten der Informationsbits b_1, b_2, b_3, b_4 entsprechend Gl. (7.4) und (7.5). Die letzten drei Spalten mit jeweils nur einer 1 kennzeichnen die voneinander unabhängigen Kontrollbits c_1, c_2, c_3.

Zur Bildung des Codewortes **w** wird die Generator-Matrix bestehend aus Idenditätsmatrix I_i und P^T benötigt. Sie beträgt

$$G = \begin{pmatrix} 1\ 0\ 0\ 0 & 1\ 1\ 0 \\ 0\ 1\ 0\ 0 & 1\ 0\ 1 \\ 0\ 0\ 1\ 0 & 0\ 1\ 1 \\ 0\ 0\ 0\ 1 & 1\ 1\ 1 \end{pmatrix} = [I_4, P^T]$$

Der Codevektor errechnet sich entsprechend Gl. (7.7) zu

$$w = (b_1 \ \ b_2 \ \ b_3 \ \ b_4) \cdot G = (b_1 \ \ b_2 \ \ b_3 \ \ b_4 \ \ c_1 \ \ c_2 \ \ c_3).$$

Beispielsweise ergibt ein Informationswort $(b_1 \ \ b_2 \ \ b_3 \ \ b_4)$=(0 1 1 0) das Codewort

$$w = (0\ 1\ 1\ 0 \ \ 1\ 1\ 0),$$

welches auch in dieser Form im Speicher abgelegt wird.

Nach dem Auslesen eines Codewortes **w'** werden von den Informationsbits $(b'_1 \ \ b'_2 \ \ b'_3 \ \ b'_4)$=(0 1 1 0) erneut Kontrollbits abgeleitet und mit den ausgelesenen Kontrollbits $(c'_1 \ \ c'_2 \ \ c'_3)$ = (1 1 0) verglichen. In Matrizendarstellung wird dieser Vorgang durch Gl. (7.8), mit dem Syndromvektor als Ergebnis, beschrieben. Mit w' = (0 1 1 0   1 1 0) errechnet sich auf diese Weise ein Syndromvektor

$$s = (0\ 1\ 1\ 0\ 1\ 1\ 0) \cdot \begin{pmatrix} 1 & 1 & 0 \\ 1 & 0 & 1 \\ 0 & 1 & 1 \\ 1 & 1 & 1 \\ 1 & 0 & 0 \\ 0 & 1 & 0 \\ 0 & 0 & 1 \end{pmatrix} = (0\ 0\ 0),$$

der, da alle Syndrombits 0 sind, keinen Ein-Bit-Fehler signalisiert.
Wenn jedoch statt (0 1 1 0 1 1 0) ein fehlerhafter Vektor

$$w' = (1\ 1\ 1\ 0\ 1\ 1\ 0)$$

ausgelesen wird, errechnet sich nach Gl. (7.8)

$$s = (1\ 1\ 1\ 0\ 1\ 1\ 0) \cdot H^T = (1\ 1\ 0).$$

Die 1- Stellen im Syndromvektor bedeuten, daß die durch die ersten beiden Zeilen
der **H**-Matrix gekennzeichneten Paritätsbeziehungen fehlerhaft sind; die letzte Zeile
ist fehlerlos. Daraus folgt, weil nur b_1' in den ersten beiden Zeilen der **H**-Matrix
vorkommt und in der letzten nicht, daß b_1' fehlerhaft sein muß.

Wird statt (0 1 1 0 1 1 0) ein Vektor (0 1 1 0 1 1 1) ausgelesen (verfälschtes
Kontrollbit), ergibt das einen Syndromvektor

$$s = (0\ 1\ 1\ 0\ 1\ 1\ 1) \cdot H^T = (0\ 0\ 1),$$

der, da nur die letzte Zeile der **H**-Matrix verfälscht ist, nur durch ein fehlerhaftes
Kontrollbit c_3' hervorgerufen worden sein kann.

Wird schließlich statt (0 1 1 0 1 1 0) ein Vektor (1 1 1 0 1 1 1) ausgelesen
(zwei Bits verfälscht), ergibt das einen Syndromvektor

$$s = (1\ 1\ 1\ 0\ 1\ 1\ 1) \cdot H^T = (1\ 1\ 1),$$

der fälschlicherweise die Korrektur von Bitstelle b_4' auslösen würde. Damit wäre die
Leistungfähigkeit des Codes überfordert.

Beispiel 2:

Hamming erweiterte den Code von Beispiel 1 zu einem 1EC+2ED (8,4)- Code mit
einer H-Matrix ($D_{min}=4$)

$$H = \begin{pmatrix} 1 & 1 & 0 & 1 & 1 & 0 & 0 & 0 \\ 1 & 0 & 1 & 1 & 0 & 1 & 0 & 0 \\ 0 & 1 & 1 & 1 & 0 & 0 & 1 & 0 \\ 1 & 1 & 1 & 1 & 1 & 1 & 1 & 1 \end{pmatrix}$$

Nimmt man an, die ersten vier Spalten kennzeichnen die Informationsbits, die letzten vier Spalten die Kontrollbits, dann zeigt sich, daß zwar die Kontrollbits $c_1,...,c_3$ unabhängig voneinander gebildet werden können, das Kontrollbit c_4 aber abhängig von allen Informationsbits und den Kontrollbits c_1, c_2, c_3 ist. Die Generierung muß deshalb nacheinander geschehen, zunächst die Kontrollbits c_1, c_2, c_3 entsprechend Beispiel 1 und danach aus der Paritätsbeziehungen der vierten Zeile der **H**-Matrix

$$b_1 + b_2 + b_3 + b_4 + c_1 + c_2 + c_3 + c_4 = 0 \qquad\qquad (7.9)$$

das Kontrollbit c_4.

Das ausgelesene Kontrollbit c'_4 wird bei einem Ein-Bit-Fehler verfälscht, durch einen zweiten Ein-Bit-Fehler jedoch wieder zur richtigen Wertigkeit gebracht. Es wird deshalb zur Kennzeichnung der Zwei-Bit-Fehler herangezogen.

Ein Informationsvektor $\mathbf{b}$ = $(b_1\ b_2\ b_3\ b_4)$ = (0 1 1 0) ergibt zunächst analog Beispiel 1 ein Codewort $\mathbf{w}$ = (0 1 1 0 1 1 0). Das vierte Kontrollbit errechnet sich anschließend nach Gl. (7.9) zu c_4=0. Das vollständige Codewort lautet dann $\mathbf{w}$ = $(b_1 ... b_4\ c_1 ... c_4)$ = (0 1 1 0 1 1 0 0).

Beim Auslesen existieren entsprechend Gl. (7.9) drei Fälle:

a) Das Bit c'_4 ist verfälscht (Syndrombit s_4=1), die übrigen Syndrombits weisen auf einen korrigierbaren Fehler: Ein korrigierbarer Ein-Bit-Fehler liegt vor.

b) Das Kontrollbit c'_4 ist verfälscht (Syndrombit s_4=1), die übrigen Syndrombits zeigen keinen Fehler: Das Kontrollbit c'_4 ist fehlerhaft.

c) Das Kontrollbit c'_4 ist unverfälscht (Syndrombit s_4=0), die übrigen Syndrombits zeigen einen korrigierbaren Fehler: Ein nicht korrigierbarer Fehler (Zwei-Bit-Fehler) liegt vor.

Wird beispielsweise beim Auslesen statt (0 1 1 0 1 1 0 0) ein Codevektor $\mathbf{w'}$=(1 1 1 0 1 1 0 0) erkannt, berechnet sich nach Gl. (7.8) mit

$$s = (1\ 1\ 1\ 0\ 1\ 1\ 0\ 0) \cdot \mathbf{H}^T = (1\ 1\ 0\ 1),$$

nach a) ein korrigierbarer Fehler in b'_1.

Eine Vielzahl anderer 1EC+2ED Codes wurde entwickelt, vor allem um Hardwarebedingungen, wie z.B. Zahl der Gattereingänge oder Laufzeit durch Codierschaltungen, zu optimieren. Viele Codes sind so konstruiert, daß sie zur Unterscheidung korrigierbarer Ein-Bit-Fehler oder nichtkorrigierbarer Zwei-Bit-Fehler die Parität des Syndromvektors nutzen können; (z.B. gerade Parität = korrigierbarer Ein-Bit-Fehler, ungerade Parität nichtkorrigierbarer Zwei-Bit-Fehler).

Im Blockschaltbild Abb. 7.40 ist ein Speicher mit Fehlerkorrektureinrichtung nach Variante Flow-through (Abb. 7.35) dargestellt. Durchgezogene Linien kennzeichnen den Weg des Codewortes bzw. der Information beim Auslesen vom Speicher zur CPU, während die gestrichelten Linien den Weg der Information beim

Einlesen darstellen. Alle Vorgänge, welche die Matrizenmultiplikationen der Gln. (7.7) und (7.8) betreffen, werden im Kontrollbit-Generator und Vergleicher vollzogen.

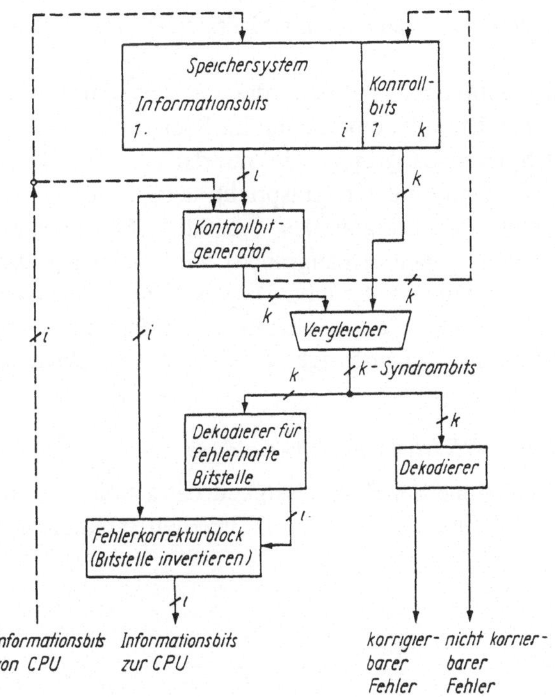

Abb. 7.40. Blockschaltbild eines Speichers mit Fehlererkennungs-/ Korrektureinrichtung

Wurde eine Fehlerkorrektureinrichtung in einem Speicher implementiert, ist dem *Testen* der Speichermatrix und der Fehlerkorrektureinrichtung besondere Beachtung zu schenken, da eventuell vorhandene Ein-Bit-Fehler unbemerkt korrigiert werden. Speicherfehler sollten nur bei der Programmarbeit unterdrückt werden; zum Zeitpunkt des Testens (Wartung) ist es wünschenswert, sie möglichst schnell zu lokalisieren [6.16]. Unter Berücksichtigung folgender Hinweise kann dies erreicht werden:

- Zweckmäßigerweise sollte die Fehlerkorrektureirichtung zur Testung der Speichermatrix so zu umgehen sein, daß Informations- und Kontrollbits direkt von der CPU aus eingeschrieben (ohne Bildung von Paritätsbit) und auch direkt ausgelesen werden können (Einsparung von Testzeit).

- Außerdem muß es möglich sein, Codeworte mit verfälschten Kontrollbits in die Speichermatrix einzuschreiben, um die Funktion der Fehlererkennungs-/ Korrekturschaltung testen zu können.

7.4.3 Zuverlässigkeit von Speichern

Der Einsatz von Fehlerkorrektureinrichtungen verbessert die Leistungsfähigkeit, d.h. die Zuverlässigkeit eines Speichers. Zur Bewertung der Zuverlässigkeit bzw. der Ausfallwahrscheinlichkeit als Maß für den Nutzen der Fehlerkorrektureinrichtung, stehen die mathematischen Methoden der Wahrscheinlichkeitsrechnung zur Verfügung.

Bei vielen Zuverlässigkeitsbetrachtungen werden die zu untersuchenden Einheiten (eine Einheit kann eine Speicherzelle, eine Spalte im Speicherschaltkreis, ein Speicherschaltkreis, eine ganze Speicherbaugruppe sein) nur danach beurteilt, ob sie funktionieren oder nicht [7.39]. Funktionieren entspricht dem Ereignis des "Überlebens", das nicht Funktionieren dem Ereignis des "Ausfalls". Der Gesamtzustand eines großen Systems (Speicher, Speicherbaugruppe) wird dabei aus den Zuständen der Einheiten bestimmt, aus denen es besteht. Da jede Einheit nur zwei Zustände annehmen kann, "Ausfall" oder "Funktionieren", spricht man von Boolschen Strukturen. Zur Ermittlung der Zuverlässigkeit existieren verschiedene Grundanordnungen.

7.4.3.1 Zuverlässigkeitseigenschaften von Systemen mit Redundanz

Eine Anordnung von n Einheiten, im Sinne der Zuverlässigkeitsbetrachtungen eine *Serienschaltung*, funktioniert (überlebt), wenn sämtliche n Einheiten funktionieren (Abb. 7.41).

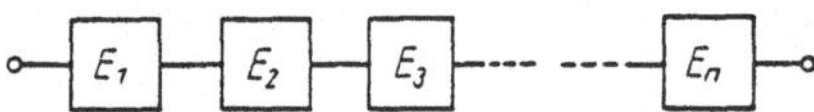

Abb. 7.41. Serienschaltung von n Einheiten

Bezeichnet $R_1(t)$ die Zuverlässigkeitsfunktion (*Überlebenswahrscheinlichkeit*) der Einheit E_1, $R_2(t)$ die Zuverlässigkeitsfunktion von E_2 usw., dann lautet die Zuverlässigkeitsfunktion des Gesamtsystems [7.39]

$$R(t) = R_1(t)\, R_2(t) \cdots R_n(t) = \prod_{j=1}^{n} R_j(t) \qquad (7.10)$$

Die Anordnung, dadurch gekennzeichnet, daß von n Einheiten lediglich *eine* Einheit funktionieren muß, damit das Gesamtsystem arbeitsfähig ist, ist im Sinne der Zuverlässigkeit eine *Parallelschaltung* (Abb. 7.42). Das Gesamtsystem ist erst dann ausgefallen, wenn alle n Einheiten ausgefallen sind. Zweckmäßigerweise beschreibt jetzt nicht die Überlebenswahrscheinlichkeit R(t), sondern das Komplementärereignis, die *Ausfallwahrscheinlichkeit* Q(t) sein Verhalten. Zwischen beiden besteht der Zusammenhang

$$Q(t) = 1 - R(t). \qquad (7.11)$$

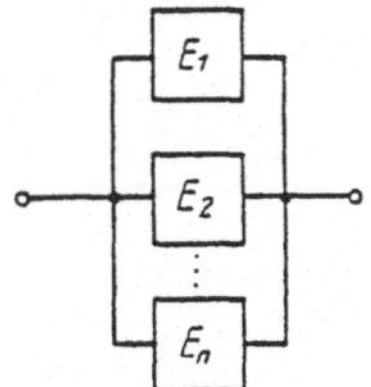

Abb. 7.42. Parallelschaltung von n Einheiten

Ist $Q_1(t)$ die Ausfallwahrscheinlichkeit von Einheit E_1, $Q_2(t)$ die Ausfall-wahrscheinlichkeit von Einheit E_2 usw., dann gilt für die Ausfallwahrscheinlichkeit des Gesamtsystems

$$Q(t) = Q_1(t)\, Q_2(t) \cdots Q_n(t) = \prod_{j=1}^{n} Q_j(t). \qquad (7.12)$$

Diese Zusammenschaltung benutzt Redundanz, deren Eigenschaften allerdings nicht den Anforderungen fehlertoleranter Codes entsprechen.

Am Beispiel eines Systems von n=3 Einheiten (Abb. 7.43) soll die Wirkung von solcher Redundanz, die den Eigenschaften fehlertoleranter Codes entspricht, auf die Systemzuverlässigkeit untersucht werden. Im System n=3 existieren vier Ereignisse, denen eine bestimmte Wahrscheinlichkeit zugeordnet werden kann:

a) alle drei Einheiten funktionieren (nach einer Zeit t, Wahrscheinlichkeit W_a);

b) von drei Einheiten funktionieren zwei, eine ist defekt (W_b);

c) von drei Einheiten funktioniert eine, zwei sind defekt (W_c);

d) alle drei Einheiten sind defekt (W_d).

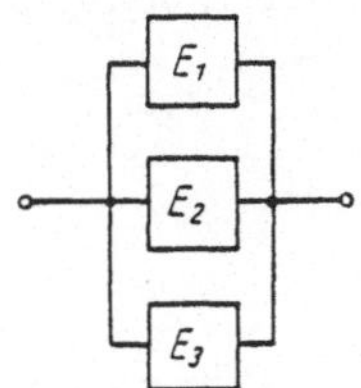

Abb. 7.43. Ermittlung der Zuverlässigkeit von drei Einheiten mit Redundanz

Zum Zeitpunkt t muß eines der vier sich gegenseitig ausschließenden Ereignisse eingetreten sein. Deshalb gilt

$$W_a + W_b + W_c + W_d = 1. \qquad (7.13)$$

Wahrscheinlichkeit W_a

Die Wahrscheinlichkeit des Ereignisses a) errechnet sich, unter der Voraussetzung, alle Einheiten besitzen die gleiche Zuverlässigkeit, d.h.

$$R_1(t) = R_2(t) = R_3(t) = R, \tag{7.14}$$

analog Gl. (7.10) zu

$$W_a = R^3. \tag{7.15}$$

Wahrscheinlichkeit W_b

Die Wahrscheinlichkeit des Ereignisses b) kann ebenfalls durch drei Einzelereignisse verwirklicht werden:

    1. Einheit E_1 und E_2 sind funktionsfähig, E_3 ist defekt, oder

    2. Einheit E_1 und E_3 sind funktionsfähig, E_2 ist defekt, oder

    3. Einheit E_2 und E_3 sind funktionsfähig, E_1 ist defekt.

Die Wahrscheinlichkeit des ersten Einzelereignisses errechnet sich aus der Überlebenswahrscheinlichkeit R_1 der Einheit E_1, multipliziert mit der Überlebenswahrscheinlichkeit R_2 der Einheit E_2 und der Ausfallwahrscheilichkeit Q_3 der Einheit E_3 und unter Berücksichtigung von Gl. (7.14):

$$W'_1 = R_1\, R_2\, Q_3 = R^2\, Q$$

(die Zeitabhängigkeit wurde nicht geschrieben). Das zweite Einzelereignis wird analog durch

$$W'_2 = R_1\, R_3\, Q_2 = R^2\, Q$$

und das dritte durch

$$W'_3 = R_2\, R_3\, Q_1 = R^2\, Q$$

dargestellt. Die Wahrscheilichkeit W_b, daß eines der drei Ereignisse (die Ereignisse schließen sich gegenseitig aus) eintritt lautet,

$$W_b = W'_1 + W'_2 + W'_3 = 3R^2 Q.$$

Wahrscheinlichkeit W_c

Die Wahrscheinlichkeit des Ereignisses c) kann ebenfalls durch drei Einzelereignisse realisiert werden:

    1. Einheit E_1 funktioniert, E_2 und E_3 sind defekt, oder

    2. Einheit E_2 funktioniert, E_1 und E_3 sind defekt, oder

    3. Einheit E_3 funktioniert, E_1 und E_2 sind defekt.

Die Wahrscheinlichkeiten für die Einzelereignisse berechnen sich unter den Voraussetzungen von Gl. (7.14) zu

$$W''_1 = R_1 Q_2 Q_3 = R Q^2$$

$$W''_2 = R_2 Q_1 Q_3 = R Q^2$$

$$W''_3 = R_3 Q_1 Q_2 = R Q^2.$$

Damit lautet die Wahrscheinlichkeit des Ereignisses c)

$$W_c = W''_1 + W''_2 + W''_3 = 3 R Q^2.$$

Wahrscheinlichkeit W_d

Die Wahrscheinlichkeit des Ereignisses d) ergibt sich aus der Ausfallwahrscheinlichkeit der drei Einheiten

$$W_d = Q_1 Q_2 Q_3 = Q^3.$$

Für das System aus 3 Einheiten läßt sich Gl. (7.13) nun zusammenfassend schreiben

$$R^3 + 3 R^2 Q + 3 R Q^2 + Q^3 = (R + Q)^3 = 1. \tag{7.16}$$

Die Erweiterung auf n Einheiten gleicher Zuverlässigkeiten führt nach einer Bino-
mialentwicklung zur Gleichung

$$(R+)^n = \binom{n}{0} R^n + \binom{n}{1} R^{n-1}Q + \binom{n}{2} R^{n-2}Q^2 + \ldots + \binom{n}{n-1} RQ^{n-1} + \binom{n}{n} Q^n = 1. \tag{7.17}$$

Mit dem ersten Summanden wird die Wahrscheinlichkeit berechnet, daß alle n
Einheiten funktionieren. Der zweite Summand drückt die Wahrscheinlichkeit aus,
daß von n Einheiten n-1 funktionieren und eine defekt ist. Der dritte bezeichnet die
Wahrscheinlichkeit, daß von n Einheiten n-2 funktionieren und zwei defekt sind
usw.

7.4.3.2 Zuverlässigkeitsfunktion von Speichern mit und ohne Fehlerkorrektureinrichtungen

Ist die Speicherzelle in der ein Bit des Codewortes abgelegt wird jeweils eine
Einheit im obigen Sinne, kann die Zuverlässigkeit (Überlebenswahrscheinlichkeit)
eines 1EC+2ED Codewortes durch die ersten beiden Glieder von Gl. (7.17)
dargestellt werden [7.23], [7.36], [7.39]...[7.41]

$$R(t)_{w,1EC+2ED} = \binom{a}{0} R_b^a + \binom{a}{1} R_b^{a-1} Q. \tag{7.18}$$

$R_b = R_b(t)$ Überlebenswahrscheinlichkeit einerSpeicherzelle,

$Q_b = Q_b(t)$ Ausfallwahrscheinlichkeit einer Speicherzelle,

$R(t)_{w,1EC+ED}$ Überlebenswahrscheinlichkeit einer wortbreiten Einheit im 1EC+2ED
Code

a Breite des Codewortes (Aufrufbreite) = Anzahl der Einheiten, a=i+k

(i Anzahl der Informationsbits, k Anzahl der Kontroll- bzw. Paritatsbits).

Das Codewort ist richtig (überlebt),

- wenn sämtliche a Bits richtig sind und
- wenn ein Bit falsch ist und a-1 Bits richtig sind.

Im Sinne der Zuverlässigkeit stellen alle gespeicherten Codeworte des Speichers eine Serienschaltung von N Einheiten nach Abb. 7.41 dar. Der Speicher funktioniert nur dann einwandfrei, wenn sämtliche N gespeicherten Codeworte richtig sind. Mit Gln. (7.10), (7.11) und (7.18) errechnet sich die Überlebenswahrscheinlichkeit des Gesamtsystems für einen 1EC+2ED Code zu

$$R(t)_{S,1EC+2ED} = [R(t)_{w,1EC+2ED}]^N = [\binom{a}{0} R_b{}^a + \binom{a}{1} R_b{}^{a-1} Q]^N$$

$$= [a\, Rb^{a-1} - (a-1)\, Rb^a]^N. \tag{7.19}$$

Darin sind $R(t)_{S,1EC+2ED}$ die Überlebenswahrscheinlichkeit eines Speichers (S im Index steht für Gesamtspeicher = Gesamtsystem, kein S im Index steht für kleinere Einheit) und N die Anzahl der in "Reihe geschalteten Einheiten" (gespeicherte Codeworte, siehe Abb. 7.1).

Im Speicher ohne Fehlerkorrektur (nur mit einfacher Paritäskontrolle 1ED; zu jeweils 8 Datenbits gehört ein Paritätsbit) ist das Codewort falsch, sobald von a Bits ein Bit falsch ist. Die Zuverlässigkeit eines 1ED Codewortes lautet mit Gl. (7.17)

$$R(t)_{w,1ED} = \binom{a}{0} R_b{}^a = R_b{}^a, \tag{7.20}$$

die Zuverlässigkeit eines ganzen Speichers analog Gl. (7.19)

$$R(t)_{S,1ED} = [R(t)_{w,1ED}]^N = (R_b{}^a)^N, \tag{7.21}$$

worin N die Anzahl der in Reihe geschalteten Einheiten (gespeicherte Codeworte) und a=i+k die Breite des Codewortes sind (k Anzahl der Paritätsbits, i Anzahl der Informationsbits).

Soll die zufällige Zeit bis zum Ausfall eines elektrischen Bauelementes errechnet werden, hat sich im allgemeinen die Exponentialverteilung als Ausfallfunktion bewährt. Ist λ_b die Ausfallrate einer Bit-Speicherzelle, dann beträgt ihre Ausfallwahrscheinlichkeit

$$Q_b(t) = 1 - exp(-\lambda_b t), \tag{7.22}$$

und die Überlebenswahrscheinlichkeit mit Gl. (7.11)

$$R_b(t) = exp(-\lambda_b t). \tag{7.23}$$

Gln. (7.22) bzw. (7.23) sind gültig, solange λ_b als konstant vorausgesetzt werden kann. Die Zeiten der Frühausfälle und der altersbedingten Ausfälle, die bei jedem elektronischen Bauelement auftreten, bleiben deshalb außerhalb der Zuverlässigkeitsbtrachtungen (Abb. 7.44).

Ist über eine Beziehung

$$\lambda_{RAM} = Y \lambda_b \tag{7.24}$$

die Ausfallrate einer Bit-Speicherzelle aus der des Schaltkreises zu ermitteln, können die Gln. (7.19) und (7.21) mühelos ausgewertet werden.

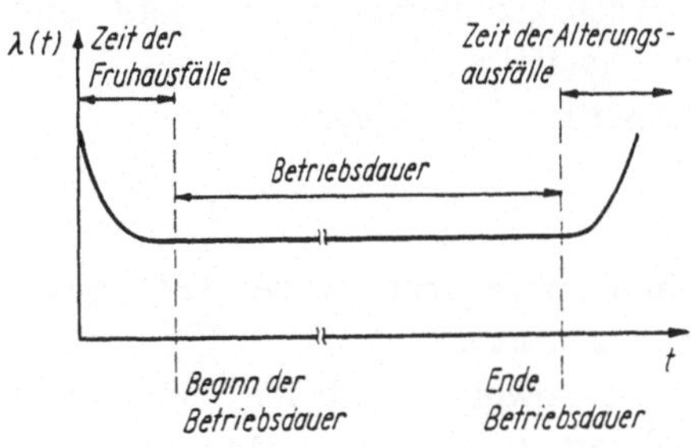

Abb. 7.44. Ausfallrate λ_{RAM} in Abhängigkeit von der Lebensdauer eines elektronischen Bauelementes

Der Faktor Y ist allerdings nicht ohne genaue Kenntnis des Ausfallverhaltens eines Speicherschaltkreises festzulegen, da nur ein Teil aller Fehler als Einzel-Speicherzellenfehler (ca. 50%) auftreten. Die übrigen Fehler sind

Spaltenfehler	(28%),
Reihenfehler	(15%),
Reihen- und Spaltenfehler	(6%),
Totalausfälle	(0%),

die bewirken, daß nicht nur eine Speicherzelle, sondern gleichzeitig eine Vielzahl Speicherzellen arbeitsunfähig wird (Prozentangaben nach [7.41] für den 16kx1bit-DRAM Intel 2117). In der Praxis kann deshalb die Zuverlässigkeitsfunktion nur selten auf oben beschriebene Art bestimmt werden.

Mit der vom Schaltkreisproduzenten spezifizierten Ausfallrate λ_{RAM} ohne Kenntnis der detailierten Fehlerverteilung, läßt sich lediglich eine 'worst case'-Zuverlässigkeit ermitteln. Wird diese Ausfallrate der Berechnung zugrundegelegt, setzt man voraus, daß jeder Fehler grundsätzlich dem Ausfall des gesamten Speicherschaltkreises entspricht.

Die Vorgehensweise ist analog dem Berechnungsmodus auf der Basis der Ausfallrate einer Bit-Speicherzelle λ_b. Besonders anschaulich stellt sich der Einsatz von Schaltkreistypen einer Aufrufbreite von 1bit dar. Mit Hilfe von Gl. (7.23) kann die Zuverlässigkeitsfunktion des gesamten Speicherschaltkreises dargestellt werden

$$R_{RAM}(t) = \exp(- \lambda_{RAM} t).$$

Durch den Tausch von $R_b(t)$ gegen $R_{RAM}(t)$ in Gln. (7.19) und (7.21) kann sofort die Zuverlässigkeitsfunktion einer codewortbreiten, die gesamte Adreßtiefe des Speicherschaltkreises umfassenden Einheit bestimmt werden; außerdem die Zuverlässigkeitsfunktion des Gesamtsystems, wenn N die Zahl der codewortbreiten aber 'schaltkreistiefen' Einheiten darstellt. Für den Fall, daß der Speicherschaltkreis eine Aufrufbreite größer als ein 1bit besitzt, ist λ_b in den Gln. (7.22) und (7.23) näherungsweise durch eine Ausfallrate zu ersetzen, die sich aus λ_{RAM}, dividiert durch die Aufrufbreite des Schaltkreises, ergibt.

Ausfallrate für Hard- und Soft-Fehler

Da sich die Ausfälle eines Speicherschaltkreises bekanntermaßen aus Hard- und Soft-Fehlern zusammensetzen, besteht die Ausfallrate ebenfalls aus zwei Komponenten, einer Ausfallrate für Hard- und einer für Soft-Fehler

$$\lambda_{RAM} = \lambda_{Hard} + \lambda_{Soft}.$$

Die Ausfallrate wird oft in FIT (failure in time) angegeben, wobei 1FIT einen Ausfall in einer Milliarde Bauelememtestunden bezeichnet.

Die im folgenden beschriebene MTBF ist sowohl für beide Fehlerarten gemeisam (λ_{RAM}), als auch einzeln für jede Fehlerart (λ_{Hard} oder λ_{Soft}) zu ermitteln, wenn in Gl. (7.23) statt λ_b die entsprechende Ausfallrate eingesetzt wird, um damit $R_{Hard}(t)$ bzw. $R_{Soft}(t)$ zu kennzeichnen.

7.4.3.3 MTBF eines Speichers

Als Kriterium zur Bewertung der Zuverlässigkeit eines fehlertoleranten Codes wird der *Erwartungwert der Zufallsgröße T* "Zeit bis zum Ausfall", auch als mittlerer Ausfallabstand oder MTBF (mean time between failure) bezeichnet, gewählt. Er ist definiert [7.23], [7.39], [7.41]

$$E(T) = MTBF = \int\limits_{0}^{\infty} R(t)\, dt. \tag{7.25}$$

Die MTBF ist geometrisch als die Fläche zu interpretieren, welche durch die Zuverlässigkeitsfunktion R(t) und die beiden Achsen eingeschlossen wird (siehe Abbildung 7.45).

MTBF eines 1ED - Speichers

Durch Gln. (7.21) und (7.25) läßt sich der mittlere Ausfallabstand für einen Speicher (S im Index steht für Gesamtsystem = Gesamtspeicher) mit einfacher Paritätsprüfung (1ED) bestimmen. Es gilt:

$$MTBF_{S,1ED} = \int\limits_{0}^{\infty} R_{S,1ED}(t)\, dt = \int\limits_{0}^{\infty} [R_{RAM}(t)^{i+k}]^N\, dt =$$

$$= \int\limits_{0}^{\infty} \exp(-\lambda_{RAM}\, t\, [i+k]\, N)\, dt = \frac{1}{N\,(i+k)\,\lambda_{RAM}} \tag{7.26}$$

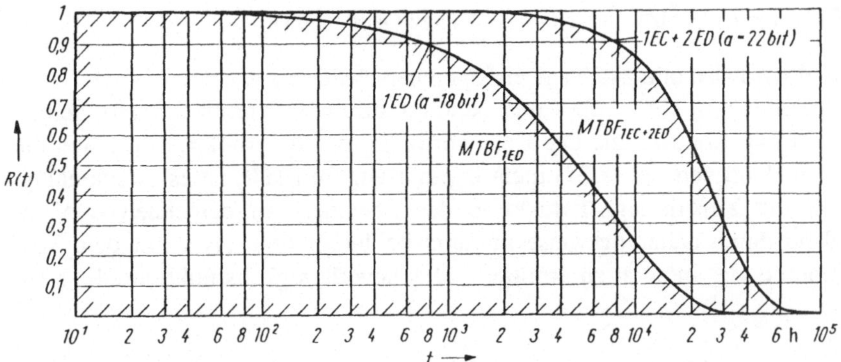

Abb. 7.45. Überlebenswahrscheinlichkeit R(t) für einen 16Mbyte-Speicher mit Aufrufbreite i=16bit (a = i + k)

$\lambda_{RAM}=10^{-6}h^{-1}$, mit Einbit-Fehlerkorrektur (1EC+2ED) und mit einfacher Fehlererkennung (1ED)

MTBF eines 1EC+2ED Speichers

Die MTBF eines Speichers mit 1EC+2ED-Code berechnet sich nach Gln. (7.19), (7.22) bzw. (7.23) und (7.25) zu

$$MTBF_{S,1EC+2ED} = \int_0^\infty R_{S,1EC+2ED}(t)dt$$

$$= \int_0^\infty \{a\,exp(-\lambda_{RAM}t[a-1]) - (a-1)exp(-\lambda_{RAM}ta\}^N dt. \qquad (7.27)$$

Beispiel:

Für einen Speicher mit einer effektiven Speicherkapazität von 16Mbyte soll die MTBF ermittelt werden,

   a) mit 1ED-Paritätskontrollcode und
   b) mit 1EC+2ED-Code.

Das Codewort habe i=16 Informationsbits. Es kommen 1Mx1bit-DRAM-Speicherschaltkreise mit einer Ausfallrate $\lambda_{RAM}=10^{-6}h^{-1}$ zum Einsatz. Aus der effektiven Speicherkapazität und der Zahl der Informationsbits errechnet sich die Anzahl der in "Reihe geschalteten Einheiten" zu N=8.

   a) Der Speicher mit 1ED Paritätskontrollcode benötigt für jeweils 8 Informationsbits ein Paritätsbit, k=2. Die Codewortbreite beträgt a= i+k =18. Die mittlere Zeit bis zum Auftreten eines Fehlers errechnet sich nach Gl. (7.26) zu

$$MTBF_{S,1ED} = 1/(10^{-6}h^{-1} \cdot 8 \cdot 18) = 289 \text{ Tage (Abb. 7.45)}.$$

Im Mittel wird also alle 289 Tage ein Speicherschaltkreis ausfallen.

b) Der Speicher mit 1EC+2ED-Code benötigt für i=16 Informationsbits gemäß Abb. 7.39 k=6 Kontrollbits. Die Codewortbreite beträgt a=i+k=22. Da sich die MTBF an Hand von Gl. (7.27) nicht explizit angeben läßt, ist es zweckmäßig, zunächst die Zuverlässigkeitsfunktion des Speichers zu berechnen und anschließend durch näherungsweise numerische Integration, etwa mit dem Trapezverfahren, das Integral zu ermitteln. Die Zuverlässigkeitsfunktion Gl. (7.19) lautet

$$R_{S,1EC+2ED}(t) = \{ 22 \cdot exp(-21t \cdot 0{,}000001) + 21 \cdot exp(-22t \cdot 0{,}000001) \}^8$$

und ist im Abb. 7.45 dargestellt. Nach Integration mit dem Trapezverfahren ergibt sich

$$MTBF_{S,1EC+2ED} \approx 1000 \text{ Tage}.$$

Die MTBF wurde gegenüber einem ungeschützten Speicher etwa um den Faktor 3 verbessert.

$R_S^*(t)$ - Zuverlässigkeitsfunktion des Speichers einschließlich der zugehörigen Logikschaltkreise

In der Überlebenswahrscheinlichkeit $R_S(t)$ wurde die Zuverlässigkeit der Ansteuer- und Logikschaltkreise, der Übersichtlichkeit wegen, nicht berücksichtigt. Geht man davon aus, daß der Ausfall eines solchen Schaltkreises unbedingt einen Mehrbitfehler (größer oder gleich 2) hervorrufen wird, muß der Aufall eines Logikschaltkreises dem Ausfall des Gesamtsystems gleichgesetzt werden. Im Sinne der Zuverlässigkeit bedeutet das eine Reihenschaltung von L Logikschaltkreisen nach Gl. (7.10). Die Zuverlässigkeitsfunktion des Gesamtsystems einschließlich der Logikschaltkreise lautet dann [7.40]

$$R_S^*(t) = R_S(t) \cdot \prod_{j=1}^{L} R_j(t)$$

$R_S^*(t)$ Zuverlässigkeitsfunktion des Speichers einschließlich sämtlicher Logikschaltkreise
(S im Index steht für Gesamtspeicher = Gesamtsystem),
$R_S(t)$ Zuverlässigkeitsfunktion des Speicher ohne Logikschaltkreise,
$R_j(t)$ Zuverlässikeitsfunktion des Logikschaltkreises j und
L Anzahl der Logikschaltkreise.

8 Ausblick: Integration von Speichern und Logik

8.1 Übersicht

Wie die vorangehenden Kapitel über die Speicherschaltkreise und Speicher deutlich gemacht haben, stehen Speicher-und Logikschaltungen in enger Wechselbeziehung und sind auch von der Realisierungstechnik und -technologie her ähnlich. So bestehen die Speicherzellen (vorzugsweise der SRAMs) und die peripheren Schaltungen von Speicherschaltkreisen aus den gleichen logischen Schaltungen, die auch in den Schaltkreisen für die Informationsverarbeitung (PLA, Mikroprozessoren, digitale Signalprozessoren usw.) zur Anwendung kommen.

Vor allem bei den *PLA* (vgl. Abschnitt 7.1.4) wird die enge Beziehung deutlich: in ihnen werden in Abhängigkeit von der am Ausgang gewünschten logischen Funktion von einer Zahl von Eingangsvariablen, die der Adresse bei den Speichern entsprechen, wie bei den PROM's bestimmte Kopplungen "programmiert", die durch Kombination von NOR-Gattern (entspricht Dekodern) und AND-Gattern (Zellenfeld) realisiert werden. Die PLA's können daher als ein direktes Bindeglied zwischen PROM's und Logikschaltkreisen angesehen werden. Wie die Speicher weisen die PLA dabei eine regelmäßige Struktur auf.

Daneben bestehen zwei grundsätzliche Entwicklungstendenzen bei der Verbindung von Speichern und Logik, die sich bereits gegenwärtig deutlich vertiefen, in Zukunft aber noch stärker an Bedeutung und Einfluß gewinnen werden und in der Konsequenz zu vollständig integrierten Verarbeitungssystemen mit *verteilten Logik- und Speicherfunktionen* führen werden. Diese Richtungen sind einerseits die zunehmende Integration von Logikfunktionen in die Speicher und andererseits die Integration von Speichern in die Prozessorschaltkreise und die Computersysteme.

Die *Integration von Logikfunktionen in Speicherschaltkreise* ist so alt wie die Herstellung von integrierten Speicherschaltkreisen überhaupt. Zu einer ersten Gruppe von Logikfunktionen, die die Realisierung von Speicher-IC's mit geringer Pin-Zahl überhaupt erst ermöglicht haben bzw. die zur Erhöhung der Effektivität ihrer Herstellung und Nutzung beigetragen haben, gehören die Dekoder, die Steuerschaltungen, die Schaltungen für den Adressenmultiplex und die in jüngerer Zeit hinzu gekommenen Redundanzschaltungen, die Fehlerkorrekturschaltungen und die Schaltungen zur Testunterstützung oder den Selbsttest (vgl. Kapitel 4 und 5). Diese Maßnahmen bringen in erster Linie dem Schaltkreishersteller Nutzen, da sie die Gehäuse vereinfachen, die Ausbeute erhöhen oder Testzeit einsparen helfen.

Zu einer zweiten Gruppe von hinzugefügten Logikfunktionen in Speichern können solche gerechnet werden, die die Flexibilität der Anwendung erhöhen und damit dem Anwender zugute kommen. Dazu gehören Dual-Port- oder Multiport-

Speicher mit zwei oder mehreren unabhängigen Ein- und Ausgangsschaltungen für den Einsatz in Multiprozessorsystemen (vgl. Abschnitt 4.1.2.5) oder für Graphik- oder Videoanwendungen (z.B. ein Speicherschaltkreis mit einem RAM-Port für Bildeingabe und -änderung und einem seriellen Leseausgang für den schnellen Bildaufbau [8.1]). Hierzu gehören aber auch die "Assoziativspeicher", in die zusätzliche Logikschaltungen integriert sind, die das Suchen, Vergleichen und Sortieren von Informationen ermöglichen. Sie können die CPU von diesen Aufgaben entlasten und durch die Parallelität der Ausführung dieser Operationen prinzipiell eine wesentliche Leistungssteigerung der Systeme bewirken.

Tabelle 8.1. Logikfunktionen in Speichern und Speicherfunktionen in Logiksystemen (adaptiert aus [8.2])

Typ	Anwendung	Merkmal, Forderungen	On-chip-Funktionen
Logik im Speicher	Universeller Speicher	Niedrige Kosten	Redundanz,Testunterstützung, Fehlererkennung und -korrektur
	Shared memory	Multi-Port	Behandlung von Konflikt-Zugriffen
	Grafik-Display	Zwei-Port	Serielles Lesen, wahlfreies Schreiben
Speicher in Logik	Computer mit erweitertem Adressenraum	Speicherverwaltung	Cache-Speicher, Adressen-Tabellen-Register
	Universalcomputer	On-chip-Speicherhierarchie	Speicher mit verschiedenen Dichten und Geschwindigkeiten
	Systeme mit variablen Programmen	Adaptive oder lernende Algorithmen	EPROM's, EEPROM's
Integrierte Logik- und Speicherfunktion	Künstliche Intelligenz	Mustererkennung	Inhaltsadressierte Speicher
	Künstliche neuronale Netzwerke	Selbstorganisierende Systeme	Assoziative Parallelprozessoren

Auch die *Integration von Speichern in Logikschaltkreise* (Mikroprozessoren, anwenderspezifische Schaltkreise (ASICs), digitale Signalprozessoren usw.) ist so alt, wie die Herstellung von derartigen Schaltkreisen selbst. Waren zuerst lediglich Register und Kellerspeicher zur zeitweiligen Aufbewahrung von Zwischeninformationen (Befehle, Daten) mitintegriert, so kamen später eigene RAM-Bereiche, Cache-Speicher sowie integrierte EPROM- oder EEPROM-Bereiche hinzu.

Beispiele hierfür sind die Einchip-Mikrorechner oder die neueren Transputer-Schaltkreise, in denen Prozessor bzw. Gleitkomma-Rechenwerk, Speicher und Interface-Schaltungen zur Kommunikation in einem Chip vereinigt sind. Aber auch die Schaltkreise der Kommunikationstechnik, z.B. Koder-Dekoder-Schaltkreise (CODECs) oder Bildprozessoren benötigen Speicherbereiche, u.a. für Zwecke der Datenkompression. Prozessoren für Expertensysteme oder andere Anwendungen der "künstlichen Intelligenz" benötigen Speicherbereiche für extensive Aufgaben der Mustererkennung und -extraktion aus Datenmassiven.

Die Weiterentwicklung der Prozessorsysteme führt schließlich in den *künstlichen neuronalen Netzwerken* zu selbstlernenden (assoziativen) Systemen mit verteilter, massiv paralleler Informationsverarbeitung und Speicherung, die nach biologischen Vorbildern organisiert sind.

Eine Übersicht über die Entwicklung von Logikfunktionen im Speichern und von Speicherfunktionen in Logiksystemen gibt Tabelle 8.1 [8.2].

In diesem abschließenden Kapitel sollen einige der angesprochenen Entwicklungen erörtert und - aus der Sicht der Speicher - in den Gesamtkomplex der Informationsverarbeitungs- und Computersysteme eingeordnet werden. Dabei sollen die Betrachtungen auf die inhaltsadressierten Speicher (Assoziativspeicher), auf Speicher in Parallelprozessorssystemen und auf einige Bemerkungen zu den neuronalen Netzwerken konzentriert werden.

8.2 Inhaltsadressierte Speicher

8.2.1 Inhaltsadressierte Speicher und Assoziativspeicher

Bei den bisher behandelten Speichern wird eine Information stets anhand einer Adresse, die die örtliche Lage der Information im Speicher definiert (z.B. Zeile, Spalte), abgelegt oder aufgerufen. Zur Realisierung dienen spezielle Logikschaltungen (Adressendekoder), die die entspechenden Lese- oder Schreibkanäle aktivieren. Diese Speicher verwenden eine lokale oder Ortsadressierung. Das Prinzip zeigt Abb. 8.1.

Andere Speicher finden eine gesuchte Information anhand des Speicherinhaltes wieder (inhaltsadressierte oder content-addressable memories = *CAM*).

Eine einfache Struktur eines solchen Speichers zeigt Abb. 8.2. Bei ihnen ist der Dekoder durch einen speziellen lokalisierten Speicherbereich (directory, Etikettenspeicher, bestehend aus CAM-Zellen) ersetzt, in dem in jeder Speicherzelle Logikschaltungen ergänzt sind, die eine Vergleichsoperation ermöglichen. Zweck der Vergleichsschaltungen ist es, den Inhalt aller dieser Zellen gleichzeitig (parallel) mit einem für die Suche vorgegebenen Schlüsselwort (Suchargument), das am Eingang bereitgestellt wird, zu vergleichen.

Die Vergleichssignale derjenigen Zellen, in denen Übereinstimmung festgestellt wird (Trefferanzeige), werden für die Steuerung des Lesens der zugehörigen Informationen aus dem Datenteil des Speichers, der z.B. aus konventionellen statischen RAM-Zellen bestehen kann, verwendet. Solche Speicher werden auch als

Etikettenspeicher bezeichnet, da das Speicherwort in einen Kennzeichnungsteil (Etikett, beim Durchruf für den Vergleich mit dem Suchargument herangezogen) und einen Datenteil aufgeteilt wird. Beim Aufruf mit einem Schlüsselwort wird der zu diesem korrelierende Datenteil ausgegeben. Die Speicherzellen für den Datenteil brauchen also keine Logikschaltungen für die Vergleichsoperation zu enthalten.

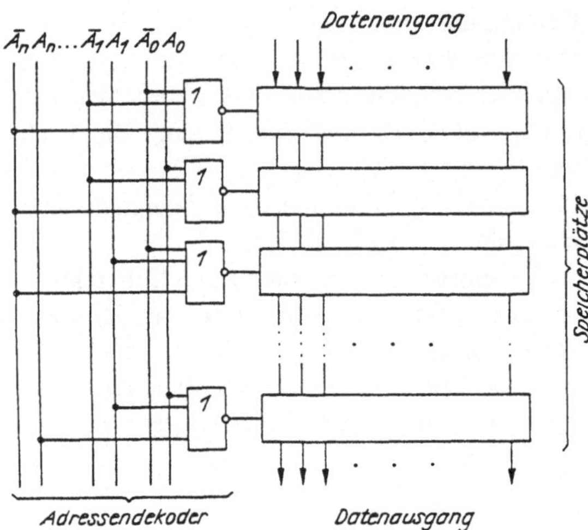

Abb. 8.1. Schema eines Speichers mit Ortsadressierung

Ein spezifisches Problem bei den inhaltsadressierten Speichern stellen die Mehrfachübereinstimmungen dar, die etwas kompliziertere Schaltungen für die aufeinanderfolgende Ausgabe aller Trefferwörter benötigen. Näheres dazu siehe in [8.3].

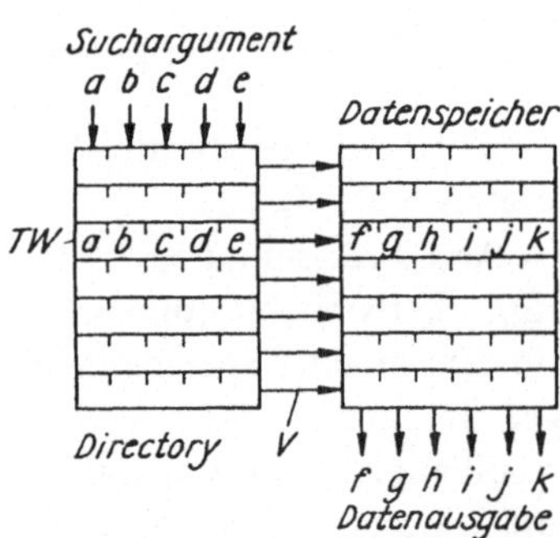

Abb. 8.2. Prinzip des inhaltsadressierten Speichers TW Trefferwort, V Vergleichssignal

Beim Aufruf kann auch (je nach Möglichkeiten des betreffenden Speichers) mit unvollständigen Schlüsselwörtern am Eingang gearbeitet werden. Die nicht bekannten Stellen des Schlüsselwortes werden dabei "maskiert", indem ein entsprechendes

Signal gesetzt wird. Dieses veranlaßt die Nichtberücksichtigung dieser Stellen in der Vergleichsschaltung.

Da das Vergleichsignal einer Zeile durch logische UND-Verknüpfung der Vergleichssignale aller Stellen (Spalten bzw. Bits) gebildet wird, werden die Vergleichsschaltungen der maskierten Spalten veranlaßt, unabhängig von der gespeicherten Information Übereinstimmung anzuzeigen. Bei der Ausgabe kann dann sowohl das vollständige Schlüsselwort oder Etikett und der Datenteil (falls ein solcher vorhanden ist) ausgegeben werden. Solche Speicher mit *unvollständigem Suchargument* werden auch als "autoassoziativ" bezeichnet.

Die assoziative Suche in einem Speicher oder einem Informationsverarbeitungssystem wird von KOHONEN [8.4] an Hand eines adaptiven Filter-Modells präziser und allgemeiner definiert (Abb. 8.3). Ein solches System erzeugt zu einem Satz von Eingangssignalen $x=(\xi_1\ \xi_2\ ...\ \xi_n)$ einen Satz von Ausgangsignalen $y=(\eta_1\ \eta_2\ ...\ \eta_m)$, der von den Eigangsgrößen und von einem Parametersatz M abhängt:

$$y = y(x, M).$$

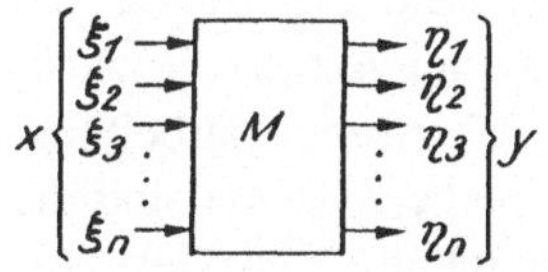

Abb. 8.3. Filtermodell für einen assoziativen Speicher

Für ein assoziatives System wird der Parametersatz adaptiv, d.h. in einem von den übertragenen Signalen abhängigen Lernprozeß verändert. Diese Parameter enthalten die zu speichernden Informationen über ein gegebenes mathematisches Modell für eine zu lösende Aufgabe und dessen zeitliche Entwicklung. Je nach den Eigenschaften wird zwischen heteroassoziativen und autoassoziativen Systemen unterschieden.

Für einen Satz von Eingangsvektoren $X=\{x^{(1)}, x^{(2)}, ..., x^{(k)}\}$ und einen Satz von Ausgangsgrößen $Y=\{y^{(1)}, y^{(2)}, ..., y^{(k)}\}$ bezeichnet man die Reaktion des Systems als perfekt *heteroassoziativ*, wenn die Zuordnungen

$$x^{(1)} ----> y^{(1)}$$

$$x^{(2)} ----> y^{(2)}$$

$$......................$$

$$x^{(k)} ----> y^{(k)}$$

erfüllt sind, d.h. eine ideale Selektivität bezüglich X vorliegt. Der inhaltsadressierte Speicher (Abb. 8.2) hat diese Eigenschaften nicht.

Den Spezialfall des inhaltsadressierten Speichers mit unvollständigem Schlüsselwort bezeichnet Kohonen als *autoassoziativen* Speicher, der dadurch gekennzeichnet ist, daß die Vektoren $x^{(p)}$ und $y^{(p)}$ gleich sind bzw. die $x^{(p)}$ aus $y^{(p)}$

durch Nullsetzen einer Teilmenge von Elementen entstanden sind. Allgemein ist also die Bezeichnung der inhaltsadressierten Speicher als Assoziativspeicher, die in der Literatur oft üblich ist, eine unkorrekte Verallgemeinerung. Der Begriff der assoziativen Suche und Verknüpfung ist erst für die neuronalen Netzwerken oder Systeme zutreffend [8.4].

8.2.2 Mikroelektronische Realisierung von CAM

Vorschläge für die Realisierung inhaltsadressierter Speicher sind seit den 60er Jahren für verschiedene Technologien unterbreitet worden. Aufgrund des hohen technischen Aufwandes für die zusätzlichen Logikschaltungen in jedem Speicherelement ist abgesehen von speziellen Anwendungen (z.B. bei der hardwaremäßigen Realisierung der Speicherverwaltung zwischen Cache und Hauptspeicher, bei der der CAM-Bereich die Zuordnung der physikalischen Adressen zu den logischen Adressen an Hand der aktuellen Speicherbelegung vornimmt, vgl. Abschnitt 7.2.1) ein umfangreicher Einsatz für Zwecke des Suchens, Sortierens und Vergleichens in großen Datenmassiven unwirtschaftlich.

Das Interesse an diesen Speichern ist jedoch in jüngerer Zeit (mit Beginn der 80er Jahre) wieder stark angewachsen, insbesondere in Verbindung mit der Entwicklung von Hardware für Systeme der "künstlichen Intelligenz" (Wissensverarbeitung, Expertensysteme, Sprach- und Bildverarbeitung usw.). Für solche Systeme sind die Möglichkeiten der parallelen Suche in Datenmengen nach inhaltlichen Gesichtspunkten ohne extensive Adressen-, Transport- und Vergleichsoperationen in der CPU sehr effektiv.

Inhaltsadressierte Speicherschaltkreise (CAM LSIs) für Anwendungen in LISP- und PROLOG-Maschinen wurden mit folgenden Kapazitäten entwickelt:

        1983:   1kbit [8.5],
        1985:   4 und 8kbit [8.6], [8.7],
        1988:   9 und 16kbit [8.8], [8.9],
        1989:   20kbit [8.10].

Dabei geht die Tendenz dahin, keine selbständigen Assoziativspeicher zu realisieren, sondern diese in die Parallelprozessor-Chiparchitektur einzubeziehen [8.9], [8.11]. So enthält der Einchip-Prozessor-Array-Schaltkreis von [8.11] 256 Prozessorelemente, die in einen Assoziativspeicher von 256 Worten zu je 37bit integriert sind.

Das Blockdiagramm eines inhaltsadressierten Speichers für 20kbit ist auf Abb. 8.4 dargestellt. Das *Zellenfeld* enthält 512 Wörter mit 40bit Länge als markierbaren Etikettenspeicherteil. Ein zugehöriger Datenteil kann erforderlichenfalls in einem Zusatzspeicher außerhalb des Chips abgespeichert und an Hand einer ausgegebenen Adresse der Trefferwörter gelesen werden.

Außer der Zellenanordnung enthält der Speicher einen *Bitoperationsblock* für die Bereitstellung der Suchmasken bzw. der Suchargumente, für die Bereitstellung der zu schreibenden Information und für die Verstärkung und Ausgabe der gelesenen Information.

Der *Wortsteuerblock* verarbeitet die Trefferanzeigesignale nach einem Suchvorgang. Er enthält je Zeile zwei Register, je eines für die Trefferanzeige bzw. für die Kennzeichnung ausgesonderter Speicherzellen, die an der Suche nicht mehr teilnehmen. Er ermöglicht die Ausgabe der Trefferwörter, aber auch das adressierte Lesen und Schreiben wie in einem RAM.

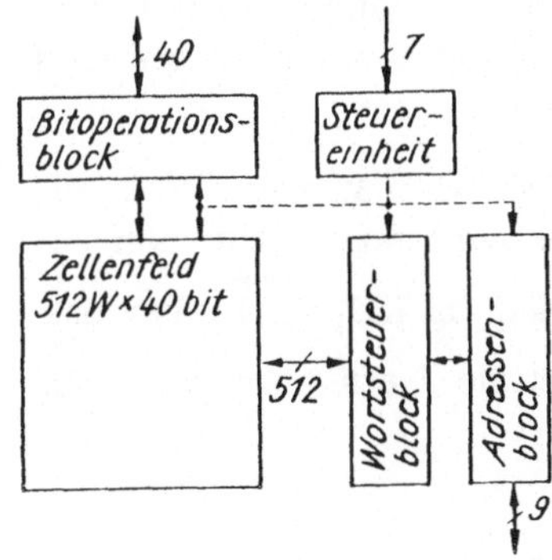

Abb. 8.4. Blockdiagramm eines 20kbit-CAM [8.10]

Dazu ist ein gesonderter *Adressenblock* vorgesehen, der die nötige Adressenentschlüsselung für Lese- und Schreibvorgänge mit Adressen vornimmt oder die jeweiligen Adressen von Trefferwörtern nach erfolgter Suchoperation kodiert und bereitstellt. Die Anordnung wird durch eine *Steuereinheit* abgerundet, die an Hand von 26 möglichen Befehlen von außen verschiedene Betriebsarten steuert (7bit - Befehle).

Durch die Aufteilung der 40bit-Speicherwörter in einen 8bit-Kennzeichnungsteil und einen 32bit-Datenteil können auch Suchvorgänge an längeren Datenwörtern ausgeführt werden, indem z.B. k Datenteile zusammengehörig behandelt werden und in k Zyklen mit entsprechenden Suchargumenten verglichen werden (breitbandige Datenverarbeitung). Auf diese Weise wird eine hohe Flexibilität der Anwendung erreicht. Insgesamt sind folgende Betriebsarten möglich [8.10]:

- Suchen (5 Befehle): volle parallele Suche, bit-serielle Suche(z.B. für
        Sortiervorgänge), breitbandige Datensuche.
- Lesen (4 Befehle): Ausgabe von Daten von Trefferwörtern (mit oder ohne
        Aussonderung), normales Lesen mit Adresse wie in RAM.
- Schreiben (8 Befehle): Schreiben in Trefferwörter (parallel oder
        aufeinanderfolgend)
        Schreiben in Nicht-Trefferwörter (parallel),
        Schreiben in freie (ausgesonderte) Wörter in Aufeinanderfolge,
        Schreiben mit Adresse wie in RAM,
        Schreiben von Such oder Schreibmasken-Daten.
- Aussonderung (6 Befehle): Initialisierung (alle Wörter ausgesondert = ungültig),
        Aussonderung nach Suchoperation für Treffer- oder Nicht-Trefferwörter
        (garbage collection),

Aussonderung benachbarter 2/4/8-Wortgruppen.

Jede *Speicherzelle* (Abb. 8.5) besteht aus einem Speicher-Flipflop (zwei Schalttransistoren T_1, T_2 und zwei Polysilicium-Lastwiderständen), einem Exklusiv-NOR-Gatter zur Erzeugung des Vergleichssignals bestehend aus drei zusätzlichen Transistoren (T_3, T_4, T_5) und den üblichen Zeilenauswahltransistoren (T_6, T_7). Die Zellen der 8 Kennzeichnungsbits eines Wortes haben noch zusätzlich zwei Transistoren (T_8, T_9) für partielle Steuerung des Schreibens in diese "tag bits", gesteuert durch eine zusätzliche Bitleitung TP_j (j-te Spalte).

Die Trefferanzeige erfolgt dadurch, ob die vorgeladene "match line" ML, die das Treffer- oder Vergleichssignal anzeigt, entladen wird oder nicht: Nur bei Übereinstimmung der gespeicherten Information mit dem an KD_i, $\overline{KD}_i$ (key data lines) angelegten Suchargument in *allen* Spalten bleibt die Trefferanzeige-Leitung ML aufgeladen.

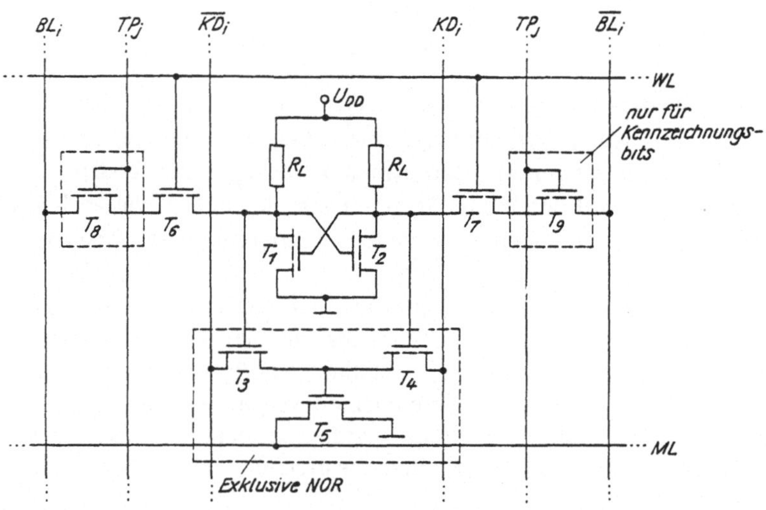

Abb. 8.5. Speicherzelle des CAM von Abb. 8.4

BL_i, $\overline{BL}_i$ Bitleitungen; KD_i, $\overline{KD}_i$ Datenleitungen für Suchargument; TP_j Steuerleitung für Kennzeichnungsbits; WL Wortleitung; ML Vergleichssignalleitung (match line)

Andere Beispiele für CAM-Speicherzellen zeigt Abb. 8.6 [8.8]. Die Schaltungen in CMOS- bzw. NMOS-Technik verwenden ebenfalls ein Flipflop, jedoch eine veränderte Vergleichslogik-Schaltung mit zwei getrennten Trefferanzeigeleitungen M0 und M1, von denen aufgrund der NAND-Anordnung der Transistoren T_7, T_8 bzw. T_9, T_{10} bei Nichtübereinstimmung eine entladen wird. Die Bitleitungen werden hier gleichzeitig für das Schreiben und für das Suchargument verwendet, jedoch beim Suchvorgang mit jeweils invertierten Spannungen bei gleicher Information.

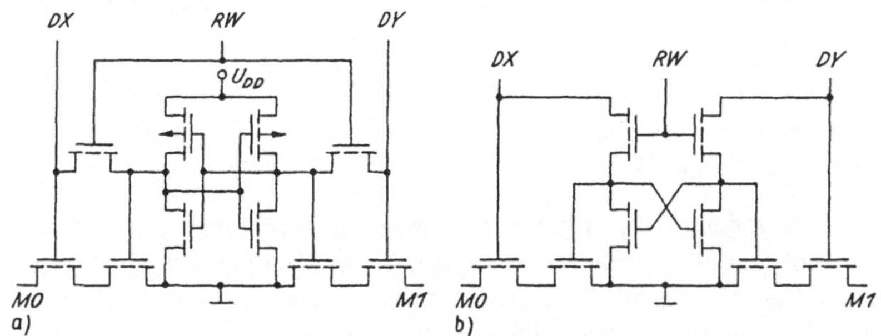

Abb. 8.6. Andere Speicherzellvarianten für inhaltsasdressierte Speicher [8.8]
a CMOS-CAM-Zelle, b NMOS-CAM-Zelle
DX, DY Daten-(Bit-)Leitungen; RW Ansteuerung für Lesen und Schreiben; M0, M1
Vergleichsignalleitungen (werden als "wired AND" zum Vergleichssignal einer Zeile
verbunden)

Die NMOS-Schaltung Abb. 8.6b arbeitet pseudostatisch mit Impulsen an der Lese-Schreibleitung RW, die nur in einem Bruchteil eines Lese- oder Schreibzyklus anliegen, wodurch die Schaltung leistungsarm und schnell arbeitet, und bei der aufgrund der speziellen Anordnung die sonst üblichen Auswahltransistoren T_5, T_6 entfallen können. Ein Refresh ist erforderlich aber durch die Flipflop-Struktur der Zelle sehr einfach möglich (Selbstrefresh).

8.3 Speicherung in Parallelprozessorsystemen

8.3.1 Übersicht über Parallelprozessorsysteme

Die von Neumann-Architektur, die für die algorithmische Ausführung von umfangreichen mathematischen Berechnungen gut geeignet war und ist, stößt bei einer Reihe der gegenwärtig zu lösenden Aufgaben der Wissensverarbeitung oder der Lösung großer, komplexer und mehrdimensionaler Aufgaben an die Grenzen der Leistungsfähigkeit der Computer, insbesondere wenn zusätzlich Echtzeitforderungen zu stellen sind (z.B. Robotersteuerung, Strömungsprobleme, Wettervorhersage usw.).

Auch bei immer schnelleren Prozessoren wird der Hin- und Hertransport von Befehlen und Daten zwischen CPU und Speicher (vgl. Abb. 1.1) zum Engpaß für die Steigerung der Leistungsfähigkeit der Computer.

Hingegen zeigt sich, daß die biologischen Informationsverarbeitungssysteme mit relativ einfachen und langsamen "Prozessorelementen", den Neuronen, die im ms-Bereich arbeiten, auch komplizierte Probleme der Erkennung, Wissensverarbeitung und Steuerung in kurzer Zeit lösen können. Basis dafür ist die massive Parallelität der Informationsverarbeitung. Das Prinzip der Parallelverarbeitung findet daher auch in technischen Systemen immer mehr Eingang (siehe z.B. [8.12]).

Die technischen Systeme zur Parallelverarbeitung von Informationen lassen sich grob in drei verschiedene Niveaus einteilen:

- Computernetzwerke (LAN, WAN),
- zellulare Parallelprozessorsysteme und
- künstliche neuronale Netzwerke.

Sie alle befinden sich gegenwärtig in einer stürmischen Entwicklung, die dadurch charakterisiert ist, daß (in der angeführten Reihenfolge) die Komplexität der miteinander verbundenen Computer bzw. Prozessoren immer weiter abnimmt, während ihre Anzahl im System stark zunimmt. Diesen Sachverhalt stellt Abb. 8.7 (nach [8.13]) auf anschauliche und eindrucksvolle Weise dar. Die einzelnen Kategorien, die auch nebeneinander ihre Berechtigung für spezifische Aufgaben haben werden, sollen im folgenden kurz und vor allem hinsichtlich ihrer Realisierung der nötigen Speicherfunktionen betrachtet werden.

8.3.2 Computernetze

Die Kopplung von Computern wurde anfangs durch die Nutzung eines großen Zentralspeichers durch mehrere Computer angeregt, dann aber vor allem auch auf die Erhöhung der Leistungsfähigkeit durch Parallelverarbeitung erweitert.

In Rechnernetzen können die Einzelcomputer Ergebnisse über einen Zentralrechner (Host-Computer), durch gemeinsamen Zugriff der einzelnen Computer auf einen Zentralspeicher (*shared memory*), der z.B. als Multiport-Speicher realisiert ist, oder ausschließlich durch ein Verbindungsnetzwerk (LAN, WAN), das den gezielten Datenaustausch zwischen beliebigen angeschlossenen Computern ermöglicht, austauschen. Dabei arbeiten die einzelnen Computer relativ selbständig und besitzen eigene Speicher sowie Ein- und Ausgabegeräte.

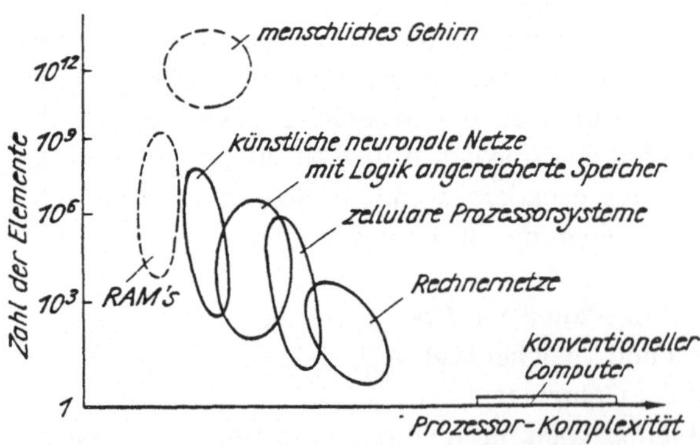

Abb. 8.7. Typen von Parallelprozessorsystemen nach der Anzahl der Prozessorelemente und deren Komplexität (RAM's sind als Grenzfall ohne logische Funktion mit aufgenommen)

8.3.3 Zellulare Parallelprozessorstrukturen

Für echte und hochgradige ("massive") Parallelverarbeitung werden gegenwärtig Systeme entwickelt, die aus einer großen Zahl ($10^3...10^4$) in regelmäßiger ein-, zwei- oder dreidimensionaler Anordnung miteinander verbundener Prozessoren bestehen (z. B. Transputerschaltkreise mit eigenen Speicher- und Interfacebaugruppen) und daher als zellulare Prozessorsysteme bezeichnet werden.

Ein Beispiel für eine von vielen möglichen Anordnungen gibt Abb. 8.8, worin die einzelnen Prozessoren oder "Prozessorelemente" jeweils über eigene Speicherbereiche verfügen und Informationen nur mit den benachbarten Prozessorelementen austauschen. Einen zentralen Speicher gibt es nicht, und der Host-Computer steuert im wesentlichen nur den Prozeßablauf und die Datenein- und -ausgabe in das bzw. aus dem Prozessorfeld. Es handelt sich um Systeme mit verteilten Speichern (*distributed memory*).

Die Komplexität der Prozessorelemente entspricht etwa der von Arithmetikprozessoren, womit solche Systeme insbesondere für die Lösung komplexer, mehrdimensionaler Feldprobleme (z.B. bei der Methode der finiten Elemente mit einem eigenen Prozessor je finites Element), die Mustererkennung, Bildverarbeitung usw. besonders gut geeignet sind.

Die Speicher werden hierbei mit den Prozessoren in gemeinsamen Schaltkreisen, den Prozessorelementen, integriert. Der Speicherbereich für jeden einzelnen Prozessor kann dabei relativ begrenzt bleiben.

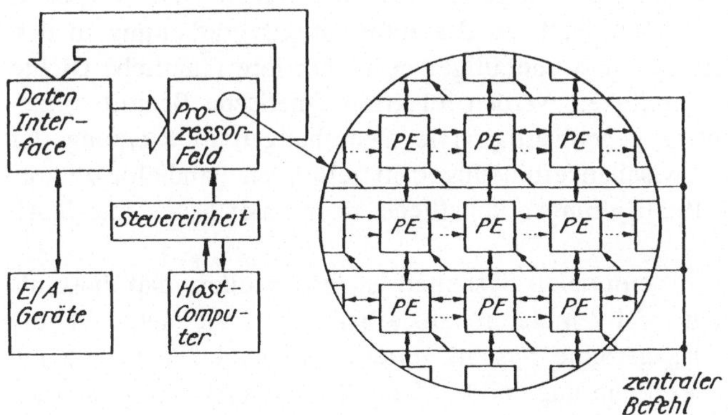

Abb. 8.8. Beispiel für ein zellulares Prozessorsystem (nach [8.14])

8.3.4 Künstliche neuronale Netzwerke

Computer der sechsten Generation oder künstliche neuronale Netze orientieren sich an der Nachbildung biologischer Informationsverarbeitungssysteme. Das menschliche Gehirn als höchstentwickeltes biologisches System besteht aus ca. 10^{12} Neuronen, die die eigentlichen Träger der Informationsverarbeitung, der logischen Verknüpfung im Nervensystem sind. Das sind sehr einfache "Prozessoren", die nichtlinear (mit Schwellwertverhalten) auf die gewichtete Summe von vielen Eingangssignalen reagieren und deren Ausgangssignale wiederum viele andere Neuronen steuern.

Im Unterschied zu den Computern erfolgt die Signaldarstellung und -verarbeitung jedoch nicht binär sondern analog, nämlich durch Erzeugung und Weiterleitung bioelektrischer und biochemischer Impulse mit stetig variabler Frequenz.

Ein weiteres charakteristisches Merkmal der biologischen Systeme ist die enorm große Zahl von Zwischenverbindungen zwischen den einzelnen Neuronen und die Eigenschaft der Verbindungsstellen (Synapsen), ihre Eigenschaften (Gewichte, mit denen die übertragenen Signale bewertet werden) in Abhängigkeit von den übertragenen Signalen ändern zu können. Dabei ändert sich der Einfluß des von einer Synapse übertragenen Signals auf das angeschlossene Neuron sowohl qualitativ (aktivierend oder unterdrückend, d.h. durch ein Vorzeichen beschreibbar) als auch quantitativ (durch Wichtung). In den Eigenschaften der Synapsen ist der eigentliche Träger des "Gedächtnisses", d.h. der Speicherfunktion zu finden.

Auf der gegenüber den zellularen Systemen extrem hohen Zahl der (variablen) Verbindungen eines Neurons zu anderen ($10^3...10^4$) beruht die Kompliziertheit aber auch die Leistungsfähigkeit des Gehirns.

Die technische Nachbildung, also die Realisierung künstlicher neuronaler Netzwerke, ist vor allem durch diese große Zahl der zu realisierenden Zwischenverbidungen mit variablen Gewichten und Vorzeichen stark begrenzt. Elektrische Leitungen sind im Vergleich zu der Informationsverarbeitung in den Gattern langsam und werden immer störanfälliger, je größer ihre räumliche Dichte und ihre Übertragungsgeschwindigkeit werden (elektromagnetische Beeinflussung, Übersprechen). Deshalb gehen gegenwärtig viele Bemühungen in Richtung der optischen Realisierung von Zwischenverbindungen in zellularen Parallelprozessorsystemen oder zu optischen Realisierungen künstlicher neuronaler Netzwerke [8.4], [8.12]...[8.14].

Bezüglich der Speicher in neuronalen Systemen ist festzustellen, daß diese als getrennte Funktionseinheiten nicht mehr lokalisierbar sind. Vielmehr ist die "Gedächtnisfunktion" über das gesamte System verteilt (distributed memory) und die Arbeitweise bei der Verknüpfung und Manipulation von Informationen entspricht der von adaptiven, selbstlernenden oder selbstorganisierenden Systemen auf der Basis von assoziativen Prinzipien [8.4]. Damit sind hier Speicher- und Logikfunktionen untrennbar miteinander integriert, nicht nur "hardwaremäßig", sondern auch funktionell.

Unabhängig von dem Weiterbestehen der separaten, getrennten Speicherschaltkreise, Speicherbaugruppen und Speicher, das nicht in Frage zu stellen ist, zeichnet sich eine Tendenz zur funktionellen Integration von Speichern und Logik in der technischen Entwicklung ab. Dies äußert sich, wie wir gesehen haben, einerseits in Speichern mit immer mehr logischen Fähigkeiten und Möglichkeiten und andererseits in Logiksystemen mit immer mehr integrierten Speicherfunktionen (siehe Tabelle 8.1).

Anhang

Verlustleistungsberechnung für den DRAM-Basisspeichermodul nach Abschnitt 6.3.2.1

Als Beispiel für eine konkrete Verlustleistungsberechnung wird im folgenden die Rechnung für den im oben genannten Abschnitt definierten Basisspeichermodul detaillierter ausgeführt.

$\overline{RAS}$ -Treiber-Verlustleistung

Soweit vorhanden, werden typische Strom- und Kapazitätswerte berücksichtigt, da sich durch die Vielzahl der Schaltkreise gleichen Typs im gesamten Speicher mit hoher Wahrscheinlichkeit ein resultierender Wert in der Nähe der typischen Datenblattangabe einstellen wird.

Für einen *aktiven* $\overline{RAS}$ -Treiber errechnet sich nach Gl. (6.9) mit den Größen der Tabelle 6.1 und den Zeiten von Abb. 6.6

$$P_{STAT/RAS,av} = 5V \cdot (5mA \cdot 120ns/220ns + 2,5mA \cdot 100ns/220ns) = 19,3mW.$$

Unkompliziert gelangt man zur statischen Verlustleistung eines *inaktiven* Treibers, dessen Ausgang sich ständig im High-Zustand befindet:

$$P_{STAT/RAS,pv} = 5V \cdot 2,5mA = 12,5mW.$$

Zur Ermittlung der dynamischen Verlustleistung wird zunächst die Lastkapazität eines RAS-Treibers (C_{LRAS}), die sich aus der Kapazität der DRAM- $\overline{RAS}$ -Eingänge (C_{RAS}) und der Verdrahtungskapazität des $\overline{RAS}$ -Netzes (C_{VRAS}, hier 15pF) zusammensetzt, bestimmt:

$$C_{LRAS} = 8\, C_{RAS} + C_{VRAS} = 8 \cdot 7pF + 15pF = 71pF.$$

Berücksichtigt man weiterhin einen Signalhub an der Lastkapazität von der Größe $U_C = U_{Cmax} - U_{Cmin} = 4,0V - 0,2V = 3,8V$, kann die dynamische Verlustleistung eines $\overline{RAS}$ -Treibers nach Gl. (6.5) bestimmt werden:

$$P_{LDYN/RAS,av} = 71pF\,(3,8V)^2/220ns = 4,6mW.$$

Nach Gl. (6.8) errechnet sich die Gesamtverlustleistung des aktiven $\overline{RAS}$ -Treibers zu

$$P_{D/RAS,av} = 19{,}3mW + 4{,}6mW = 23{,}9mW.$$

Da ein passiver Treiber keine dynamische Verlustleistung aufnimmt ($P_{LDYN/RAS,pv}$ = 0), beträgt die Gesamtverlustleistung eines $\overline{RAS}$ -Treibers im passiven Zustand

$$P_{D/RAS,pv} = P_{STAT/RAS,pv} = 12{,}5mW.$$

$\overline{CAS}$ -Treiber Verlustleistung

Die dynamische Verlustleistung eines aktiven $\overline{CAS}$ -Treibers kann aufgrund der gleichen Belastungsverhältnisse analog zum $\overline{RAS}$ -Treiber bestimmt werden:

$$PLDYN/CAS,av = PLDYN/RAS,av = 4{,}6mW.$$

Für die statische Verlustleistung eines $\overline{CAS}$ -Treibers ergibt sich nach Gl. (6.9) mit den Zeiten aus Abb. 6.6

$$P_{STAT/CAS,av} = 5V\ (5mA \cdot 60ns/220ns + 2{,}5mA \cdot 160ns/220ns) = 15{,}9mW.$$

Da die statische Verlustleistung im passiven Zustand vollständig der statischen Verlustleistung des $\overline{RAS}$ -Treibers entspricht, erhält man für die Gesamtverlustleistung eines aktiven und eines passiven $\overline{CAS}$ -Treibers

$$P_{D/CAS,av} = 15{,}9mW + 4{,}6mW = 20{,}5mW$$

bzw.

$$PD/CAS,pv = 12{,}5mW.$$

$\overline{WE}$ -Treiber Verlustleistung

Die beiden Verlustleistungsanteile des $\overline{WE}$ -Treibers ergeben sich nach ähnlicher Rechnung mit $C_{LWE} = 32{,}7pF + 60pF = 284pF$ zu

$$P_{STAT/WE,av} = 5V\ (5mA \cdot 35ns/220ns + 2{,}5mA \cdot 185ns/220ns) = 14{,}5mW,$$

$$P_{LDYN/WE,av} = 284pF\ (3{,}8V)^2 /220ns = 18{,}6mW.$$

Die Gesamtverlustleistungen des aktiven und passiven Zustandes errechnen sich damit zu

$$P_{D/WE,av} = 14{,}5mW + 18{,}6mW = 33{,}1mW,$$

$$P_{D/WE,pv} = 12{,}5mW.$$

Adreßtreiber - Verlustleistung

Die größte Adreßtreiberverlustleistung ermittelt man für den sicher äußerst seltenen Fall einer ununterbrochenen Zugriffsfolge auf Speicherplätze, deren Adreßbinärkodierung einen ständigen Zustandswechsel sämtlicher Treiber hervorruft (z.B. ständig von 0000 nach 1111). Kann dieser Fall nicht ausgeschlossen werden, so ergibt sich die dynamische Verlustleistung eines Adreßtreibers im aktiven Zustand nach Gl. (6.5) mit

$$C_{LAD} = 32\,C_{WE} + C_{VWE} = 32 \cdot 7pF + 60pF = 284pF$$

zu

$$P_{LDYN/AD,av} = 284pF\,(3{,}8V)^2\,/220ns = 18{,}6mW.$$

Für $P_{STAT/AD,av}$ in Gl. (6.9) kann im ungünstigsten Fall

$$P_{STAT/AD,av} = 5V\,(5mA\cdot190ns/220ns + 2{,}5mA\cdot30ns/220ns) = 23{,}3mA$$

berechnet werden.
Schließlich ergibt sich für die Treiberleistung nach Gl. (6.8) .

$$P_{D/AD,av} = 18{,}6mW + 23{,}3mW = 41{,}9mW.$$

Vorausgesetzt im passiven BSM schalten wie im aktiven sämtliche Adreßtreiber ständig mit (das ist der Fall, wenn die Adressen ungesteuert an alle BSM gelangen), gilt

$$P_{D/AD,av} = P_{D/AD,pv}.$$

Gesamtverlustleistung Treiberschaltkreise

Die Gesamtverlustleistung der Treiberschaltkreise errechnet sich aus der Summe der Verlustleistungen der Einzelschaltkreise in Abhängigkeit vom Zustand des Treibers. Im aktiven BSM ist immer irgendeine Zeile der Speichermatrix aufgerufen, während die anderen 3 Zeilen im Ruhezustand verbleiben. Es muß deshalb im BSM berücksichtigt werden, daß

-ein $\overline{RAS}$ - Treiber und ein $\overline{CAS}$ -Treiber aktiv,

-3 $\overline{RAS}$ -und 3 $\overline{CAS}$ -Treiber passiv,

-10 Adreßtreiber und ein $\overline{WE}$ - Treiber aktiv

sind. Unter diesen Bedingungen erhält man für die Verlustleistung aller Treiber im aktiven Zustand des BSM

$$P_{D,av} = P_{D/RAS,av}+P_{D/CAS,av}+3(P_{D/RAS,pv}+P_{D/CAS,pv})+10P_{D/AD,av}+$$
$$P_{D/WE,av}$$

bzw.

$$P_{D,av} = 23,9mW+20,5mW+3(12,5mW+12,5mW)+10\cdot41,3mW+ +33,1mW$$

$$=565mW$$

Im passiven Zustand des BSM sind bis auf die 10 Adreßtreiber, die voraussetzungsgemäß ständig schalten, sämtliche Treiber passiv. Daher ergibt sich

$$P_{D,pv}= 4(P_{D/RAS,pv}+P_{D/CAS,pv})+10P_{D/AD,av}+P_{D/WE,pv}$$

$$= 4(12,5mW+12,5mW)+10\cdot41,9mW+12,5m=531,5\ mW.$$

Vergleicht man die Gesamtverlustleistungen der Treiber im aktiven und passiven BSM, stellt man fest, daß sie sich nur wenig voneinander unter-cheiden.

Eine *Verlustleistungseinsparung* im passiven BSM ist dann möglich, wenn die nicht notwendig ständig mitschaltenden Adressen blockiert werden. Andere Lösungen könnten den Einsatz von Low-Power-Schottky- oder CMOS-Treibern vorsehen. Es ist sicher überflüssig zu bemerken, daß die Auswahl eines Treiberschaltkreises nicht nur vom Standpunkt der Verlustleistung, sondern stets auch im Zusammenhang mit der damit erzielbaren Reduzierung der Verzögerung betrachtet werden muß.

Verlustleistung der Speichermatrix

Bevor die Geamtverlustleistung eines BSM niedergeschrieben werden kann, ist schließlich noch der nicht unwesentliche Anteil der Speicherschaltkreise hinzuzufügen. Die Verlustleistung eines aktiven DRAM-Schaltkreises berechnet sich nach Gl.(6.3) und mit den Angaben aus Tabelle 6.1 unter der Voraussetzung, daß die äußere Belastung nicht größer als der im Datenblatt angegebene Wert ist (P_L vernachlässigbar), zu

$$P_{MD,av} = 50mA \cdot 5V = 250mW,$$

die eines passiven DRAM- Schaltkreises nach Gl. (6.7) zu

$$P_{MD,pv} = 5V(50mA\cdot512\cdot220ns/8ms + 2mA[(8ms - 512\cdot220ns)/8ms])$$

$$= 13,4mW.$$

Für die gesamte Speichermatrix ergibt sich mit Gl. 6.2)

$$P_{MA,av} = 8 \cdot 250mW + 3\cdot8\cdot13,4mW = 2321,6mW,$$

$$P_{MA,pv} = 8\cdot4\cdot13,4mW = 428,8mW.$$

Verlustleistung des gesamten Basisspeichermoduls

Der Beispielmodul hat nach Gl. (6.1) im aktiven Zustand eine Verlustleistung von

$$P_{BSM,av} = 2321,6mW + 565,5mW = 2887,1mW$$

und im passiven Zustand von

$$P_{BSM,pv} = 428,84mW + 531,5mW = 960,3mW.$$

Literaturverzeichnis

Zu Kapitel 1

[1.1] *Rhein, D.*: Speicherbausteine. In: Taschenbuch Elektrotechnik (Hrsg. E. Philippow), Band 3/II. Berlin: Verlag Technik 1989, S. 983-1022.

[1.2] *Siakkou, M.*: Signalspeicherung, Audio-Video-Digital. Reihe Informationselektronik. Berlin: Verlag Technik 1990.

[1.3] *Rhein, D.*: Externe Speicher. In: Taschenbuch Elektrotechnik (Hrsg. E. Philippow), Band 5. Berlin: Verlag Technik 1991 (im Druck).

Zu Kapitel 2

[2.1] *Asai, S.*: Semiconductor memory trends. Proc. IEEE 74(1986)12, S. 1623-1635.

[2.2] *Ayling, J.K.; Moore, R.D.*: A high-performance monolithic store. Intern. Solid-State Circuits Conf. (ISSCC) 1969, Dig.Tech.Papers, S. 36-37.

[2.3] *Regitz, W.M.; Karp, J.*: A three-transistor-cell, 1024 bit, 500ns MOS RAM. ISSCC 1970, Dig. Tech. Papers, S. 42-43.

[2.4] *Dennard, R.H.*: Field effect transistor memory. US-Patent 3 387 286.

[2.5] Special Issue on Personal Computers, Proc. IEEE 72(1984)3.

Zu Kapitel 3

[3.1] *Möschwitzer, A.; Lunze, K.*: Halbleiterelektronik. Lehrbuch. 4. Auflage. Verlag Technik: Berlin 1980.

[3.2] *Weiß, H.; Horninger, K.*: Integrierte MOS-Schaltungen. Springer-Verlag: Berlin(West) 1982.

[3.3] *Köstner, R.. Möschwitzer, A.*: Elektronische Schaltungstechnik. Verlag Technik: Berlin 1982.

[3.4] *Seifart, M.*: Digitale Schaltungen. Verlag Technik: Berlin 1986.

[3.5] *Fischer, W.J.; Schüffny, R.*: MOS-VLSI-Technik. Eine Einführung in Technologie, Entwurf, CAD-Systeme, Schaltkreise. Akademie-Verlag: Berlin 1987.

[3.6] *Hoefer, E.E. u.a.*: SPICE - Analyseprogramm für elektronische Schaltungen. Springer-Verlag: Berlin-Heidelberg-New York-Tokyo 1985.

[3.7] *Ruehli, A.E.(Hrsg.)*: Circuit analysis, simulation and design, Part.1. Amsterdam, New York, Oxford, Tokyo: North-Holland 1986.

[3.8] *Holton, W.C.; Cavin, R.K.*: A perspective on CMOS technology trends. Proc. IEEE 74(1986)12, 1646-1668.

[3.9] *Myers, D.J.; Ivey, P.A.*: A design style for VLSI CMOS. IEEE J. Solid-State Circ. SC-20(1985)3, S. 741-745.

[3.10] *Basse, P.W.*: Dekoderschaltung und ihre Anordnung zur Integration auf einem Halbleiterbaustein. BRD-OS-DE 2557 165, 18.12.1975.

[3.11] *Rhein, D.*: Aufgaben und Realisierung von Eingangsschutzschaltungen integrierter MOS-Schaltkreise. Nachrichtentechnik-Elektronik 37(1987)2, S. 76-78.

[3.12] *Rhein, D.*: Beurteilung der Schutzwirkung integrierter Eingangsschutzschaltungen von MOS-IC's. Nachrichtentechnik-Elektronik 39(1989)3, S. 110-112.

[3.13] *Philippow, E.*: Nichtlineare Elektrotechnik, 2. Aufl. Geest&Portig K.-G.: Leipzig 1971.

[3.14] *Huer, M.*: Stromschalttechnik in LSI- und VLSI-Schaltungen. radio-fernsehen-elektronik 37(1988)5, S. 292-295.

[3.15] *de Werth, R. u.a.*: A 1M SRAM full CMOS-cells fabricated in a 0,7µm technology. Int. Electronic Devices Meeting, 1987 IEDM, S. 532-535.

[3.16] *Zabel, F.*: Ein Beitrag zum Entwurf von integrierten Schaltungen in BICMOS-Technik. Dissertation, Hochschule für Verkehrswesen, Dresden 1989.

[3.17] *Lin, H.C.; Ho, J.C. u.a.*: Complementary MOS-bipolar transistor structure. IEEE Trans. ED-16(1969) 11, S. 945-951.

[3.18] *Zabel, F.*: Digitale Treiber- und Logikgrundschaltung in BICMOS-Technik. Patentanmeldung DD 1989.

Zu Kapitel 4

[4.1] *Hofrichter, W.*: 64kbit statischer CMOS-Speicherschaltkreis U6264. 13. Mikroelektronik-Bauelemente-Symposium 1989. Frankfurt/Oder. Tagungsband. H.6, S. 486-501.

[4.2] *Hofrichter, W.*: Statischer 16kbit-Speicher U6516 DG. radio-fernsehen-elektronik 37(1988)5, S. 285-287.

[4.3] *Matsui, M.; Ohtani, T. u.a.*: A 25ns 1Mbit CMOS SRAM with loading-free bit lines. IEEE J. Solid-State Circ. 22(1987)5, S. 733-740.

[4.4] *Yamamoto, S. Tanimura, T. u.a.*: A 256K CMOS SRAM with variable impedance data-line loads. IEEE J. Solid-State Circ. 20(1985)5, S. 924-928.

[4.5] *Sasaki, K.; Hanamura, S. u.a.*: A 15ns 1Mbit CMOS SRAM. IEEE J. Solid-State Circ. 28(1988)5, S. 1067-1072.

[4.6] *Kobayaski, Y.;Eguchi, H. u.a.*: A 10 µW standby power 256 K CMOS SRAM. IEEE J. Solid-State Circ. 20(1985)5, S. 935-940.

[4.7] *Kayano, S.; Ichinose, K. u.a.*: 25ns 256Kx1 / 64Kx4 CMOS SRAM's. IEEE J. Solid-State Circ. 21(1986)5, S. 686-691.

[4.8] *Komatsu, T.; Taniguchi, H. u.a.*: A 35ns 128Kx8 CMOS SRAM. IEEE J. Solid-State Circ. 22(1987)5, S. 721-726.

[4.9] *Hilberg, W.*: Elektronische digitale Speicher. Reihe Datenverarbeitung. R. Oldenbourg Verlag: München, Wien 1975.

[4.10] *Hardee, K.C.*: A fault tolerance 30ns/375mW 16Kx1 NMOS static RAM. IEEE J. Solid-State Circ. SC-16(1981)10, S. 435-443.

[4.11] *Kokkonen, K.; Sharp, P.O. u.a.*: Redundancy techniques for fast static RAM's. Dig.Tech.Papers, 1981 IEEE Int. Solid-State Circ.Conf., S. 80-81.

[4.12] *Chu, S.T.; Dikken, J. u.a.*: A 25ns low-power full-CMOS 1Mbit (128Kx8) SRAM. IEEE J. Solid-State Circ. 23(1988)5, S. 1078-1084.

[4.13] *Wada, T.; Hirose, T. u.a.*: A 34ns 1Mbit CMOS SRAM using triple polysilicon. IEEE J. Solid-State Circ. 22(1987)5, S. 727-731.

[4.14] *Wyman, C.; King, R.*: Systemleistung mit synchronen SRAMs steigern. Elektronik 38(1989)2, S. 92-94.

[4.15] *Kohno, Y.; Wada, T. u.a.*: A 14ns 1Mbit CMOS SRAM with variable bit organization. IEEE J. Solid-State Circ. 23(1988)5, S. 1060-1066.

[4.16] *O'Connor, K.J.*: The twin-port memory cell. IEEE J. Solid-State Circ. 22(1987)5, S. 712-720.

[4.17] *Yang, T.S.; Horowitz, M.A. u.a.*: A 4ns 4Kx1bit two-port BICMOS SRAM. IEEE J. Solid-State Circ. 23(1988)5, S. 1030-1040.

[4.18] *Nakase, Y.; Anami, K. u.a.*: A macro analysis of soft errors in static RAM's. IEEE J. Solid-State Circ. 23(1988)2, S. 604-605.

[4.19] *Luecke, G.; Mize, J.; Carr, W.*: Semiconductor memory design and application. New York: Mc Graw Hill, 1973.

[4.20] *Popov, P.*: Poluprovodnikovi zapomjasci ustrojstva za CEIM. (Halbleiterspeicher für Digitalrechner). Sofia: Technika, 1980.

[4.21] *Miyanaga, H.; Konaka, S. u.a.*: A 0,85ns-1kbit ECL RAM. IEEE J. Solid-State Circ. SC-21(1986)4, S. 501-504.

[4.22] *Miyanaga, H. u.a.*: A 1,1ns access time 4Kb bipolar RAM using super self-aligned technology. VLSI Symp.Dig.Tech. Papers, Sept. 1984, S. 50-51.

[4.23] *Armiura. M.u.a.*: A 4ns access time 4Kx4 ECL RAM. Int. Solid-State Circ.Conf., ISSCC 1986, S. 204-205.

[4.24] *Homma, N.; Yamaguchi, K. u.a*: A 3,5ns, 2W, 20mm^2, 16kbit ECL bipolar RAM, IEEE J. Solid-State Circ. SC-21(1986)5, S. 675-680.

[4.25] *Miganaga, H.; Yamamoto, Y. u.a.*: A 1,5ns 1K bipolar RAM using novel circuit design and SST-2 technology. IEEE J. Solid-State Circ. SC-19(1984)3, S. 291-298.

[4.26] *Kanayo, S.; Anami, K. u.a.*: A double-word-line structure in bipolar random access memory. IEEE J. Solid-State Circ. SC-22(1987)4, S. 543-547.

[4.27] *Maekawa, T. u.a.*: A 60μm^2 SOI-CMOS-SRAM cell formed by new artifical seed method. Int. Electronic Devices Meeting, 1987 IEDM, S. 536-539.

[4.28] *Tran, H.V.; Scott, D.B. u.a.*: An 8ns 256K ECL SRAM with CMOS memory array and battery backup capablity. IEEE J. Solid-State Circ. 23(1988)5, S. 1041-1047.

[4.29] *Kertis, R.A.; Smith. D.D.; Bowman, T.L.*: A 12ns ECL I/O 256Kx1bit SRAM using a 1μm BiCMOS technology. IEEE J. Solid-State Circ. 23(1988)5, S. 1048-1053.

[4.30] *Sakui, K.; Hasegawa, T. u.a.*: A new static memory cell based on the reverse base current effect of bipolar transistors. IEEE Trans. ED-36(1989)6, S. 1215-1217.

[4.31] *Mimura. T. u.a.*: High electron mobility transistor logic. Japan J. Appl. Phys. 20(1981) Aug., S. 1598.

[4.32] *Takano, S. u.a.*: A GaAs 16K SRAM with a single 1V supply. IEEE J. Solid-State Circ. 22(1987)5, S. 699-703.

[4.33] *Hirayama, M.u.a.*: A GaAs 4Kb SRAM with direct coupled FET logic. Dig.Tech.Papers, 1984 IEEE Int.Solid-State Circ. Conf., S. 46-47.

[4.34] *Nishiuchi, N. u.a.*: A subnanosecond HEMT 1kB SRAM. Dig. Tech.Papers, 1984 IEEE Int. Solid-State Circ.Conf., S.48-49.

[4.35] *Gabillard, B.; Ducourant, T. u.a.*: A 200mW GaAs 1K SRAM with 2ns cycle time. IEEE J. Solid-State Circ. 22(1987)5, S. 693-698.

[4.36] *Höfflinger, B.*: Großintegration; Technologie, Entwurf, Systeme. Oldenbourg-Verlag: München 1978.

[4.37] *Weiß, H.; Horninger, K.*: Integrierte MOS-Schaltungen. Berlin-Springer-Verlag 1982.

[4.38] *Seitzer, D.*: Arbeitsspeicher für Digitalrechner. Berlin: Springer-Verlag 1975.

[4.39] *Posa, G.*: What to expect in dynamic RAMs. Electronics 53(1980)May22, S. 119-129.

[4.40] *Reinhold, W.*: Dynamische Speicher (DRAM). In: Fischer,W.-J.; Schüffny,R.: MOS-VLSI-Technik. Berlin: Akademie-Verlag 1987, S. 178-196.

[4.41] *Eberius, H.*: Leseverstärker für höchstintegrierte MOS-DRAM's und Aspekte ihrer Realisierung in einer 1,5μm-NMOS-CMOS-Technologie. Dissertation A, TU Dresden, 1985.

[4.42] *Yano, T. u.a.*: Highly sensitive sense circuit for single transistor MOS RAM. Rev. of the Electrical Labs., Vol. 27(1979)1-2, S. 10-17.

[4.43] *Rhein, D.; Pfeiffer, H.*: Sensitivity analysis and design considerations of sense amplifiers for MOS-DRAMs. ECCTD'85, Praha 1985, Conf.Proceedings, part 1, S. 105-108.

[4.44] *White, L.S.; Armstrong. G.J.; Rao. G.R.M.*: 1MB memories demand new design choices. Electronics Week 57(1984)15, S. 123-126.

[4.45] *Numata, K.; Oowaki, Y. u.a.*: New nibbled-page architecture for high-density DRAM's. IEEE J. Solid-State Circ. 24(1989)4, S. 900-904.

[4.46] *Sawada. K.; Sakurei, T. u.a.*: Self-aligned refresh scheme vor VLSI intelligent dynamic RAMs. Proc.Symp. VLSI Technol., May 1986, S. 85-86.

[4.47] *Sawada. K.; Sakurei, T. u.a.*: A 30μA data-retention pseudostatic RAM with virtually static RAM mode. IEEE J. Solid-State Circ. 23(1988)1, S. 12-19.

[4.48] *Hashimoto. M.; Nomura, M. u.a.*: A 20ns 256Kx4 FIFO memory. IEEE J. Solid-State Circ. 23(1988)2, S. 490-499.

[4.49] *Dennard, R.H. u.a.*: Design of ion-implanted MOSFET's with very small physical dimensions. IEEE J. Solid-State Circ., SC-9(1974)5, S. 256-267.

[4.50] *Rhein, D.*: Entwurfsprobleme bei VLSI-Halbeiterspeicherschaltkeisen. J. Information Rec. Mat. 15(1987)1, S. 25-34.

[4.51] *Köhler, E.*: Speicherzellen für Megabit-DRAM's. radio-fernsehen-elektronik 37(1988)9, S. 551-553.

[4.52] *Richardson, W. u.a.*: A trench transistor crosspoint DRAM cell. IEDM 1985, S. 714-717.

[4.53] *Nishioka, Y. u.a.*: Ultra-thin Ta_2O_5 dielectric film for high speed bipolar memories. IEEE Trans. ED-34(1987)9, S. 1957-1962.

[4.54] *Sai-Halasz, G.A.*: Processing and characterization of ultra-small silicon devices. European Solid-State Device Research Conf., Bologna, 14.-17.9.1987, S. 71-82.

[4.55] *Chatterjee, P.K. u.a.*: A survey of high-density dynamic RAM cell concepts. IEEE Trans. Electron Devices ED-26(1979)6, S. 827-839.

[4.56] *Winkler, W.*: Untersuchungen an Ladungsschichtungszellen für dynamische Halbleiterspeicher, Dissertation, TH Ilmenau, 1983.

[4.57] *Chou, S.; Takano, T. u.a.*: A 60ns 16Mbit DRAM with a minimized sensing delay caused by bit line stray capacitance. IEEE J. Solid-State Circ. 24(1989)5, S.1176-1183.

[4.58] *Hidaka, H.; Fujishima, K. u.a.*: Twisted bit-line architectures for multi-megabit DRAM's. IEEE J. Solid-State Circ. 24(1989)1, S. 21-27.

[4.59] *Kraus, R.; Hoffmann, K.*: Optimized sensing scheme of DRAM's. IEEE J. Solid-State Circ. 24(1989) 4, S. 895-899.

[4.60] *Horiguchi, M.; Aoki, M. u.a.*: Dual-operating-voltage scheme for a single 5V 16Mbit DRAM. IEEE J. Solid-State Circ. 23(1988)5, S. 1128-1132.

[4.61] *Furuyama, T. u.a.*: A new on-chip voltage converter scheme for submicrometer high-density DRAMs. IEEE J. Solid-State Circ. 22(1987)3, S. 437-440.

[4.62] *Fujii, S.; Ogihara, M. u.a.*: A 45ns 16Mbit DRAM with triple-well structure. IEEE J. Solid-State Circ. 24(1989)5, S. 1170-1175.

[4.63] *Kitsukawa, G.; Hori. R. u.a.*: An experimentell 1Mbit BICMOS DRAM. IEEE J. Solid-State Circ. 22(1987)5, S. 657-662.

[4.64] *Koboyashi, Y.; Asayama, K. u.a.*: Bipolar CMOS-merged technology for a high-speed 1Mbit DRAM. IEEE Trans. Electron. Dev. 36(1989)4, S. 706.

[4.65] *Watanabe. T., Kitsukawa, G. u.a.*: Comparison of CMOS and BICMOS 1Mbit DRAM performance. IEEE J. Solid-State Circ. 24(1989)3, S. 771-778.

[4.66] *May, T.C.; Woods, M.H.*: Alpha-particle induced soft-errors in dynamic memories. IEEE Trans. ED-26(1979)1, S. 2-9.

[4.67] *Krautschneider, W.*: Soft-errors bei Schaltkreisen mit Strukturabmessungen im Submikrometer-bereich. ITG-Fachbericht 103. VDE-Verlag: Berlin-Offenbach 1988, S. 89-94.

[4.68] *Franke. R.; Meinecke. F.*: Schaltkreis zur Fehlererkennung und -korrektur U80608. Mikroprozessor-technik 3(1989)5, S. 138-140.

[4.69] *Peterson. W.W.*: Error correcting codes. MIT Press: Cambridge. MA, 1961.

[4.70] *Yamada, J.; Mano. T. u.a.*: A submicron VLSI memory with a 4b-at-a-time built-in ECC circuit. ISSCC Dig. Tech. Papers, Febr. 1984, S.104-105.

[4.71] *Yamada, J.*: Selektor-line merged built-in ECC technique for DRAM's. IEEE J. Solid-State Circ. 22(1987)5, S.868-873.

[4.72] *Yamada. J.; Kotani, H. u.a.*: A 4Mbit DRAM with 16bit concurrent ECC. IEEE J. Solid-State Circ. 23(1988)1, S.20-26.

[4.73] *Furutani, K.; Arimoto. K. u.a.*: A built-in Hamming code ECC circuit for DRAM's. IEEE J. Solid-State Circ. 24(1989)1, S.50-55.

[4.74] *Nakase, Y.; Anami. K. u.a.*: A macro analysis of soft errors in static RAM's. IEEE J. Solid-State Circ. 23(1988)2, S. 604-605.

[4.75] *Murakami, S.; Ichinose, K. u.a.*: Improvement of soft error rate in MOS SRAM's. IEEE J. Solid-State Circ. 24(1989)4, S.869-873.

[4.76] *Nishimura. Y.; Hamada, M. u.a.*: A redundancy test-time reduction technique in Mbit DRAM with a multibit test mode. IEEE J. Solid-State Circ. 24(1989)1, S.43-49.

[4.77] *Ohsawa, T.; Furuyama, T. u.a.*: A 60ns 4Mbit CMOS DRAM with built-in self-test function. IEEE J. Solid-State Circ. 22(1987)5, S. 663-668.

Zu Kapitel 5

[5.1] *Rhein, D.*: Speicherbausteine. In: Taschenbuch Elektrotechnik (Hrsg. E. Philippow), Band 3. Verlag Technik: Berlin 1985.

[5.2] *Timm, V.*: Im Blickpunkt: ROM's, PROM's und PLA's. Elektronik 25(1976)5, S. 38-47.

[5.3] *Scherpenberg, F.A.; Sheppard, D.*: Asynchronous circuits accelerate access to 256K read-only memory. Electronics 55(1982)June2, S.141-145.

[5.4] *Davis, H.L.*: A 70ns word-wide 1Mbit ROM with on-chip error-correction circuit. IEEE J. Solid-State Circ. 20(1985)5, S.958-963.

[5.5] *Fong, E. u.a.*: A high performance 256K (512K) static ROM. IEEE J. Solid-State Circ. 18(1983)6, S. 807-810.

[5.6] *Cuppens, R.; Sevat, L.H.M.*: A 256kbit ROM with serial cell structure. IEEE J. Solid-State Circ. 18(1983)3, S. 340-344.

[5.7] *Kamuro, S.; Masaki, Y. u.a.*: A 256K ROM fabricated using n-well CMOS process technology. IEEE J. Solid-State Circ. 17(1982)4, S.723-726.

[5.8] *Rich, D.A. u.a.*: A four-state ROM using multilevel process technology. IEEE J. Solid-State Circ. 19(1984)2, S. 174-179.

[5.9] *Donoghue, B. u.a.*: A 256K HCMOS ROM using a four-state cell approach. IEEE J. Solid-State Circ. 20(1985)2, S. 598-602.

[5.10] *Metzger, L.R.*: A 16K CMOS PROM with polysilicon fusible links. IEEE J. Solid-State Circ. 18(1983)5, S. 562-567.

[5.11] *Fukushima, T. u.a.*: A 40ns 64kbit junction shorting PROM. IEEE J. Solid-State Circ. 19(1984)2, S.187-194.

[5.12] *Fukushima, T. u.a.*: A 15ns 8kbit junction-shorting registered PROM. IEEE J. Solid-State Circ. 21(1986)5, S. 861-868.

[5.13] *Tanimoto, M. u.a.*: A novel 14V programmable 4kbit MOS-PROM using a poly-Si resistor applicable to on-chip programmable devices. IEEE J. Solid-State Circ. 17(1982)1, S. 62-68.

[5.14] *Frohmann-Bentchkowsky, D.*: A fully-decoded 2048bit electrically programmable MOS-ROM. ISSCC Dig. Tech. Papers, Febr. 1971, S. 80-81.

[5.15] *Salsbury, P.J.; Morgan, W.L. u.a.*: High-performance MOS EPROM's using a stacked-gate cell. Dig. Tech. Papers, 1977 IEEE Int. Solid-State Circ. Conf., S. 186-187.

[5.16] *Kanauchi, S.; Ichida, K. u.a.*: A high-performance 1Mbit EPROM. IEEE J. Solid-State Circ. 19(1984)5, S. 646-650.

[5.17] *McCreary, J.L. u.a.*: Techniques for a 5V-only 64K EPROM based upon substrate hot-electron injection. IEEE J. Solid-State Circ. 19(1984)1, S. 135-143.

[5.18] *Atsumi, S.; Tanaka, S. u.a.*: Fast programmable 256K read-only memory with on-chip test circuits. IEEE J. Solid-State Circ. 20(1985)1, S. 422-427.

[5.19] *Ali, S.B.; Sani, B. u.a.*: A 50ns 256K CMOS split-gate EPROM. IEEE J. Solid-State Circ. 23(1988)1, S. 79-84.

[5.20] *Wrenzitzki, J.*: EPROM's hoher Speicherkapazität. Mikroprozessortechnik 2(1988)11, S. 329-331.

[5.21] *Ohtsuka, N.; Tanaka, S. u.a.*: A 4Mbit CMOS EPROM. IEEE J. Solid-State Circ. 22(1987)5, S.669-675.

[5.22] *Gastaldi, R. u.a.*: A 1Mbit CMOS EPROM with enhanced verification. IEEE J. Solid-State Circ. 23(1988)5, S. 1150-1156.

[5.23] *Knecht, M.W. u.a.*: A high-speed ultra-low power 64K CMOS EPROM with on-chip test functions. IEEE J. Solid-State Circ. 18(1983)5, S. 554-561.

[5.24] *Yoshida, M. u.a.*: A 288K CMOS EPROM with redundancy. IEEE J. Solid-State Circ. 18(1983)5, S. 544-550.

[5.25] *Chitry, P.; Schramm, M.*: Intelligentes Programmieren moderner EPROM's. radio-fernsehen-elektronik 36(1987)8, S.498-499.

[5.26] *Yatsuda, Y. u.a.*: Hi-CMOSII technology for a 64kbit byte-erasable 5V-only EEPROM. IEEE J. Solid-State Circ. 20(1985)1, S.144-151.

[5.27] *Hagiwara, T.; Kondo, R. u.a.*: A 16Kb electrically erasable programmable ROM. ISSCC Dig. Tech. Papers 1979, S. 50-51.

[5.28] *Chitry, P.; Kanter, M.*: EEPROM's. radio-fernsehen-elektronik 36(1987)5, S. 296-297.

[5.29] *Tarui, Y. u.a.*: Electrically reprogrammable nonvolatile semiconductor memory. IEEE J. Solid-State Circ. 7(1972), S. 369.

[5.30] *Iizuka, H. u.a.*: Electrically alterable avalanche-injection-type MOS read-only memory with stacked-gate structure. IEEE J. Solid-State Circ. 23(1976)4, S. 379.

[5.31] *Müller, R.; Nietzsch, H. u.a.*: An 8192bit EAROM employing a one-transistor cell with floating gate. IEEE J. Solid-State Circ. 12(1977)5, S. 507.

[5.32] *Lenzlinger, M. Snow, E.H.*: Fowler-Nordheim-tunneling into thermally grown SiO_2. J. Appl. Phys. 40(1969)1, S. 278-283.

[5.33] *Yaron, G. u.a.*: A 16K EEPROM employing new array architecture and designed-in reliability features. IEEE J. Solid-State Circ. 17(1982)5, S.833-840.

[5.34] *Cioaca, D. u.a.*: A million-cycle CMOS 256K EEPROM. IEEE J. Solid-State Circ. 22(1987)5, S. 684-692.

[5.35] *Oto, D.H.; Dham, V.K. u.a.*: High-voltage regulation on process considerations for high-density 5V-only EEPROM's. IEEE J. Solid-State Circ. 18(1983)5, S. 532-538.

[5.36] *Ting, T.J.; Chang, T. u.a.*: A 50ns CMOS 256K EEPROM. IEEE J. Solid-State Circ. 23(1988)5, S.1164-1170.

[5.37] *Gongwer, G.; Gudger, K.H.*: A 16K EEPROM using E^2-element redundancy. IEEE J. Solid-State Circ. 18(1983)5, S. 550-553.

[5.38] *Momodomi, M.; Itoh, Y. u.a.*: An experimental 4Mbit CMOS EEPROM with a NAND-structured cell. IEEE J. Solid-State Circ. 24(1989)5, S. 1238-1243.

[5.39] *Samachisa, G. u.a.*: A 128K flash EEPROM using double-polysilicon technology. IEEE J. Solid-State Circ. 22(1987)5, S.676-683.

[5.40] *Masuoka, F. u.a.*: A 256K flash EEPROM using triple-polysilicon technology. IEEE J. Solid-State Circ. 22(1987)4, S.548-552.

[5.41] *Kynett, V.N.; Baker, A. u.a.*: An in-system reprogrammable 32K x 8 CMOS flash memory. IEEE J. Solid-State Circ. 23(1988)5, S. 1157-1163.

[5.42] *Becker, N.J. u.a.*: A 5V-only 4K nonvolatile static RAM. ISSCC Dig. Tech. Papers, Febr. 1983, S. 170-171.

[5.43] *Lee. D.J. u.a.*: Control logic and cell design for a 4K NVRAM. IEEE J. Solid-State Circ. 18(1983)5, S.525-532.

[5.44] *Donaldson, D.D. u.a.*: SNOS 1Kx8 static nonvolatile RAM. IEEE J. Solid-State Circ. 17(1982)5, S. 847-851.

[5.45] *Terarda, Y.; Kobayashi, K. u.a.*: A new architecture for the NVRAM - An EEPROM backed-up dynamic RAM. IEEE J. Solid-State Circ. 23(1988)1, S. 86-90.

[5.46] *Evans, J.T.; Womack, R.*: An experimental 512bit nonvolatile memory with ferroelectric storage cell. IEEE J. Solid-State Circ. 23(1988)5, S. 1171-1175.

Zu Kapitel 6

[6.1] Intel Memory Design Handbook, 1975.

[6.2] *Altnether, J.*: High-speed memory system design using 2147H. Intel Aplication Note AP-74, Intel Corporation 1980.

[6.3] *Altnether, J.;Righter, W.*: Design memory systems for microprocessor using the Intel 2164A and 2128 dynamic RAMs. Intel Aplication Note AP-133, Intel Corporation 1982.

[6.4] *Fallin, J.*: CHMOS-RAMs für lange Datenerhaltung. Elektronik 34(1985)20, S.79-82.

[6.5] *Stodieck, R.; Wyland, D.C.*: Take advantage of CMOS SRAMS low standby power. Electronic Design 36(1989)27, S.77.

[6.6] Intel 2164A 64k dynamic RAM device description. Intel Aplication Note AP-131, Intel Corporation 1982.

[6.7] *Knudson, D.*: Memory design for the low power microsystem environment. Intel Aplication Note AP-283, Intel Corporation 1985.

[6.8] *Eckhardt, D.; Groß, W.*: Grundlagen der digitalen Schaltungstechnik. 2. Auflage, Militärverlag der DDR, Berlin 1988.

[6.9] *Kühn, E.*: Handbuch der TTL- und CMOS-Schaltkreistechnik. 2.Auflage, Verlag Technik, Berlin 1986.

[6.10] *Calebotta, S.*: System design with dynamic memories takes attention to detail. Electronics 51(1978) February, S.109-113.

[6.11] Informations- und Applikationshefte Mikroelektronik: LS-TTL, Heft 40.

[6.12] *Shah. A.; Saglini, M. u.a.*: Integrierte Schaltungen in digitalen Systemen. Birkhäuser Verlag, Basel-Stuttgart 1977.

[6.13] *Feller; Kaupp; Digiacomo*: Crosstalk and reflections in high-speed digital systems. Proceedings Fall Joint Computer Conference, 1965.

[6.14] *Sarkowski, H.; Apel, U.*: Digitaltechnik mit integrierten Schaltungen. Expert Verlag, Ehningen 1987.

[6.15] *Burton, E.*: Transmission-line-methods aid memory board design. Electronic design 36(1988)27, S. 87.

[6.16] *Hedtke, R.*: Mikroprzessorsysteme. Springer-Verlag, Berlin 1984.

[6.17] Design memory systems with the 8kx8 iRAM (2186/87). Intel Aplication Note AP-132, Intel Corporation 1982.

[6.18] *Huse, H.*: Einfluß der Oberflächenmontage auf DRAM-Speichersysteme. Elektronik 36(1987)2, S. 47-52.

[6.19] *Takamura. M.; Ikehara, S.*: High-density packaging of main storage. Fujitsu Tech. J. 21(1985)4, S. 452-460.

Zu Kapitel 7

[7.1] Technische Beschreibung Systemplatine EC 1834. Robotron BWK, BWS; CC039 1.13.120020.0/61, 1986.

[7.2] *Seifart. M.*:Digitale Schaltungen. 3.Auflage, Verlag Technik, Berlin 1988.

[7.3] *Liebig, H.*: Rechnerorganisation. Springer Verlag, Berlin 1976.

[7.4] Intel Memory Components Handbook, 1984.

[7.5] *Möschwitzer, A.; Rößler, F.*: VLSI- Systeme. Verlag Technik, Berlin 1988.

[7.6] *Cimander, W.; Stürz, H.*: Automaten. Verlag Technik, Berlin 1972.

[7.7] *Schiemangk. H.*: Virtuelle Speicher. Schriftenreihe Informationsverarbeitung, Teubner Verlagsgesellschaft, Leipzig 1978.

[7.8] *Bliklen. H.*: Cache-Tag-RAMs vereinfachen Cache-Speicher-Entwurf. elektronik industrie (1987)11, S. 48-52.

[7.9] *Gandhi. S.*: Cache-Contoller auf einem Chip. Elektronik 37(1988)2, S.54-60.

[7.10] *De Vane, C.J.; Lidington, G.*: Boost processor performance with two- level-cache memory. Electronic design 36(1988)13, S.97.

[7.11] *Gandhi;. S.:* Cache- Konzepte erweitern den Flaschenhals. Elektronik 36(1987)12, S. 54-58.

[7.12] Saratoga Semiconductor BICMOS Data Book 1988.

[7.13] *Wyman, C.; King, R.*: Systemleistung mit synchronen SRAMs steigern. Elektronik 38(1989)2, 92-94.

[7.14] *Jay, C.; Spesard. K.*: Use logic cell array to control a large FIFO buffer. Electronic design 36(1988)11, S.113-117.

[7.15] *Christoph. J.; Härtig. H.; Krause. T.*: Schneller Zugriff zum Arbeitsspeicher. Elekrtonik 33(1984)13, S.65-67.

[7.16] *Margulis, N.*: Design a DRAM memory bank for the 80386. Electronic design 37(1989)2, S.113.

[7.17] *Wratil. B.; Bemm, G.*: Betrieb dynamischer Speicher ohne Wartezyklen. Elektronik 29(1980)19, S. 107-111.

[7.18] *Amitai, Z.*: 1Mbit DRAM-controller shuns complex timing and protocol to streamline high speed systems. Electronic Design 34(1986)10, S.239-244.

[7.19] *Moorwood, A.*: Alle Steuerfuktionen integriert. Elektronik 38(1989)2, S. 98-104.

[7.20] *Altnether. J.*: Better processor performance via global memory. Computer Design (1982)January, S. 57-63.

[7.21] Intel Memory Components Handbook, 1988.

[7.22] 13.Mikroelektronik-Bauelemente-Symposium 1989. Frankfurt(O), Band 5.

[7.23] *Wagner, M.*: Blocksicherungsverfahren für Schreib/Lesespeicher. TU-München, Diss. 1988.

[7.24] *Rathmer. K.*: Der wirkungsvolle Speichertest unter Betriebsbedingungen. Elektronik 28(1979)22, S.41-46.

[7.25] *Veenstra, P.K.; Beenker, F.P.M.; Koomen. J.J.M.*: Testing of random access memories, theory and practic. Proceedings IEEE 135(1988)1, S.24-28.

[7.26] *Normann, B.*: Cut memory device failures by pattern-testing chips. Electronic design (1988)May, S.103-106.

[7.27] *Guidry, M.R.; Lo, T.C.*: An integrated test concept for switched-capacitor dynamic MOS-RAMs. IEEE Journal of Solide-State Circuits 12(1977)6, S. 693-703.

[7.28] *Papachristou, C.A.; Sahgal, N.B.*: An improved method for detecting functional faults in semiconductor RAMs. IEEE Trans. on Comp. C-34(1985)2, S.110-116.

[7.29] *Suk, D.S.; Reddy, S.M.*: A march test for functional faults in semiconductor RAMs. IEEE Trans. on Comp. 30(1981)12, S.982-985.

[7.30] *Nair, R.; Thatte, S.M.; Abraham, J.A.*: Efficient algorithms for testing semiconductor RAMs. IEEE Trans. on Comp. C-27(1978)6, S.572-576.

[7.31] *Saluja, K.K.; Kinoshita, K.*: Test pattern generation for API faults in RAMs. IEEE Trans. on Comp. C-34(1985)3, S.284-287.

[7.32] *David, R.; Fuentes, A.; Courtois, B.*: Random pattern testing versus deterministic testing of RAMs. IEEE Trans. on Comp. 38(1989)5, S.637-650.

[7.33] *Voelkel, L.; Pliquett, J.*: Signaturanalyse. Akademie-Verlag, Berlin 1988.

[7.34] *Comley, R.A.*: Error detection and correction for memories. microprocessors 2(1978)1, S. 29-33.

[7.35] *Eglauer, A.*: Fehlererkennung und -Korrektur in Halbleiterspeichern. Elektronik 34(1985)15, S. 53-58.

[7.36] *Petersen, W.W.*: Prüfbare und korrigierbare Codes. Oldenburg Verlag 1967.

[7.37] *Reiss, W.*: Fehlererkennung und Korrektur in dynamischen Speichersystemen. electronic industry (1988)10, S.28 u.34.

[7.38] Error Detecting and Correction Codes, Part1. Intel Aplication Note AP-46, Intel Corporation 1979.

[7.39] Technische Zuverlässigkeit. Messeschmidt-Bölkow-Blom GmbH, München. Springer-Verlag 1971.

[7.40] *Levine. L.; Mayers, W.*: Semiconductor memory reliability with error detecting and correcting codes. Computer (1976)October, S.43-50.

[7.41] *Marston, D.*: ECC#2 memory systems reliability with ECC. Intel Aplication Note AP-73. Intel Corporation, Santa Clara 1980.

Zu Kapitel 8

[8.1] *Ishimoto, S.; Nagami, A. u.a.*: A 256K dual port memory. Dig. Tech. Papers, 1985 IEEE Int. Solid-State Circ. Conf., S. 38-39.

[8.2] *Asai, S.*: Semiconductor memory trends. Proc. of the IEEE 74(1986)12, S. 1623-1635.

[8.3] *Kohonen, T.*: Content-addressable memories. 2nd. ed., Springer-Verlag: Berlin, Heidelberg 1987.

[8.4] *Kohonen, T.*: Self-organization and associative memory. 3rd. ed., Springer-Verlag: Berlin, Heidelberg u.a. 1989.

[8.5] *Nikaido. T. u.a.*: A 1kbit associative memory LSI. Japan J. Appl. Phys. 22(1983)1, S.51-54.

[8.6] *Ogura, T.; Yamada, S. u.a.*: A 4kbit associative memory LSI. IEEE J. Solid-State Circ. SC-20(1985)6, S.1277-1282.

[8.7] *Kadota, H.; Miyake, J. u.a.*: An 8kbit content-addressable an reentrant memory. IEEE J. Solid-State Circ. SC-20(1985)5, S.951-963.

[8.8] *Jones, S.R.; Jalowiecky, I.P. u.a.*: A 9kbit associative memory for high-speed parallel processing applications. IEEE J. Solid-State Circ. 23(1988)2, S. 543-548.

[8.9] *Yamada, H. u.a.*: Real-time string search engine·LSI for 800Mbit/s LAN's. Proc. CICC'88, May 1988, S. 21-6.

[8.10] *Ogura, T.; Yamada, J. u.a.*: A 20kbit associative memory LSI for artificial intelligence machines. IEEE J. Solid-State Circ. 24(1989)4, S. 1014-1020.

[8.11] *Lea, R.M.*: SCAPE: A single-chip array processing element for signal and image processing. Proc. IEE Computers and Digital Techniques 133(1986), S.145-151.

[8.12] *Hwang, K.; Briggs, F.A.*: Computer architecture and parallel processing. McGraw-Hill: New York 1984.

[8.13] *Neff, J.A.; Kushner, B.G.*: Optics and symbolic computing. In: Optical Computing. Arrathoon, R. (ed.). Marcel Dekker, Inc.: New York, Basel 1989.

[8.14] *Yatagai, T.*: Cellular logic architectures. In: Optical Computing. Arrathoon, R. (ed.). Marcel Dekker, Inc.: New York, Basel 1989.

Sachwortverzeichnis

Address-Scrambling, 208
Adresse, 1;174
Adressenmulitiplex, 75
Adressenübergangsdetektor, 52;58
Adreß-Paritäts-Test, 207
Adreßmultiplexer, 192
Adreßpuffer, 64
Adreßtiefe, 130
Adreßtreiber, 139
Adreßumsetzung, 180
aktive Fehler, 215
aktiver BSM, 132
alternierende Adressierung, 207
Amateurtyp, 13
Anpassung, 154
Anschlußbelegung, 113
   DRAM, 78
Anschlußkontakte, 50
Ansprechzeit, 147
Ansteuersignale, 139
Ansteuerung der Speichermatrix, 148
Anwendungen der Speicher, 16
Arbeitsspeicher, 2
Arbiter, 84;194
Art des Zugriffs, 6
ASIC, 242
assoziative Prinzipien, 252
assoziative Suche, 245
Assoziativspeicher, 5;243
asynchrone Schaltungen, 179
asynchroner Betrieb der SRAM, 58
ATD, 52;117
ATD-Signal, 58
Aufrufbreite, 130;174
Aufsetzgehäuse, 167
Ausbeute, 59;85
Ausbreitungsgeschwindigkeit, 151

Ausfallrate, 237
Ausfallwahrscheinlichkeit, 232;236
autoassoziativ, 245
Automat, 178

Bank-Technik, 176
Basisspeichermodul, 129
batteriegepufferter Datenerhalt, 127
Befehl, 1
Befehlswarteschlange, 196
Belastung, 134
Bergeron Verfahren, 153
Betriebsarten von EPROMs, 117
Betriebsspannungsänderung, 141
Betriebsspannung, 15;138
Betriebsstrom, 12;133;138
Betriebsstromzuführung, 139
BICMOS-Inverter, 45
BICMOS-Schaltungen, 91
BICMOS-Schaltungstechnik, 45
BICMOS-Speicherschaltkreise, 67;70
BICMOS-Speicherzellen, 68
bidirektional, 51
Bildspeicher, 17
Bipolare Inverter, 42
Bipolare PROM, 105
Bipolare ROM, 100
Bipolare Schaltungstechnik, 41
Bipolare SRAM, 61
Bipolartransistor, 41;100
Bit, 1
Bitleitung, 8;48
Bitleitungskapazität, 85
Bitleitungsschaltung, 71
   DRAM, 89
Bitorganisation, 61
Bitpreis, 12

Blockdiagramm
    ECL-Speicher, 64
    inhaltsadressierter Speicher, 246
Blockschaltbild
    CPU mit Cache-Speicher, 181
    DMA-Regeneriersteuerung, 197
    ECC-Schaltung, 94
    EPROM-Schaltkreis, 112
    Speicher, 173
    Speicher mit Fehlerkorrektur, 231
    Speicherschaltkreis, 134
    synchroner SRAM, 186
Blockstruktur DRAM, 88
Bootstrapkondensator, 37
BSM, 130;137;159
Bump-Test, 208
BUS, 172
BUS-Controller, 196
Byte, 1
byteweises Schreiben, 121

Cache-Controller, 185
Cache-Daten-Speicher, 180
Cache-Speicher, 180
Cache-Tag-Speicher, 180
Cache-Tag-Speicherschaltkreis, 185
CAM, 16;243;246
CAS, 75
CAS-Treiber, 139
CCD-Speicher, 6
Check-Sum Verfahren, 202
Chip-Enable, 27;51
Chipfläche, 15
Chip-Freigabe-Signal, 175
Chip-Select, 27
CMOS-EEPROM, 125
CMOS-Inverter, 28
CMOS-Leseverstärker, 58
CMOS-Logik, 30
CMOS-PROM, 106
CMOS-Sensorflipflop, 90
Codewort, 223;228;236
Common I/O, 77
Computernetze, 250
Controller, 197;199

CPU-Adreßraum, 175
CPU-Referenzadresse, 181
CPU-Schaltkreis, 195

Dämpfungswiderstand, 154;158
Daten, 1
Daten-BUS, 175
Datenblattspezifikation, 148
Datenblock, 185
Datenleitungen, 57
Datensicherung, 200
Dekoder, 34;60;75
Dekodierschaltung, 50
Dekodierung, 8
Depletiontransistor, 21;26;103
Diagnoseroutine, 222
Diagonaltest, 205
DIL-Gehäuse, 167
DIP-Schaltkreise, 153
direkter Zugriff, 6
disjunktive Normalform, 178
Distributed Memory, 251;252
DMA, 185
DMA-Controller, 196
Doppelfehler, 203
DRAM, 6
    besondere Betriebsarten, 82
    BICMOS-Schaltungen, 91
    Speicherschaltkreis, 74;75
    Speicherzellen, 72
DRAM-Ansteuerung, 159
DRAM-Basisspeichermodul, 253
DRAM-Controller, 222
DRAM-Modul, 130
DRAM-Schaltkreis, 76
DRAM-Speicher, 189;239
Dreitransistorzelle, 72
Dreizellen-Kopplungsfehler, 210
DRO-Speicher, 7
Dual-Inline-Gehäuse, 78;167
Dual-Port-RAM, 61
Dummy-Zelle, 79
Durchkontaktierung, 168
Durchschmelzverbindungen, 105
dynamische Inverter, 28

Dynamische MOS-Logik, 31
dynamische Parameter, 52
dynamischen Speicherzellen, 73

E/D-Logik, 30
Ebers-Moll-Modell, 41
ECC-Schaltungen, 93
ECL-CMOS-Speicherschaltkreise, 71
ECL-Inverter, 43
ECL-Schaltungen, 70
ECL-Speicherzelle, 63
ECL-Technik, 42;67
EDC-Schaltkreis, 222
Edge-Counting, 202
EEPROM, 7;11;99;119
EEPROM-Schaltkreise, 124
EFL, 45
Ein- und Ausgangspuffer, 37
Ein-Bit-Fehler, 222
Einchip-Mikrorechner, 243
Eingangsschaltungen, 38
Eingangssignalpegel, 148
Einschalten der Betriebsspannung, 147
Eintransistor-EPROM-Zelle, 110
Eintransistor-Stapelgate-Zelle, 110
Eintransistorzelle, 73
Einweg- asymmetrische Kopplung, 209
Einweg-Cache, 182
elektrisch programmierbare ROM, 105
elektrische Ansteuerbedingungen, 148
elektronische Zuordner, 98
emittergekoppelte Logik, 42
Empfindlichkeit Sensorflipflop, 81
Enhancement-Depletion-Inverter, 26
Enhancement-Transistor, 19
Entwurf
    Cache-Speicher, 183
    von Speichern, 172
EPROM, 7;11;98;108
    Zwei-Transistor-P-Kanal-Zelle, 109
EPROM-Programmierung, 119
EPROM-Schaltkreis, 112
EPROM-Zelle, 109
Erdleiter, 158
ESD, 38

Etikettenspeicher, 244
extern gesteuerter Refresh, 83

FAMOS-Transistor, 109
Fehlerbehandlung, 185
fehlererkennende Codes, 222
Fehlererkennung, 93;220
Fehlerkorrektur, 93;200;220;226
fehlerkorrigierende Codes, 222
Fehlerrate, 92
Festwertspeicher-Schaltkreise, 97
Festwertspeicher, 6
FIFO-Speicher, 5;185;188
FIT, 95;238
Flächenbedarf der Speicherzelle, 15
Flankensteilheit, 153
Flash-Clear-SRAM, 61
Flash-EEPROM, 125
Flash-EEPROM-Zelle, 125
Flipflop, 39;47
Floatinggate, 108;120;122;126
Floatinggate-EEPROM, 122
FLOTOX-Zelle, 122
Flow through, 221
flüchtige Speicher, 7
Fly by, 221
Fowler-Nordheim-Tunnelung, 122;126
Frühausfälle, 236
Funktionalfehler, 209
Funktionaltests, 208;211
Fusible Links, 105

Galliumarsenid-Speicher, 71
Galopping-Test, 204
Gatterverzögerung, 159
gefalteten Bitleitungen, 89
Gegentaktausgangsstufen, 39
Gegentaktinverter, 27
Gehäuseform von EPROMs, 113
Gehäuseformen, 167
Generator-Matrix, 227
Gesamtverzögerung, 165
Geschwindigkeit, 12;173
Großcomputer, 16

Hamming-Code, 95;225
Hamming-Distanz, 217;223
Hard-Fehler, 220
Hauptspeicher, 1
Hauptwortleitung, 56
HEMT, 71
Herstellungsfehler, 59
Herstellungskosten, 12
heteroassoziativ, 245
HF-Kondensator, 145
Hidden Refresh, 84
High-Pegel, 149
hochfrequente Stromänderungen, 143
HV-Paritätstechnik, 93

I^2L, 42
Identifizierungs-Code, 119
Indexadresse, 182
Induktivitäten, Verminderung, 142
Informationsmenge, 1
Informationsmuster, 204
inhaltsadressierte Speicher, 16;243
Integrationsgrad, 13;59;74;84
Integrierte Testschaltungen, 95
intelligente Programmierung, 119
Inverterschaltung
    MOS-, 22
    bipolar, 42
    BICMOS, 45

Kapazitätserweiterung, 175
kapazitive Last, 150;164
Klassifizierung der Speicher, 3
kombinatorische Netzwerke, 178
Kondensator, 156;143
Kontrollbit, 225
konzentrierte Regenerierung, 190
Koppelelemente, 100
Koppelfehler, 211
Koppelinduktivität, 157

Ladeprogramm, 174
Ladeschaltungen, 91
ladungsgekoppelte Speicher, 6
Ladungsschichtungsprinzip, 88

Ladungsschichtzelle, 87
Ladungsspeicherung, 10
Lastkapazität, 161
Latch, 39
Latch-up, 149
LDD-Strukturen, 114;121
Lebensdauer, 237
Leistungsaufnahme, 12
Leistungsbedarf, 132
Leistungsreduzierung, 59
Leiterkarte, 142
Leiterplatte, 168
Leitungslänge, 151;164
Leitungsnetz, 151
Lese-Schreib-Zyklus, 53
    DRAM, 77
Leseschaltung EPROMs, 115
Leseverstärker, 57;71;76;90
    für ECL-RAM, 65
Lesezyklus, 52;77;174;187
LIFO-Register, 5
Logikbaureihen, 153
Logikfunktionen in Speichern, 242
Logikgatter, 29
Logikschaltkreise, 242
Logikverzögerung, 161
logisches Fehlermodell, 209
Löschen, 120;126
Low-Pegel, 149
LRU, 185

magnetischen Speicher, 97
Marching-Test, 202
Markovscher Prozeß, 219
Marsch-Element, 211
maskenabhängige Tests, 215
maskenprogrammierte ROM, 99
Masseebene, 158
Massenspeicher, 2
Massezuleitung, 142
Matrixstruktur, 55
Megabit-DRAMs, 84
Mehr-Bit-Fehler, 222
Mehrlagenleiterkarte, 152;168
Mehrlagenplatine, 143

Memory Scrubbing, 200
MESFETs, 71
Mikrocomputer, 195
Minimaltransistoren, 28;73
MNOS-Speicher, 120
MNOS-Speicherzelle, 120
modifizierter Hamming-Code, 225
Montagetechnologie, 167
MOS-Dekoder, 36
MOS-DRAM, 72
MOS-Inverter, 22
MOS-Logikschaltungen, 29
MOS-PROM, 107
MOS-Schaltungstechnik, 19
MOS-SOI-Technik, 67
MOS-SRAM
    Speicherzellen, 47
MOS-Transistoren, 19
MTBF, 238
Multi-Port, 242
Multibit-Test, 95
Multiemittertransistor, 100
Multilevel-ROM, 104
Multiplexer, 184
Multiport-Anwendungen, 68
Multiport-DRAMs, 83
Multiport-Speicher, 250
Multiport-SRAM, 61
Multiprozessorbetrieb, 197

N-Kanaltransistor, 19
NDRO-Speicher, 7
Neuron, 252
neuronale Netzwerke, 251
Nibble Mode, 82
Nichtgleichgewichtszustand, 92
nichtflüchtige RAM, 99;127
nichtflüchtige Speicher, 7
niederfrequente Stromänderungen, 146
NPN-Planartransistor, 41
Nur-Lese-Speicher, 6;97
NVRAM, 99;127

Oberflächenmontagetechnologie,
    167;168

Open-Drain-Stufen, 39
Operativspeicher, 2;180
optimierte Testalgorithmen, 208;215
Organisationsform, 13
OTPs, 114
Output-Enable, 51

P-Kanal-Transistor, 21
Packungsdichte von Speichern, 167
Page Mode, 82;125
Paralleldekodierung, 34
Parallelprozessorsysteme, 249
Parallelstruktur, 101
Paritätsbit, 185
Paritätskontrollcode, 223
Paritätskontrollmatrix, 227
Paritätstechnik, 93
passive Fehler, 215
passiver BSM, 132
PC-RAM-Leiterkarte, 165
Pegelanpaßstufen, 37
Pegelverschiebung, 65
Personal-Computer, 17
physikalische Mechanismen, 12
Pin, 50
Pipe, 196
PLA, 178;241
PLCC-Gehäuse, 167
Programmieralgorithmen, 118
programmierbare Logik-Arrays, 178
Programmierbedingungen, 123
Programmieren,
    106;110;118;120;123;126
Programmiergerät, 108;118
Programmierkontrolle, 118
Programmierspannungen, 111
Programmiersperre, 118
PROM, 7;10;98;105
Prüfung der Speicher, 201
Pufferspeicher, 16;180

Quarzglasfenster, 109

RAM, 6;47
RAM-Ansteuerung, 152

RAM-Schaltkreise, 152
RAM-Steckeinheit, 165
RAS, 75
RAS-only Refresh, 200
RAS-Treiber, 139
RBC-Effekt, 69
RBC-Speicherzelle, 69
Read-Modify-Write-Zyklus, 78
Redundanz, 59;96;115;125;223;233
reduzierte Betriebsspannung, 91
Referenzspannung, 38
Referenzzelle, 79
Reflexionen, 150
Refresh, 73
Refresharten, 83
Refreshmodi, 198
Regeneration, 73
Regenerierverstärker, 75
Regenerieradresse, 194
Regenerierintervall, 138;194
Regenerierintervallzähler, 195
Regenerierperioden, 189
Regeneriersteuerung, 192
Regeneriertest, 206
Regeneriervarianten, 190
Regenerierzyklen, 135;189
Replacement Algorithm, 184
residente Speicher, 174
residenter Speicher, 173
Reststrom, 134
ROM, 6;10;97;99
ROM-Schaltkreis, 178
ROM-Speicher, 174
Ruhestrom, 138

SAM, 129
Schaltkreisausgänge, 175
Schaltungstechnik, 19
Schlafzustand, 53
schneller Datendurchsatz, 81
Schottky-Diode, 66;155
Schottkydioden-Kopplung, 63
Schreib-Lese-Speicher, 6
Schreib-Lese-Speicherschaltkreise, 47
Schreibverstärker, 48;77

Schreibzyklus, 53;77;174;187
Schutzschaltungen, 38
Schwellspannung, 20
Schwellspannungszelle, 87
Scrubbing, 221
Sektor-WL, 56
Sektorauswahl, 56
Selektionsprinzip, 5
Selektionstyp, 13
Sensor-Flipflop, 78
Sensorverstärker, 78;115
sequentielle Schaltungen, 178
serielle Dekodierung, 35
serieller ROM, 104
Seriendämpfungswiderstand, 154;164
Serienstruktur, 103
Shared Memory, 250
Siebkondensatoren, 166
Siebung einer Speicherplatine, 145
Signalgenerator, 179
Signallaufzeit, 151
Signalleitungsverzögerung, 163
Signaturanalyse, 219
SIP-Speichermodule, 170
Skalierung, 14;84;91
SM-Montagetechnologie, 169
SMD, 167
SMD-Schaltkreis, 167
SMT, 167
Soft-errors, 61;84;86;92;220
Soft-Fehler, 149;220
SOJ-Gehäuse, 168
Sondertypen, 13
Spaltenadresse, 75
Speicher
    adressenbestimmte, 5
    flüchtige, 7
    inhaltsbestimmte, 5
    technische Realisierung, 128
Speicher mit wahlfreiem Zugriff, 6
Speicher und Logik, 241
Speicherentwurf, 158
Speichergröße, 173
Speicherhierarchie, 3
Speicherkapazität, 9;12

Speicherkarte, 170
Speicherkondensator, 73;85
Speicherleiterkarte, 165
Speichermatrix, 8;50;132;174;256
Speicherplatine, 165
Speicherschaltkreis, 5;138
Speichersteuerung, 192
Speichertransitor, 125
Speicherzellen, 2;10;72
    Megabit-DRAMs, 85
Split-Gate-Zelle, 111
SRAM, 6;47
    bipolare, 61
    Entwicklungsrichtungen, 66
    GaAs-Speicherschaltkreise, 71
    Lesezyklus, 52
    Schreibzyklus, 53
    Speicherschaltkreis, 50
SRAM-Modul, 130
SRAM-Schaltkreise, 54
SRAM-Speicher, 180
SRAM-Speichermatrix, 188
Stackregister, 5
Staggered Refresh, 192;199
Standard-Testalgorithmen, 202
Standby, 117
Standby Mode, 53
Stapelkondensatorzelle, 87
Static-Column Decode, 83
statische NMOS-Logik, 29
statischer NMOS-Inverter, 24
statistische Verfahren, 161
Steuerinformationen, 174
Störabstand, 155
Störspannung, 156
Störung durch nächste Nachbarn, 207
Störungen, 156
Stromschalttechnik, 44
Stromversorgung, 132
Stromversorgungsleitung, 142
Struktur
    DRAM-Speicherschaltkreis, 75
    ECL-Speicherschaltkreis, 64
    Speicherschaltkreise, 8
    SRAM-Schaltkreis, 50

    zur Verminderung von
    Zuleitungsinduktivitäten, 143
Stuck-at Fehler, 212
Stützkondensator, 143;146
Substhresholdströme, 84
Substratvorspannung, 147
Synapsen, 252
synchroner SRAM, 61;186
Syndromvektor, 228
Systeme mit Redundanz, 232

Taktdiagramm, 77;137;159
Taktflanken, 188
Taktfrequenz, 28
Taktsignale, 192
Taktstörungen, 149
Taktzentrale, 9;174
Taperbereich, 88
Technologien für Speicherschaltkreise,
    8
Testalgorithmen, 201;206
Testen, 231
Tests für Speicher, 201
Testunterstützung, 116
TIMER-Schaltkreis, 196
Timing des Speichermoduls, 159
TLB, 180
Transfergate, 33;34
Transistor-Transistor-Logik, 42
Transition-Counting, 202
Translation Look-aside Buffer, 180
Transputer, 243
Trefferanzeige, 247
Treiber, 150
Treiber-Verlustleistung, 253
Treiberbaustufen, 136
Treiberschaltkreis, 137;154;158
Trenchkondensatorzelle, 86
Trenchtransistorzelle, 86
Trends, 13;67
Tristate-Treiber, 27
Tristate-Zustand, 196
Tristatesteuerung, 39
TTL, 42
TTL-Baureihen, 153

TTL-Inverter, 43
TTL-Kompatibilität, 37
TTL-Pegel, 37
TTL-Speicherzelle, 61
Tunnelstrom, 123
Typenübersicht, 7
typische Kennwerte, 162

Übergangsfehler, 209
Überkopplung, 156
Überlebenswahrscheinlichkeit, 232;236
Übersprechen, 156
Übersprechimpuls, 158
unvollständiges Suchargument, 245
UV- löschbare ROM, 108

verdeckte Regenerierung, 191
Verdrahtungskapazität, 162;164
Vergleichsignal, 245
Verkopplungen, 203
verlustarmen Leitung, 151
Verlustleistung, 132
Verlustleistungsberechnung, 137;253
Verstärkungszelle, 87
verteilte Regenerierung, 191
Verzögerung, 159
Verzögerungszeit, 162
virtuelle Masseleitung, 102
virtuelle Speicherung, 180
virtuelle SRAMs, 84
VLSI, 44
VLSI-Schaltungen, 21
VLSI-SRAM, 59
Vollassozioativer Cache, 181
von-Neumann-Maschine, 1

Wachstumsrate, 14
wahlfreier Zugriff, 47
Walking-Test, 203
WE-Treiber, 139
Wellenwiderstand, 150
Widerstandslast, 49
Worterweiterung, 174
Wortleitung, 8;47
    geteilte, 55

Write-Enable, 51

X-Zelle, 102

Zählverfahren, 202
Zeichengenerator, 179
Zeilenadresse, 75
Zeitbedingungen, 159
Zeitsteuerung, 58
Zellenfläche, 86
Zellulare Parallelprozessoren, 251
Zero-Transistor, 22
Zufallsgenerator, 218
Zufallstests, 217
Zugriff
    direkter, 6
    wahlfreier, 6
    zyklischer, 6
Zugriffszeit, 12;77
Zuleitungsnetz, 147
Zuverlässigkeit von Speichern, 232
Zweilagenplatinen, 142
Zweiweg- asymmetrische Kopplung,
    209
Zweiwege-Cache, 183
Zweizellen-Kopplungsfehler, 209
Zykluszeit, 12;77;133

4-Transistorzelle m. Widerstandslast, 49
6-Transistor-Zelle, 47

Computational Microelectronics

Edited by S. Selberherr

The motivation behind the founding of the series "Computational Microelectronics" originates firstly from the impressive amount of recent progress in the area and secondly from the need to solve numerous problems of a computational, mathematical and physical nature which–despite the substantial work in the field–remain unsolved. At this stage, it is obvious that the state-of-the-art can be enhanced most effectively by interdisciplinary research which involves and connects microelectronics, applied mathematics, numerical analysis and computer science.

The main goal of the series is to contribute to the growth and development of computational microelectronics by providing a forum for the fruitful exchange of ideas for microelectronics engineers, numerical analysts, applied mathematicians and computer scientists, who are applying existing simulation tools in a novel way and who are developing new computer-aided engineering methods to tackle open problems in the area of microelectronics.

W. Hänsch

The Drift Diffusion Equation and Its Applications in MOSFET Modelling

1991. 95 figures. XII, 271 pages.
Cloth DM 164,–, öS 1148,–*
ISBN 3-211-82222-4

C. Jacoboni, P. Lugli

The Monte Carlo Method for Semiconductor Device Simulation

1989. 228 figures. X, 356 pages.
Cloth DM 186,–, öS 1300,–*
ISBN 3-211-82110-4

H. C. de Graaff, F. M. Klaassen

Compact Transistor Modelling for Circuit Design

1990. 184 figures. XII, 351 pages.
Cloth DM 186,–, öS 1300,–*
ISBN 3-211-82136-8

P. A. Markowich

The Stationary Semiconductor Device Equations

1986. 40 figures. IX, 193 pages.
Cloth DM 109,–, öS 760,–*
ISBN 3-211-81892-8

** Preisänderungen vorbehalten.*

Springer-Verlag Wien New York